商管 全華圖書
叢書 BUSINESS MANAGEMENT

財務個案解析
產業的挑戰與創新

Financial Case Analysis
— Industry with Challenges and Innovations

陳育成
許峰睿　編著

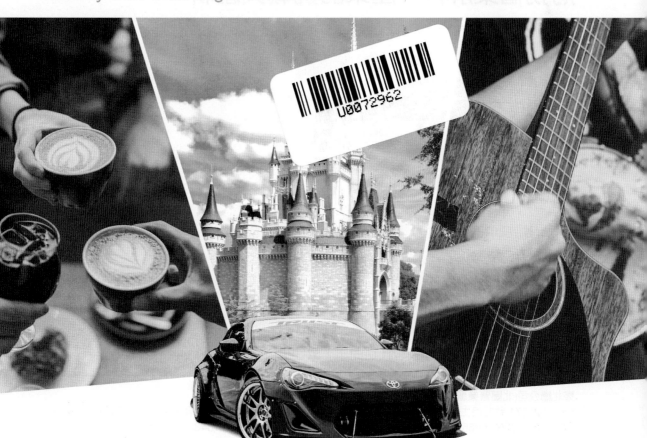

U0072962

國家圖書館出版品預行編目資料

財務個案解析－產業的挑戰與創新 / 陳育成、
許峰睿編著. -- 初版. --新北市：全華圖書,
2018.11
　　面 ；　公分
　參考書目：面
　　ISBN 978-986-463-980-9 (平裝)

494.7　　　　　　　　　　　107018899

財務個案解析－產業的挑戰與創新

作者 / 陳育成、許峰睿

發行人 / 陳本源

執行編輯 / 呂昱潔

封面設計 / 楊昭琅

出版者 / 全華圖書股份有限公司

郵政帳號 / 0100836-1 號

印刷者 / 宏懋打字印刷股份有限公司

圖書編號 / 08271

初版三刷 / 2022 年 9 月

定價 / 新台幣 590 元

ISBN / 978-986-463-980-9

全華圖書 / www.chwa.com.tw

全華網路書店 Open Tech / www.opentech.com.tw

若您對書籍內容、排版印刷有任何問題，歡迎來信指導 book@chwa.com.tw

臺北總公司(北區營業處)
地址：23671 新北市土城區忠義路 21 號
電話：(02) 2262-5666
傳真：(02) 6637-3695、6637-3696

南區營業處
地址：80769 高雄市三民區應安街 12 號
電話：(07) 381-1377
傳真：(07) 862-5562

中區營業處
地址：40256 臺中市南區樹義一巷 26 號
電話：(04) 2261-8485
傳真：(04) 3600-9806(高中職)
　　　(04) 3601-8600(大專)

　　《財務個案解析－產業的挑戰與創新》一書統整臺灣近年來重要的財務管理事件與產業發展概況，希望能藉由臺灣廠商目前面臨的挑戰與機會，讓讀者有機會更深入瞭解臺灣產業發展的優勢與面對的威脅，並開創差異性優勢。在全書六大主題中，分別探討：臺灣食品服務業的輸出及全球布局、臺灣產業面對全球化挑戰的經營策略、臺灣主機板與PC產業面對智慧型的手機的挑戰、臺灣服務業深耕服務與在地化思維、臺灣的文化創意產業發展、金融全球化下的金融犯罪等議題，深入剖析各產業在全球化經濟發展的趨勢下，探究企業的經營現況與未來布局。

　　有鑑於教育全球化的浪潮，目前在大學的經營上同樣面臨諸多的挑戰與機會。國立臺中科技大學將於民國108年邁向創校百年，當行政團隊戮力思索下一個百年，臺中科大能否延續百年榮耀，並朝向國際一流大學發展時。本書中諸多針對臺灣廠商的經營現況、未來發展契機、威脅及競爭進行一系列的探討，讓行政團隊有他山之石可以攻錯的滿滿收獲。經過全面的盤點，在下一波AIOT的發展中，臺中科大將朝「智慧健康照護」、「智慧商業應用」、「智慧城鄉關懷」及「文化創新翻轉」等議題發展，成為創新應用大學基地，向全球展示臺灣優異的人力資源與創新能力，進而實現「傳承、創新、跨域、躍升」的經營使命，帶領臺中科大延續百年榮耀，開創國際競爭優勢。讓臺中科技大學能在百年的優秀基石上，進而邁向卓越及基業常青。下一個百年是我們結合AIOT開創科技新藍海的百年工程，也藉由陳育成教授、許峰睿教授的個案分析，讓我們進一步思考執行的步驟及策略。

　　今聞陳育成教授、許峰睿教授出版《財務個案解析－產業的挑戰與創新》一書，樂之為序。

謝俊宏　謹薦

國立臺中科技大學　校長

2018年11月

推薦序

　　全球產業發展在過去半世紀以來，經歷過好幾次的結構性變化，臺灣企業在每一次的變革中均發揮強韌的生命力，度過一次次風暴與衝擊，至今臺灣在全球產業鏈中仍扮演不可或缺的角色。

　　個人服務於安永聯合會計師事務所擔任執業會計師數十載，服務過許多優質的本土企業，看到這些優質企業一步一腳印，默默地扮演著「隱形冠軍」。可惜的是，臺灣新世代在中國經濟崛起之際，往往對於本土產業環境缺乏了解而對臺灣未來經濟發展欠缺信心。很高興看到陳育成與許峰睿兩位教授以個案方式將臺灣產業發展近況做生動的介紹；兩位教授均有豐富的產學合作經驗，因此內容分外生動。全書分成六大主題，包括食品餐飲業、全球化購併策略、品牌經營、服務業的轉型、文創、以及全球金融思維等主題，主題中的案例公司都是非常具代表性的企業，透過深入淺出的解說，讀者能透過財務數據的分析了解特定產業的發展歷史、未來的機會與風險。

　　相信讀者透過研讀本書的個案介紹，能對臺灣重要產業發展有全面性的了解，對於商管學院的學生更可以及早接觸產業動態。研讀這本書可以透過生動的實際案例，了解臺灣經濟的核心競爭力與機會，對於未來進入職場的職業選擇會有積極的助益。這本書可說是我心中一直期待的一本書，因個人與陳教授有多年的產學互動而能有幸及早研讀本書，在此鄭重向讀者推薦這本難得的好書。

林鴻光　謹薦

安永聯合會計師事務所所長

2018年11月

臺灣的淺碟型經濟向來以競逐全球市場為經濟成長的主要驅動力，自2016年美國總統大選底定以來，全球經濟如洗三溫暖一般，有美國經濟成長的高潮、有歐盟難民潮的紛擾、有中國民族主義的激情、有英國脫歐的黑天鵝、有美中貿易戰的不確定性……等。每一個國際事件均考驗企業經營者的風險分散、經營布局、策略運用、資源調度能力。

臺灣產業面對全球化挑戰的經營策略，在長期為品牌代工生產模式下，成為諸多重要電子科技產品的重要生產組裝廠。然而，位居產業的最末端，不只面對上游廠商產量的不確定性、產品毛利率低、資本支出大且折舊快、人力需求變異大等問題，且必需面對許多競爭者。因此，鴻海精密在全球布局中，透過多方併購取得重要生產資源，進而擺脫低價代工的宿命。鴻海入主夏普，即是一例。而且，主機板、PC產業面對智慧型的手機的挑戰，以強固型電腦作為企業的轉型選擇，重而新生，找到利基市場，進而建立自有品牌。顯現許多的臺灣廠商並未被現實打倒，在面臨營收衰退的壓力下，朝技術含量更高產品發展，面對的不只是公司經營的不確定性，更是技術研發的考驗。

再者，統一中國在中國星巴克的通路拓展上，展現臺灣食品服務業的輸出及全球布局能力，表示臺灣能夠輸出的不只是制式的電子產品，而是能夠體貼人心的服務軟實力。也許未來，臺灣也有機會可以重新定義咖啡市場，進而輸出台式的精緻、貼心服務。

臺灣經過快速的經濟發展，在近年來經濟發展多元化的情況下，不少產業重新聚焦具有臺灣特色的文化創意產業。文化創意產業將「越在地、越全球」的精神發揮的淋漓盡致。不只是侷限於臺灣內部而已，而是要將具有臺灣特色的文化底蘊重新形塑，並且透過各種管道傳遞至全世界。未來臺灣的文化創意商機無限。

編者序

　　臺灣具有許多一流的企業主及獨特的創新能力，在面對不斷變動的經營挑戰及全球化競爭下，不斷超越自我，在全球化的市場中佔有一席之地。面對變動與競爭，是島國臺灣未來不可避免的挑戰與現況。本書所羅列的個案，即希望透過這些寶貴的經營實例讓讀者得以探究經營者的心路歷程，並從中得到啓發。

　　本書得以順利付梓，除了感謝參與本書討論的所有同學之外，更感謝全華圖書的協助。也希望藉由《財務個案解析－產業的挑戰與創新》一書，讓讀者能瞭解更多在臺灣努力不懈的公司與產業，並學習他們持續成長與前進世界的決心。

陳育成、許峰睿　謹識
臺中市
2018年11月

目錄

第一篇　食品服務業世界版圖擴張

個案1　咖啡市場的下一個藍海？統一出售上海星巴克

個案2　三年消失的77億碗泡麵　外賣APP的威脅

第二篇 全球化的挑戰

第三篇　利基製造與品牌經營

個案5　主機板、ＰＣ已死？強固電腦的未來！友通、微星、研華的轉型

個案6　品牌之路是毛利率的救贖？神基的品牌轉型

第四篇　服務深耕與在地化

第五篇　產業發展的契機與風險

本書內容簡介

　　本書統整臺灣近年來重要的財務管理事件與產業發展概況，希望能藉由臺灣廠商目前面臨的挑戰與機會，讓讀者有機會更深入瞭解臺灣產業發展的優勢與面對的威脅。本書共分為六大主題，將分別深入探討各產業在全球化經濟發展的趨勢下，企業的經營現況與未來布局。

　　企業面對的經營風險隨時在變化中，自1990年以來，中國以世界的工廠出發，經濟全面快速長成。臺灣亦因地利、種族、產業需求之便對中國投資與貿易輸出快速長成。然而，在中國經濟快速成長的過程中，臺灣面對高漲的五險一金、稅務調查、環保意識抬頭、勞工喜好改變、消費需求變化……等不確定的經營風險，從而進行全球化布局或擬定新策略。然而，經營環境的變化常令人措手不及。例如：中國因國民所得提高後造成的消費行為改變即讓康師父在中國的獲利大受影響、美中貿易戰即讓台廠因與中國的高貿易依存度造成生產成本大增。因此，本書透過臺灣的產業現況，深入探討臺灣產業的發展策略，並輔以全球產業現況、市場發展契機、產業營運模式、未來成長機會等，讓讀者全面性了解產業全貌。並且，在重要的財務分析指標上，逐一比較不同企業的策略及經營現況。經過全面的深入剖析，使讀者具備專業管理、策略發展、決策考量、財務分析等判斷能力。

　　本書適用於大學部、研究所、EMBA個案解析、社會人士使用。建議授課教師或使用者先以50分鐘進行產業的全球化瞭解，再以50分鐘深入瞭解個案公司目前的經營現況與差異，最後50分鐘思索該如何突破經營困境、建立競爭障礙、擴大營運規模、尋求成長機會。相信透過深入的討論，會讓參與者得到豐富的專業知識，進而拓展視野。

　　本書主題一著重於臺灣食品服務業的發展及全球布局。臺灣的工業生產模式在全球舉足輕重，而餐飲服務業在經過近一、二十年的發展後，亦以全球化為目標。透過在臺灣的深耕有成後，進而競逐全球食品、餐飲服務業市場。這表示，臺灣能夠輸出的不只是制式的電子產品，而是能夠體貼人心

的服務軟實力。臺灣餐飲產業能維持產品的一致性及提供服務的一致性，顯示臺灣餐飲服務業不只是小籠包能征服全世界，而台北米其林指南的出版也證明臺灣餐飲服務業的實力。也許未來，臺灣也有機會可以重新定義咖啡市場。

主題二著重於臺灣產業面對全球化挑戰的經營策略。臺灣代工生產模式為全球供應鏈串起產品上、中、下游的生產鏈，並成為諸多重要電子科技產品的重要生產組裝廠。然而，位居產業的最末端，不只面對上游廠商產量的不確定性、產品毛利率低、資本支出大且折舊快、人力需求變異大等問題，且必需面對許多競爭者。因此，鴻海在全球布局中，急欲透過多方併購取得重要生產資源，進而擺脫低價代工的宿命。經過與夏普長達四年的競逐，鴻海終於成功入主夏普，也進一步讓夏普在短時間內由虧轉盈。讓我們由個案進一步了解鴻夏戀如何修成正果。

主題三著重於臺灣主機板、PC產業面對智慧型的手機的挑戰，如何走過死亡的幽谷，重而新生，並找到利基市場，進而建立自有品牌。臺灣PC產業及主機版代工在智慧型的手機的挑戰下，市占率節節敗退，由宏碁的多次組織改造及轉型即可略知一二。但是，許多的臺灣廠商並未被現實打倒，並以強固型電腦作為企業的轉型選擇。在面臨營收衰退的壓力下，朝技術含量更高的強固電腦發展，面對的不只是公司經營的不確定性，更是技術研發的考驗。而在強固型電腦領域，臺灣廠商挑戰的是世界級的公司，如日本Panasonic。更不容易的是，神基在強固型電腦領域建立自有品牌，一舉拉高毛利率，奠定公司的競爭根基。

主題四著重於臺灣服務業深耕服務與在地化思維。臺灣和泰汽車代理的Toyota汽車已連續逾十年佔據國內汽車銷售第一名，和泰汽車透過八大經銷體系將購車服務發展成一條龍服務。和泰汽車主要銷售車輛品牌為豐田汽車（Toyota）、豪華品牌凌志汽車（Lexus）及日野貨車（HINO），在新車

銷售及保養外，並加上影音及裝飾配件、和泰車美仕生產維修零配件、和泰產險及和安保代提供車險、經營認證中古車和實價登錄業務、和運租車提供租賃車等，使得和泰汽車深化於汽車銷售、維修服務及中古車的領域中。然而，在全球的共享經濟發展浪潮下，我們將深入探討在極致的服務下，和泰車能對抗世界潮流，從優秀到卓越嗎？

主題五著重於臺灣的文化創意產業發展。臺灣經過快速的經濟發展，在近年來經濟發展多元化的情況下，不少產業重新聚焦具有臺灣特色的文化創意產業。文化創意產業不只是侷限於臺灣內部而已，而是要將具有臺灣特色的文化底蘊重新形塑，並且透過各種管道傳遞至全世界。透過流行音樂、戲劇、藝術表演等即是方式之一。我們樂見於臺灣的資本市場能夠支持具有臺灣特色的文化創意產業，並以流行音樂、戲劇、藝術表演等方式與世界接軌；透過重新思索臺灣文化的獨特性，發掘臺灣的文創契機。

主題六著重於金融全球化下的金融犯罪。在金融全球化下的發展下，許多企業進行複雜的全球化布局，並經由交叉持股、合資經營、併購、增資……等財務規劃擴大經營規模並拉大與競爭對手的差異。然而，也因為企業的全球化布局、複雜的財務規劃，讓投資人難以一窺企業經營的全貌，在財務資訊上處於資訊不對稱的風險中。雖然，臺灣透過獨立董事制度試圖將公司經營現況透明化，但是獨立董事不具有充份的查核權，以致於成為有心人士操弄公司經營資訊的工具之一。樂陞是臺灣史上第一家公開收購而未能履約的財務個案，事後金管會亦修改了諸多法規以防範類似事件再度發生。然而，可以預知的是在金融全球化下金融犯罪必然會再次發生，身為財務報表使用者的我們，必須從樂陞的事件中得到足以防範未然的寶貴經驗。

個案1

咖啡市場的下一個藍海？
統一出售上海星巴克

　　亞洲市場的咖啡消費量近年來迅速攀升，黑金商機勢力崛起，對臺灣而言，平價新鮮的現磨咖啡已經成為庶民文化的一環，精品咖啡和手沖咖啡更成為時尚品味。不少生產咖啡的國家多是開發中國家，多半用於出口而非國內消費，而臺灣是少數咖啡生產與消費兼具的國家，這是一個獨步全球的咖啡文化特色。

　　本個案探討統一企業出售上海星巴克一事，統一集團在臺灣咖啡市場深耕多年，旗下擁有臺灣星巴克以及自創品牌－CITY CAFÉ，面對中國這塊龐大的潛力市場，為何統一企業願意脫手將股權出售給美國星巴克呢？這會對臺灣的咖啡市場造成什麼樣的影響？為了理解背後的原因以及預測未來市場的變化，本個案將針對臺灣統一超商、統一企業中國和美國星巴克進行分析及比較，以期能夠對此項交易更深入瞭解。

本個案由中興大學財金系（所）陳育成教授與臺中科技大學保險金融管理系（所）許峰睿副教授依據具特色臺灣產業並著重於產業國際競爭關係撰寫而成。並由中興大學財金所吳敏瑜同學及臺中科技大學保險金融管理系吳瑾萱、林鳳茹、梁淑晴同學共同參與討論。期能以深入淺出的方式讓同學們一窺企業的全球布局、動態競爭，並經由財務報表解讀企業經營成果。

1-1 咖啡市場介紹

一、咖啡市場潛能

　　近年來，喝咖啡成為一種生活態度。國際咖啡組織（ICO）於2013年在倫敦舉行五十週年會議，特別針對發展快速的亞洲市場發表消費報告。ICO指出，亞洲的熱飲市場過去由茶葉主導，但自1990年起成為最具動力的咖啡消費成長區域[1]。

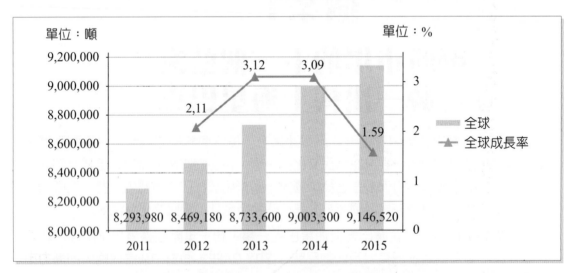

▷▷圖1-1　2011年至2015年全球咖啡銷售量及成長率

資料來源：ICO國際咖啡組織；本個案自行繪製

---

1 馬岳琳（2015年4月2日）。亞洲瘋咖啡 消費量登第一。天下雜誌。取自：https://www.ettoday.net/news/20150402/487592.htm。

　　從圖1-1呈現的全球咖啡需求量，可以明顯看出，咖啡需求自2011年開始每年均成長。

二、咖啡價格變化

　　咖啡豆價格雖然高低起伏，但長期價格仍為上漲趨勢。

1. 2008年：全球最大咖啡產地巴西，面臨冬季霜害，影響咖啡生產[2]。

2. 2011年：阿拉比卡咖啡豆出產國哥倫比亞受到暴雨影響，產量下降，以及印尼、墨西哥和越南的產量低於預期，導致供應減少[3]。加上中國、巴西、印尼和印度等國對高檔咖啡需求的上升，造成咖啡價格急劇上漲。

3. 2014年：持續乾旱及非季節性降雨導致咖啡最大的出產國巴西歉收，因此價格上漲[4]。

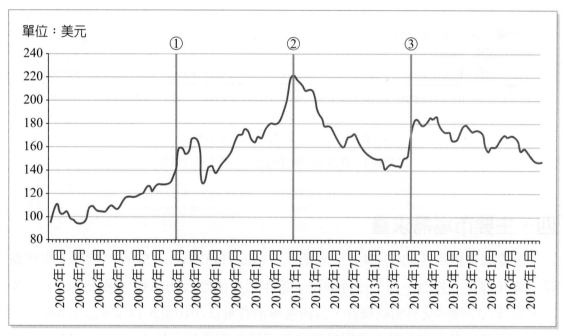

▷▷圖1-2　2005年1月至2017年6月咖啡豆價格變化

資料來源：IMF；本個案自行繪製

---

2 黃欣（2008年6月27日）。巴西霜害威脅 咖啡價格創3個月新高 年度庫存將降至48年新低。鉅亨網。取自：https://www.wearn.com/stock05/topic.asp?cat_id=19&forum_id=110&topic_id=130141。

3 秦飛（2011年4月28日）。咖啡價格創34年新高。大紀元。取自：http://www.epochtimes.com/b5/11/4/28/n3241402.htm。

4 蘇惠（2014年8月28日）。咖啡最大出產國巴西歉收 期貨價漲77%。大紀元。取自：http://www.epochtimes.com/b5/14/8/28/n4234918.htm。

三、全球十大咖啡產地

　　根據國際咖啡組織（ICO）的統計報表，2016年全世界前十大的咖啡產量，產量最多的國家為巴西，自2007年時起，巴西即為世界產量最多的國家。緊追在後的是越南，根據天氣等等的相關因素，每年各國的產量排名可能稍有異動，間接造成產量有所變動。

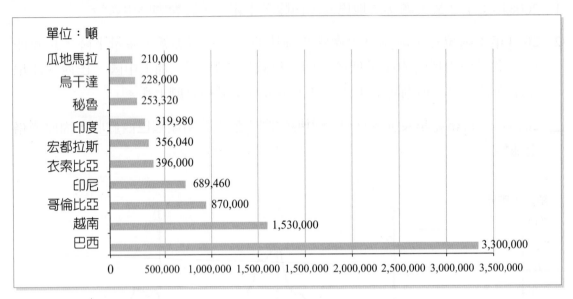

▷▷圖1-3　2016年全球十大咖啡產地

資料來源：ICO國際咖啡組織；本個案自行繪製

四、主要市場需求量

　　國際咖啡組織（ICO）執行長希爾瓦（Roberio Oliveira Silva）指出，在喀麥隆、象牙海岸、肯亞、烏干達等國家，近年因中產階級的興起，喝咖啡的人變多了，根據肯亞咖啡交易組織統計，該國咖啡消費量在2010至2014年間激增46%。烏干達對咖啡的需求亦大增。非洲精緻咖啡組織企劃經理馬拉卡（Martin Maraka）說：「現在買得起咖啡的民眾增多，銷售量跟著增加。」加上醫生破除飲用咖啡會對健康造成影響的迷思，馬拉卡說：「10年前烏干達首都坎帕拉完全沒有咖啡店，現在有30到40家，且都供應高級咖啡[5]。」

5　胡郁欣（2015年11月01日）。非洲的咖啡熱。工商時報。取自：http://www.chinatimes.com/newspapers/20151101000197-260210。

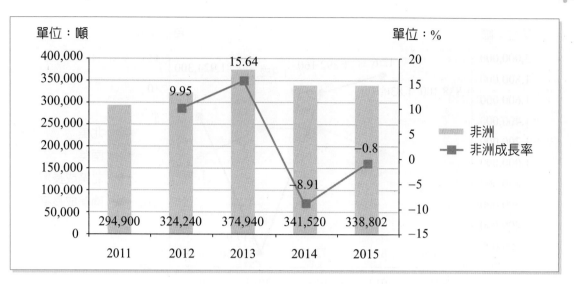

▷▷ 圖1-4　2011年至2015年非洲咖啡銷售量及成長率

資料來源：ICO國際咖啡組織；本個案自行繪製

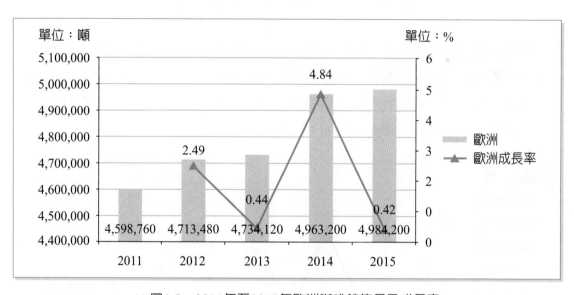

▷▷ 圖1-5　2011年至2015年歐洲咖啡銷售量及成長率

資料來源：ICO國際咖啡組織；本個案自行繪製

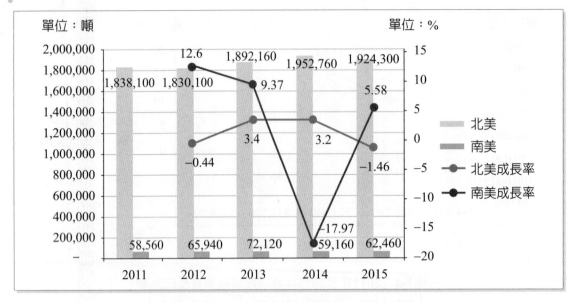

▷▷圖1-6　2011年至2015年北美及南美咖啡銷售量及成長率

資料來源：ICO國際咖啡組織；本個案自行繪製

　　從圖1-4至圖1-6可看出，其中非洲是咖啡銷售量成長最快速的，歐洲從2013年起銷售成長率持平，美洲銷售量則是微幅上升，又以南美洲的銷售成長較大。而亞洲市場的銷售量呢？圖1-7中顯示亞洲與大洋洲的銷售量為全球之冠，可見亞洲與大洋洲市場對於咖啡的需求逐年增加。

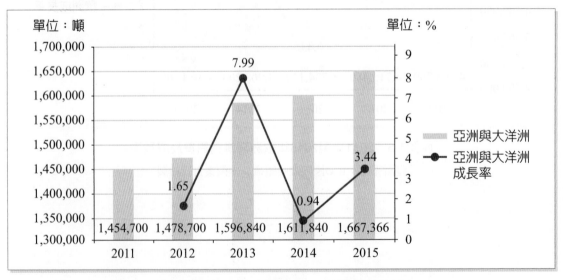

▷▷圖1-7　2011年至2015年亞洲與大洋洲咖啡銷售量及成長率

資料來源：ICO國際咖啡組織；本個案自行繪製

其中，我們可以從圖1-8看到中國與臺灣的市場銷售量也呈現逐年成長的情形，而中國銷售量的變化起浮較大。

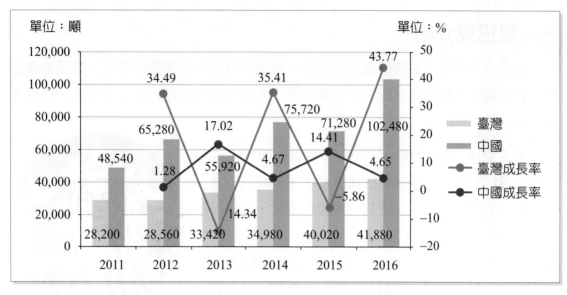

▷▷圖1-8　2011年至2016年臺灣與中國咖啡銷售量及成長率
資料來源：ICO國際咖啡組織；本個案自行繪製

近年來，中國咖啡飲用量增加的原因為下列兩項：

1. 中年、青年人口的市場滲透有助於帶動潛在咖啡消費人群，因此造成咖啡需求量增加。

2. 中國國民收入水準提高，造成中產階級的擴大，再加上他們消費意願的改變，因而提高咖啡銷售量。近年來，飲用咖啡不單單只是喝咖啡而已，喝咖啡儼然已經成為生活中的一種享受，同時也是一種具有象徵意義的個人習慣和社交潤滑劑[6]。

五、咖啡平均飲用量

美國2015年咖啡進口量共有1,986,760噸，而美國該年度人口為3.209億人。平均下來，該年度每人飲用了0.88公斤的咖啡豆，而中國該年度有13.71億人口，但咖啡進口量卻只有71,280噸，即使有龐大的人口，消費量卻明顯較低。中國人口是美國的4.2倍，然而咖啡需求量卻僅是美國的0.25倍，由此可知，中國的咖啡市場仍處於開發中的狀態，咖啡商機無限。

6　中商情報網。2015年中國咖啡消費市場分析。取自：http://m.askci.com/chanye/58715.html。

1-2　美國星巴克

一、星巴克介紹

　　星巴克為美國一家跨國連鎖咖啡店，也是全球最大的連鎖咖啡店，發源地與總部位於美國華盛頓州西雅圖。除咖啡之外，亦有茶飲等飲料，以及三明治、糕點等點心類食品。

　　星巴克成立於1971年，最初僅專賣咖啡豆，在轉型為現行的經營型態後開始快速展店，並成為美式生活的象徵之一，部分店鋪甚至與超級市場、書店等異業結盟，以複合式商店經營[7]。1996年，星巴克正式跨入國際，在東京銀座開了第一家海外咖啡店。星巴克截至2016年在全球有25,085家分店，其中有7,880家位於美國境內。

▷▷圖1-9　星巴克標誌

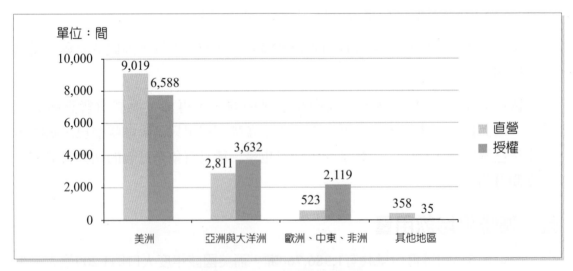

▷▷圖1-10　2016年星巴克各洲店數

資料來源：美國星巴克2016年財報；本個案自行繪製

7　維基百科。取自：https://zh.wikipedia.org/wiki/%E6%98%9F%E5%B7%B4%E5%85%8B。

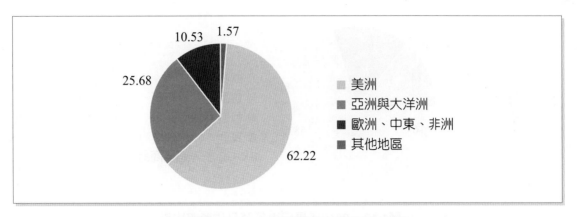

▷▷圖1-11　2016年星巴克各洲店數比重

資料來源：美國星巴克2016年財報；本個案自行繪製

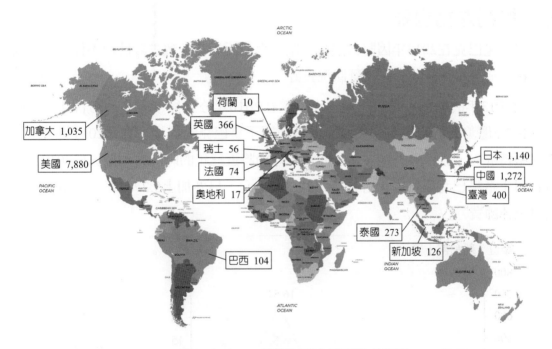

▷▷圖1-12　2016年星巴克全球店數分布圖

資料來源：美國星巴克2016年財報；本個案自行繪製

二、營收來源

　　星巴克主要營收有下列各項，包含飲料、食品、包裝的咖啡豆或是茶品，及其他周邊商品。根據星巴克公司2016年度的財務報表，可以明顯知道飲料佔銷售最大宗，而其次受歡迎的商品為食品及包裝咖啡及茶。

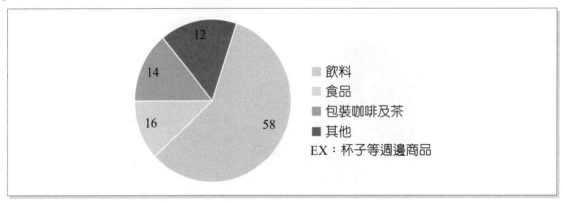

▷▷圖1-13　2016年星巴克各商品佔營收比重

資料來源：美國星巴克2016年財報；本個案自行繪製

三、簡易財務圖表

　　美國星巴克在2013年因賠付過高的賠償金和訴訟費導致營收狀況不佳之外，其餘均持續成長，代表此公司經營狀況良好。

　　而2013年的虧損，是由於星巴克期望在2010年終止與卡夫食品的合作，並願意支付7.5億美元的賠償金。但卡夫食品拒絕了星巴克的提議，到了2011年，星巴克又堅持解約，於是卡夫食品請求仲裁。經過將近三年的時間，仲裁員於2013年11月12日下令星巴克需為終止合約支付22.3億美元，另外加上5.27億美元的訴訟期間利息及律師費[8]。

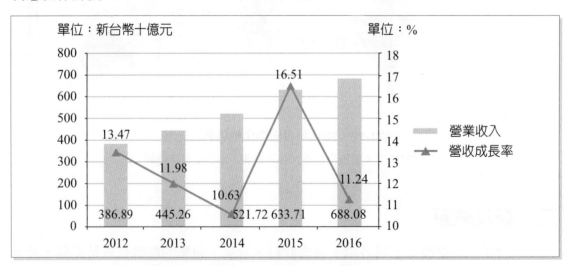

▷▷圖1-14　星巴克2012年至2016年營業收入及成長率

資料來源：美國星巴克2012年至2016年財報；本個案自行繪製

8　黃捷瑄（2013年11月13日）。與星巴克纏訟3年 卡夫獲28億天價賠償。大紀元。取自：http://www.epochtimes.com/b5/13/11/13/n4010182.htm。

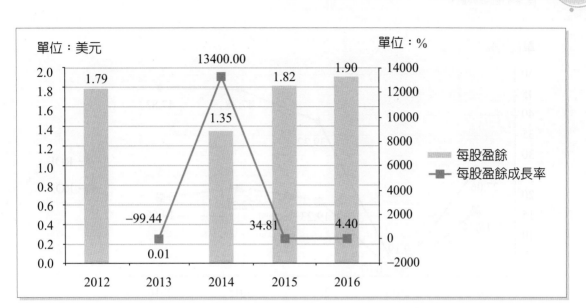

▷▷圖1-15　星巴克2012年至2016年每股盈餘

資料來源：美國星巴克2012年至2016年財報；本個案自行繪製

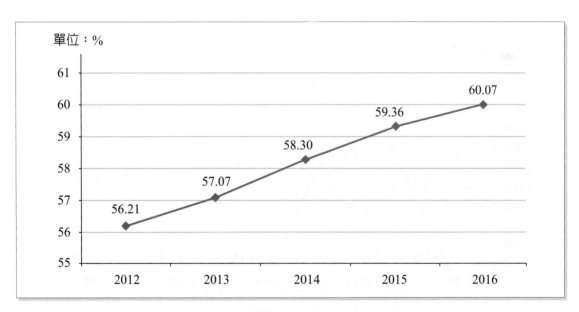

▷▷圖1-16　星巴克2012年至2016年毛利率

資料來源：美國星巴克2012年至2016年財報；本個案自行繪製

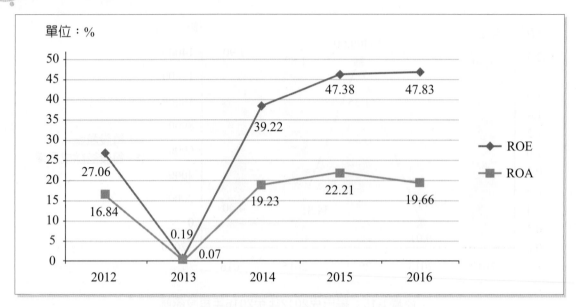

▷▷ 圖1-17　星巴克2012年至2016年ROE及ROA

資料來源：美國星巴克2012年至2016年財報；本個案自行繪製

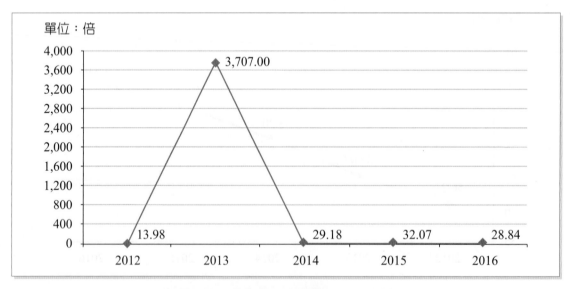

▷▷ 圖1-18　星巴克2012年至2016年本益比

資料來源：美國星巴克2012年至2016年財報；本個案自行繪製

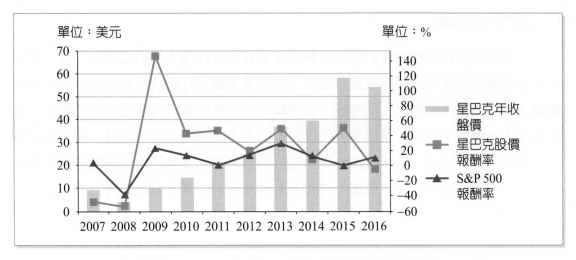

▷▷圖1-19　2007年至2016年收盤股價及股價報酬率

資料來源：Yahoo財經、Quotemedia；本個案自行繪製

　　從圖1-19中，可以明顯看出星巴克的報酬率都維持在一定的水準，是一間穩定成長的公司，除了2008年受到金融海嘯的關係受到影響，導致股價下跌至10美元以下，除此之外，星巴克的股價都呈現穩定的走勢。

四、中國市場

(一) 歷年店家數量

　　1999年星巴克於北京設立了首家咖啡店後，各地的分店像雨後春筍般蓬勃發展。截至2016年時，包含直營店及授權經營的店面已達到2,382間，尤其是2015到2016年的期間，其成長率高達31%，實為可觀。

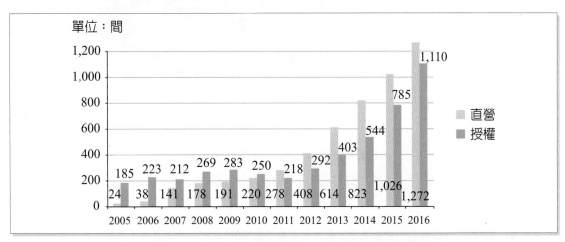

▷▷圖1-20　2005年至2016年中國星巴克店家數量

資料來源：statista；本個案自行繪製

(二) 店面分布圖

　　原本中國星巴克咖啡連鎖店主要與三家業者合資代理，分別是美大、統一和美心。這三家代理商的市場區域劃分如下：北京美大咖啡有限公司取得中國北方的代理權（北京和天津業務），臺灣統一集團取得蘇浙滬地區的代理權，南方地區（香港、澳門、廣東、海南、深圳等）的代理權則由香港的美心公司取得。星巴克在四川成都及重慶則與美心集團共同合作開發市場，大連及青島等則由星巴克以直營的方式設立店面。尤其是統一集團主導的上海星巴克，挾著上海高消費力，業績更是大幅成長[9]。

▷▷ 圖1-21　中國星巴克店面分布圖

資料來源：本個案自行繪製

9　林庭安（2017年7月28日）。星巴克史上最大交易案！花300億從統一手上買回上海經營權，目的何在？。經理人。取自：https://www.managertoday.com.tw/articles/view/54797。

(三) 亞洲星巴克營收與全球星巴克營收比較

星巴克亞洲地區的營收呈現正向成長趨勢，短短五年期間，營業收入即從21.02億上升到94.86億，其成長速度極快，由此可明顯推知，亞洲市場極具潛力。

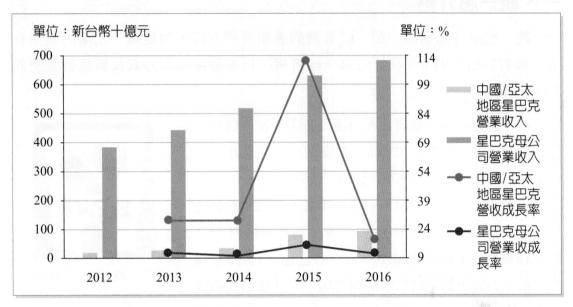

▷▷ 圖1-22　亞洲星巴克與全球星巴克2012年至2016年營收比較

資料來源：美國星巴克2012年至2016年財報；本個案自行繪製

五、小結

星巴克自1999年1月在北京國貿開設中國第一家門店以來，2000年進入上海，2002年進軍華南市場，透過代理方式迅速發展成僅次于美國的第二大市場。中國為星巴克最重要的海外市場，華東則是中國市場中的重中之重，它佔了中國市場的門市數量將近一半。

星巴克進入臺灣時曾持續虧損三年，而在上海僅用了1年又9個月就開始獲利，擁有近1,200家店數的上海是全球星巴克數量最多的城市[10]。

上海是中國的直轄市之一，其人口於2015年底，已達到2,415.27萬人數，而臺灣同年度總人口數為2,349.21萬人。光是一個直轄市的人口數量就高過於臺灣的人口總數，然而中國共有十二個直轄市，且上海市並非中國人口最多的城市，由此可見，中國市場十分具有潛力。

---

10 吳羚瑋、溫欣語、李莉蓉（2017年7月28日）。星巴克現在這個時候要在中國自己做，這事意味著什麼？。好奇心日報。取自：http://www.qdaily.com/articles/43500.html。

1-3 統一超商

一、統一超介紹

統一超商（簡稱統一超）是臺灣的連鎖便利商店，也是統一企業的關係企業，擁有7-ELEVEn在臺灣的永久經營權，以加盟連鎖的方式授權經營臺灣的7-ELEVEn。

統一超商目前為臺灣最大的便利商店業者，自1980年2月9日，第一家7-ELEVEn「長安門市」在臺北市長安東路開幕，至2017年10月已擁有5,161家門市，100%控股經營中國上海的7-ELEVEn達90家，持股55%的統一銀座超市在中國山東展店近300家，海外持股51.56%的菲律賓7-ELEVEn至2016年12月時已達到1,995家規模。最大的競爭對手為全家便利商店，與其並稱「超商雙雄」[11]。

▷▷ 圖1-23 統一超商標誌

二、基本資料

表1-1 統一超商簡介

2912 統一超	
上市別	證券交易所
最近上市日	1997/8/22
證期會代碼	2912
TSE 產業別	18
會計月份	12
統一編號	ID 22555003
國際證券編號	TW0002912003
電話	01-27478711
傳真	01-27478181

11 維基百科。取自：https://zh.wikipedia.org/wiki/%E7%B5%B1%E4%B8%80%E8%B6%85%E5%95%86。

2912 統一超	
網址	http://www.7-11.com.tw
電子信箱	spokesman@mail.7-11.com.tw
董事長	羅智先
總經理	陳瑞堂
發言人	吳國軒（副總經理）
財務經理	宗希勇（財務主管）
員工人數	40,084
實收資本額（元）	10,396,222,550
面額	10
幣別（IPO&面額）	新台幣
設立日期	1987/6/10

資料來源：臺灣經濟新報TEJ；本個案自行繪製

三、關係企業

▷▷ 圖1-24　統一超之關係企業

資料來源：統一超2016年年報；本個案自行繪製

四、簡易財務圖表

全球經濟緩慢復甦，中國經濟成長趨緩，美國啟動升息循環，新總統川普預計採國際貿易保護政策，再加上歐洲多國即將大選，亞洲地緣政治風險等因素，預期將為全球經濟增添不確定性，進而影響我國出口和整體經濟。

另一方面，勞動法規的修訂，帶動勞工權益提升，使人事費用相應增加，預期將影響服務業、餐飲業之營運模式及物價。

2016年臺灣出口值衰退1.7%，經濟成長率為1.50%，兩者雖皆較2015年改善，但顯示國內經濟環境仍然面臨嚴峻挑戰。

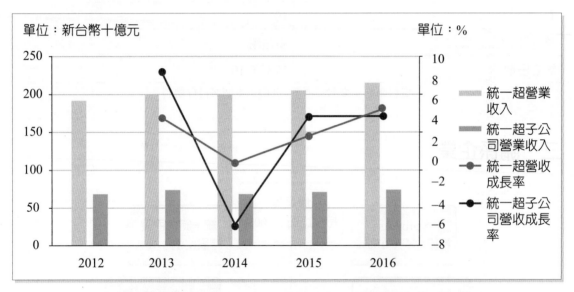

▷▷圖1-25　統一超母子公司2012年至2016年營業收入及成長率

資料來源：統一超2012年至2016年年報；本個案自行繪製

從圖1-25中了解到，除了2014年之外，不論是統一超還是統一超子公司都處於穩定成長的狀態。而2014年是因食安問題衝擊消費信心，導致統一超母公司及子公司營收成長走勢趨緩。

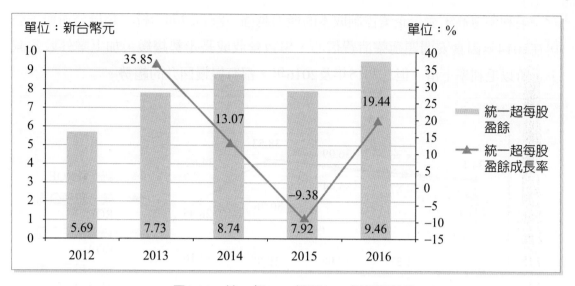

▷▷ 圖1-26　統一超2012年至2016年每股盈餘

資料來源：統一超2012年至2016年年報；本個案自行繪製

　　每股盈餘高，代表著公司每單位資本額的獲利能力高，這表示公司具有較佳的獲利能力，愈能吸引投資者投資該企業。而統一超2016年的每股盈餘爲新台幣9.46元。統一超表示2016年獲利成長爆發，是受惠於7-ELEVEn本業經營有成，CITY CAFÉ自2004年推出後，連續12年成長，由於咖啡已成爲帶動每日穩定來客主力之一，咖啡銷售成長，對營收、獲利均有助益。由此可知統一超獲利狀況穩健[12]。

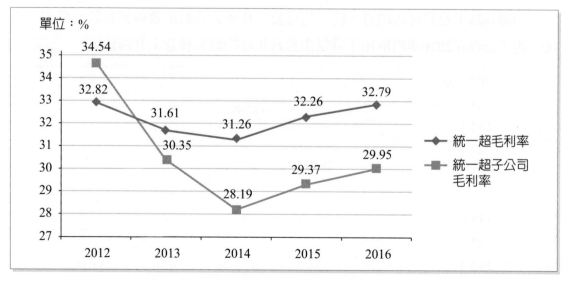

▷▷ 圖1-27　統一超母子公司2012年至2016年毛利率

資料來源：統一超2012年至2016年年報；本個案自行繪製

12 李至和（2017年2月25日）。統一超去年EPS 9.46元 業績會更好。經濟日報。取自：https://money.udn.com/money/story/5710/2306382。

　　毛利率愈高，表示企業控制成本的能力越強。圖1-27顯示統一超母公司與子公司在2014年因食安問題衝擊消費信心，導致營收成長走勢趨緩，加上業外收益減少，所以毛利率下滑。但在2015年及2016年，都有慢慢回升的趨勢。

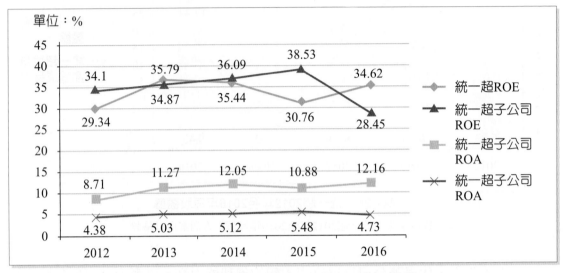

▷▷圖1-28　統一超母子公司2012年至2016年ROE及ROA

資料來源：統一超2012年至2016年年報；本個案自行繪製

　　ROA愈高表示企業使用總資產所獲取之報酬愈高，因此經營績效愈好。ROE愈高，則代表公司愈能替股東賺錢。

　　由圖1-28中我們可以知道，統一超母公司及子公司的績效與獲利狀況穩定。而統一超子公司在2016年的ROE下降是由於當年度的股東權益上升所致。

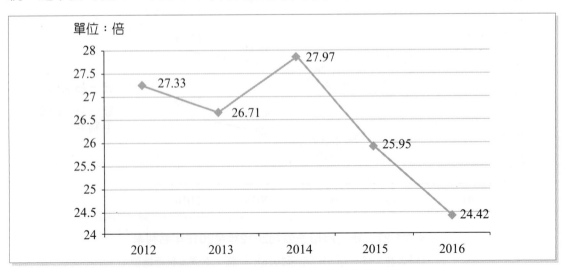

▷▷圖1-29　統一超2012年至2016年本益比

資料來源：統一超2012年至2016年年報；本個案自行繪製

本益比越大，對於投資人來說投資報酬率越低，但隱含公司未來成長潛力較大。由圖1-29可知統一超在2014年之後本益比逐年下降，表示投資報酬率上升。

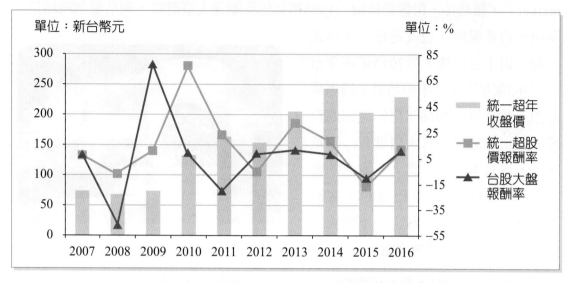

▷▷圖1-30　統一超2007年至2016年收盤股價及股價報酬率

資料來源：臺灣證券交易所；Yahoo財經；本個案自行繪製

2008年時，受到金融海嘯的影響，導致統一超股價有所下跌，所幸下跌幅度並不劇烈。後續因營收持續成長，股價長期發展受到投資人所認可，股價報酬率長期領先大盤。

五、臺灣星巴克

統一星巴克股份有限公司於1998年1月1日正式成立，是由美國Starbucks Coffee International公司與臺灣統一企業及統一超商合資成立，共同在臺灣開設經營Starbucks Coffee門市。1998年3月28日，臺灣第一家門市於臺北市天母開幕；2002年，第100間門市－臺南市長榮門市開幕。2015年12月1日，全臺灣有365家星巴克門市。其中119間座落於臺北市，截至2016年已有400家分店。臺灣星巴克於2012年的年營收飆升至59.52億元、稅後淨利4.67億元、稅後每股盈餘13.1元，營收與獲利雙雙再創歷史新高。

　　星巴克中國暨亞太區總裁卡爾弗（John Culver）於2015年春季在接受《天下雜誌》專訪時表示，臺灣一直是卡爾弗口中的亞太區優先市場（priority market），雖然小，但經營細緻。1998年星巴克剛進入臺灣時，預估整個市場頂多開出一百多家店，也就是每二十萬人一間；但十七年後，於2015年初全台已有365家星巴克，不但是最大的咖啡連鎖，並且到了2016年已經達到四百家分店，等於每六萬人口就有一家星巴克，比日本每十二萬人一家店的密度還高。2014年，星巴克的來客數三千八百多萬人次，較上一年度成長了五百八十萬人次的來客數。

　　2017年3月18日，第410間門市「澎湖喜來登門市」開幕，是星巴克相隔近9年後再度到澎湖開設門市[13]。

(一) 店面分布圖

　　臺灣1998年起，臺北開始有了第一間星巴克的蹤跡。經過將近20年的耕耘，臺灣星巴克的家店數成長到452間。可以明顯發現，星巴克據點集中在都會區，光是臺北市就有高達143間的營業據點；然而金門、馬祖這些外島地區，也還是能發現星巴克的蹤影。可以說，星巴克全力拓展在台的所有據點。

---

13 維基百科。取自：https://zh.wikipedia.org/wiki/%E6%98%9F%E5%B7%B4%E5%85%8B#%E5%8F%B0%E7%81%A3。

▷▷圖1-31　2017年10月統一星巴克店面分布圖

資料來源：統一星巴克官方網站；本個案自行繪製

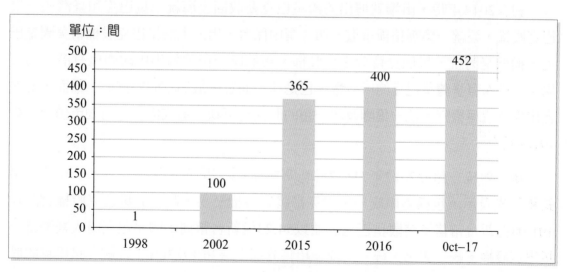

▷▷圖1-32　臺灣星巴克店家統計數

資料來源：維基百科、臺灣星巴克官方網站；本個案自行繪製

1-4 事件分析

一、事件始末

美國星巴克1996年進軍日本東京銀座，開出北美以外的第一家分店，開幕後業績立刻創下STARBUCKS全球紀錄。緊接著陸續進軍臺灣、香港、澳門、中國等市場，STARBUCKS雖然愈賣愈貴，但品牌形塑出一種喝STARBUCKS就是潮、就是高級的氛圍，所到之處業績皆爆紅。尤其是統一集團主導的上海星巴克，憑藉上海消費力，業績更是履創新高，在中國江浙滬地區短短十六年開出約1,230家門市，一年大賺超過新台幣41億元。

由於星巴克在中國發展順利，美國星巴克2011年率先與香港美心集團簽訂協議，收回中國廣東、海南、四川、陝西、湖北和重慶市的所有權；2014年又收回日本星巴克合資夥伴Sazaby League及市場公眾股東持有的所有股份，自己直營並主導市場。

約在2014年時，市場就傳出美國星巴克要收回上海統一星巴克和臺灣統一星巴克股權，經統一集團積極爭取，如今棄中保台，出清上海星巴克股權給美國星巴克，換取臺灣統一星巴克百分之百股權。雖然統一被迫退出中國如此有潛力的市場，但仍保有臺灣星巴克的所有權，已是「不滿意中最滿意的安排」。然而，此次賣出中國代理權時，統一集團及統一超的股價皆下跌，造成兩家公司之市值蒸發約491億元[14]。

統一與統一超於2017年7月27日晚間7時同步召開重大訊息，兩家公司的董事長羅智先表示，包括兩岸統一星巴克都將有股權交易，將上海星巴克股權合計以401.08億新台幣售予美國星巴克，並以54.23億新台幣向美國星巴克購入臺灣統一星巴克股權。統一表示，統一及統一超將分別出售20%及30%上海統一星巴克的股

---

14 楊雅民（2017年7月28日）。亞洲黑金太好賺 美星巴克一路割稻尾。自由時報。取自：http://news.ltn.com.tw/news/business/paper/1122324。

權給美國星巴克，並向美國星巴克分別購入20％及30％的臺灣統一星巴克股權。在股權交易案完成後，統一及統一超將持有100％臺灣星巴克股權[15]。

二、案件對股價影響

從圖1-33可以明顯看出，美國和臺灣的股價都受到此次交易的影響，且其下跌程度非常劇烈，表現出投資人對此次交易的失望。七月二十八，也就是交易發生後的隔天，兩家公司的股價分跌別了20元及5.47美元。而後，其股價也一路呈現下滑情形。

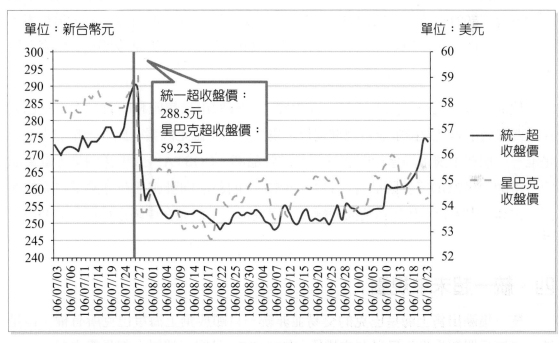

▷▷ 圖1-33　2017年7月至2017年10月美國星巴克與臺灣統一超股價走勢

資料來源：Quotemedia、臺灣證券交易所；本個案自行繪製

三、星巴克收回願景

星巴克收回股權原因是因為中國市場具有莫大的潛力。星巴克花費346.85億新台幣將中國華東市場所有門店營運權都收歸己有，透過此次收購，星巴克將取得包括江蘇、浙江和上海在內的華東市場共約1,300家門店100％的所有權。收購完成

---

15 林海（2017年7月28日）。兩岸星巴克 統一賣上海買臺灣。蘋果日報。取自：https://tw.appledaily.com/finance/daily/20170728/37730280。

後，星巴克將實現中國市場的全面直營管理，包括華東、華南和華北區的星巴克在中國全部2,800家門店成為星巴克直營門市。

星巴克公司在宣布收回中國市場全面直營權之後表示：「我們對中國的未來發展充滿信心，中國市場已經成為星巴克發展最快和門店最多的海外市場。」。

逐步實現中國市場直營只是星巴克加碼中國市場的一部分，在星巴克的規劃中，未來其在中國市場開店速度將會加速。星巴克公司在2016年曾公布了一個擴張計劃，在這個計劃中，未來5年星巴克會以每年500家新門市的速度繼續擴張，五年之後星巴克在中國市場的門市數量將擴張至5,000家。2017年，星巴克又一次強調「要實現到2021年將門市數從目前的2,800家發展至5,000家的目標。」，這也表示在四年的時間內，星巴克將要在中國再開2,200家門市，每天至少開出1.33家新門市。

然而，星巴克也面臨著風險，在中國一二線城市日趨飽和的背景下，星巴克在三四線城市的高速擴張能否穩健進行，為最大的不確定因素。此外，星巴克並不是唯一一個在中國市場進行門店擴張的咖啡品牌。COSTA、太平洋咖啡等歐美品牌，漫咖啡、ZOO等韓國品牌，以及中國本土的精品咖啡館都在分蝕星巴克的客源。尤其是中國新一代連鎖茶飲的崛起，這些都是星巴克在中國市場最大的競爭對手[16]。

四、統一超未來規劃

統一集團出售上海星巴克的交易並非統一自願放棄上海星巴克所有權，而是統一董事長羅智先先生早已有安排[17]，在2017年6月統一超鮮食部長梁文源公開表示：「統一超商投入大量決心建立咖啡供應鏈，從設備、咖啡原料廠、咖啡配方及製程研發都自己來。」證實統一將要實行「一條龍」的咖啡生產。統一超利用與星巴克交換持股所得資金，為咖啡豆批發生意建構軍備。

從1985年，統一在超商門市賣現煮的滴漏式咖啡，但短短4年就收攤；2001年，成立統一星巴克後的第3年，統一又在超商開「街角咖啡館」，賣起現煮研磨咖啡，但市場反映不佳，很快就敗陣下來。

---

16 何險峰（2017年7月31日）。星巴克為何偏愛中國故事。北京晨報。取自：http://big5.xinhuanet.com/gate/big5/us.xinhuanet.com/2017-07/31/c_129668539.htm。

17 趙曼汝（2017年7月27日）。統一為什麼要賣掉上海星巴克這隻小金雞？天下雜誌。取自：https://www.cw.com.tw/article/article.action?id=5084100。

又過了3年，平價咖啡熱潮在臺灣出現，統一超商第三度挑戰咖啡市場，開出「CITY CAFÉ」新品牌，但年銷量不到270萬杯，初期表現仍岌岌可危。

統一主管透露，當時有口味與設備2大問題，而統一星巴克這時已在臺灣嶄露頭角，變成統一超咖啡團隊內部取經學習的對象。

咖啡同業指出，在亞洲市場，星巴克是以新加坡為基地，進口原料烘焙，然後再供應給亞洲各地門市，同時透過嚴謹的授權合約，將咖啡上游的技術鎖在新加坡，照理來說，代理商很難模仿。

然而，臺灣星巴克與7-ELEVEn畢竟都在統一集團旗下，集團主管透露，就算有人員輪調或是招募對方離職員工也不稀奇，因此，CITY CAFÉ的口味調整就是由具統一星巴克背景的團隊出手搶救，目標是「盡量貼近星巴克」。

為了落實這個策略，星巴克機器用瑞士咖啡機龍頭廠Thermoplan，統一就到瑞士找實力相當的咖啡機大廠Egro；影響口感關鍵的咖啡豆，星巴克委外契作，統一也可以到同一國家與地區，找其他農夫收購類似品質的咖啡豆；同時也學習星巴克的品管制度，統一超培訓自己的杯測師團隊。

經過這段轉型改造後，原本不起眼的CITY CAFÉ，靠著口味類似星巴克、但價格只要一半的高CP值，從2016年就變成年賣約3.2億杯、年營收破百億元的賺錢生意。

除了能夠供應自家旗下逾5千家的超商通路，星巴克協助開闢出的中國咖啡文化，這個極具成長性的市場，自然也會在羅智先的咖啡豆批發布局之列。雖然，統一仍難以打入星巴克自成體系的供應鏈，但保留臺灣星巴克經營權，卻是能讓統一繼續掌握人才、取經咖啡豆口味等技術、跟上國際潮流的關鍵之鑰，因此必須留住。

反觀，在統一超團隊眼中，上海星巴克近年雖處於成長高峰期，去年淨利大賺約新台幣41億元，但統一超依股權認列損益金額還不到10億元，而且現在中國連鎖

餐飲市場陷入激烈的紅海競爭，統一就算多搶到幾年的上海星巴克經營權，要拚更亮眼的展店成績也有很大難度。

或許，就如一位統一超主管所說，一次拿回未來20年的打工錢，不見得是壞事，「也許現在看來是星巴克佔便宜，但5年後，誰輸誰贏還很難說？」從咖啡豆進口、烘焙加工到國內及海外據點銷售，一條龍的服務模式，並將之運用在國內、海外據點上，相信將來統一超也能發展出獨幟一格的咖啡藍海[18]。

1-5 統一企業中國

統一企業中國簡稱統一中控，是臺灣食品製造商統一企業旗下的控股公司，爲中國非碳酸飲料及方便麵的台資製造商。主要飲料產品爲果汁飲料及即飲茶。

2008年，統一集團旗下的統一中國控股營運總部於上海市長寧區臨空經濟園區動工。八年後，統一中控公布在2015年中國獲利高達8.35億人民幣，大幅成長1.92倍。爲落實本土化，由中國四川籍的劉新華接任董事長[19]。

▷▷圖1-34　統一企業中國標誌
資料來源：維基百科

統一超與統一企業中國都有代理其它品牌產品，但從統一企業中國近年來的財務報表，可以明顯看出獲利狀況逐漸在衰退。而統一超的狀況卻相對穩定，由此可知代理一個好的品牌是非常重要的。

一、簡易財務圖表

從營業收入來看，其狀況穩定，而從營收成長率看來卻在慢慢下降。營收下跌主要是由於2016年下半年飲品業務持續進行營運變革之推動，依照飲品季節需求調整銷售節奏，與去年同期產生較大落差，毛利下降至台幣335.9億元，毛利率由去年

---

18 林洧楨（2017年8月2日）。羅智先的野心：咖啡豆大王。商周雜誌。取自：https://magazine2.businessweekly.com.tw/Article_mag_page.aspx?id=65122&p=0。

19 維基百科。取自：https://zh.wikipedia.org/wiki/%E7%B5%B1%E4%B8%80%E4%BC%81%E6%A5%AD%E4%B8%AD%E5%9C%8B。

同期之36.83%下降2.4個百分點至34.43%，主要受大宗原物料採購價格上升等因素的影響[20]。而統一企業中國營業費用從38.04下降至32.41，帶動整體績效大幅提升。

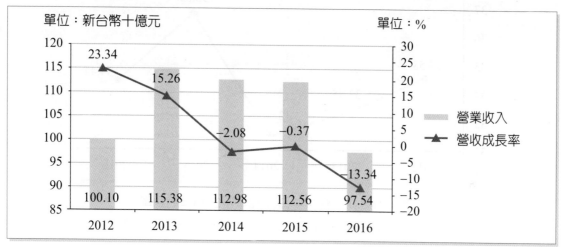

▷▷圖1-35　統一企業中國2012至2016年營收成長率

資料來源：統一中控2012年至2016年年報；本個案自行繪製

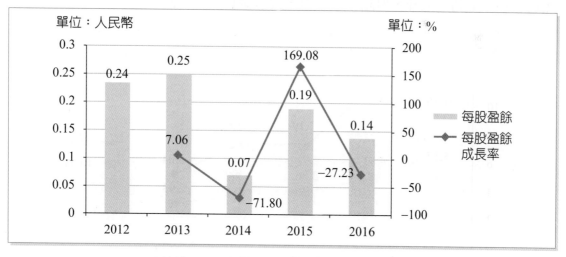

▷▷圖1-36　統一企業中國2012年至2016年每股盈餘

資料來源：統一中控2012年至2016年年報；本個案自行繪製

從圖1-36看來，統一企業中國公司的每股盈餘在慢慢地下跌，代表此公司的獲利狀況正慢慢衰退。

---

20 吳梓泳（2017年8月10日）。統一企業中國淨利下滑26.5% 飲品業務現較大落差。香港商報。取自：http://www.hkcd.com/content/2017-08/10/content_1060646.html。

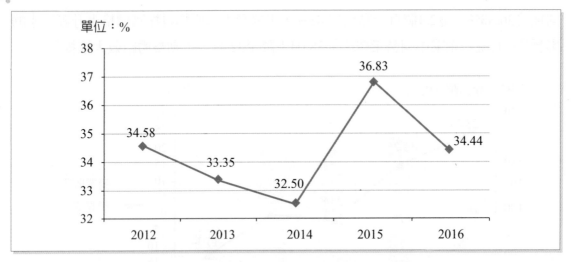

▷▷ 圖1-37　統一企業中國2012年至2016年毛利率

資料來源：統一中控2012年至2016年年報；本個案自行繪製

　　圖1-37顯現2012至2014年毛利率呈現下滑趨勢，代表成本的控管狀況不佳，雖然在2015年毛利率上升，但隔年又下滑，沒有維持成本控制。

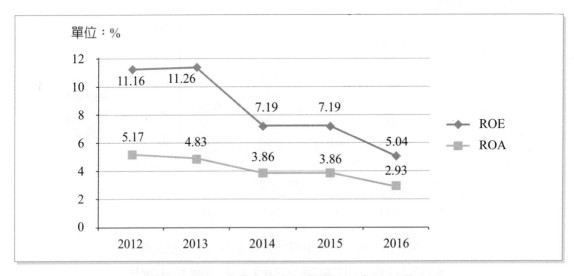

▷▷ 圖1-38　統一企業中國2012年至2016年ROE及ROA

資料來源：統一中控2012年至2016年年報；本個案自行繪製

　　ROA與ROE愈高表示的經營績效愈好，從圖1-38得知，統一企業中國ROA與ROE是下滑的趨勢，代表該公司的經營能力逐年下降。

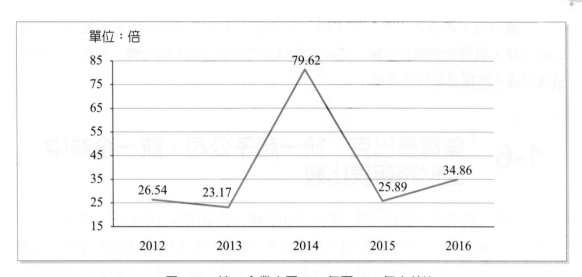

▷▷ 圖1-39　統一企業中國2012年至2016年本益比

資料來源：統一中控2012年至2016年年報；本個案自行繪製

　　本益比越大，對於投資人來說其報酬率越低。而2014年的營收績效受到臺灣食安風暴事件的影響，導致當年的本益比突然飆高，事件過後，本益比又降回正常數值。

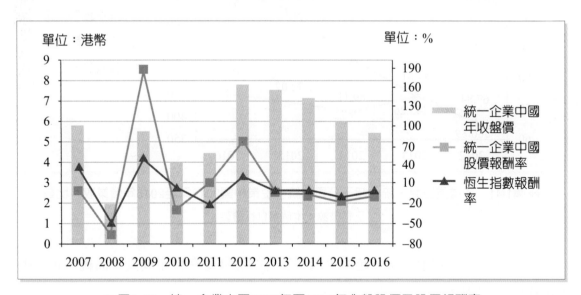

▷▷ 圖1-40　統一企業中國2007年至2016年收盤股價及股價報酬率

資料來源：香港證券交易所；Yahoo財經；本個案自行繪製

金融海嘯，影響著全球市場，統一中控也不例外。由圖1-40明顯能看出，在2008年時，股價受到劇烈影響，從原本5.83港幣直接降到1.92港幣。而後，其股價迅速回漲，恢復正常股價走勢。

1-6　美國星巴克、統一超子公司、統一企業中國財務報表比較

此章節比較美國星巴克、統一超子公司及統一企業中國三間公司，透過此三家公司財務報表比較，這些公司的財務報表比較，藉以明瞭相較於美國的規模，臺灣的星巴克簡直是九牛一毛，也就是說，統一超若要做到像美國一樣龐大的市場，仍需要再接再勵。

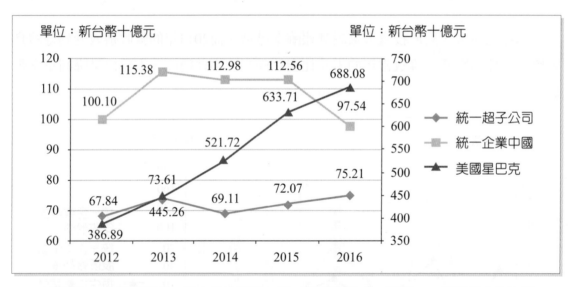

▷▷圖1-41　美國星巴克、統一超子公司、統一企業中國2012年至2016年營業收入比較

資料來源：本個案自行繪製

從圖1-41可以知道，統一超與美國星巴克的發展是在穩定成長，而統一企業中國卻是逐年衰退。

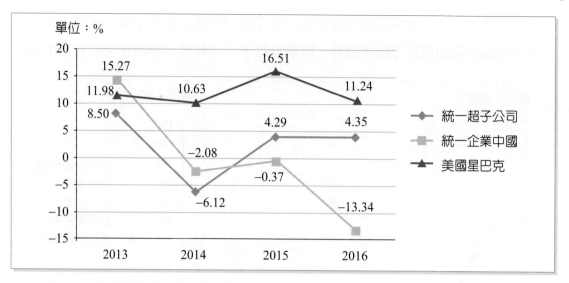

▷▷圖1-42　美國星巴克、統一超子公司、統一企業中國2013年至2016年營收成長率比較

資料來源：本個案自行繪製

　　統一超除了2014年食安風暴導致營收成長為負之外，其它年與美國星巴克一樣成長率皆為正，代表這兩家公司的成長狀況都很穩定，但統一企業中國2014年開始成長率皆為負，並且每況愈下，代表此公司逐漸衰退中。

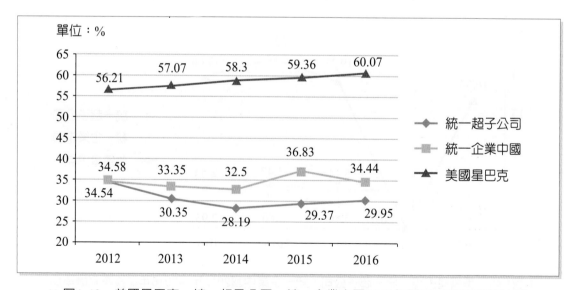

▷▷圖1-43　美國星巴克、統一超子公司、統一企業中國2012年至2016年毛利率比較

資料來源：本個案自行繪製

從毛利率看來，美國星巴克高於統一超子公司與統一企業中國，代表美國星巴克本身產品的附加價值不斷再提升，而統一超子公司與統一中國企業則較為平穩。

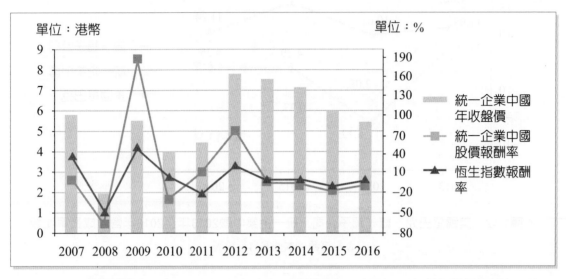

▷▷圖1-44　美國星巴克、統一超子公司、統一企業中國2012年至2016年股東權益報酬率比較

資料來源：本個案自行繪製

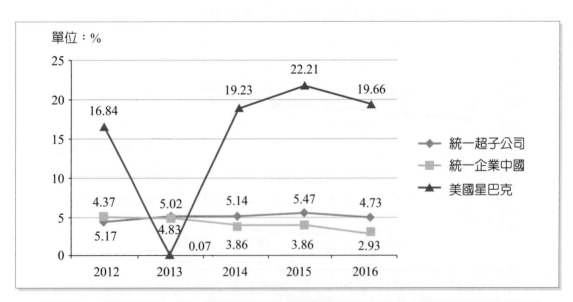

▷▷圖1-45　美國星巴克、統一超子公司、統一企業中國2012年至2016年總資產報酬率比較

資料來源：本個案自行繪製

　　除了2013年之外，美國星巴克的ROE與ROA都比統一超子公司與統一中國企業高，代表美國星巴克的獲利能力相對較佳。

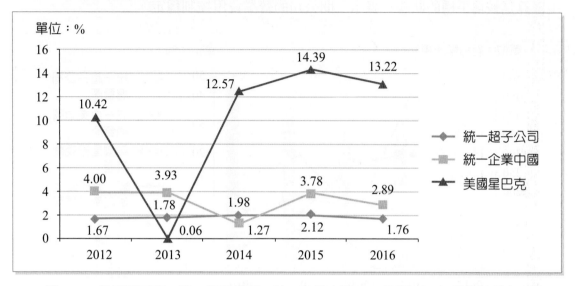

▷▷ 圖1-46　美國星巴克、統一超子公司、統一企業中國2012年至2016年稅後淨利率比較

資料來源：本個案自行繪製

　　除了2013年之外，可以發現美國星巴克的淨利率都較統一超子公司及統一企業中國高，代表美國星巴克的經營獲利能力相對其他兩家公司，較為穩定且成長率較佳。

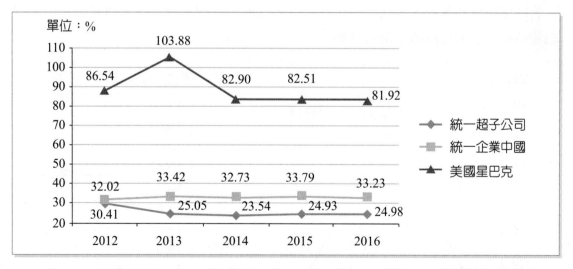

▷▷ 圖1-47　美國星巴克、統一超子公司、統一企業中國2012年至2016年營業費用率比較

資料來源：本個案自行繪製

　　營業費用率代表營業過程中的費用支出，費用支出越小，獲利水準越高。從圖1-47中可以發現，統一超子公司支付的費用相對其他兩者高。但三間公司的營業費用率算是較為平穩的狀態，表示三間公司的營業費用控制穩定。

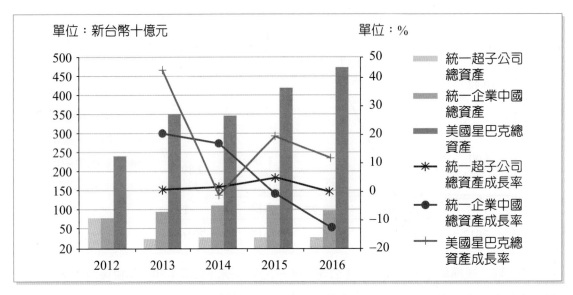

▷▷圖1-48　美國星巴克、統一超子公司、統一企業中國2012年至2016年總資產及成長率比較

資料來源：本個案自行繪製

　　從圖1-48可以發現統一超子公司的資產成長率較為穩定，而美國星巴克2014年因積極地向海外擴張，因此總資產增加，但其他年狀況還算穩定，而統一企業中國總資產成長率則是持續下滑的走勢。

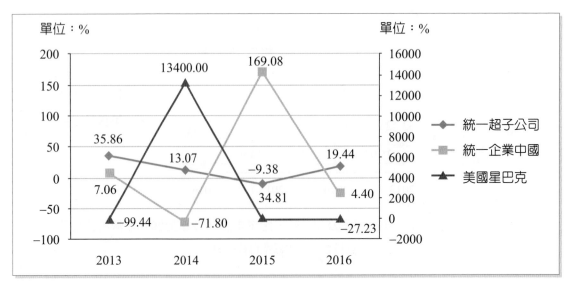

▷▷圖1-49　美國星巴克、統一超子公司、統一企業中國2013年至2016年每股盈餘成長率比較

資料來源：本個案自行繪製

　　美國星巴克在2013由於賠償事件導致每股盈餘異常過低，因此於2014年每股盈餘的成長率爆增。圖1-49中，統一企業中國公司的每股盈餘於2016年下跌，代表此公司的獲利狀況衰退。統一超子公司2016年獲利成長爆發，是受惠於7-ELEVEn本業經營有成，CITY CAFÉ自2004年推出，連續12年成長，由於咖啡已成為帶動每日穩定來客主力之一，咖啡銷售成長，對營收、獲利均有所助益。由此可知統一超獲利狀況穩健。

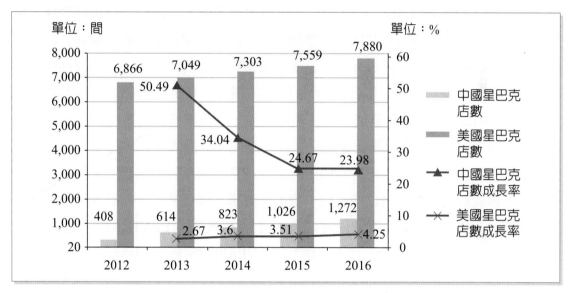

▷▷ 圖1-50　星巴克2012年至2016年美國與中國店數成長比較

資料來源：本個案自行繪製

　　從圖1-50中店家數的成長率來看，中國市場的成長力道在2013年開始下滑，但其成長率仍高於美國本土。由此可知，中國雖仍十分具有潛力，但成長力道趨緩。

1-7 案件延伸—探討統一進軍菲律賓

　　由於看好零售通路在菲律賓的發展潛力，統一超商在經過11個月的評估之後，於2000年決定購買菲律賓7-ELEVEn公司52.22%的股權，總投資金額為菲幣9.92億披索（約折合新台幣6.55億元）。整個簽約儀式由統一集團總裁高清愿及菲律賓7-ELEVEn總裁Mr. Paterno代表於菲律賓簽署完成，而統一企業總經理林蒼生及統一超商總經理徐重仁也共同參與整個過程。該合作案最重要的意義在於統一超商將在臺灣的經營技能延伸海外，是首次將本業跨足至海外市場，進而成為國際化的公司。統一超商也實現了開設2,000家店時的願景：和世界做鄰居，透過結合菲律賓7-ELEVEn達成國際共購或引進當地的商品，讓消費者能夠享受更多樣化的商品。菲律賓7-ELEVEn股權購買案顯示了統一超商已具備國際化的經營實力。由於統一超商在臺灣累積多年的經營經驗，無論在經營管理或行銷展店上，皆具備相當的實力，因此統一超商能將這些行銷、物流、資訊、展店系統、有計劃的引進菲律賓，使得菲律賓7-ELEVEn能夠快速成長。當然，美國7-ELEVEn的支持也是促成股權購買案成功的重要因素，代表美國7-ELEVEn也肯定統一超商經營海外市場的能力。

　　菲律賓7-ELEVEn成立於1982年，在開出10家店之後轉虧為盈，是一家經營穩健、政商關係良好的優良企業。門市大部分集中於馬尼拉地區，是菲律賓的便利商店中的第一品牌。以當地的經濟狀況而言，經營體質相當好[21]。

　　統一超海外持股52.22%的菲律賓7-ELEVEn至2016年12月時已達到1,995家規模。16年的時間，統一超利用自己紮實的擴店手法，讓菲律賓的家店數迅速提高至將近兩千家店，其成長速度驚人。不僅，能確定菲律賓未來的發展潛力，也能令投資人對於統一超的前景感到十分有信心。

　　圖1-51為2010年至2016年，統一超商在菲律賓展店的數據資料。從圖1-51能清楚知曉，統一超商的據點是不斷向上攀升，且成長速度十分快速，這都是和菲律賓人飲食習慣有關，菲國人習慣喝下午茶、吃點心，而統一超商所販售的商品也是屬於"當正餐不夠，當零食能飽"的食品，因此受到菲國人的喜愛。

---

21 7-ELEVEn官方網站。（2000年10月2日）。統一超商購買菲律賓7-ELEVEn 50.4%股權實現「和世界做鄰居」的願景、邁向國際化。取自：https://www.7-11.com.tw/company/news_page.asp?dId=60。

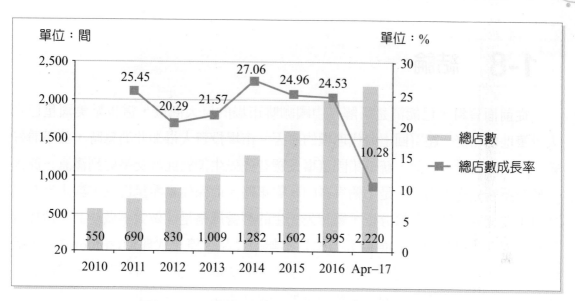

▷▷圖1-51　菲律賓統一超商2010年至2016年店數成長圖

資料來源：統一超年報；本個案自行繪製

　　圖1-52所呈現的是統一超商在菲律賓的營業收入及成長率。透過圖1-52，能發現其營收成長逐年遞增，因此能推算出統一超商在菲律賓當地受到喜愛的程度。由於統一超商販售的商品種類繁多，不論是熱食或冷飲，一年四季所有客戶的需求皆能滿足，這是使營收成長能往上增長的原因。

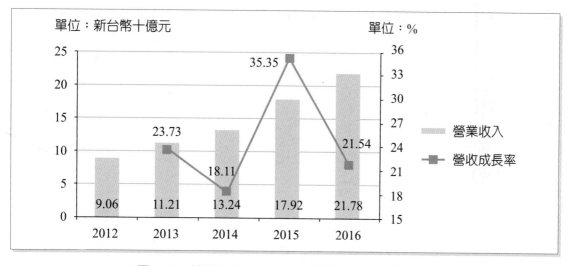

▷▷圖1-52　菲律賓統一超商2012年至2016年營收成長圖

資料來源：統一超年報；本個案自行繪製

1-8　結論

　　從前面資料，已能清楚了解，中國咖啡市場的巨大商機，這也是美國星巴克大手筆地要和統一超買回上海代理權的原因。市場投資人得知此消息時，並不看好統一未來的發展。然而，統一集團董事長羅智先先生卻對此次交易感到滿意，原因在於對羅智先先生而言，是小輸為贏的應對策略。而保住臺灣星巴克，對未來布局具有重要意義。統一幕僚分析，羅智先先生的經營風格是「做大不做小」，他操盤將臺灣無印良品股權以10億餘元賣給日本無印良品、停止代理Afternoon Tea等品牌，就是放掉小生意的思維。因此，失去年營收280億元的上海星巴克，這個缺口統一也想從別的大生意補回。羅智先常把「專注本業」掛在嘴上，而統一的本業就是進口原料、加工生產，然後透過超商等通路賣掉進而獲利。因此，咖啡這盤生意要做大，比起幫人作嫁的代理品牌，進口咖啡豆、烘焙加工，然後送進臺灣及海外通路賣掉的一條龍模式，才能產生最大獲利[22]。

　　許多人認為美國星巴克此次買回上海星巴克代理權，若非統一處於被迫狀態，相信統一並不會有此舉動。所幸，統一董事長羅智先先生已有安排，從咖啡豆進口、烘焙加工到國內及海外據點銷售，一條龍模式。再加上，從臺灣累積的據點擴店手法，應用在菲律賓或其它海外市場，讓統一能創造出未來宏大的咖啡版圖。

---

22 林洧楨（2017年8月2日）。羅智先的野心：咖啡豆大王。商周雜誌。取自：https://magazine2.businessweekly.com.tw/Article_mag_page.aspx?id=65122&p=0。

1. 你認為全球咖啡需求量增加的原因為何？這樣的情況會對哪些產業造成威脅？

2. 站在統一超的角度，你是否會答應出售上海星巴克的股權，原因為何？

3. 請分析統一超出售上海星巴克的利與弊，並分享對於統一董事長羅智先先生策略的看法。

資料來源

1. 7-ELEVEn官方網站2000年10月2日。統一超商購買菲律賓7-ELEVEn50.4%股權實現「和世界做鄰居」的願景、邁向國際化。取自：https://www.7-11.com.tw/company/news_page.asp?dld=60。

2. International Coffee Organization國際咖啡組織。取自：http://www.ico.org/。

3. Quotemedia。取自：http://www.quotemedia.com/。

4. Stasistic統計網站。取自：https://www.statista.com/topics/1246/starbucks/。

5. 臺灣證券交易所。取自：http://www.twse.com.tw/zh/。

6. 何險峰（2017年7月31日）星巴克為何偏愛中國故事。北京晨報。取自：http://www.morningpost.com.cn/。

7. 林洧楨（2017年8月2日）羅智先的野心：咖啡豆大王。商業周刊雜誌。取自：http://www.businessweekly.com.tw/。

8. 林庭安（2017年7月28日）星巴克史上最大交易案！花300億從統一手上買回上海經營權，目的何在？。經理人，銷售與行銷。取自：https://www.managertoday.com.tw/articles/category/g_sales_marketing。

9. 美國星巴克官方網站。取自：https://www.starbucks.com/。

10. 胡郁欣（2015年11月01日）非洲的咖啡熱。工商時報。取自：http://www.chinatimes.com/newspapers/2602。

11. 香港證券交易所。取自：http://www.hkex.com.hk/?sc_lang=zh-HK。

12. 國立臺中科技大學之臺灣經濟新報資料庫。取自：http://lib.nutc.edu.tw/bin/home.php。

13. 統一公司官方網站。取自：https://www.uni-president.com.tw/04business/departments02.asp。

14. 統一超官方網站。取自：http://www.pecos.com.tw/group.html。

15. 黃捷瑄（2013年11月13日）與星巴克纏訟3年 卡夫獲28億天價賠償。大紀元。取自：https://www.epochtimes.com/b5/。

16. 楊雅民（2017年7月28日）亞洲黑金太好賺 美星巴克一路割稻尾。自由時報電子報。取自：http://www.ltn.com.tw/。

17. 馬岳琳（2015年4月2日）。亞洲瘋咖啡 消費量登第一。天下雜誌。取自：https://www.ettoday.net/news/20150402/487592.htm。

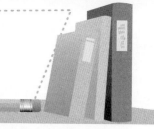

18. 黃欣（2008年6月27日）。巴西霜害威脅 咖啡價格創3個月新高 年度庫存將降至48年新低。鉅亨網。取自：https://www.wearn.com/stock05/topic.asp?cat_id=19&forum_id=110&topic_id=130141。

19. 秦飛（2011年4月28日）。咖啡價格創34年新高。大紀元。取自：http://www.epochtimes.com/b5/11/4/28/n3241402.htm。

20. 蘇惠（2014年8月28日）。咖啡最大出產國巴西歉收 期貨價漲77%。大紀元。取自：http://www.epochtimes.com/b5/14/8/28/n4234918.htm。

21. 中商情報網。2015年中 咖啡消費市場分析。取自：http://m.askci.com/chanye/58715.html。

22. 維基百科。取自：https://zh.wikipedia.org/wiki/%E6%98%9F%E5%B7%B4%E5%85%8B。

23. 吳羚瑋、溫欣語、李莉蓉（2017年7月28日）。星巴克現在這個時候要在中國自己做，這事意味著什麼？。好奇心日報。取自：http://www.qdaily.com/articles/43500.html。

24. 維基百科。取自：https://zh.wikipedia.org/wiki/%E7%B5%B1%E4%B8%80%E8%B6%85%E5%95%86。

25. 李至和（2017年2月25日）。統一超去年EPS 9.46元 業績會更好。經濟日報。取自：https://money.udn.com/money/story/5710/2306382。

26. 維基百科。取自：https://zh.wikipedia.org/wiki/%E6%98%9F%E5%B7%B4%E5%85%8B#%E5%8F%B0%E7%81%A3。

27. 林海（2017年7月28日）。兩岸星巴克 統一賣上海買臺灣。蘋果日報。取自：https://tw.appledaily.com/finance/daily/20170728/37730280。

28. 趙曼汝（2017年7月27日）。統一為什麼要賣掉上海星巴克這隻小金雞？。天下雜誌。取自：https://www.cw.com.tw/article/article.action?id=5084100。

29. 維基百科。取自：https://zh.wikipedia.org/wiki/%E7%B5%B1%E4%B8%80%E4%BC%81%E6%A5%AD%E4%B8%AD%E5%9C%8B。

30. 吳梓泳（2017年8月10日）。統一企業中國淨利下滑26.5% 飲品業務現較大落差。香港商報。取自：http://www.hkcd.com/content/2017-08/10/content_1060646.html。

個案2
三年消失的77億碗泡麵
外賣APP的威脅

　　隨著人們生活步調加快，解決三餐的時間也要求快速，泡麵短時間內可填飽肚子的特性，成為我們的最佳夥伴，又因為其經濟實惠、方便取得，各大便利商店與量販店都可以看到它的蹤跡，因此泡麵在現代人的飲食生活中是不可或缺的一環。但是近年來，一個新的威脅——外賣 APP 衝擊了泡麵市場，外賣 APP 使得消費者不用出門就可以吃到美食，同時擁有更多的選擇，加上操作簡單、點餐快速的特性，使其慢慢地成為消費者心中的首選，逐漸取代泡麵的地位。

　　本章探討泡麵市場受到外賣 APP 崛起之影響，先分別介紹泡麵市場與外賣市場，再對統一中國、康師傅、日本日清以及韓國農心四家泡麵廠商進行財務分析以及比較。面對外賣 APP 的衝擊之下，四家廠商受到什麼樣的影響？本個案對其發展銷售以及競爭格局進行深入剖析。

本個案由中興大學財金系（所）陳育成教授與臺中科技大學保險金融管理系（所）許峰睿副教授依據具特色臺灣產業並著重於產業國際競爭關係撰寫而成。並由中興大學財金所吳敏瑜同學及臺中科技大學保險金融管理系駱奕馨、藍家綺同學共同參與討論。期能以深入淺出的方式讓讀者們一窺企業的全球布局、動態競爭，並經由財務報表解讀企業經營成果。

2-1 泡麵市場介紹

一、中國網路外賣崛起－衝擊泡麵市場

中國外賣市場近年來快速崛起，2016年成長高達33%，2017年預估也將有23%的成長，根據專家分析，首當其衝的就是泡麵銷售量，中國近年泡麵市場衰退原因之一就是受到外賣的衝擊。

艾媒諮詢發布2017上半年中國線上餐飲外賣市場研究報告指出，由於多年的市場培養和用戶習慣引導，中國線上餐飲外賣市場已經成熟，整個市場規模預計將在2017年底超過人民幣2,000億元，年增率為23%。

相較之下，中國泡麵的總需求，自2013年起已經連續四年遞減。業內人士指出，網路外賣崛起，取代了泡麵的需求。根據世界泡麵協會的統計數據，2016年的泡麵總需求為385.2億份，相較2013年的462.2億份，減少了77億份，跌幅達16.7%。

中國企業家報導，關於泡麵市場面臨衰退的原因，與市場變化和品牌自身產品的更迭有關，隨著消費水準的提高，消費者更注重健康食品，泡麵給人不健康、沒營養的刻板印象，而網路訂餐平台的興起，從通路上代替了泡麵，擠壓部分需求。網路外賣崛起、農民工群體消費升級等客觀因素的變化，讓泡麵的產品屬性，已從主流食品成為邊緣化的補充性食品[1]。

1　林宸誼（2017年8月25日）。衝擊泡麵 少賣77億包。經濟日報。取自：https://udn.com/news/story/7333/2662800。

二、泡麵歷史與消費現況

(一) 泡麵歷史

　　泡麵，又稱方便麵、快熟麵、即食麵、快速麵、快餐麵，是一種可在短時間之內煮熟食用的麵製食品。泡麵的原理是利用棕櫚油將已煮熟與調味的麵條硬化，並壓製成塊狀，食用前以熱水沖泡，用熱水溶解棕櫚油，並將麵條加熱泡軟，數分鐘內便可食用。在現代的盒裝泡麵發明之前，在中國清代已經出現了與之類似的油炸麵條，這種麵條被稱爲伊麵，而非油炸的麵條則可以追溯公元前205年韓信軍隊發明的「䭔麵」[2]。

(二) 世界泡麵總消費排行榜

　　世界泡麵協會（WINA）資料統計中，泡麵總消費量排行，以亞洲位居第一。2012年至2016年亞洲的泡麵消費量佔世界總消費量的8成5以上；進一步分析亞洲地區的狀況，在2016年排行中，中國的泡麵消費量爲世界第1名，日本的泡麵消費量爲世界第3名，韓國的泡麵消費量爲世界第7名，而臺灣的泡麵消費量爲世界第16名。

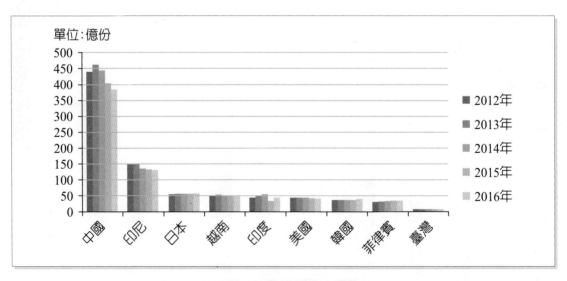

▷▷圖2-1　各國泡麵消費量

資料來源：世界泡麵協會統計；本個案自行繪製

2　維基百科。取自：https://zh.wikipedia.org/wiki/%E5%8D%B3%E9%A3%9F%E9%BA%B5。

(三) 泡麵消費成長

⊞表2-1　全球泡麵總消費量

單位：億份

	國名（地名）	2012年	2013年	2014年	2015年	2016年
1	中國	440.3	462.2	444.0	404.3	385.2
2	印尼	147.5	149.0	134.3	132.0	130.1
3	日本	54.1	55.2	55.0	55.4	56.6
4	越南	50.6	52.0	50.0	48.0	49.2
5	印度	43.6	49.8	53.4	32.6	42.7
6	美國	43.4	43.5	42.8	42.1	41.0
7	韓國	35.2	36.3	35.9	36.5	38.3
8	菲律賓	30.2	31.5	33.2	34.8	34.1
16	臺灣	7.8	7.5	7.1	6.8	7.7

資料來源：世界泡麵協會統計；本個案自行繪製

　　由表2-1可知，2016年中國的泡麵消費成長率為-4.72%、日本的泡麵消費成長率為2.17%、韓國的泡麵消費成長率為4.93%、臺灣的泡麵消費成長率為13.24%，而全球對泡麵的消費成長率為負0.19%。

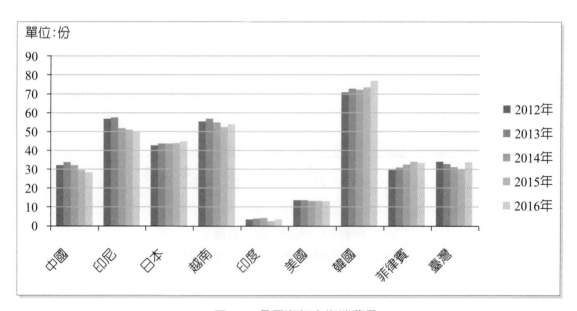

▷▷圖2-2　各國泡麵人均消費量

資料來源：世界泡麵協會統計；本個案自行繪製

　　韓國對泡麵的平均消費量是最多的，平均一年每人吃了63.8份泡麵；相較於人口數最多的中國而言，中國每人平均只吃了27.91份泡麵，顯得少了許多。

　　在這9個國家中，我們特別針對中國、日本、韓國以及臺灣市場需求做更深入的探討，了解泡麵市場的發展性、各地消費者的消費習慣、四個國家泡麵品牌的市場趨勢，及面對威脅採行的措施。

表2-2　2016年平均每人泡麵消費量排名

單位：份／人

排名	2016年平均每人泡麵消費量排名	
1	韓國	63.80
2	越南	53.48
3	印尼	49.85
4	日本	44.57
5	美國	33.47
6	臺灣	33.47
7	菲律賓	33.11
8	中國	27.91
9	印度	3.23

資料來源：世界泡麵協會統計；本個案自行繪製

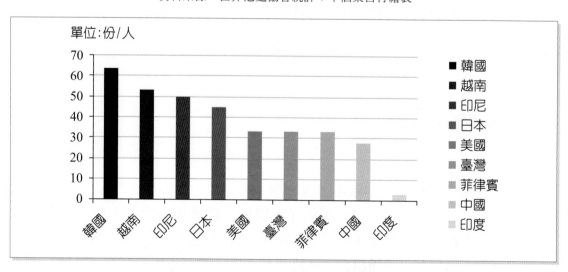

▷▷ 圖2-3　2016年泡麵平均消費量

資料來源：世界泡麵協會統計；本個案自行繪製

（四）泡麵全球總消費量

　　全球泡麵市場的消費逐年下降，因為隨著資訊科技的發展，各種食安問題震驚民眾，使民眾正視飲食健康問題。而隨著民眾健康意識抬頭，消費升級、消費者的意識和消費環境的改變，泡麵是不健康、沒營養的印象越來越深刻，而且隨著物價的上漲，泡麵的價格也跟著水漲船高。外賣APP在2015年開始盛行，更是對泡麵市場造成一大衝擊。現在人手一機，只要按一下手機螢幕，點選想吃的東西，就有熱騰騰的鮮食送到府，不僅健康又美味，更具高營養價值。倘若泡麵要重返以前的高銷售量，除了需要做出良好的策略計劃，還必須創造出比鮮食更吸引人的商品特色來提高泡麵的價值。2016年全球對泡麵的消費成長率為-0.19%。

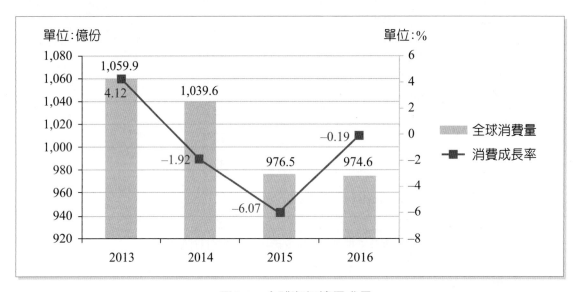

▷▷圖2-4　全球泡麵總需求量

資料來源：世界泡麵協會統計；本個案自行繪製

（五）四國消費成長比較

1. 中國

中國泡麵市場逐年萎縮，以往中國泡麵品牌訂價一直徘徊在2-5人民幣（約新台幣15-25元），走中低端市場的平民路線。隨著網絡發展，線上訂餐的興起，更多消費者使用智慧手機訂餐，中產階級更推動了線上飲食外賣的快速增長。藉由手機訂餐，不僅讓訂餐速度更快捷、簡單、還能提升食品品質，導致泡麵的消費量出現衰退情形。

2. 日本

日本的泡麵文化歷史悠久，對日本人影響也很大，在日本動畫中多少會看到食用泡麵的場景，像有名的《火影忍者》、《我們這一家》……等。而日本處於地震帶，他們的自然災害多，泡麵需求也隨之增加，日本警視廳「災害對策課」在推特（Twitter）上做的宣傳，教導民眾在防災避難的一些小知識，其中一個就是在沒有熱水的情況下，一樣能泡開泡麵果腹。外國觀光客也帶動日本泡麵的買氣，說到日本文化或旅遊必買的禮品就一定會想到泡麵，彷彿吃了日本泡麵就彷彿到日本走了一趟。

3. 韓國

每部韓國戲劇、綜藝節目或電影裡都有吃泡麵的鏡頭，就像《來自星星的你》帶動了啤酒配炸雞的新吃法，幾乎每一部韓劇都在不斷強調韓國人的泡麵精神，讓粉絲也深深喜愛韓國鍋蓋泡麵文化。韓國的泡麵表現了韓國人的飲食習慣和性格特點，韓國飲食的基本特點就是鹹、辣、少油。韓國人的餐桌上幾乎每頓都少不了一個湯品，而不管是主菜還是配菜，都偏鹹、偏辣，且沒有什麼油水。因此，韓國人吃辛拉麵時基本上連辛辣的湯也喝得乾乾淨淨[3]。

4. 臺灣

2014年食安風暴，臺灣的泡麵市場一度下滑，目前市場逐漸回溫，根據經濟部統計：2015年全國泡麵總產值高達115億台幣，最主要原因是現在消費者為了嘗鮮，願意多花錢買各種異國泡麵，導致市場競爭激烈，不斷有新品推出，產值當然逐漸拉高。

近幾年受到韓劇《繼承者們》、《來自星星的你》、《太陽的後裔》……等帶動了泡麵的熱潮。看著劇中帥氣、漂亮的主角吃著美味的泡麵，此時粉絲會因為看到偶像吃了就跟進，以致於對泡麵的需求量大增，尤其是韓國泡麵的銷量，更是一枝獨秀。

---

3 韓國人為何愛吃速食麵？（2011年4月11日）。阿波羅新聞網。取自：http://tw.aboluowang.com/2011/0411/201689.html。

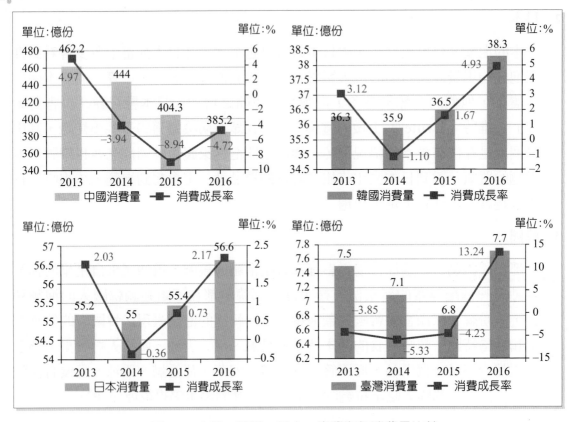

▷▷圖2-5　中國、韓國、日本、臺灣泡麵消費量比較

資料來源：世界泡麵協會統計；本個案自行繪製

三、泡麵品牌的名稱

表2-3中列出的泡麵品牌，以本個案研究的日本、韓國、臺灣、中國品項為主。

田表2-3　泡麵品牌

國家/地區	品牌名稱
日本	日清食品的「出前一丁」、「合味道杯麵」和「Chikin Ramen」〔即「日清伊麵」（香港）或「始祖雞湯拉麵」（中國），該產品亦有在香港和中國大陸設廠生產和銷售，但品質不一〕。
韓國	農心的「辛拉麵」、三養食品的「三養拉麵」、不倒翁（Ottogi）的「起司拉麵」、「芝麻拉麵」、「番茄義大利麵」、「泡菜拉麵」、「新鮮香菇麵」、「咖哩拉麵」、「牛骨拉麵」、「金拉麵」、「烏龍海鮮拉麵」、「辣炒年糕風味拌麵」、「韓國起司乾拌麵」、「Paldo」……等。

國家/地區	品牌名稱
臺灣	統一（統一麵、滿漢大餐、阿Q桶麵、來一客、科學麵為主）、味丹（味味一品、味味A為主）、維力（維力炸醬麵、手打麵、大乾麵、一度贊、張君雅小妹妹為代表）、味王（味王泡麵、王子麵）、金車、康師傅中國、聯華食品的「Chef HöKA荷卡廚坊」、臺灣菸酒公司的「台酒花雕雞麵」與「台酒麻油雞麵」……等。
中國	今麥郎、康師傅中國、統一、白象、五穀道場、華豐食品（著名的『三鮮伊麵』）。

資料來源：本個案自行整理

四、泡麵價格

　　由四家知名的泡麵廠商價格，可以看出統一中國、康師傅中國走的是中低價位市場，但近年來統一也推出幾檔高價位的泡麵，農心、日清走的是中高價位市場，尤其日清泡麵價格最高。

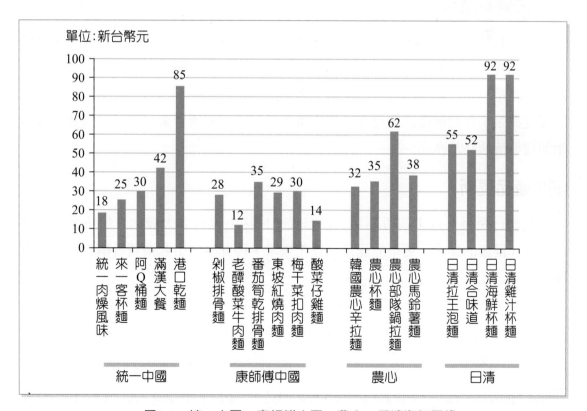

▷▷圖2-6　統一中國、康師傅中國、農心、日清泡麵價格

資料來源：本個案自行繪製

五、泡麵消費量下降的原因

(一) 通路變革＋個性化消費需求

隨著網路的興起以及外賣APP的盛行，消費者隨手拿起手機，輕輕一按，就有一份熱騰騰又營養的外賣幫你送到府。越來越多的人會因為外賣APP的優點而使用，對於新品牌、新產品的接受度都很高。

(二) 對消費品的思考：存量變革

中國消費品，將進入存量競爭時代。中國市場第一個時代是增量經濟時代，1980年至2010年間無論生產什麼基本上都能賣得出去。2010年至2030年，在傳統的衣食住行越來越被滿足之後，消費品進入存量時代。符合新一代消費人群的產品特色是：優良的品質、網路品牌、新的消費習慣，而過去傳統模式的消費品會被稀釋因而降低市佔率，最終結果就是行業結構出現巨變[4]。

(三) 消費者結構

新一代的年輕人成為消費主力，他們有強烈的個性化消費需求。網路通路顛覆傳統市場，過去傳統消費需要品牌形象，形象強弱就會對塑造品牌產生的正反饋，通路是一切消費品的最核心壁壘。然而進入新的移動網路時代，傳播以無邊際的速度擴張，在物流發達與電商時代的新背景下，網路所帶來的新通路模式已經開始顛覆傳統通路及產品。

(四) 產品更新

泡麵行業長久以來創新不足，在形式、口味上沒有太大變化，無法滿足人們對營養、健康的需求，更不能滿足個性化需求，因此無法引起消費者購買更多的意願。

4　朱昂（2016年9月7日）。中國方便麵，為什麼賣不動了？。MONEYDJ新聞摘錄。取自：http://blog.moneydj.com/news/2016/09/07/%E4%B8%AD%E5%9C%8B%E6%96%B9%E4%BE%BF%E9%BA%B5%EF%BC%8C%E7%82%BA%E4%BB%80%E9%BA%BC%E8%B3%A3%E4%B8%8D%E5%8B%95%E4%BA%86%EF%BC%9F/。

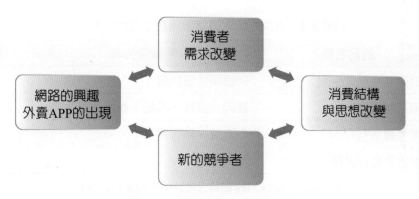

▷▷圖2-7　泡麵消費量下降的原因

資料來源：本個案自行繪製

六、泡麵市場的未來發展

(一) 泡麵市場的成長空間

　　由表2-2可知，在2016年中國雖然有13億人口，但每個人平均才吃了28份的泡麵，遠低於僅有0.5億人口韓國的64份。中國的泡麵市場若要繼續成長，必須朝著高價值、高創新，展現出商品的特色發展，才能生存下去。消費者總是追求新鮮感，如果能發表出一件創新的產品出來，可能會引發一陣熱潮，也能讓廠商的營收增加。

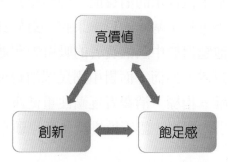

▷▷圖2-8　泡麵市場的成長空間

資料來源：本個案自行繪製

　　近年來業者紛紛推出配料多的泡麵，吸引民眾購買。如：統一的滿漢大餐、康師傅的真有料湯麵系列。

田表2-4　誰說泡麵永遠單調無趣？他們超有料

排名	產品名稱	裡頭的料	網路好評
1	東兵衛烏烏龍麵系列	大塊飽食油豆腐	5.2
2	台酒花雕雞麵	雞肉、薑片、枸杞、脫水蔬菜	4.47
3	滿漢大餐系列	牛肉塊、豬肉塊	4.19
4	康師傅真有料湯麵	超大包酸菜	1.38

資料來源：daily view網路溫度計；本個案自行繪製

（二）由中國市場來看

1. 2017年泡麵品牌的口碑

2017年第一季《中國泡麵品牌口碑研究報告》以中國19個比較突出的泡麵品牌作為研究對象，分別為：白家、白象、出前一丁、公仔、合味道、華豐、華龍、今麥郎、康師傅中國、南街村、農心、日清、三養、湯達人、統一中國、五穀道場、小浣熊、幸運、養養……等[5]。中國泡麵市場康師傅中國跟統一中國領先其他泡麵品牌，且康師傅中國依然保持著領先的位置，第三名則是農心。

2. 消費者最常入手的泡麵價格

儘管中國物價年年上漲，但民眾的消費能力仍然提升，最顯而易見的部分就在飲食上，民眾對於吃不再只是基本的只求果腹，對於食物精緻、健康程度要求也相對提升，低價的泡麵對於中國消費者的吸引力明顯下降。過去中國泡麵的價格多為新台幣10元以內。然而，面對中國民眾消費型態的轉變，價格已經不是消費者購買食物的唯一指標。消費者逐漸注重健康，食物的品質、營養成分高低、產品創新、吸引人與否，儘管稍貴消費者也願意掏錢購買。

（三）從臺灣市場來看

1. 上架總商品數量

泡麵在臺灣網路購物（B2C）市場上，上架總商品數量呈現成長趨勢，只有2016年2月、4月、5月有滑落狀況。此滑落狀況受節日影響，2月正值臺灣農曆年間，而4月正值清明連假，消費需求稍減，造成上架總商品數量滑落。

5　2017年一季度方便麵品牌口碑研究報告發布（2017年6月21日）。中國質量新聞網。取自：https://read01.com/8ADBaG.html#.WkiZ11WWbIU。

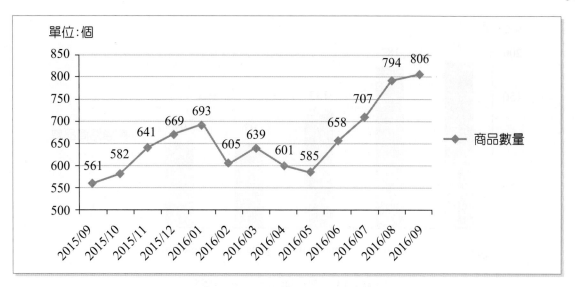

▷▷ 圖2-9　臺灣泡麵上架總商品數量

資料來源：【數據趨勢】臺灣電子商務熱門產品行銷分析——泡麵；本個案自行繪製

2. 品牌商品數

上架商品數量最多的前三名購物網站依序為PChome線上購物、momo富邦購物網、ibon mart線上購物。泡麵品牌前三名依序為日清、統一、農心。在臺灣，統一泡麵還是深受臺灣人的喜愛。而十大最受歡迎品牌中，日清為日本品牌，而農心為韓國品牌。各品牌泡麵口味相去甚遠，可知泡麵於臺灣市場雖競爭激烈，但各品牌皆有支持者。

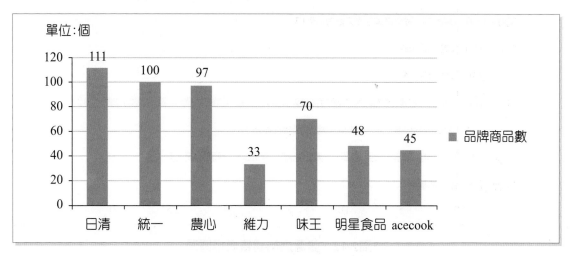

▷▷ 圖2-10　泡麵品牌商品數

資料來源：【數據趨勢】臺灣電子商務熱門產品行銷分析——泡麵；本個案自行繪製

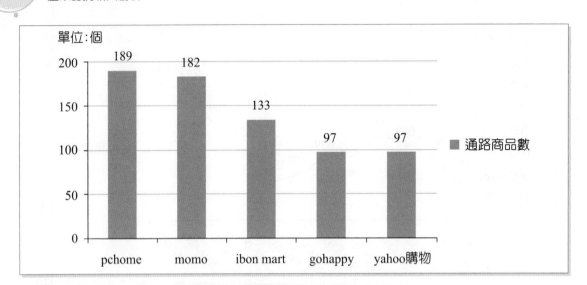

▷▷ 圖2-11　泡麵通路上架商品個數

資料來源：【數據趨勢】臺灣電子商務熱門產品行銷分析——泡麵；本個案自行繪製

3. 消費者價格區間喜好分布

30~55元、55~85元、85~160元分別居最受消費者喜好之前三名價格區間，以85~160元佔比達三成，名列第一，此價格區間商品以國外品牌為主，尤其日本、韓國、新加坡、馬來西亞品牌最受喜愛。而30~55元價格區間以臺灣品牌為主，價格超過160元以上大多為袋裝組合[6]。

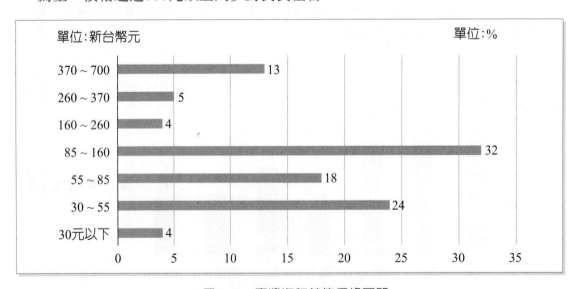

▷▷ 圖2-12　臺灣泡麵銷售價格區間

資料來源：【數據趨勢】臺灣電子商務熱門產品行銷分析——泡麵；本個案自行繪製

6　林麗真（2017年1月5日）。【數據趨勢】臺灣電子商務熱門產品行銷分析——泡麵。MIT通全球。取自：https://in.ideas.iii.org.tw/index.php/ingroup/mit/316-/348-2017-01-05-08-00-07。

七、消費者對於食用泡麵仍有部分疑慮，泡麵真的對人體有害嗎？

（一）泡麵調味包有味精成分在高溫下會變成致癌物焦麩胺酸？

味精的主要成份麩胺酸鈉其實也出現在許多肉類、乳製品、及農產品中，營養師指出，如果依一般的烹調方式，致癌風險程度其實非常低。

（二）泡麵炸油裡添加的抗氧化劑BHT會致癌？

BHT並非致癌物質，而是合法的抗氧化劑，也可添加於口香糖、乳酪、乾燥穀類早餐等，衛福部也訂有限量標準，不會危害人體健康。

（三）直接用碗裝、杯裝泡麵來沖泡會產生有害物質？

保麗龍的材質聚苯乙烯（PS）耐熱溫度約為90°C，在75°C以上會釋放出2B級致癌物——苯乙烯，因此較不適合直接在保麗龍碗內沖泡泡麵：而紙杯、紙碗的塑膠膜通常是聚醯胺與聚乙烯製成的複合膜，具有良好的耐油性及耐熱性，因此較無有害物質溶出的問題。

（四）泡麵有很多防腐劑吃太多會變木乃伊？

泡麵是利用降低麵體水分的方式來延長保存期限，製程中從未添加防腐劑，且我國法令也禁止泡麵添加防腐劑。

（五）長期食用泡麵會導致禿頭、胃癌、心血管疾病？

營養不均衡確實為禿頭成因之一，而高鹽、高油食品也被視為胃癌、心血管疾病的危險因子，但也要注意營養均衡。若營養均衡，食用泡麵並不會帶來特別的危害[7]。

---

7 黃齡誼（2016年10月31日）。別再亂傳了！泡麵其實從發明以來都沒有加過「防腐劑」，一次揭開泡麵5大疑雲。良醫健康網。取自：http://health.businessweekly.com.tw/AArticle.aspx?id=ARTL000073944。

2-2 外賣市場介紹

一、外賣APP在全球的規模

城市人忙碌的生活，造就外賣APP發展的機會。全球有多家外賣平台公司已達獨角獸級別（估值超過10億美元）的初創企業，如美國的UberEATS、英國的Deliveroo、德國的Foodpanda。中國三大巨頭「BAT」（B=百度、A=阿里巴巴、T=騰訊，是中國互聯網公司百度公司（Baidu）、阿里巴巴集團（Alibaba）、騰訊公司（Tencent）三大互聯網公司首字母的縮寫。），也在爭逐這領域。

(一) 外賣APP全球規模

全球外賣市場不斷成長，估計2020年將達千億美元。市場研究機構NPD報告指出，美國2016年外賣訂單增加18％至19億份。即使成長強勁，亦只佔2,100億美元餐飲市場5％，意味仍有偌大發展潛力[8]。香港外賣市場也表現強勁，研究機構Euromonitor估計，2016年規模達到5.4億港幣，2017年將繼續成長。

(二) 外賣APP的興起，跟生活習慣有關

晚餐時段是外賣高峰期。除了工作忙碌或懶得出門，外賣需求激增的另一個原因在於愈來愈多人獨自用餐。一人家庭在過去10年數量大增，造成更多人獨自用餐。一個人大多不會開伙煮食，也不會外出用餐，外賣成了方便的選擇。尤其是香港，新一代家庭蝸居的「納米樓」大多沒有廚房，開飯自然會叫外賣。

(三) 餐廳以低成本增加收入

外賣APP的運作模式，大多跟餐廳合作，向用戶提供菜單選擇，收到單後直接交給餐廳製作，然後派人送到府上。無須負責配送、不佔用店面空間、善用廚房資源、低成本的開創收入來源對餐廳的吸引力很高。有些連鎖餐廳本來自建配送車隊，跟外賣平台合作後，索性取消外送車隊。

---

8 黃智勤（2017年3月12日）。美外送經濟夯 訂單年增18％。經濟日報。取自：https://money.udn.com/money/story/5599/2336877。

再者，歐洲科技大國愛沙尼亞，正在測試無人車送餐。小小的無人車接到訂單後便走到餐廳取餐，並送到顧客門前等候領取。美國Yelp旗下的Eat24，也在舊金山測試同類技術。無論用無人車或由車手配送，外賣APP已在改變生活習慣，這個新藍海市場或許比想像中更大[9]。

二、外賣APP的威脅

2015年以來，外賣行業頗受資本市場的青睞，現在的產業不光只是線下的實體店面，並結合線上網路平台，做到虛實整合，結合眾多第三方外賣平台形成了互聯網餐飲。而在整個餐飲O2O（online to offline）行業中，本個案針對發展銷售以及競爭格局進行深入剖析，以及線上消費對泡麵市場的影響。

線上外賣可彌補與淡旺季及尖峰、離峰時段時的銷售落差，有助於增加顧客黏著度、提升單店銷售。但外賣仍然面臨許多競爭與威脅。

(一) 外賣的由來

外賣主要是餐飲業者提供的銷售服務，在確認訂購後將食品送到客戶指定的地點。曾經大部分外賣都是透過電話訂購、餐點送達後直接收取現金。在網路普及後，有更多的店家提供線上訂購及付款方式，並推出網路訂購優惠。零售的便當、飲料業者通常並不收取外送服務費，或者要求達一定數量始可外送，而披薩、速食店之類的連鎖業者則大多規定消費若未達一定金額，將加收外送費用。

(二) 外賣五大關鍵要素

1. 地理位置：外賣需要事先考慮市場的兩大核心——人口的密集度與地理位置。

2. 自然環境：可以先看週邊有沒有學區，另外，針對住宅大樓、辦公大樓，分析不同消費群體，了解消費者需求、價格範圍。因為不同消費群有不同能力、消費特點。

3. 生活環境：觀察目標客戶的年齡層和消費能力。

4. 配套設施：網路系統的流暢度、發生突發狀況的改善方法。

---

9 艾雲（2017年3月30日）。iTalk：外賣App市場愈食愈大。東方日報。取自：http://orientaldaily.on.cc/cnt/finance/20170330/mobile/odn-20170330-0330_00275_002.html。

5. 交通條件：應依據位置選擇距離較近的餐館便於配送，縮短配送時間，讓消費者可以快速拿到美食。

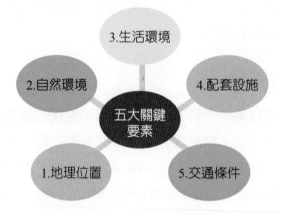

▷▷圖2-13　外賣五大關鍵要素
資料來源：本個案自行繪製

（三）2017年第1季中國前10大外賣APP

以外賣APP來看，月瀏覽次數第一名為「餓了嗎」。

1. 第一名：餓了嗎

「餓了嗎APP」於2017年第一季成長達到13.7%，以3,198萬的月瀏覽次數排名第二，遠遠超過排名第四的百度外賣等競爭對手，不過和第一對手「新美大」還是存在一定差距的。

2. 第二名：美團外賣

「美團外賣」以2,081萬的月瀏覽次數排名第三，但與第二名的餓了嗎仍有不小的差距。美團外賣舉辦了第二屆的「配送加盟商大會」，據美團副總裁王莆介紹，美團外賣在過去一年的日均訂單成長482%，發展迅速超過其它競爭對手。

3. 第三名：百度外賣

多家媒體報導，百度外賣可能會出售給順豐集團，如果消息屬實，中國互聯網外賣市場的格局將會發生巨變。月瀏覽次數1,099萬次排名第四，餓了嗎的月瀏覽次數幾乎是百度的三倍，對比下差距甚遠[10]。

---

10 二八（2017年5月7日）。美食外賣APP十大排名：美團外賣第三，肯德基入榜。易讀網。取自：http://www.sohu.com/a/138904608_114690。

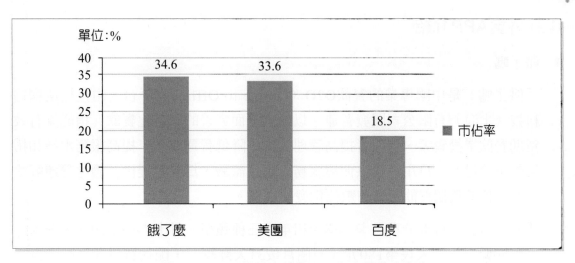

▷▷圖2-14　2017年三大外賣APP在中國的市佔率

資料來源：TVBS新聞──百度外賣退市場 5億美元賣給餓了麼；本個案自行繪製

田表2-5　2017年第1季中國前10大美食、外賣APP

排名	應用程式	類別	月瀏覽次數（萬次）
1	大眾點評	美食	8,355
2	餓了嗎	外賣	3,198
3	美團外賣	外賣	2,081
4	百度外賣	外賣	1,099
5	下廚房	美食	1,058
6	好豆菜譜	美食	612
7	豆果美食	美食	606
8	美食杰	美食	210
9	肯德基	美食	193
10	美團外賣商家版	外賣	189

資料來源：2017年第1季美食、外賣APP十大排名；本個案自行繪製

（四）外賣APP介紹

1. 餓了嗎

「餓了嗎」是中國專業的餐飲O2O（Online to Offline）平台，由拉扎斯網絡科技（上海）有限公司開發營運。以建立全面完善的數字化餐飲（指能夠有效幫助餐飲業投資者、管理者提高管理收益、降低營運成本、提高服務水準和拓展營業管道），為用戶提供便捷服務、極致體驗，為餐廳提供一體化營運解決方案，推進整個餐飲行業的數位化發展進程。

「餓了嗎」會員卡分為月卡、季卡和年卡三種類型。月卡人民幣20元、季卡人民幣50元、年卡人民幣180元（一個月按31天計算），配送費以各家商店自行訂定，每家都有差異。餓了嗎店家後台有以下四種收費設置。

(1) 每筆訂單收取15%服務費＋5元（人民幣）顧客配送費。

(2) 每筆訂單收取18%服務費＋4元（人民幣）顧客配送費。

(3) 每筆訂單收取20%服務費＋3元（人民幣）顧客配送費。

(4) 每筆訂單收取30%服務費＋2元（人民幣）顧客配送費。

截至2017年6月，「餓了嗎」在線外賣平台覆蓋中國2,000個城市，加盟餐廳130萬家，用戶量達2.6億。業績持續高速增長的同時，公司員工也超過15,000人。目前，「餓了嗎」已獲融資總額達23.4億美元，投資人包括阿里巴巴、螞蟻金服、中信產業基金、華人文化產業基金和紅杉資本等世界頂級企業和投資機構，是全球矚目的獨角獸和外賣行業領導企業[11]。

2. Foodpanda

德國投資的臺灣美食外送服務空腹熊貓（Foodpanda），整合優質餐廳並提供外送服務，讓民眾或用戶可以直接在線上訂餐，訂餐首先輸入目前所在路段、搜尋可外送的餐廳、選擇一間餐廳及你喜愛的餐點，可選擇使用Visa、Mastercard、JCB等信用卡線上付款或使用現金貨到付款，輕鬆享受送到家的美食[12]。外送費用會有：

(1) 餐點費：依據消費者點選的餐點費用。

---

11 餓了嗎官網。取自：https://www.ele.me/support/about。

12 Foodpanda官網。取自：https://www.foodpanda.com.tw/contents/about.htm。

(2) 服務費：foodpanda收取之手續費，用來維持網站經營、提供專業線上客服諮詢，並提供高品質外送裝置設備。

(3) 外送費：依餐廳到消費者指定地址的距離所收取的外送費用。計算外送費的方式是計算餐廳到送達地間的距離，1-3公里是新台幣59元；2-5公里是新台幣149元。

Foodpanda在大臺北地區、新竹、臺中、高雄與超過1,300間餐廳合作，是全台最大的線上美食外送訂餐平台。下載量在2017年來到1,000萬人次數。

(五) 中國外賣APP取代泡麵的情形

泡麵的便利是許多人共同的回憶，打開包裝，開水沖泡，三分鐘後，掀開即吃，輕鬆愉快！多少的健康建議，也阻止不了泡麵陪伴了不少宅一族、加班族、學生族多少個日日夜夜。不過近幾年，泡麵消費發生了微妙的變化，11點一到，學生、上班族紛紛拿起手機及電腦，進行外賣APP的點餐服務。下載外賣APP，領取紅包、點菜下單、快捷付款，很快就會有人把安全、優惠、可靠、可口的餐點送到你的手上。享受完這種服務後，你還可以針對餐點或者外賣平台發表評價，還有抽獎折扣的活動，運氣好的話還能中獎。

網際網路思維下的外賣O2O（Online to Offline）行業在這幾年迅速發展。餓了嗎、百度外賣、美團外賣……等已經成為了大眾熟悉的品牌。在大量宣傳攻勢下，外賣已經成為了不少人解決填飽肚子問題的方式之一。

現在的年輕人對價格敏感度漸低，價廉泡麵逐漸失去價格優勢。論方便，外賣既不用開火、又不用洗碗，顯然比泡麵更加方便；加上外賣品類豐富、花樣齊全，吃得比泡麵香，營養比泡麵高。如此強烈的對比，造成泡麵的吸引力下降。

除了外賣行業對泡麵的衝擊，中國生鮮電商，也發揮推波助瀾的作用。以前不少民眾喜歡網購或者實體選購一箱箱泡麵方便在家充飢，但是如今生鮮電商的興起，使得我們從生鮮電商網站或者直接從社區生鮮O2O（Online to Offline）平台下的訂單，得以立即生鮮宅配到家，方便進行料理，熱呼呼、美味的新鮮飯菜絕對比泡麵更吸引人[13]。

---

13 太平洋電腦網（2016年9月18日）。外賣App讓中國人戒掉了方便麵：你有多久沒吃過了？。每日頭條－美食。取自：https://kknews.cc/food/gjyvql.html。

三、中國外賣市場規模

　　2017年第1季中國餐飲外賣市場整體交易規模達358.8億元人民幣，與前一年同期相比，增幅達96.7%。從外賣市場用戶使用情況來看，「餓了嗎」每月瀏覽數第一，達3,198萬人，超過「美團外賣」和「百度外賣」每月瀏覽數的總和。 對中國餐飲外賣市場而言，交易規模保持穩定成長的態勢來看，外賣市場顯現出強勁的成長潛力[14]。

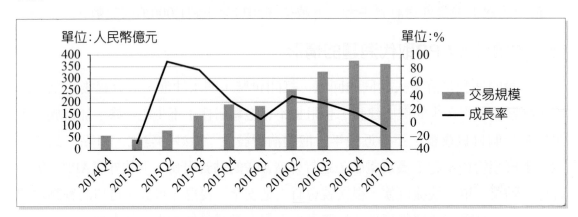

▷▷圖2-15　2014第四季至2017第一季中國互聯網餐飲外賣市場交易規模

資料來源：易觀網；本個案自行繪製

(一) 消費族群

　　白領商務顧客的消費量是市場主力，市場交易規模達到301.4億元人民幣，佔整體外賣市場84%。學生族群佔比為10.6%；此外，家庭社區佔比為5.4%。

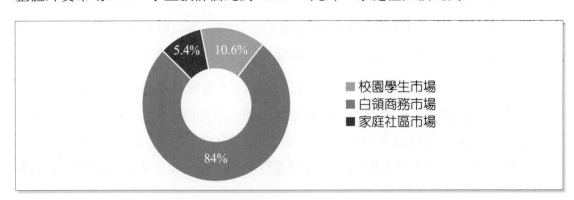

▷▷圖2-16　2017年第1季中國餐飲外賣消費族群比率

資料來源：易觀網；本個案自行繪製

---

14 觀媒（2017年5月26日）。易觀：2017年Q1整體外賣交易359億，餓了麼月活超美團百度總和。每日頭條—科技。取自：https://kknews.cc/zh-hk/tech/maeapm6.html。

(二) 外賣APP啓用次數

在每人每週平均啓動APP次數上,「餓了嗎」以接近21次的啓動次數在2016年領先於其他平台。

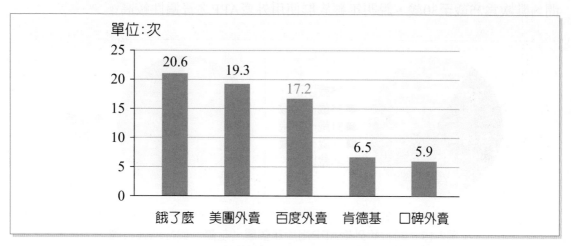

▷▷圖2-17 2016年中國外賣APP每人每週平均啓動次數

資料來源:易觀網;本個案自行繪製

(三) 運用APP的時間

「餓了嗎」2017年第1季度APP人均單日使用時間達到4.72分鐘,保持領先地位,而「美團外賣」以人均單日使用時間3.71分鐘跟隨其後,「百度外賣」人均單日使用時間則為3.44分鐘。

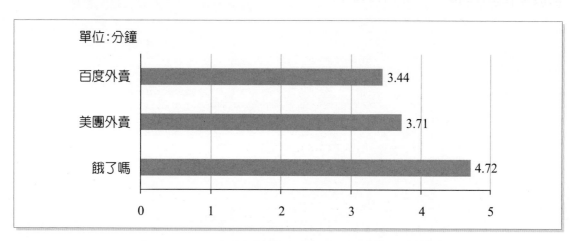

▷▷圖2-18 2017年第1季餐飲外賣APP人均單日使用時間

資料來源:易觀網;本個案自行繪製

(四) 用戶年齡層與性別比例

由圖2-19得知，於中國地區，男性使用外賣APP之比例相較於女性較高。在年齡層方面，不管男性或女性，使用外賣APP比例較高之年齡層介於31歲至35歲之間，其次為25歲至30歲，說明年輕族群使用外賣APP之普遍性較高。

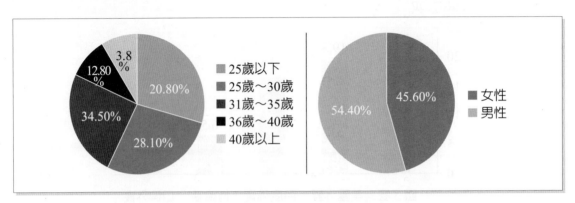

▷▷ 圖2-19　2017年外賣APP用戶年齡層（左圖）與性別（右圖）

資料來源：比達諮詢（BDR）數據中心；本個案自行繪製

(五) 外賣APP經常使用的時間區間

工作日和周末的訂餐高峰期均出現在午餐和晚餐的時段，相對於周末，工作日訂餐高峰期波峰更為陡峭。由於工作時間比較集中，工作量擠壓了更多閒暇時間，導致用餐時間縮短。除此之外，消夜的訂購量也增加，晚上10點到凌晨2點間的訂單在工作日與下午茶時段持平。

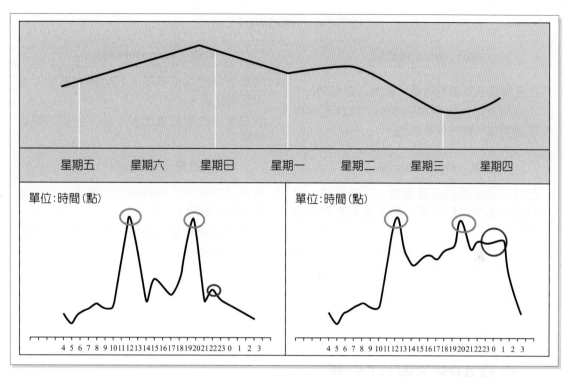

▷▷ 圖2-20　平日APP經常使用時間區間（左圖）、周末APP經常使用時間區間（右圖）

資料來源：比達諮詢（BDR）數據中心；本個案自行繪製

2-3 泡麵與外賣餐飲APP比較分析

一、泡麵SWOT分析

　　泡麵確實提供人們最方便的食用效益，在各消費通路都能買得到，具有良好的銷售通路，泡麵也因為不同國家有不同的口味，而消費者對新的產品充滿好奇心，也很願意嘗試新口味。伴隨著資訊化的時代，在許多食安事件後，對消費者的消費習慣有很大的改變，更是在意自己的飲食健康，畢竟吃進去的食物經過消化吸收，是要供給於身體使用的，吃入的食物不健康，又怎麼會有健康的身體，以下針對泡麵做SWOT分析。

田表2-6　泡麵SWOT分析

優勢（Strengths）	劣勢（Weaknesses）
1. 在各銷售通路皆有販賣，具有通路優勢。 2. 不論時間地點，只需要熱水，隨時都可以享用美味一餐的便利特性。	1. 泡麵市場已達成熟期，只有研發新品才能再創造佳績。 2. 泡麵所提供的營養成份不足，影響消費者健康。
機會（Opportunities）	威脅（Threats）
1. 各國品牌生產的泡麵品項、口味多樣，便利的交通使進口容易，讓消費者有較多的選擇。 2. 由於消費者對新的產品具有好奇心，泡麵能依據各消費者需求，研發出不同口味及不同型態包裝。	1. 高資訊的時代，外賣APP的興起，對泡麵市場產生威脅。 2. 消費者的健康意識抬頭，對吃進肚子的食物更加講究。

資料來源：本個案自行繪製

二、外賣APP SWOT分析

　　馬雲說過：「阿里巴巴將不再提電子商務，只有新零售這一說，也就是說線上、線下和物流必須結合一起，才能誕生真正的新零售。」線下的企業必須走到線上去，線上的企業必須走到線下。外賣APP帶給消費者更便利的消費模式，利用網路平台，店家可以收集到消費者資訊，並針對消費者的消費習慣研發餐點。但相對來說，在用餐巔峰時，外送人員會非常忙碌，送餐時間可能受到限制，而且，克服交通問題也是一大挑戰，以下對外賣APP做SWOT分析。

田表2-7　外賣APP SWOT分析

優勢（Strengths）	劣勢（Weaknesses）
1. 消費者的健康意識抬頭，對飲食更加講究。 2. 不管颱風下雨，不出門都能得到熱騰騰的美味餐點，對懶人族更是便利。 3. 操作比較簡單，點餐的速度快，且結合多家餐廳，使消費者選擇多樣化。	1. 點餐時間受到限制，需要店家上班時間才可以提供消費。 2. 用餐巔峰時期，外送人員會非常忙碌，送餐時間可能受到限制，無法立即用餐。 3. 網路當機時更新資料速度較慢，無法正確搜尋到顧客的所在位置。

機會（Opportunities）	威脅（Threat）
1. 吸引不愛出門的顧客訂購，為店家帶來商機。 2. 利用消費者對店家滿意度評比，能提高購買的人數和意願。 3. 利用網路平台，店家可以收集到消費者資訊，並針對消費者的消費習慣研發餐點。	1. 相同的市場競爭太多，同業會在不定時推出促銷活動。 2. 必須時常更新促銷活動。 3. 由於交通問題，外送市場會受到地理位置限制。

資料來源：本個案自行繪製

三、外賣APP真的會影響到泡麵市場嗎？

(一) 中國

中國人口眾多、交通路程長，外賣APP確實改善外出等待用餐點的時間問題。也因為外賣市場的興起，影響了原本的泡麵市場。但外賣市場會受到人口分布與地區的影響，因為中國土地廣大，人口分布並不完全集中，許多鄉鎮和地區沒有外賣服務，雖然中國泡麵市場逐年下降，並不表示中國泡麵市場已消失。

(二) 日本

2017年開始在日本國內推出新服務「LINE delima」，可透過LINE APP訂購外賣。目前，日本已有14,000家店鋪開通了LINE訂餐服務。用戶可透過APP搜索美食類別、地區、店鋪名等，下單後由店鋪工作人員或是獨立配送公司送餐，支付方式為在線支付。LINE表示，今後外賣配送將有望擴大到生鮮食品和日用品等領域，但外賣APP並不會構成泡麵市場的威脅[15]。原因如下：

1. 日本的便利店服務方便，只要是在居住區100公尺範圍內都會有7-11或是其他品牌的便利商店。

2. 日本為世界科技領先者之一，自動販賣機更是首屈一指，已推出泡麵販賣機。

3. 日本的人力成本非常高昂，但送外賣的大多都是兼職，以大學生或高中為主力，有效降低人力成本。

---

15 袁蒙、陳建軍（2017年07月27日）。LINE在日本推出外賣送餐服務 通過APP即可下單。人民網。取自：http://japan.people.com.cn/n1/2017/0727/c35421-29432494.html。

（三）臺灣

臺灣泡麵業者紛紛推陳出新，研發不同的泡麵口味，並且採取高附加價值的策略，吸引消費者的目光。因此，臺灣的泡麵市場仍有發展的空間。

2-4 統一中國簡介

統一中國於1992年開始營運，為中國領先的飲料及泡麵製造商之一，並於2007年12月17日在香港聯合交易上市。

一、統一中國沿革

（一）企業標誌

統一企業標誌係由英文字「PRESIDENT」之字首P演變而來。翅膀三條斜線與延續向左上揚的身軀，代表「三好一公道」的品牌精神（即品質好、信用好、服務好、價格公道），另一方面也像徵以愛心、誠心、信心為基礎，為消費者提供商品及服務，以及產品勇於創新突破的寓意。底座平切的翅膀，則是穩定、正派、誠實的表徵。整個造型象徵超越、翱翔、和平，以及走向健康快樂的未來。

▷▷圖2-21　統一企業標誌

資料來源：維基百科

（二）經營理念

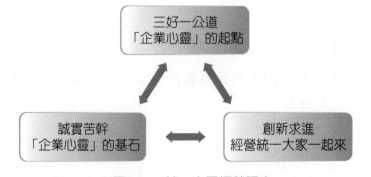

▷▷圖2-22　統一中國經營理念

資料來源：統一企業中國官方網站；本個案自行繪製

二、統一中國泡麵在中國的市佔率

(一) 2013年

統一中國泡麵市佔率由2012年的15.8%，提升至2013的17.2%，增加1.4個百分點，成長速度已連續四年爲業內最高。透過有效的聚焦經營策略，統一中國主打口味「老壇酸菜牛肉麵」位居2013年中國辣口味泡麵銷量第一成爲統一中國主力商品。

(二) 2014年

市佔率較前一年同期增長0.7個百分點，達17.9%，市佔率持續提升，其中售價5元人民幣以上高價麵的市佔率大幅攀升，更加堅定了統一中國對於高價值產品上經營的信心與決心。

(三) 2015年

統一中國泡麵市佔率達到18%，其中「老壇酸菜牛肉麵」仍然位居全中國泡麵辣口味市場銷售第一；「湯達人」掌握年輕消費者對中高端泡麵的流行趨勢，成為5元人民幣以上價位的主要品牌。

(四) 2016年

統一中國泡麵市佔率進一步突破至21%，「湯達人」在持續推動中高端泡麵發展的策略下高速成長。

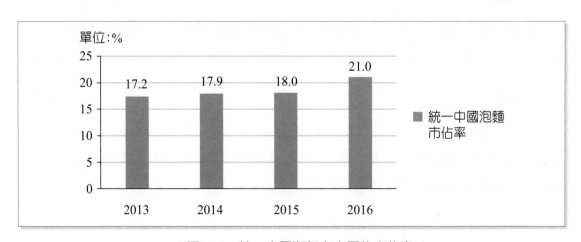

▷▷ 圖2-23　統一中國泡麵在中國的市佔率

資料來源：統一中國2013年至2016年年報；本個案自行繪製

三、統一中國泡麵的總收益

在2016年，「湯達人」在持續推動中高端泡麵發展的策略下高速成長，成為5元人民幣以上價位的主要品牌，整體泡麵獲利帶動總收益成長。由2013年到2016年總共成長了14%。

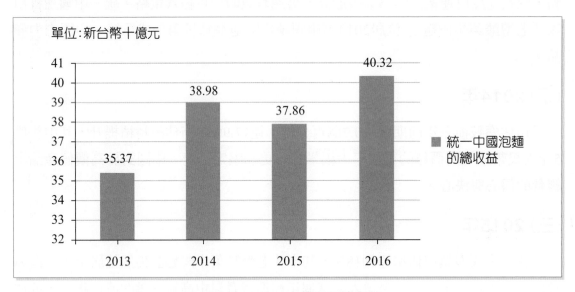

▷▷圖2-24　統一中國泡麵總收益

資料來源：統一中國2013年至2016年年報；本個案自行繪製

四、統一食品安全爭議

(一) 中國

2013年11月28日：統一「老壇酸菜牛肉麵」醬包被驗出含銅及鉛量過高，分別達1.7ppm、0.222ppm。

(二) 臺灣

2014年10月25日：統一沾頂新餿水油風波，統一也跟著中招，包括蔥燒牛肉、滿漢大餐、阿Q桶麵、來一客等知名泡麵，以及7-ELEVEn的麻辣關東煮湯頭，都使用頂新劣油，總計19項熱銷產品淪陷。

五、股價走勢

（一）2013年

2013年8~9月，統一中國於上半年泡麵部門在中國市場由盈餘轉為虧損6,000萬美元，引起市場投資人的關注。羅智先董事長指出，他個人對於此一狀況並沒有看得特別嚴重，也不認為是競爭品牌所導致，而是消費品市場的正常競爭態勢[16]。

（二）2014年

統一中國繼續推動泡麵朝向中高端市場發展的策略，泡麵收益持續成長，達到約390億台幣，較去年同期增長1.7%；「老壇酸菜牛肉麵」繼續居全中國泡麵辣口味市場銷售第一；「湯達人」嶄露頭角，掌握年輕消費者對中高端泡麵的流行趨勢。新推出革命性創新產品「革麵」，為市場帶來新氣象；首創獨家專利之「阿Q寬麵」，添加豐富配料，帶給消費者全新口感；另一高價麵「冠軍榜」在風味上更上層樓，為不斷前進的泡麵研發創新，再度寫下新的里程碑[17]。

2014年5月，統一中國在香港辦理現金增資，在香港籌資33億港幣，擴充中國業務。

（三）2015年

統一中國營運面臨三大挑戰：內需消費成長力道放緩、匯率風險增加、原物料成本上漲機率大，為讓營收、獲利重返成長曲線，統一中國祭出聚焦發展高毛利產品、深耕中高價市場與通路改革三策略迎戰[18]。

（四）2016年

於6月22日統一中國新任總經理落實本土化，由中國四川籍的劉新華接任。

---

16 張欽發（2013年9月12日）。統一羅智先：中國大陸經濟景氣最快在2015年下半年大爆發。鉅亨網。取自：https://news.cnyes.com/news/id/1806274。

17 統一企業中國控股有限公司（2014）。取自：http://www.unipresident.com.cn/download/en_20150323173419.pdf。

18 李至和（2017年3月25日）。統一中控提三大策略 要衝高含金量。經濟日報。取自：https://money.udn.com/money/story/5612/2363744。

▷▷圖2-25　統一中國股價分析

資料來源：香港交易所；本個案自行繪製

六、高價泡麵：泡麵界的愛馬仕──滿漢宴

　　過去碗裝泡麵的平均價格都在5元人民幣，約台幣25元上下，統一中國祭出「高價」策略推出一款「滿漢宴」高級泡麵，鎖定主管階級和企業菁英市場，價格訂在29.9元人民幣（約新台幣150元），就連外包裝也是精心設計，附上碗蓋。試水溫的產品還是有人因為新鮮感而去購買，顯示出泡麵市場的未來可能[19]。

---

19 統一推「高端泡麵」一碗150元 試陸水溫。TVBS新聞。取自：https://news.tvbs.com.tw/fun/647130。

2-5 康師傅中國簡介

　　康師傅中國主要在中國從事生產和銷售泡麵、飲品及方便食品。於1996年2月在香港聯合交易所上市。

　　2012年3月，康師傅中國進一步拓展飲料業務範圍，完成與「PepsiCO」中國飲料業務之策略聯盟，開始獨家負責製造、灌裝、包裝、銷售及分銷PepsiCo於中國的非酒精飲料。目前泡麵、飲品及方便食品三大品項產品，皆已在中國食品市場佔有顯著的市場地位[20]。

　　康師傅中國重視消費者食品安全，以構建質量安全管理的良性循環為目標。一切源於康師傅中國自始至終積極響應「從農田到餐桌」全程質量控管理念的倡導，投入鉅資嚴控源頭安全，牢牢掌握上游供應鏈，確實管理原料和供貨商[21]。

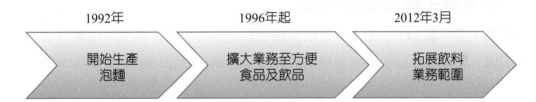

1992年	1996年起	2012年3月
開始生產泡麵	擴大業務至方便食品及飲品	拓展飲料業務範圍

▷▷ 圖2-26　康師傅中國的業務發展

資料來源：康師傅中國官方網站；本個案自行繪製

一、康師傅中國泡麵的市場佔有率

　　以每年的銷售量為基準，康師傅中國泡麵的市佔率逐年下降，因為消費市場的改變，原有的泡麵消費者減少，預期未來泡麵市場將趨於平緩，但對高端產品的需求增加，有利於整個品類逐步提升形象，康師傅中國將提升創新產品及加快高端產品推出的速度，及時滿足市場需求。

20 方便麵賣不動了？康師傅收入縮水接近50億 淨利下跌37%（2016年11月30日）。壹讀。取自：https://read01.com/GKmeLy.html#.WmlheaiWZPY。

21 頂新國際集團企業社會責任報告（2014）。取自：http://www.tinghsinf.org.cn/Uploads/file/20150206/54d43e0980e48.pdf。

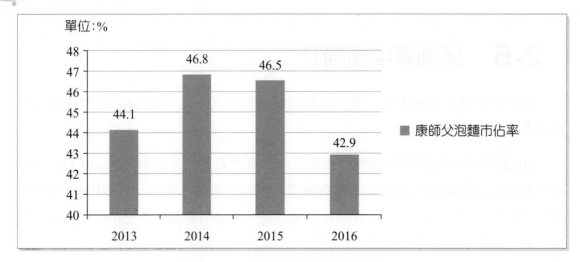

▷▷ 圖2-27　康師傅中國泡麵市場佔有率

資料來源：康師傅中國2013年至2016年年報；本個案自行繪製

二、康師傅中國泡麵總收益

隨著中國外賣APP的出現，造成消費者對泡麵的需求量減少，逐漸將重心移往外賣市場，使得康師傅中國的泡麵總營收逐年下跌，從2013年至2016年，總共下跌了31%。

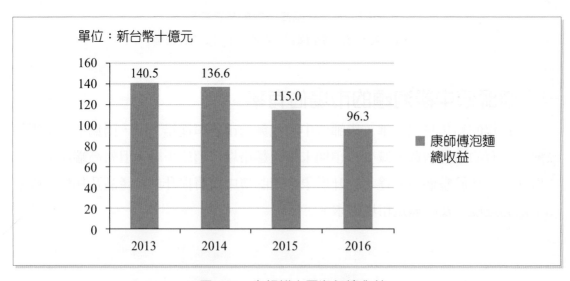

▷▷ 圖2-28　康師傅中國泡麵總收益

資料來源：康師傅中國2013年至2016年年報；本個案自行繪製

三、康師傅食品安全爭議

(一) 臺灣

1. 2014年9月查出精燉蔥燒排骨湯麵醬包由強冠餿水油製造。

2. 2014年10月3日，消基會公布在6~7月間抽查「市售塑膠包裝食品」、「正宗紅燒牛肉麵」驗出DINP（鄰苯二甲酸二異壬酯，是一種常用的塑化劑）。

3. 2014年10月13日起終止對臺灣味全的「康師傅中國」商標授權，同時撤回在臺灣的泡麵生產線。

四、股價分析

(一) 2013年

由於頂新集團是康師傅中國的大股東，旗下味全公司是康師傅中國的「姐妹」公司，因此「黑心油」事件曝出後，康師傅中國泡麵中的用油也受到了公眾的質疑。

為此，康師傅中國在2013年11月5日急發公告，稱公司的產品使用油脂為棕櫚油，相關油脂原料是透過供應商直接從東南亞地區購進，不涉及向臺灣地區採購。並稱生產過程保證食品安全衛生、不存在隱患。

但在公告發出後，康師傅中國股價僅一日反彈，此後繼續下跌。前一個交易日收盤價為21.75港元，較數日前的高點下跌9.4%。

(二) 2014年

1. 9月查出精燉蔥燒排骨湯麵醬包由強冠餿水油製造。

2. 10月3日，消基會公布在6~7月間抽查「市售塑膠包裝食品」、「正宗紅燒牛肉麵」驗出DINP。

3. 10月13日起終止對臺灣味全的「康師傅中國」商標授權，同時撤回在臺灣的泡麵生產線。

（三）2015年

2014年最後一天於港交所發布公告，頂新集團大董、康師傅中國主席魏應州不再兼任行政總裁。康師傅中國公告指出，此行政人員的變更將使該公司能遵守港交所上市規則所載企業管理守則下主席及行政總裁的角色應有區分的條文。在2015年港股首個交易日，康師傅中國股價下跌1.13%。

（四）2016年

上半年獲利重挫近65%，股價大跌。

康師傅中國指出，集團表現主要受到泡麵升級短期壓力影響，包括銷售衰退與原物料價格上漲，使得上半年泡麵毛利率下降2.41%至27.89%，加上品牌建設增加廣告支出，大幅壓縮獲利；飲品業績則受通路降低庫存影響，同樣未盡理想。

▷▷ 圖2-29 康師傅中國股價分析

資料來源：香港交易所；本個案自行繪製

五、康師傅中國資產負債表

表2-8　康師傅中國資產負債表

單位：新台幣十億元

	2013	2014	2015	2016
流動資產	71.64	74.61	66.92	79.58
非流動資產	178.78	218.52	213.12	184.41
資產總額	250.42	293.13	280.04	263.99
流動負債	107.77	115.79	98.62	110.74
非流動負債	25.94	46.93	52.83	40.70
負債總額	133.71	162.72	151.45	151.44
負債比率（％）	53.39	55.51	54.08	57.37
股東權益總額	116.71	130.41	128.59	112.55
存貨	14.29	12.32	10.76	11.59
流動比率（％）	66.48	64.44	67.85	71.86

資料來源：康師傅中國2013年至2016年年報；本個案自行繪製

2-6　農心簡介

一、農心公司簡介

　　農心集團原名Lotte工業公司，成立於1965年9月18日，於1978年3月更名為農心集團，為韓國泡麵和零食製造商。在中國設有上海農心食品有限公司和瀋陽農心食品有限公司等分公司。

　　農心的半世紀歷史也可以稱之為韓國拉麵市場的歷史。農心不僅開闢杯麵時代的牛肉湯麵碗麵、口味特殊的安城湯麵以及以辣味聞名全世界的辛拉麵，農心一直創造了新市場。如今農心以獨創性產品和優化的技術開展食品市場的新成長空間，為引領世界市場而努力。

（一）顏色體系

紅色象徵明亮富饒的大自然的恩惠，是農心的事業色，表現了公司是將生產融入誠心的產品的企業。並且，公司選擇有著溫暖大地感覺的橙色作為輔助色，表現了公司有著如大地一般的無限可能性和度量[22]。

▷▷圖2-30　農心企業商標

（二）推出的新產品

1. 2017年7月推出農心泡菜拌麵、韓式炸雞風味拌麵。

2. 2017年4月推出農心部隊鍋。

二、農心泡麵市場佔有率

農心公司泡麵的韓國市場佔有率逐年遞減，已從2013年的66%下降了5個百分比來到了61%。雖然市佔率稍有下降，但是仍有超過60%的市佔率，因此可以看出農心的泡麵產品仍廣受韓國民眾喜愛。

▷▷圖2-31　農心泡麵

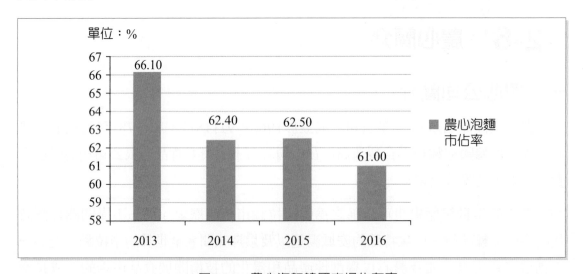

▷▷圖2-32　農心泡麵韓國市場佔有率

資料來源：農心2013年至2016年年報；本個案自行繪製

---

22 農心官網。取自：http://cn.nongshim.com/about/ci。

三、農心泡麵總收益

　　隨著外食APP以及消費者健康意識的抬頭，消費者對泡麵的消費量逐漸遞減，因此泡麵的總收益逐年下滑。從2013年到2016年總共下跌了11.87%。

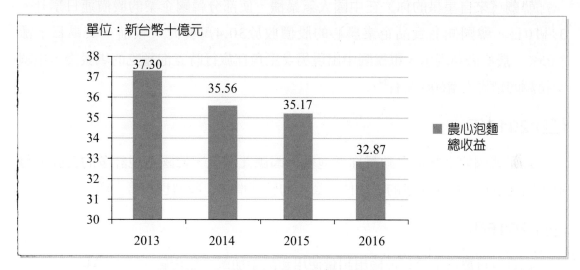

>> 圖2-33　農心泡麵總收益

資料來源：農心2013年至2016年年報；本個案自行繪製

四、農心食品安全爭議

(一) 2008年

　　3月20日農心出產的蝦條，被發現包裝袋內藏有疑似老鼠頭的毛塊，因蝦條在油炸前的麵團半製成品是在青島的廠房生產，韓國衛生部門懷疑毛塊源於中國廠房。

(二) 2012年

　　10月25日韓國泡麵「辛拉麵」系列中，爽口海鮮烏龍麵、香辣海鮮烏龍麵、Neoguri拉麵、生生烏多、Neoguri大碗麵、蝦味大碗麵，被驗出致癌物質「苯並芘」（一種五環多環芳香烴類，是一個高活性的間接致癌物質、誘變劑和致畸的物質，結晶為黃色固體）。

(三) 2016年

　　10月11日農心辛拉麵被檢出超量使用食品添加劑二氧化硫、農心葡萄飲料被檢出超量使用食品添加劑亞硝酸鈉、農心小浣熊原味麵被檢出超量使用食品添加劑dl——酒石酸[23]。

---

23 韓國食品品牌被通報存在超範圍、超限量使用添加劑（2016年10月11日）。中金網。取自：https://read01.com/zh-tw/L7ROLL.html#.WmmT-6iWZPY。

五、股價分析

(一) 2014年

韓劇《來自星星的你》在中國人氣暴漲,使部分韓國企業的股價連日攀升。3月10日,韓國知名食品企業農心的股價收於30.4萬韓元,較前一交易日上漲3.05%。農心公司表示,電視劇中出現男女主角在旅行時煮泡麵吃的場景後,中國辛拉麵的銷售大增60%左右[24]。

(二) 2015年

10月韓國瘋泡麵機自動幫你煮泡麵,因應此潮流,韓國出現許多的自動泡麵機,因此消費者購買更多的泡麵使得農心的營利增加,股價也跟著上漲。

(三) 2016年

10月11日農心辛拉麵被檢出超量使用食品添加劑二氧化硫。

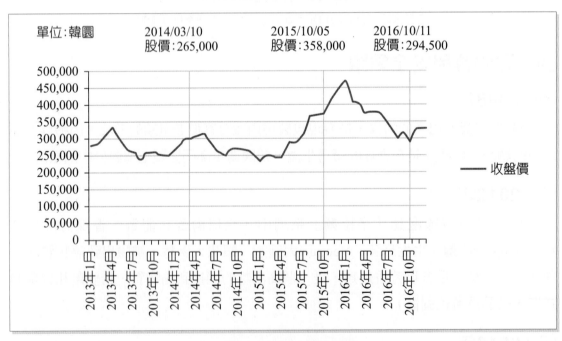

▷▷圖2-34　農心股價分析

資料來源:investing.com;本個案自行繪製

---

24 王思寧(2014年3月11日)。《星你》熱潮推高部分韓國企業股價。中國日報。取自:http://caijing. chinadaily.com.cn/2014-03/11/content_17337844.htm。

2-7 日清簡介

一、日清簡介

　　日清於1958年誕生，由創辦人安藤百福先生以其敏銳的時代觸覺一手創立，發明了全世界第一包泡麵。安藤先生有鑑於當時世界的工商業發展急劇，生活節奏加快，人們都簡化生活習慣，於是專心研製即食產品，讓「食」變得簡單快捷，後續開發的速食杯麵、速食米飯，也都成為產銷數十年的經典商品，迄今，日清在全球每年持續推出新產品，創新活力旺盛。

(一) 日清的新產品

1. 2017年11月13日推出「Hokuhoku土豆番茄」和「奶酪湯」，售價約新台幣55元。

2. 2017年7月份推出「黑歷史三重奏」夏季系列商品。

3. 2017年4月份推出兩款新的「泡飯」－元祖雞汁泡飯、歐風咖哩泡飯。

4. 2017年1月份推出抹茶口味跟起司番茄口味海鮮泡麵，售價約新台幣65元。

▷▷圖2-35　日清雞汁杯麵

二、日清泡麵總收益

　　在2015年，日清食品擴大海外腳步，開始在泰國、越南市場販售杯麵，因此造成日清泡麵的總收益增加。從2013年到2016年總共增長了5.3%。

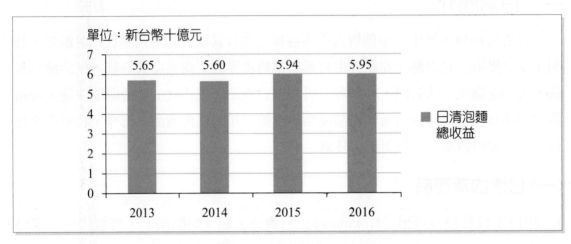

▷▷圖2-36　日清泡麵總收益

資料來源：日清2013年至2016年年報；本個案自行繪製

三、日清食安問題

(一) 中國

1. 日清泡麵被指鉛含量達到臨界值（2005月12月9日）。

2. 日清炒麵三文魚子醬抽檢不合格（2006年4月28日）。

3. 日清即食麵大腸桿菌超標（2017年5月）。

(二) 香港

　　日清美味寶喳咋糖水因曾使用伊利集團牛奶作為原料，雖然產品未被驗出含有害添加劑三聚氰胺，但為使顧客安心，香港日清方面主動要求回收（2008年9月19日）。

四、股價分析

(一) 2014年

　　8月7日將浙江省平湖市作為「合味道」等產品在中國的新生產基地,並成立新分公司。

(二) 2015年

　　3月份由於日本發生核災,導致外界對他們的食品有所疑慮,導致股價下跌。

(三) 2016年

　　11月23日,日清「我的合味道工作坊」及「出前一丁工作坊」正式登陸香港。

▷▷圖2-37　日清股價分析

資料來源:investing.com;本個案自行繪製

2-8 財務比較分析

　　本個案以中國市場為中心導向進行泡麵市場的探討，主要以中國泡麵龍頭康師傅中國及統一中國、韓國泡麵龍頭農心以及日本泡麵龍頭日清，四家泡麵廠商進行財務比較分析。

一、營業收入與成長率比較

(一) 營業收入比較

　　由圖2-38可知，除了日清的營收有上升之外，統一中國、農心、康師傅中國三家公司的營收都呈現下跌的趨勢。

　　由圖2-39我們可以發現，由於日清食品擴大海外布局，開始在泰國、越南市場販售杯麵，使得日清在2016大幅的成長，而其他三家公司都呈現負成長的狀態，競爭激烈也讓產品出現減價促銷的現象，從而影響毛利。康師傅中國為保持市佔率，增加廣告支出，使營業成本不斷增加，讓營業利益減少。康師傅中國雖然在不少產品類別在中國居領導位置，但由於市場競爭激烈，要依靠大量廣告去維持市佔率，這反映雖然有品牌光環，品牌價值沒有想像中大。

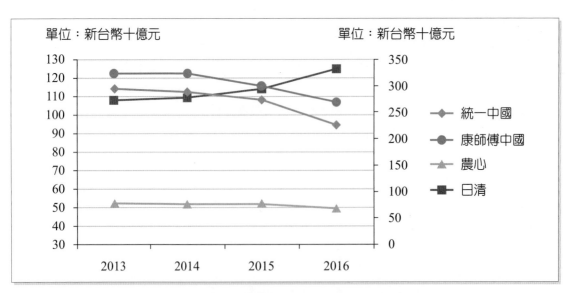

▷▷圖2-38　統一中國、康師傅中國、日清、農心營業收入比較

資料來源：本個案自行繪製

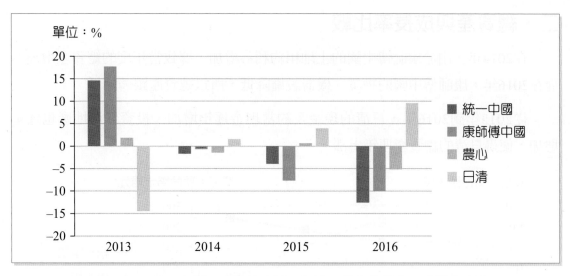

▷▷圖2-39　統一中國、康師傅中國、日清、農心營業收入成長率比較

資料來源：本個案自行繪製

(二) 營業利益率比較

2015年統一中國的營業毛利較2014年高，所以使營業利益率在2015年飆高。

2014年康師傅中國因為外賣APP的興起，導致營收下跌，然而費用持續增加，以至於營業利益率下跌。

2014年至2016年日清雖然營業毛利些微增長，但是營業費用上漲的趨勢較多，所以日清的營業利益率呈現下跌。

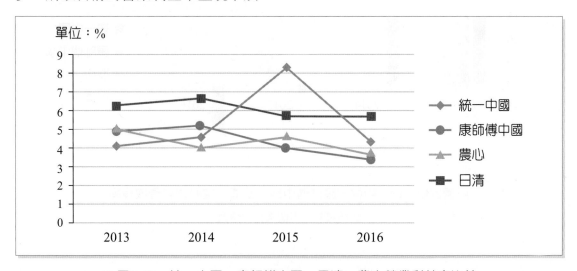

▷▷圖2-40　統一中國、康師傅中國、日清、農心營業利益率比較

資料來源：本個案自行繪製

二、總資產與成長率比較

在2014年，由於康師傅中國的土地租約利益增加，導致當年度的總資產增加。而在2016年，康師傅中國的物業、機器設備降低，所以總資產跟著降低。

從2013年到2016年，日清的現金及約當現金逐年增加，投資性房地產也逐年增加，使得日清的總資產連年上漲。

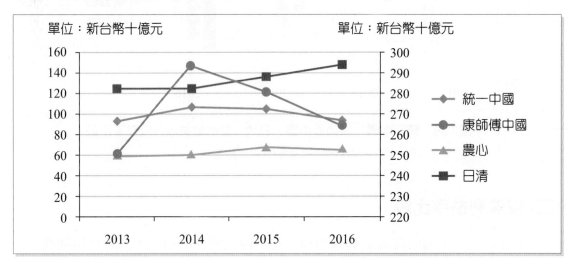

▷▷圖2-41　統一中國、康師傅中國、日清、農心總資產比較

資料來源：本個案自行繪製

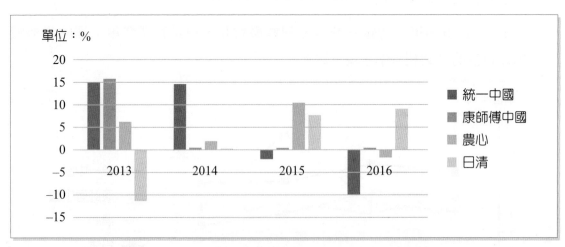

▷▷圖2-42　統一中國、康師傅中國、日清、農心總資產成長率

資料來源：本個案自行繪製

三、流動資產比率與速動比率比較

　　流動比率就是短期可運用資金和短期必須清償債務的比例，流動比率越高，代表越不容易遇到金流危機，速動比率越高，代表公司流動性準備越安全。由圖2-43與圖2-44可知，康師傅中國的流動負債較高，所以流動比率較低，表示康師傅中國的償債能力較差。而日清與農心的存貨較低，因此速動比率相較於中國的兩家公司來的高。

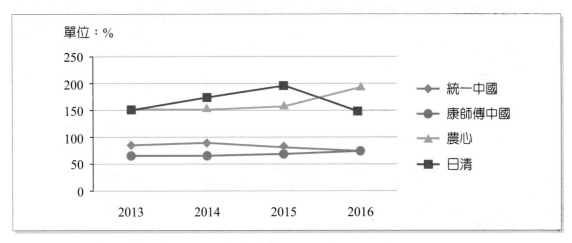

▷▷圖2-43　統一中國、康師傅中國、日清、農心流動比率比較

資料來源：本個案自行繪製

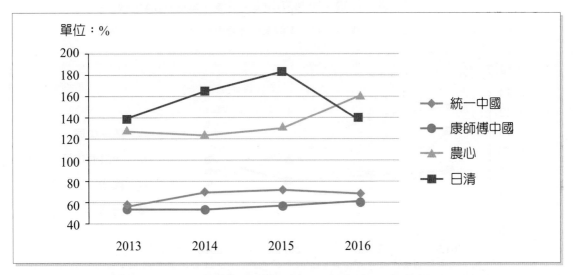

▷▷圖2-44　統一中國、康師傅中國、日清、農心速動比率比較

資料來源：本個案自行繪製

四、ROA與ROE比較

ROE代表公司用自有資本賺錢的能力，而ROA代表的是公司用所有的資產賺錢的能力。當ROA長期走勢平穩或上升，資產利用效率越好，代表每一塊錢的資產可以創造更多獲利。日清的ROA是四家中最平穩的，由於日清營業收入逐年增長，其營業費用率逐年下降，使日清獲利平穩。韓國熱潮帶動農心食品的營業收入，尤其在2014年獲利直線上升。康師傅與統一中國走低價市場以銷售量獲利，而近來中國外賣APP興起降低泡麵市場的需求，使其獲利逐年遞減。

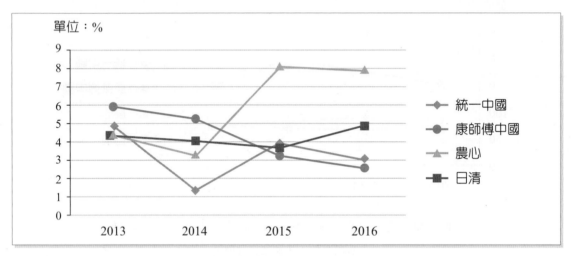

▷▷圖2-45　統一中國、康師傅中國、日清、農心ROA比較

資料來源：本個案自行繪製

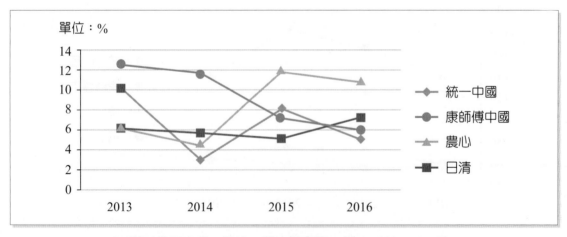

▷▷圖2-46　統一中國、康師傅中國、日清、農心ROE比較

資料來源：本個案自行繪製

五、泡麵營收與泡麵營收成長率比較

　　隨著網路外賣崛起，外食外送便利度的影響下，泡麵在中國市場已經開始受到顯著影響，不僅業界龍頭康師傅中國在中國泡麵市場受影響，統一中國也同樣受到不少的影響。也因為市場競爭激烈，中國社會愈來愈發達、消費者知識水平提高，因此對產品的要求、比較、及追求新鮮感都會增加，讓消費者行為更容易改變。由圖2-47可知，2016年，統一中國由於轉型成功，產品結構調整得宜，以及受益於原物料價格下跌，營收逆勢大幅成長，而康師傅中國的泡麵營收卻呈現逐漸下滑的趨勢，獲利能力也大幅衰退。

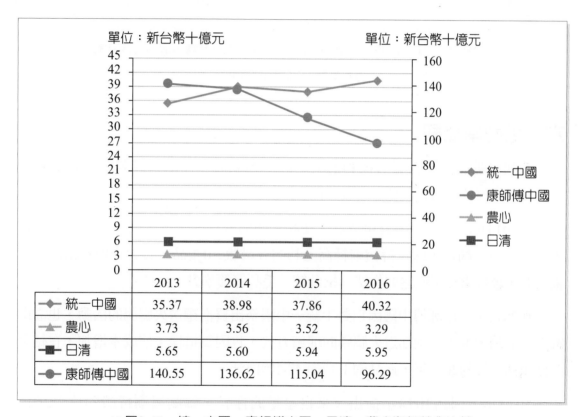

	2013	2014	2015	2016
統一中國	35.37	38.98	37.86	40.32
農心	3.73	3.56	3.52	3.29
日清	5.65	5.60	5.94	5.95
康師傅中國	140.55	136.62	115.04	96.29

▷▷圖2-47　統一中國、康師傅中國、日清、農心泡麵營收比較

資料來源：本個案自行繪製

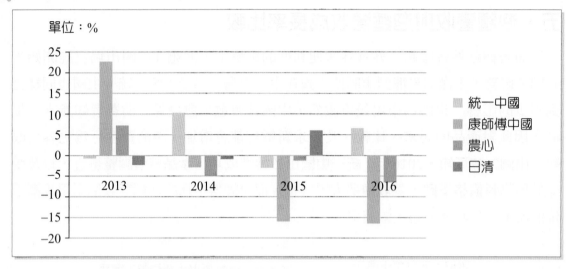

▷▷圖2-48　統一中國、康師傅中國、日清、農心泡麵營收成長率比較

資料來源：本個案自行繪製

六、毛利率比較

毛利率越高說明企業的盈利能力越好，控制成本的能力越強，由圖2-49可知，日清的經營能力較其他三家都來的好。

在2014年，統一中國公司取消火腿腸廠商的惡性競爭後，毛利率揚升，2015年首季即全面翻轉，除了持續強打高毛利的升級版2.0產品，且力守與經銷商的折讓空間，維持價格不破盤的作法，推升統一毛利節節攀升。

在2014年，康師傅中國因為對手統一中國祭出買泡麵送火腿腸的活動，也立即跟進，並加大推出每桶都送火腿腸的促銷方式，也因為這樣，使成本增加，在結束此促銷活動後的2015年，產品的毛利率才開始回升。

2015年，因為2014年播出《來自星星的你》，韓劇風潮持續熱燒至2015年，因此民眾對於韓國食品更加感興趣。使農心在2015年的營業收入增加，營業利益增加，以至於毛利率也跟著增加。

在2016年，日清毛利穩定增長是因為主要原材料的價格普遍下跌，加上自2016年開始，旗下東莞生產廠房自行生產包裝材料，使成本大減，以及生產機器與設備提升後，生產自動化及效率均提高。

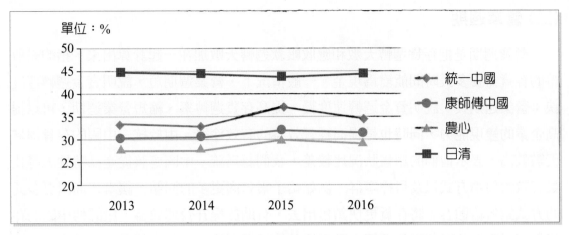

▷▷圖2-49　統一中國、康師傅中國、日清、農心毛利率比較

資料來源：本個案自行繪製

七、本益比與營業週期比較

(一) 本益比

　　本益比把股價和利潤連繫起來，反映了企業的近期表現。如果股價上升，但利潤沒有變化，甚至下降，則本益比將會上升。在2014年，統一中國因為2014年的EPS只有0.07美元，因此使得2014年的本益比來到81.71，投資風險升高。

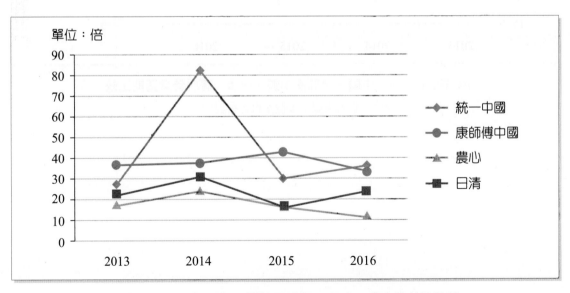

▷▷圖2-50　統一中國、康師傅中國、日清、農心本益比比較

資料來源：本個案自行繪製

(二) 營業週期

　　營業週期是把存貨週轉天數和應收帳款週轉天數加在一起計算出來，指的是取得的存貨需要多長時間能變為現金。一般情況下，營業週期短，說明資金週轉速度快；營業週期長，說明資金週轉速度慢。提高存貨週轉率、縮短營業週期，可以提高企業的變現能力，同時也是提高經營效益的有效途徑。由於統一中國的存貨周轉天數較高，表示他們的銷售狀況比較差，我們認為統一中國應該從產品特性去尋找最有效的促銷方式以及目標客群。例如給予零售商更多的回饋，讓零售商用更多元的方式銷售給顧客，將存貨更快銷售出去，有助於提升營運效益。康師傅中國的存貨週轉天數以及應收帳款週轉天數都比其他三者來的低，我們認為康師傅中國的產品較具有通路競爭優勢所以存貨週轉天數較短。

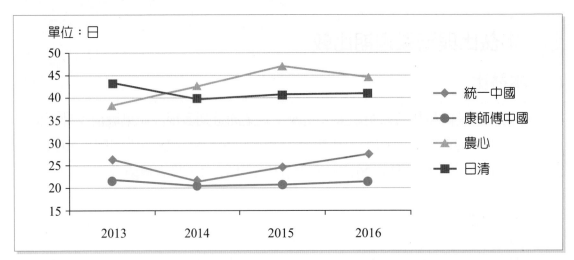

▷▷ 圖2-51　統一中國、康師傅中國、日清、農心營業週期比較

資料來源：本個案自行繪製

2-9 結論

在現今高資訊時代，食安問題讓消費者對健康意識抬頭，健康養生議題衝擊的是全球泡麵市場，以往泡麵對人們來說取得相對容易且方便，只需要有熱水在的地方就可以食用。因為便利的運輸使得泡麵進口量增加，國外泡麵的興起，對一向在地化的泡麵市場構成新威脅，更多人開始嘗試韓國、日本的泡麵，導致知名泡麵品牌統一中國與康師傅中國銷售量下滑。

而近幾年泡麵銷量下滑的背後原因，主要是人們消費型態的轉變，與最初吃飽的觀念相比，消費者更講求健康營養的飲食。同時，外賣平台用戶規模逐漸成長，近幾年，「美食外賣APP」打入市場，對於懶人族來說是一個救星，只要在手機螢幕點選所在地區及想要的店家以及產品，結帳後就可以在家等待美味食物送上門，這突顯科技時代市場的變化。

根據以上研究，我們發現，隨著外賣APP的出現，確實是造成泡麵的營收逐年下降的原因，尤其在中國最為明顯，韓國、日本、臺灣也有外賣APP的加入，泡麵市場該如何去維持它的營運呢？這是我們該好好思考的！雖然泡麵非常的方便，但外賣APP依然有它足夠的優勢，讓他在消費上遠遠超越泡麵市場的需求。CNNIC數據顯示，外賣APP是中國2016年成長最快的軟體之一，用戶規模已經來到1.14億人，外賣APP的興起，確實對泡麵帶來一些衝擊，各個泡麵公司也紛紛推出新噱頭來吸引消費者的購買意願。

一、外賣APP未來趨勢

高科技時代帶領我們走向新世代，新世代消費族群對消費習慣的改變，從過去商業1.0來到現代的商業4.0，消費方式由超級市場到大型量販店再到馬雲的新零售。而2015年至2016年商業已經來到新零售時代，也就是線下的企業必須走到線上，線上的企業必須走到線下，線上線下加上現代物流結合在一起，才能創造出新的零售商機。

　　店家可以由線上系統整合客戶資訊，做到大數據的彙整，了解消費者的消費需求，走向智慧的消費模式。消費者願意去嘗試不同新事物，對新事物的接受度更高，也因為這樣的消費模式，改變了整個食品業的消費通路，使外賣APP使用客戶及店家逐年增加。

　　除了要有好的消費通路之外，物流方面也與時俱進，這對外送人員來說是一大挑戰，在炎熱或下雨的天氣中，消費者可以方便快速的取得餐點，都必須仰賴外送員的服務。由於人工配送會受到天氣、地形及配送距離的影響。外送服務，逐漸朝向「無人駕駛機器」來配送，以改善問題的發生，有了智慧駕駛機器，就能解決外賣APP所面臨的威脅。

二、泡麵產業未來展望

　　隨著民眾個人收入增加，消費者對泡麵的需求，從以前吃飽就行，發展到現在開始關心泡麵的營養的成分，消費趨勢不斷的變化，價格已經不再是消費者選擇購買泡麵的首要因素，現在消費者往往以商品的品質作為購買的主要因素之一。廠商如果一昧的降低成本，只會導致其製造過程更加低劣，因此在生產的過程以及產品設計上都需要逐漸重視品質。

(一) 口味多種變化

　　就像同為華人的中國與臺灣人民因為生活環境不同，連帶的口味需求也不同。康師傅中國雖然紅燒牛肉麵頗受兩岸人民的讚賞，但口味方面可以再多變化，可以結合不同民族特色打造出創新口味。食物是一種很特別的東西，它很生活化，卻可以突顯出不同地區的在地文化，各種不同口味的需求，可以讓消費者有更多的選擇，吸引更多的客戶群。

(二) 採用非價格競爭，增加消費者購買意願

　　因為物價不斷上漲，泡麵的價格也不斷上漲。如果能以「非價格競爭」來減緩價格調漲的影響，會讓消費者更願意購買。

(三) 提高產品的品質

消費者的健康意識抬頭，寧願花多一點錢去買相對有營養價值及品質高的食品。泡麵應朝向高品質的策略來進行發展。泡麵不是沒有優勢，只是應該考慮人體所需要的營養份量，例如可以推出買泡麵送微波蔬菜成為一個套組。

(四) 利用網路資源，增加產品銷售量

在E世代中，人們喜歡在網路上購物，建置網路購物中心，吸引許多不喜愛出門或工作忙碌的人來消費，商品不但可以集合世界各地不同泡麵種類及口味，還能讓消費者可以更方便取得泡麵，這樣一來也可以增加泡麵的銷售量。

(五) 請明星代言，增加曝光度

現代年輕人消費模式已經不是需不需要，而在於是否新鮮有趣，隨著高度資訊化的來臨，偶像成為粉絲的追求及學習的榜樣，泡麵廠商可以邀請現代偶像明星擔任代言人，吸引更多年輕族群，擴大市場版圖。

根據此個案研究，外賣APP市場是一個不錯的消費通路，泡麵主要以店面架上的消費模式銷售，雖然可以輕鬆購買，食用也非常方便只要熱水等待3分鐘即可。但現在銷售通路改變，外賣APP的興起，如果泡麵搭上外賣APP的順風車，並結合店家使用泡麵做為新的料理，讓客戶吃到新鮮健康的好料，這會成為一個新趨勢。面對問題不是逃避或等待問題消失，要積極主動的出擊，為自己製造好的商業機會。

問題與討論

1. 近年來外賣APP興起,你是否使用過?它為社會帶來什麼樣的改變?

2. 請就中國的統一、康師傅、日本的日清和韓國的農心進行比較,分析其現況與未來發展。

3. 你認為泡麵市場是否會被外賣APP取代?請說明理由。如果是,請思考泡麵廠商該如何應對這樣的威脅?

資料來源

1. 二八（2017年5月7日）。美食外賣APP十大排名：美團外賣第三，肯德基入榜。易讀網。取自：http://www.sohu.com/a/138904608_114690 。

2. 中國質量新聞網。2017年一季度方便麵品牌口碑研究報告發布。（2017年6月21日）。取自：https://read01.com/8ADBaG.html#.WkiZ11WWbIU 。

3. 太平洋電腦網（2016年9月18日）。外賣App讓中國人戒掉了方便麵：你有多久沒吃過了？。每日頭條－美食。取自：https://kknews.cc/food/gjyvql.html 。

4. 王思寧（2016年3月11日）。《星你》熱潮推高部分韓國企業股價。中國日報。取自：http://caijing.chinadaily.com.cn/2014-03/11/content_17337844.htm 。

5. 臺灣經濟新報資料庫（TEJ）。

6. 朱昂（2016年9月7日）。中國方便麵，為什麼賣不動了？。MONEYDJ新聞摘錄。取自：https://goo.gl/XDG9qo 。

7. 艾雲（2017年3月30日）。iTalk：外賣App市場愈食愈大。東方日報。取自：http://orientaldaily.on.cc/cnt/finance/20170330/mobile/odn-20170330-0330_00275_002.html 。

8. 李至和（2017年3月25日）。統一中控提三大策略 要衝高含金量。經濟日報。取自：https://money.udn.com/money/story/5612/2363744 。

9. 林宸誼（2017年8月25日）。衝擊泡麵 少賣77億包。經濟日報。取自：https://udn.com/news/story/7333/2662800 。

10. 林麗真（2017年1月5日）。【數據趨勢】臺灣電子商務熱門產品行銷分析──泡麵。MIT通全球。取自：https://in.ideas.iii.org.tw/index.php/ingroup/mit/316-/348-2017-01-05-08-00-07 。

11. 張欽發（2013年9月12日）。統一羅智先：中國大陸經濟景氣最快在2015年下半年大爆發。鉅亨網。取自：https://news.cnyes.com/news/id/1806274 。

12. 統一推「高端泡麵」一碗150元 試陸水溫。TVBS新聞。取自：https://news.tvbs.com.tw/fun/647130 。

13. 黃齡誼（2016年10月31日）。別再亂傳了！泡麵其實從發明以來都沒有加過「防腐劑」，一次揭開泡麵5大疑雲。良醫健康網。取自：http://health.businessweekly.com.tw/AArticle.aspx?id=ARTL000073944 。

14. 維基百科。https://zh.wikipedia.org/wiki/ 。

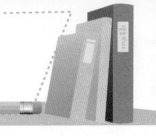

資料來源

15. 維基百科。取自：https://zh.wikipedia.org/wiki/%E5%8D%B3%E9%A3%9F%E9%BA%B5。

16. 觀媒（2017年5月26日）。易觀：2017年Q1整體外賣交易359億，餓了麼月活超美團百度總和。每日頭條－科技。取自：https://kknews.cc/zh-hk/tech/maeapm6.html。

17. 韓國人為何愛吃速食麵？（2011年4月11日）。阿波羅新聞網。取自：http://tw.aboluowang.com/2011/0411/201689.html。

18. 黃智勤（2017年3月12日）。美外送經濟夯 訂單年增18%。經濟日報。取自：https://money.udn.com/money/story/5599/2336877。

19. 餓了嗎官網。取自：https://www.ele.me/support/about。

20. Foodpanda官網。取自：https://www.foodpanda.com.tw/contents/about.htm。

21. 袁蒙、陳建軍（2017年07月27日）。LINE在日本推出外賣送餐服務 通過APP即可下單。人民網。取自：http://japan.people.com.cn/n1/2017/0727/c35421-29432494.html。

22. 統一企業中國控股有限公司（2014）。取自：http://www.unipresident.com.cn/download/en_20150323173419.pdf。

23. 方便麵賣不動了？康師傅收入縮水接近50億 淨利下跌37%（2016年11月30日）。壹讀。取自：https://read01.com/GKmeLy.html#.WmlheaiWZPY。

24. 頂新國際集團企業社會責任報告（2014）。取自：http://www.tinghsinf.org.cn/Uploads/file/20150206/54d43e0980e48.pdf。

25. 濃心官網。取自：http://cn.nongshim.com/about/ci。

26. 韓國食品品牌被通報存在超範圍、超限量使用添加劑（2016年10月11日）。中金網。取自：https://read01.com/zh-tw/L7ROLL.html#.WmmT-6iWZPY。

個案3
有情人終成眷屬　鴻夏戀修成正果？

　　臺灣 1,850 家上市上櫃公司中，有 830 家與電子產業相關，是名副其實的「電子寶島」。其中電子產業龍頭鴻海，不僅在臺灣的市佔率位居第一，在全球 EMS 工廠中也獨佔鰲頭。鴻海不容小覷的實力，帶動臺灣電子業成長。2005 年，鴻海集團與蘋果聯手展開合作，在短短幾年內營收成長了十倍。但是代工的低毛利，促使鴻海開始尋求提升品牌價值，並冀望透過併購取得關鍵零件技術，提高利潤。以製造業起家的夏普，曾經創造至少 20 項全球第一或日本首創的產品。2008 年金融海嘯爆發，夏普營運出現困難，薄型電視機需求減少，加上亞洲其他國家液晶面板業崛起，面板價格暴跌。夏普在價格競爭上失利，業績不振，財務體質惡化。

　　自 2012 年至 2016 年，鴻海集團歷經五年時間，終於在 2016 年 3 月底併購夏普，鴻夏戀修成正果。鴻海併購夏普，是否能發揮垂直整合的效益，鞏固鴻海在蘋果供應鏈的代工地位？鴻海是否能擺脫低毛利的契約式生產角色，轉向生產高階元件並提升品牌價值？我們將以全球電子專業製造服務產業之分析，以及兩家公司的介紹和財務分析、比較，來探討這個議題。

本個案由中興大學財金系（所）陳育成教授與臺中科技大學保險金融管理系（所）許峰睿副教授以具特色的臺灣產業並著重於產業國際競爭關係撰寫而成，並由中興大學會研所林慧瑜同學及臺中科技大學保險金融管理系吳旻芳、邱郁庭同學參與討論。期能以深入淺出的方式讓讀者們一窺企業的全球布局、動態競爭，並由財務報表解讀企業經營風險與成果。

3-1 電子專業製造服務概況

一、全球電子專業製造服務發展

電子專業製造服務EMS（Electronic Manufacturing Services）亦稱ECM（Electronic Contract Manufacturing），中文又譯為專業電子代工服務，是一個新興行業，它指為電子產品品牌擁有者提供製造、採購、部分設計以及物流等一系列服務的生產廠商[1]。

生產的過程中涉及很多過程及環節，EMS就是一個全線的服務，包括：產品開發、產品生產、產品的採購、產品的品質管理及運輸物流。但業者在初期未必有能力提供整套服務，因此先切入處理加工部分，僅處理生產，即是所謂的OEM（Original Equipment Manufacture）；後期發展到可以幫客戶處理開發產品及設計產品工作，即是所謂的ODM（Original Design Manufacture）。換言之，ODM比OEM多加了設計元素，目前的EMS除了包含ODM和OEM所做的事外，更加上物流的部分，甚至有一部分會幫助客戶銷售，這就是一般的EMS[2]。

---

1 電子製造服務。MBA智庫百科。取自：http://wiki.mbalib.com/zh-tw/%E7%94%B5%E5%AD%90%E5%88%B6%E9%80%A0%E6%9C%8D%E5%8A%A1。
2 程天縱（2016年1月10日）。EMS產業與世代交替。火箭科技評論。取自：https://rocket.cafe/talks/30658。

▷▷ 圖3-1　一站式（One-Stop）EMS廠商提供服務示意圖

資料來源：科技產業資訊室；本個案自行繪製

EMS產業起源於1960年代的美國。Jabil（捷普科技）在1966年成立於矽谷，Flextronics（偉創力）於1969年成立於矽谷，Sanmina-SCI（新美亞）於1980年成立於矽谷，Celestica（天弘集團）是80年代IBM在加拿大的製造工廠。愛爾蘭的PCH（普惠信息科技）和臺灣的EMS大都是90年代才進入這個產業，隨後才是印度、越南等國家[3]。

▷▷ 圖3-2　全球EMS發展布局順序

資料來源：百度；本個案自行繪製

2005年，鴻海董事長郭台銘積極透過擴大服務項目的垂直整合來擴大企業規模，在每年增加2,000億元營收以上的高速成長下，鴻海超越偉創力，成為全球第一大的電子專業製造服務商（偉創力2004年營收為145億美元），不僅第一名的位置保持至今，而且與偉創力的差距越來越大。同時帶動臺灣其他電子代工製造企

3　程天縱（2016年1月10日）。EMS產業與世代交替。火箭科技評論。取自：https://rocket.cafe/talks/30658。

業，晉身全球前十大。2010年，鴻海集團單一公司營業額就突破千億美元，擠身全球前五十大企業之列[4]。

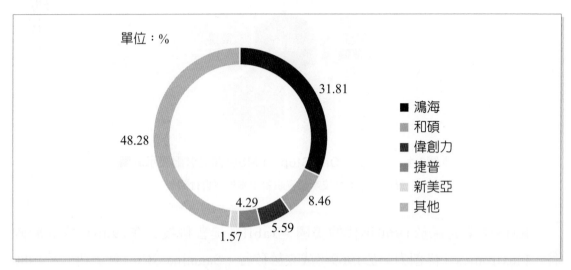

單位：%

31.81

48.28

4.29

8.46

5.59

1.57

■ 鴻海
■ 和碩
■ 偉創力
■ 捷普
■ 新美亞
■ 其他

▷▷圖3-3　全球EMS產業市佔比
資料來源：新思界產業研究中心；本個案自行繪製

而目前電子製造外包業務涵蓋多個領域，未來商機無限。

家電　網路通訊　消費電子　汽車電子

醫療設備　航太航空

▷▷圖3-4　EMS產業涵蓋之領域
資料來源：本個案自行繪製

4　程天縱（2016年1月10日）。EMS產業與世代交替。火箭科技評論。取自：https://rocket.cafe/talks/30658。

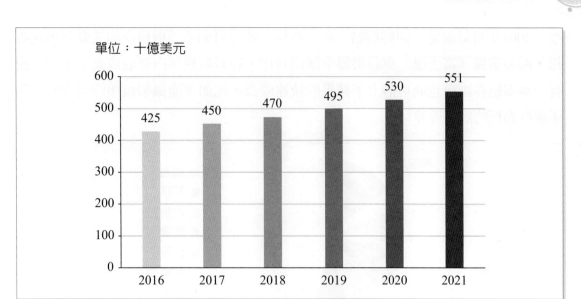

單位：十億美元

▷▷圖3-5　全球EMS市場產值預測

資料來源：新風險研究（NVR）；本個案自行繪製

　　NVR估計，2016年電子代工總值為1.4兆美元，到2021年將增長至約1.7兆美元。受EMS服務需求推動，產值將從2016年的4,250億美元預估增長到2021年的5,510億美元，年成長率約5.3%。

二、臺灣電子專業製造服務發展

　　臺灣1,850家上市上櫃公司中，有830家與電子產業相關，是名副其實的「電子寶島」。臺灣的公司可以分為兩類，一類是上游半導體公司，包括材料、設備、設計、製造與封測；還有一類是電腦與手機代工廠商及配套零組件公司[5]。

　　從80年代起，臺灣開始以價廉物美的電腦代工產業聞名於世。廣達、仁寶、和碩、緯創、英業達合稱「代工五虎」，承包了90%的電腦代工出貨量。他們不僅僅只是簡單地採購元件然後組裝成電腦，隨著技藝的成熟，更進一步掌握了電腦零組件的研發和設計。代工業的蓬勃發展同時推動了電腦零組件行業的發展。比如主機板的微星、技嘉，生產電源的台達，生產面板的友達、奇美（與群創合併），生產存取記憶體的南亞、華亞科等等[6]。

5　張騄（2017年2月9日）。從臺灣2016營收看全球電子產業變遷：大陸崛起時代。每日頭條。取自：https://kknews.cc/zh-tw/finance/ene3g44.html。

6　張騄（2017年2月9日）。從臺灣2016營收看全球電子產業變遷：大陸崛起時代。每日頭條。取自：https://kknews.cc/zh-tw/finance/ene3g44.html。

2005年可以說是一個轉捩點。有一些代工廠商看到了手機廠商的成長而迅速崛起。鴻海集團（富士康）與蘋果聯手展開合作，在短短幾年內營收成長了十倍。還有一些零組件廠商也成功搭上了蘋果的快速成長，比如生產攝影鏡頭的大立光，生產觸控面板的宸鴻等等[7]。

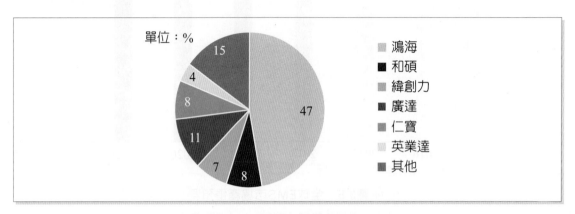

▷▷圖3-6　臺灣EMS產業市佔比

資料來源：華泰證券研究所；本個案自行繪製

綜合上圖來看，鴻海不僅在臺灣的市佔比位居第一，在全球EMS工廠中也是獨佔鰲頭，可見鴻海驚人的實力不容小覷。

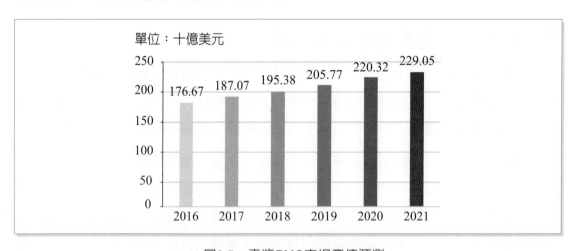

▷▷圖3-7　臺灣EMS市場產值預測

資料來源：NVR、新思界產業研究中心；本個案自行繪製

臺灣在EMS產業的發展迅速，雖然代工的毛利普遍不高，但卻能創造高營收，預估在2021年將可以達到2,290.5億美元的產值。

7　張駿（2017年2月9日）。從臺灣2016營收看全球電子產業變遷：大陸崛起時代。每日頭條。取自：https://kknews.cc/zh-tw/finance/ene3g44.html。

三、日本消費性電子業發展

消費電子產品（Consumer Electronics），指供日常消費者生活使用之電子產品。它屬於特定的家用電器，內有電子元件，通常會應用於娛樂、通訊以及文書用途，例如電話、音響器材、電視、DVD播放機甚至電子鐘等。由於製造商的效率和科技的改善，造成消費電子產品一個重要的特性：就是它們會隨著時間而有降低價格的趨勢，使消費電子產品能夠不斷推陳出新[8]。

(一) 家用電器產品分類

1. 黑色家電：可以為人們提供娛樂，如彩色電視、音響、黑色家電等[9]。

電視　音響

▷▷ 圖3-8　黑色家電

資料來源：本個案自行繪製

2. 白色家電：可以減輕人們的勞動強度、改善生活環境提高物質生活水準的產品[10]。

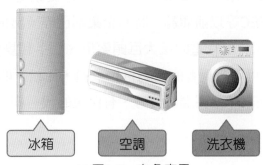

冰箱　空調　洗衣機

▷▷ 圖3-9　白色家電

資料來源：本個案自行繪製

---

8 消費電子產品。維基百科。取自：tps://zh.wikipedia.org/wiki/%E6%B6%88%E8%B2%BB%E9%9B%BB%E5%AD%90%E7%94%A2%E5%93%81。

9 家用電器。維基百科。取自：https://zh.wikipedia.org/wiki/%E5%AE%B6%E7%94%A8%E7%94%B5%E5%99%A8。

10 家用電器。維基百科。取自：https://zh.wikipedia.org/wiki/%E5%AE%B6%E7%94%A8%E7%94%B5%E5%99%A8。

3. 小家電：體積較小便於攜帶，或是用在桌面上以及其他平台上的家用電器[11]。

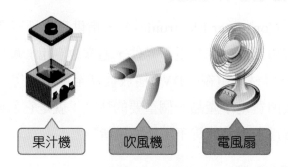

果汁機　　　吹風機　　　電風扇

▷▷ 圖3-10　家電

資料來源：本個案自行繪製

(二) 日本消費性電子業近況

　　半世紀以來，日本消費性電子業以不斷革新的技術，和推陳出新的家電產品，席捲世界，與汽車業並列成為帶動日本戰後經濟成長的火車頭。業界先鋒、三洋、東芝、夏普、索尼，都是「日本製造」的典範，成為全球知名的品牌及技術領先者[12]。

　　但自從2008年全球金融海嘯之後，日本消費性電子企業在黑色家電、白色家電全線潰敗，在海外與日本國內銷售量均不如預期，許多存貨滯銷、虧損嚴重，尤其在電視機產業虧損最為慘烈。2009年起，日本已從家電出口國成為進口國，而三菱、日立、東芝、NEC等以前顯赫一時的企業都已經淡出世界家電市場的競爭舞台。2011年財務年報，日本家電的三大巨頭索尼、松下和夏普共虧損1.6兆日圓。索尼連續4年虧損無計可施，夏普的巨虧百年一遇，而松下的虧損總額更創下日本企業新高。日系品牌在全球最高端、優秀、有保證的代名詞，正逐漸走向「衰敗」一途[13]。

---

11 家用電器。維基百科。取自：https://zh.wikipedia.org/wiki/%E5%AE%B6%E7%94%A8%E7%94%B5%E5%99%9%A8。

12 楚不易（2017年3月17日）。東芝賣身、索尼虧損，日本企業為什麼集體潰敗？世界華人周刊。取自：https://buzzorange.com/techorange/2017/03/17/japanese-company/。

13 日本家電業巨虧。MBA智庫百科。取自：http://wiki.mbalib.com/zh-tw/%E6%97%A5%E6%9C%AC%E5%AE%B6%E7%94%B5%E4%B8%9A%E5%B7%A8%E4%BA%8F。

田表3-1　日本家電損失狀況

日本家電三大龍頭	近年損失狀況
SONY	截至2012年第二季，索尼淨虧損為155億日元（約1.94億美元）。2008年至2015年的8個財務年度中，累計虧損1.15兆日元。宣布裁員2,000人，並關閉一家工廠。
Panasonic	松下調降2012年業績預期，預計虧損95.5億美元。這是松下連續兩年出現巨額虧損，規模僅次於2011財年創紀錄的7,721億日元虧損（約合96.4億美元）。
SHARP	夏普處於破產邊緣。夏普在2012年11月初警告說，2012年4月至2013年3月公司可能面臨4,500億日元損失，將超越上年度的3,760億日元，創史上最大虧損紀錄。

資料來源：MBA智庫；本個案自行繪製

目前日本在世界500大企業數量，從1996年的99家，銳減至2016年52家。

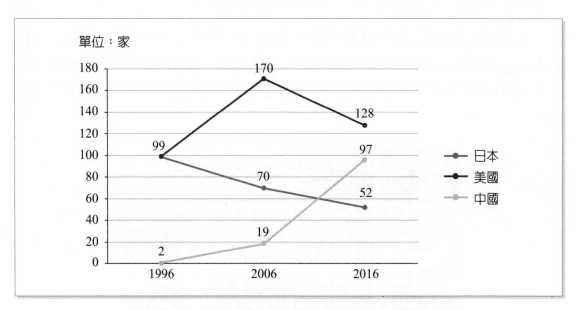

▷▷ 圖3-11　中、美、日在世界500大企業變化趨勢

資料來源：美國財富雜誌；本個案自行繪製

3-2 認識鴻海

一、鴻海集團大事紀

鴻海科技集團（英語譯名：Foxconn Technology Group），源自臺灣的跨國企業集團，由郭台銘創辦並擔

任總裁，總部位於新北市土城區，以富士康（Foxconn）做為商標名稱。其專注於電子產品的代工服務（ECM），研發生產精密電氣元件、機殼、準系統、系統組裝、光通訊元件、液晶顯示件等3C產品上、中、下游產品及服務。旗下多家企業在臺灣證券交易所、香港交易所、東京證券交易所掛牌上市，包括做為集團核心的鴻海精密，在世界多國設有據點，員工總數超過百萬人[14]。

而鴻海精密以製造黑白電視機旋鈕起家，創立初期主要從事模具製造，日後跨入電子機械代工領域，從製造連接器、電線電纜、電腦機殼、電源供應器等零件，到電腦組裝準系統與行動電話等，其事業版圖至今已經涉及所有的資訊科技產品組裝代工[15]。

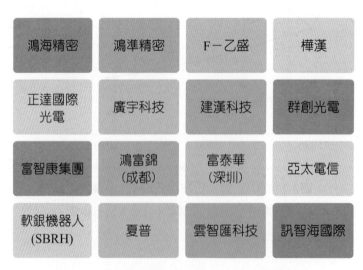

▷▷圖3-12　鴻海近年主要子公司與投資企業

資料來源：維基百科；本個案自行繪製

---

14 鴻海科技集團。維基百科。取自：https://zh.wikipedia.org/wiki/%E9%B4%BB%E6%B5%B7%E7%A7%91%E6%8A%80%E9%9B%86%E5%9C%98。

15 鴻海科技集團。維基百科。取自：https://zh.wikipedia.org/wiki/%E9%B4%BB%E6%B5%B7%E7%A7%91%E6%8A%80%E9%9B%86%E5%9C%98。

二、鴻海旗下事業簡介

鴻海科技旗團旗下可歸類為十三大事業群，分別為圖所示：

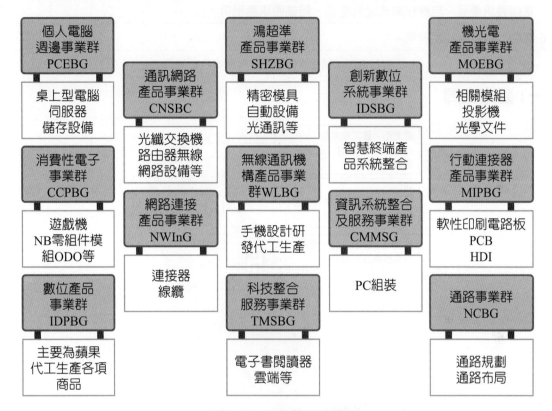

▷▷圖3-13　鴻海旗下事業群

資料來源：DIGITIMES；本個案自行繪製

三、鴻海主要業務

以核心技術為中心，包括：奈米、平面顯示器、無線通訊、精密模具技術、伺服器、光電通訊技術材料與應用及網路等[16]。

田表3-2　鴻海主要業務

鴻海主要業務
1.各式連接器產品線及零組件。
2.精密金屬加工零件與工程塑膠組件。
3.資訊產品用之機械精密零組件、準系統。

16 鴻海精密工業股份有限公司。取自：http://www.foxconn.com.tw/GroupProfile/GroupProfile.html。

鴻海主要業務
4.消費性電子產品生產製造。
5.寬頻通訊產品、無線移動式通訊產品、局端通訊產品等。
6.體驗式科技服務及銷售。

資料來源：鴻海官方網站；本個案自行繪製

(一) 臺灣布局

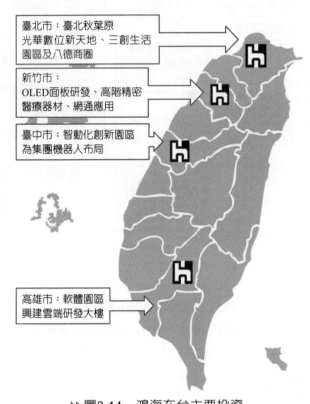

臺北市：臺北秋葉原
光華數位新天地、三創生活
園區及八德商圈

新竹市：
OLED面板研發、高階精密
醫療器材、網通應用

臺中市：智動化創新園區
為集團機器人布局

高雄市：軟體園區
興建雲端研發大樓

▷▷圖3-14　鴻海在台主要投資

資料來源：經濟日報；本個案自行繪製

　　鴻海近年累計在台投資已逾新台幣700億元。鴻海在台主要投資，著重在自動化機器人、生醫、軟體、大數據、第四代行動通訊（4G）、雲端等領域[17]。

(二) 全球布局

　　成立超過40年的鴻海集團，生產基地橫跨美、歐、亞3大洲，在10個國家設有工廠，已成為世界工廠，其中生產基地又以中國為大本營，在當地擁有超過百萬名

---

17 宿靜（2014年6月24日）。郭台銘稱鴻海將擴大在台投資 業界指或加強4G布局。中國臺灣網。取自：http://big5.taiwan.cn/tsfwzx/ywbb/201406/t20140624_6378948.html。

員工。郭台銘說，雖然主要的生產在中國，但很多關鍵零組件在中國初步生產之後，再運往全球工廠組裝，這是一個產業鏈的過程，在其他國家的布局同樣具有戰略地位[18]。

鴻海集團選擇設廠址，會根據成本、商業環境和消費能力等綜合因素來決定。此外，當地政府的政策配合也很重要，舉例來說，鴻海過去在印度投資曾失敗收場，但隨著總理莫迪（Narendra Modi）上任之後，再度重啟投資[19]。

2017年，郭台銘公布鴻海集團在美國威斯康辛州的投資計劃，規劃將設立10.5代最新LCD面板廠，最快2020年開始量產，另外還將設立電視組裝廠[20]。

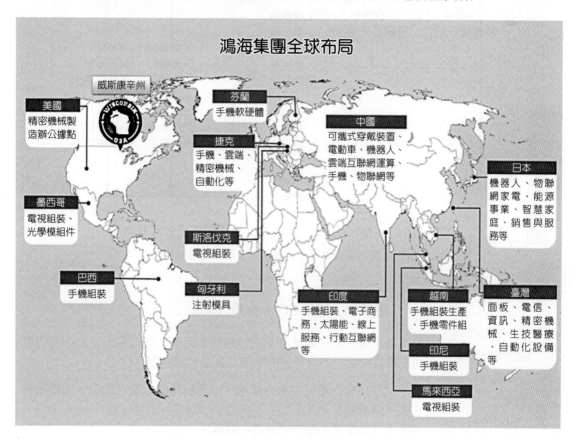

▷▷圖3-15　鴻海集團全球布局

資料來源：聯合新聞網；本個案自行繪製

18 楊喻斐（2017年4月30日）。「鴻海帝國」版圖橫跨美歐亞。蘋果日報。取自：https://tw.appledaily.com/headline/daily/20170430/37634779。

19 楊喻斐（2017年4月30日）。「鴻海帝國」版圖橫跨美歐亞。蘋果日報。取自：https://tw.appledaily.com/headline/daily/20170430/37634779。

20 李宜儒（2017月7月26日）。蘋果工廠？就在明天 傳鴻海將宣布設廠威斯康辛州。鉅亨網。取自：https://news.cnyes.com/news/id/3877173。

四、鴻海經營策略

　　儘管鴻海已經是個出色的EMS廠商，但其實鴻海和其他同業比起來仍舊有不同之處。相較於一般的EMS模式，鴻海利用的是更進一階的Ecmms模式（電子化——零組件、模組機光電垂直整合服務）。

　　若再擴大與傳統OEM、ODM廠商比較的話，可以發現此模式包含的範圍更大，也更能帶來經濟效益。

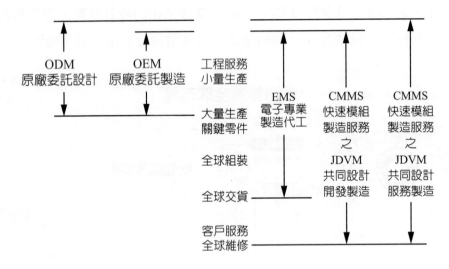

▷▷圖3-16　OEM、ODM、EMS與CMMS關係比較示意圖

資料來源：張殿文《虎與狐》；本個案自行繪製

▦表3-3　鴻海的Ecmms模式含意

C（Componet）	零組件是組成一系統或是子系統的最基本元素。站在零組件廠商的角度來看，尋找與提供不同產品的解決方案是一個重要工作。
M（Module）	1. 模組就是規格化產品的整合狀態，以系統角度來看可當成一完整系統內的「子系統」。 2. 垂直分工狀態下一個自然演進的過程。 3. 加速系統廠商面對快速需求變化的極佳解決方案。
M（Move）	1. 整合的移動速度： 　表現在由零組件到模組，再到系統組裝的整合速度。其關鍵點在於提供客戶具「速度、品質、工程服務、靈活性及成本」工程解決方案。 2. 服務的移動速度： 　提供客戶即時與滿意的服務內容。即是在全世界建造高效能的工廠，並提供客戶（系統廠商與品牌廠商）快速與低成本的解決方案。

S（Service）	協助系統開發廠商相關的製造與設計服務。 1. 共同設計（Joint Design）。 2. 對客戶「產品生命週期」的全方位服務。

資料來源：科技產業資訊室；本個案自行繪製

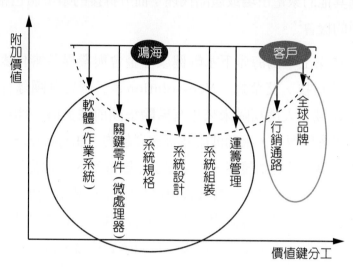

▷▷ 圖3-17　鴻海與客戶的價值鏈分工與附加價值
資料來源：科技產業資訊室；本個案自行繪製

　　鴻海主要在軟體及系統設計、零件組裝等著墨，而將代工訂單交與鴻海的客戶則創造出全球品牌的商譽，與負責各自的行銷通路，以達到雙方的附加價值。

五、鴻海現今布局與展望

　　郭台銘在談論鴻海發展策略時，常討論到7C產業的布局，當中的7C產業，包含鴻海目前營收主力來源的消費性電子（Consumer electronic）、電腦（Computer）以及通訊產品（Communication）這傳統3C之外，另外再加上汽車電子（Car）、內容（Content）、生技醫療（Care），以及通路（Channel）這新4C的布局。從產業屬性上劃分，前3C所屬的生產製造型態，與其他4C之間的產業關連性較低，但是卻可以在對客戶的整體服務面上，產生一定的互補性[21]。

　　由此反饋到鴻海的營運，如果依照7C規劃進行布局，而既有的3C產業仍為鴻海本體的根本，除了能在研發、生產製造等領域穩座市場龍頭的地位外，切割出去

---

21 麥克連的空間（2011年6月27日）。7C布局牽一髮動全身 鴻海分拆大計動見觀瞻。取自：http://mcclanechou.blogspot.tw/2011/06/7c.html。

的內容與通路事業體，將可望在市場上為更多潛在的客戶提供不同的客製化服務。就鴻海的通路經營來看，通路是連結製造與實體消費端的重要介面與橋樑，鴻海除逐步達到郭台銘理想中的「一條龍」服務模式外，一旦通路發展成熟，鴻海可以將通路觸角延伸進其他的家電市場或產品代理；而分拆後的事業體也相對提升接觸目前非製造端客戶的機會[22]。

在生技醫療產業上，鴻海旗下永齡健康基金會與業界評審代表遴選出生醫種子團隊，威亞視覺科技、艾草蜂、Neo-solution等三個獲選團隊分別瞄準專業醫材、數位醫療等領域，入選團隊未來也有望隨集團前往美國，開拓國際市場，爭取創投資助。醫學業界觀察，永齡健康基金會發起的「H.Spectrum青年翻轉培訓計劃」近二年積極推動生醫新創競賽，有望促進生醫經濟、成為從臺灣出發最具影響力的青年培訓平台及創業社群[23]。鴻海於2017年投資美國威斯康辛州，除了設立新的液晶面板廠以外，還布局生技醫療產業；鴻海高層密切接觸威州首府麥迪遜的多家醫療機構、生技新創公司、花旗蔘農場，且明確表達投資或合作意向[24]。

⊞ 表3-4　鴻海集團7C產業

產業類別	產業型態	分拆發展方向與計劃
消費性商品 Consumer electronic	產品開發、生產製造及組裝	針對諸如觸控、光學鏡頭模組或其他不同零組件的生產部分進行切割。
個人電腦 Computer		
通訊產品 Communication		
內容 Contact	加值服務業	從事硬體開發、軟體平台建置及相關內容數位化或應用程式開發。
通路 Channel	加值服務業	以中國各級城市的通路市場為主。
汽車 Car	零組件製造	針對汽車零組件與汽車電子之外，還有新能源電動車的開發。

---

22 麥克連的空間（2011年6月27日）。7C布局牽一髮動全身 鴻海分拆大計劃見觀瞻。取自：http://mcclanechou.blogspot.tw/2011/06/7c.html。

23 尹慧中（2017年7月17日）。鴻海挺生醫新創 選種子團隊。經濟日報。取自：https://money.udn.com/money/story/5612/2587365。

24 楊芙宜（2017年8月4日）。鴻海投資美國威斯康辛面板以外還布局生技。自由時報。取自：http://news.ltn.com.tw/news/world/breakingnews/2153004。

產業類別	產業型態	分拆發展方向與計劃
生技醫療 Care	技術與服務提供	從事醫學與防護醫學的推廣，投資健檢中心、臍帶血等先進生技醫療產業開發。

資料來源：麥克連的空間、聯合新聞網；本個案自行繪製

　　至於未來十年鴻海轉型的大戰略為：積極面向工業4.0時代，以雲移物大智網、機器人與IIDM[25]創新商業模式帶領鴻海變革與轉型。其中智慧生活涵蓋鴻海近年大力推動之八大生活範疇，包括：工作、教育、娛樂、家庭社交、安全、健康、財產交易、環保交通等[26]。

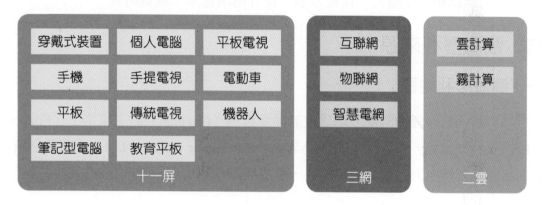

▷▷圖3-18　鴻海「雲移物大智網」概念圖

資料來源：科技政策研究與資料中心；本個案自行繪製

　　鴻海三網二雲的涵義內容如下：

1. 互聯網：係指網路與網路之間所串連成的龐大網路，也可稱為網際網路，互聯網解決了訊息間的共享、交互，顛覆了許多傳統的商業模式，從賣產品變為賣內容和服務[27]。

2. 物聯網：係指物物相連的網路，把所有物品通過射頻識別等訊息感測設備與互聯網連接起來，簡單來說就是所有使用的東西透過物聯網對行為進行感知及預測，擁有「連接一切」的特點[28]。

---

25 IIDM（Integration Innovation Design Manufacture，直譯：整合、創新、設計、製造）是指藉由數位內容、軟體等軟實力布局，將電子產品從關鍵零組件、硬體製造到消費端的銷售服務串聯起來，也就是整合廠商軟硬體實力的綜效，而不是只有單純硬體製造或軟體研發。

26 David（2015年3月20日）。鴻海加速轉型，邁入工業4.0與機器人新時代。科技產業資訊室。取自：http://iknow.stpi.narl.org.tw/Post/Read.aspx?PostID=10874。

27 鑫捷科技股份有限公司。取自：http://www.web-plus.com.tw/solutions-detail.php?p=8。

28 鑫捷科技股份有限公司。取自：http://www.web-plus.com.tw/solutions-detail.php?p=8。

3. 智慧電網：硬體製造包含感測元件、能源管理系統、網通模組、無限模組晶片[29]。

4. 雲計算：一種基於網際網路的超級計算模式，在遠程的數據中心裡，成千上萬台電腦和伺服器連接成一片電腦雲。強大的計算能力可以模擬核爆炸、預測氣候變化和市場發展趨勢。用戶可以通過電腦、筆記本、手機等方式接入數據中心，按自己的需求進行運算[30]。

5. 霧計算：主要用於管理來自傳感器和邊緣設備的數據，將數據、處理和應用程式集中在網絡邊緣的設備中，而不是全部保存在雲端數據中心。可以大大減少雲端的計算和儲存壓力，提高效率，提升傳輸速率，減低時延[31]。

六、鴻海獲利來源

(一) 鴻海獲利地區

　　鴻海公司最賺錢的兩家公司為位於開曼群島（Cayman）的遠東富士（Foxconn（Far East）Ltd），和另一家關係企業Best Behaviour Holding Ltd。中華徵信所把鴻海集團具有控制力的其他公司加入，全集團關係企業總數竟高達841家[32]。

---

29 曾如瑩（2012年3月27日）。鴻海靠5大策略重啓動能。Smart自學網。取自：http://smart.businessweekly. com.tw/Books/special2.aspx?p=5&id=46221&type=1&s=books。

30 科技資本論（2017年11月15日）。到底什麼是雲計算？雲計算能幹什麼？壹讀。取自：https://read01.com/ DG5KAz4.html#.WnmGk6iWY2w。

31 機智雲開發者（2016年10月10日）。「霧計算」重新定義物聯網的計算邊界。壹讀。取自：https://read01. com/QJPoD2.html#.WnmHGaiWY2w。

32 財經中心（2017年2月22日）。解析鴻海金流迷宮 841家公司藏著郭董賺錢秘密。蘋果日報。取自：https:// tw.appledaily.com/new/realtime/20170222/1062036/。

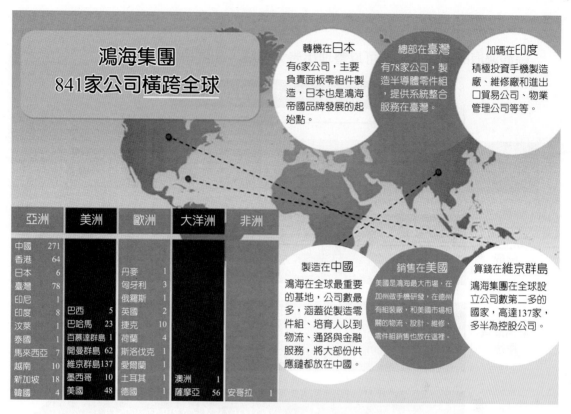

▷▷圖3-19　鴻海現金流大迷宮
資料來源：財訊雙週刊；本個案自行繪製

(二) 鴻海獲利產品

由於鴻海接下的訂單多數為蘋果的訂單，手機在營收的比重上較為顯著，其次是鴻海的起家產品的連接器及桌電、消費性電子產品等。

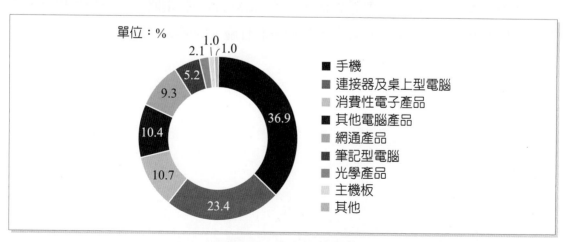

▷▷圖3-20　鴻海營收比重
資料來源：本個案自行繪製

(三) 鴻海獲利原因

綜觀鴻海的經營方式，可以整理出幾大範疇，如圖所示：

製造的FOXCONN→科技的FOXCONN

| 74年
公司成立 | 78年建立
模具廠 | 81年進入
連接器領域 | 逆向
整合 | 成品
代工擴張 | 品牌
領導者 |

| 核心技術
形成 | 熱傳技術、奈米級測量技術、無線網路技術、綠色環保製程技術、模具/CAD/CAM/CAE機構軟、硬件設計、光學鍍膜技術、超精密復合/奈米級加工技術、網路芯片設計技術、E供應鏈技術等 |

| 業務領域
滲透 | 精密電器連接器、精密線纜及組配、電腦機殼及准系統、電腦系統組裝、無線通訊關鍵零組件及組裝、光通訊組件、消費性電子、液晶顯示設備、半導體設備、合金材料等 |

| 與
領導廠商
策略聯盟 | HP、DELL、SONY、NOKIA、MOTOROLA、APPLE、CISCI、IBM、INTEL等 |

| 供應鏈
管理 | 一地設計三地製造全球組裝交貨 |

▷▷ 圖3-21　鴻海的CMMS軌跡

資料來源：MBA智庫；本個案自行繪製

鴻海原本從一個小小的製造廠商，靠著CMMS的經營策略一步一步往整合，逐漸拓展於世界的舞台，成為科技與品牌皆著名且龐大的鴻海帝國。

3-3　認識夏普

一、夏普公司大事紀

夏普（日語：シャープ Shāpu；商標：SHARP）是日本的跨國電子產品公司，為日本8大電機製造商之一，由早川德次在1912年9月5日於東京創立，1924年將總部移至大阪至今。由於自2008年陷入長期虧損，因而尋求外部金援以擺脫經營困境，在2016年8月13日由台資的鴻海科技集團以3,888億日圓取得66%的股權，納為鴻海旗下子公司，成為日本第一家被外資收購的大型電子製造商[33]。

二、夏普發展歷程

夏普公司是一家日本的電器及電子公司，總公司設於日本大阪。自1912年創業以來，發明成為公司名稱來源的活芯鉛筆，成功的研發日本國產第一號收音機和電視機，並在世界首度推出電子計算器和液晶顯示器等等；始終勇於開創新領域，為提高人們的生活品質和推動社會的進步做出貢獻。目前，以數位技術為核心的訊息通信革命正邁向二十一世紀，以勢不可擋之態勢迅猛發展。這從現在網際網路的進化和普及之中也顯而易見[34]。

夏普運用領先世界的液晶、光學、半導體等組件技術和涉及家庭、移動、辦公等整個領域的硬體、軟體、系統、服務等開發力，傾盡全力促進實現更加豐富多彩的「新信息社會」[35]。

---

33 夏普。維基百科。取自：https://zh.wikipedia.org/wiki/%E5%A4%8F%E6%99%AE。
34 夏普。MBA智庫百科。取自：http://wiki.mbalib.com/zh-tw/%E5%A4%8F%E6%99%AE。
35 夏普。MBA智庫百科。取自：http://wiki.mbalib.com/zh-tw/%E5%A4%8F%E6%99%AE。

三、夏普海外布局

(一) 夏普海外布局說明

夏普分別在亞洲、歐洲、美洲及大洋洲地區設有分公司及研究所。

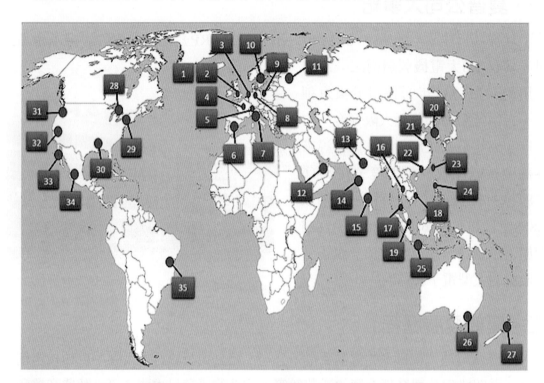

1	歐洲地區總部	11	俄國銷售公司	21	中國地區總部	31	美國研究所
2	英國銷售公司	12	阿拉伯銷售公司	22	香港銷售公司	32	美國機械開發公司
3	荷蘭銷售公司	13	印度銷售公司	23	臺灣銷售公司	33	墨西哥生產公司
4	法國銷售公司	14	印度生產公司	24	菲律賓銷售公司	34	墨西哥銷售公司
5	瑞士銷售公司	15	印度軟體開發公司	25	印尼銷售公司	35	巴西銷售公司
6	西班牙銷售公司	16	泰國銷售公司	26	澳洲銷售公司		
7	義大利銷售公司	17	馬來西亞銷售公司	27	紐西蘭銷售公司		
8	德國銷售公司	18	越南銷售公司	28	加拿大銷售公司		
9	波蘭銷售公司	19	新加坡銷售公司	29	美國銷售公司		
10	瑞典銷售公司	20	韓國銷售公司	30	美國生產事業總部		

▷▷圖3-22　夏普海外子公司分布圖

資料來源：夏普官方網站；本個案自行繪製

(二) 夏普世界業務

夏普分公司大致業務有：總部的產品研發；家電、商用產品銷售；電子元件生產；太陽能系統開發等。

田表3-5　夏普世界分公司業務

美洲業務	
美國總部及分公司	家電、商用產品及電子元件生產與銷售以及產品研發。
墨西哥分公司	家電及商用產品銷售。
巴西分公司	家電銷售。

歐洲業務	
歐洲英國總部	商用產品銷售、金融業務及研發。
德國分公司	電子、商用產品銷售。
瑞典分公司	商用產品銷售。
瑞士分公司	家電及商用產品銷售。
法國分公司	商用產品銷售與生產。
義大利分公司	家電、商用產品及電子元件銷售。
荷蘭分公司	家電、商用產品及電子元件銷售。
俄羅斯分公司	家電、商用產品銷售。

亞洲業務	
菲律賓分公司	家電、商用產品生產銷售。
新加坡分公司	家電、商用產品及電子產品銷售。
馬來西亞分公司	家電及電子元件生產與銷售。
泰國分公司	家電、商用產品及太陽能系統開發、生產與銷售。
印度分公司	軟體開發、家電及商用系統銷售
中國總部及分公司	家電、商用產品及電子元件銷售、生產與研發。
印尼分公司	家電、電子元件生產銷售。
越南分公司	家電及商用產品銷售。
杜拜分公司	家電及商用產品銷售。

大洋洲業務	
澳洲分公司	家電及商用產品銷售。
紐西蘭分公司	家電及商用產品銷售。

資料來源：夏普官方網站；本個案自行繪製

四、夏普的主要業務

田表3-6　夏普主要業務

夏普主要業務
1.電子機器部門：彩色電視機、衛星轉播接收系統、高清晰系統等。
2.家庭電器用品部門：冰箱、冷氣機、多功能電話、家用傳真機等。
3.電化機器部門：理髮、美容器、照明機器等。
4.信息機器部門：文字自動處理機、電子手冊。
5.電子零部件部門：集成電路、太陽能電池、光磁碟等。

資料來源：夏普官方網站；本個案自行繪製

五、夏普產業說明

　　夏普以想像力與創造力研發新產品，由家電轉入電子與資訊產品，夏普至少創造了20項全球第一或日本首創的產品。不過在二次大戰後，夏普於1950年陷入經營困境，即使如此，早川也堅持不裁員，備受員工感念，後來是靠員工主動辦理退休，讓公司得以再獲銀行融資，度過難關。自此夏普從不裁員，成了夏普企業不成文的規定[36]。

　　夏普於1973年以獨家技術首度推出全球第一台液晶電子計算機，1998年第4任社長町田勝彥曾說：「要讓所有的電視機都變成液晶的」，於是大手筆投資液晶事業。從2000年以後的9年間，夏普陸續建6座工廠啓動液晶面板的生產，總計投入1兆3000億日圓（約新台幣3,600億元）。位於日本三重縣龜山市的龜山工廠所生產的液晶電視，還被稱爲「世界的龜山模式」，一度引領風騷[37]。

---

36 中央社（2016年3月30日）。百年夏普一流技術 兵敗求售看這裡。中時電子報。取自：http://www.chinatimes.com/realtimenews/20160330006383-260408。

37 中央社（2016年3月30日）。百年夏普一流技術 兵敗求售看這裡。中時電子報。取自：http://www.

夏普的液晶部門的營業額在2007年（截至2008年3月的財報）為1兆2,000億日圓，佔整體營業額的3成多，營業利益約達879億日圓。夏普員工認為，液晶是能打贏Panasonic的最大武器。6座廠大量生產液晶面板，也用於自家生產的電視機、手機等，進行所謂「垂直統合」的事業模式，營業收益頗有斬獲。在極盛時期，若趕不及船運，就利用包機運送45吋大型電視機到北美市場，儘管運費貴，但仍有利潤[38]。

2008年金融海嘯爆發，夏普營運遭遇逆風，薄型電視機的需求銳減，加上臺灣、南韓、中國的液晶面板業崛起，導致面板價格暴跌，夏普在價格競爭上失利，業績不振，財務體質惡化[39]。

近幾任夏普社長均認為夏普的核心產品是液晶，除町田勝彥外，2007年繼任的夏普社長片山幹雄，也認為堺工廠的生產技術無人能及，於2012年社長奧田隆司說：「液晶是夏普的生命線」，高橋興三更直言，「夏普若沒液晶，就無法重建」[40]。

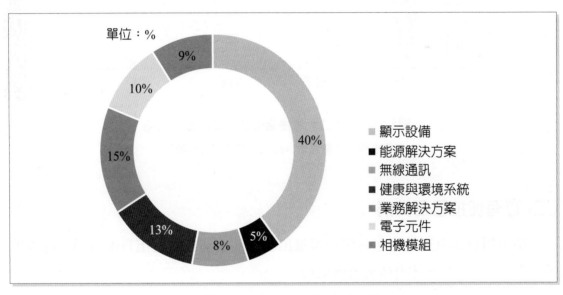

▷▷圖3-23　夏普2016年銷貨比重

資料來源：夏普官方財務年報；本個案自行繪製

chinatimes.com/realtimenews/20160330006383-260408。

38 中央社（2016年3月30日）。百年夏普一流技術 兵敗求售看這裡。中時電子報。取自：http://www.
　chinatimes.com/realtimenews/20160330006383-260408。

39 中央社（2016年3月30日）。百年夏普一流技術 兵敗求售看這裡。中時電子報。取自：http://www.
　chinatimes.com/realtimenews/20160330006383-260408。

40 中央社（2016年3月30日）。百年夏普一流技術 兵敗求售看這裡。中時電子報。取自：http://www.
　chinatimes.com/realtimenews/20160330006383-260408。

六、夏普產業衰退原因

(一) 成本過高

夏普的製造成本居於同業之冠，形成賣愈多，賠愈多；不敵日本國內及中韓低價競爭的同業。

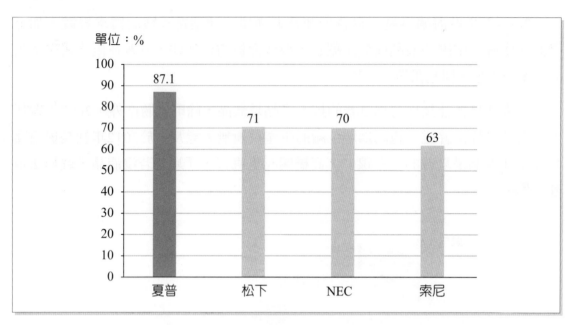

▷▷ 圖3-24　日本四大電機廠製造成本佔營收比重

資料來源：商業週刊1482期；本個案自行繪製

(二) 存有加拉巴哥弊病

被引指日本企業競相在封閉市場推出新產品，卻無法踏出日本國門，行銷世界，要進攻全世界，才有機會繼續成長。

(三) 轉型策略錯誤

夏普在2014年策略為集中與選擇，太過於集中鉅額資金與技術。把雞蛋都放在同一個籃子裡面，失敗風險高，導致銷售成績下滑，存貨量多，公司連年虧損。

七、夏普獲利來源

(一) 夏普2012年至2016年國內、外銷售金額

夏普在日本國內的銷售狀況逐年遞減，市佔率逐漸縮小，但是在國外銷售卻是成長的趨勢，即便如此整體營收仍呈現下滑趨勢。

單位：新台幣十億元

▷▷圖3-25　夏普2012年至2016年國內、外銷售

資料來源：夏普官方2012年至2016年財務年報；本個案自行繪製

(二) 夏普2012年至2016年銷售區域

夏普在日本市場營收於2012年至2016年內明顯減少，美國與歐洲市場市佔率也逐漸縮小，但是在中國的營收卻是呈現顯著成長。

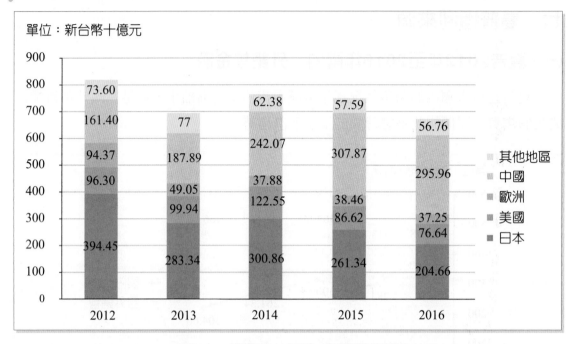

▷▷ 圖3-26　夏普2012年至2016年銷售區域

資料來源：夏普官方2012年至2016年財務年報；本個案自行繪製

(三) 夏普2012年至2016年產品銷售淨額

夏普的主要商品液晶電視在2012年至2016年的銷售金額不斷下滑，在2016年已經比2012年少了一半以上的銷售量，顯示夏普的銷售成績明顯慘淡，有存貨過多的危機。

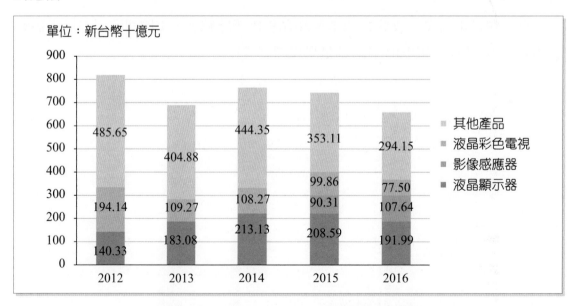

▷▷ 圖3-27　夏普2012年至2016年產品銷售淨額

資料來源：夏普官方2012年至2016年財務年報；本個案自行繪製

3-4　鴻夏戀事件

一、鴻夏戀起源

鴻海與夏普原本就有生意上的往來，2011年夏普前會長町田勝彥找上郭台銘，希望鴻海與夏普能合作對抗三星，爾後夏普因液晶及太陽電池事業不振，導致公司面臨存亡之際。2012年3月底鴻海宣布，以每股550日圓入股夏普，預計取得9.9%股權[41]。

歷經4年多，鴻海與夏普最後終於修成正果。鴻海集團2016年3月30日記者會宣布投資2,888億日圓收購夏普普通股，以及斥資999.999億日圓購買夏普特別股，鴻海共計投入3,888億日圓（約新台幣1,108億元；美金35億元）取得夏普66%股權，鴻夏戀正式成局，並於4月2日簽約[42]。

▷▷圖3-28　鴻夏戀示意圖

---

41 許家禎（2016年2月15日）。鴻夏戀4年始末 郭台銘一度心寒認被騙 始終無法放手。今日新聞。取自：https://www.nownews.com/news/20160225/2007140。

42 May（2016年3月31日）。鴻海成功迎娶夏普之觀察。科技產業資訊室。取自：http://iknow.stpi.narl.org.tw/post/Read.aspx?PostID=12297。

二、鴻夏戀發展過程

2012.03	夏普營運不振，有意讓鴻海參與投資。鴻海和旗下子公司宣布擬共同出資669億日圓，取得夏普9.9%股權。
2012.08	夏普股價暴跌，鴻海董事長郭台銘前往日本協商，希望能對入股價格重新議價，未取得共識，隨後缺席大阪記者會。
2013.05	夏普新社長高橋興三表態，鴻海與夏普的資本合作協商已終止，外界解讀鴻夏戀破局。
2014.06	郭台銘再釋出善意，強調如果高橋同意以股票市值購得股權，可立即出資。
2016.01	日本媒體報導，為搶購夏普，鴻海出資金額從原先的5,000億日圓，加碼到7,000億日圓，鴻夏戀死灰復燃。
2016.02	二月上旬郭台銘透露，雙方達成九成以上共識，鴻海入股不會有問題，傳夏普幹部來台訪問鴻海，市場預期鴻海順利入股夏普的氛圍濃厚。
2016.02	二月下旬雙方協議，鴻海集團出資4,890億日圓（約新台幣1,466.9億元），取得夏普65.9%股權，卻爆出夏普有高達3,500億日圓（約1,500億元台幣）的潛在財務負債風險。
2016.03	鴻海表示，集團將投資2,888億日圓收購夏普普通股，以及預計斥資999.999億日圓購買夏普特別股，鴻海共計投入3,888億日圓取得夏普過半股權，鴻夏戀正式成局。
2016.04	鴻海斥資約新台幣1,108億元取得夏普66%股權，於4月2日簽約。

▷▷ 圖3-29　鴻夏戀事件發展起源

資料來源：聯合報；本個案自行繪製

三、鴻海入股夏普原因

我們都知道鴻海是蘋果的OEM廠商，你手中的每一台iPhone大部分都是由它來負責進行組裝的[43]。《日經亞洲評論》說：「iPhone的成功倚仗鴻海、鴻海的成長取決於蘋果，這種說法毫不誇張。」即使鴻海和蘋果都企圖降低對彼此的依賴，但很大程度仍緊密糾結，雙方運作已實際整合，鴻海與蘋果的關係可謂一榮俱榮、一損俱損[44]。

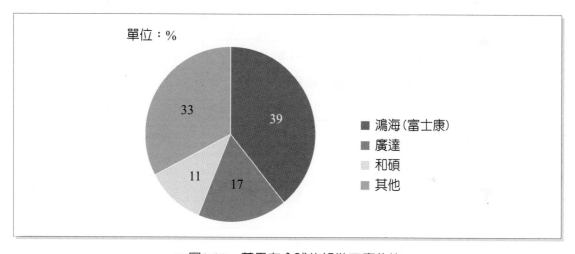

▷▷ 圖3-30　蘋果在全球的組裝工廠佔比

資料來源：蘋果官方網站；本個案自行繪製

目前蘋果在全球共有18家組裝工廠，其中16家為台資工廠，包括富士康7家、廣達3家、和碩2家。所有工廠中，14家位於中國、2家位於美國、1家位於歐洲、1家位於南美[45]。

鴻海營收佔比最高的產品為手機代工的部分，高達整體營收的三分之一。Strategy Analytics最新公布的報告，2017年第二季全球手機出貨量為3.6億支，其中，三星排名第一、蘋果位居第二，第三至五名，則是：華為、OPPO與小米[46]。

---

43 匯金網（2016年9月14日）。蘋果「背後的男人」郭台銘與鴻海帝國。壹讀。取自：https://read01.com/NP6a6K.html#.WnmXkqiWY2w。

44 劉利貞、林文彬（2017年7月14日）。郭董鴻海帝國 擁品牌野心。蘋果日報。取自：https://tw.appledaily.com/finance/daily/20170714/37714966。

45 雷鋒網（2016年4月7日）。蘋果18家組裝供應商揭密，近九成為台資企業。科技新報。取自：https://technews.tw/2016/04/07/apple-assembly-plant/。

46 劉惠琴（2017年8月3日）。全球Q2手機市佔率最新排名公布！這個品牌大翻身搶進前5強。自由時報。取自：http://3c.ltn.com.tw/news/31065。

田表3-7　全球智慧型手機供應商出貨量與市場份額

全球智慧型手機供應商出貨量（單位：百萬支）		
	2016 Q2	2017 Q2
三星	77.6	79.5
蘋果	40.4	41.0
華為	32.0	38.4
OPPO	18.0	29.5
小米	14.7	23.2
其他	158.8	148.8
總計	341.5	360.4
全球智慧型手機供應商市場份額　（單位：%）		
	2016 Q2	2017 Q2
三星	22.7	22.1
蘋果	11.8	11.4
華為	9.4	10.7
OPPO	5.3	8.2
小米	4.3	6.4
其他	46.5	41.3
總計	100.0	100.0

資料來源：Strategy Analytics；本個案自行繪製

　　相關報導指出，鴻海已不滿足於全球最大電子代工廠的地位，還希望透過併購設法獲取關鍵零件技術，自行生產高利潤的零件，並發展自有品牌產品，以彌補核心組裝事業的微薄利潤。這個企圖心，促成鴻海收購從2012年開始生產iPhone液晶面板的夏普[47]。另外，在蘋果產品的組裝代工上，雖然鴻海的市佔率最高，但是鴻海亦面臨蘋果分散下單及轉單的威脅。因此，握有關鍵的液晶技術也可相對地鞏固鴻海在蘋果供應鏈的代工地位。

---

47 林奕榮、葉亭均（2017年7月14日）。鴻海傳奇 郭董登日媒封面。聯合新聞網。取自：https://udn.com/news/story/7240/2582468。

　　由於夏普提供蘋果達30%面板供應量，主要項目包含iPhone、iPad。iPhone年產2.2億台、iPad年產0.45億台，面板加上觸控模組價格約新台幣1,300~1,500元計，合計平均每年面板採購金額高達3,500億元以上，換算之下，鴻海等於坐收超過1,000億元的蘋果面板訂單。再者，蘋果傳出計劃於2018年採用OLED面板，而夏普掌控的IGZO技術，正是鴻海進軍精品面板的最後一塊拼圖[48]。

　　小尺寸應用方面，夏普在全球LTPS[49]產能佔比約20%，穩居全球前三大，夏普與鴻海結合短期內可提供鴻海在產能上的支援，其技術也有助於鴻海縮短LTPS的學習曲線，未來鴻海若掌握高、中、低階手機面板全系列自製能力，搭配自身已經擁有的組裝業務競爭力，必定能強化垂直整合的優勢[50]。

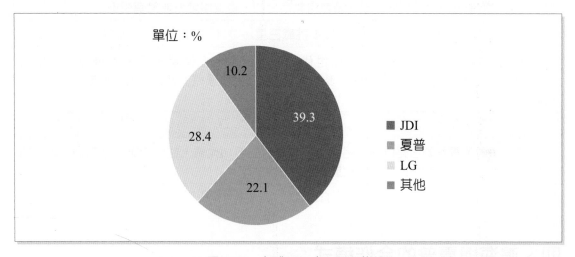

▷▷ 圖3-31　全球2016年LTPS佔比

資料來源：HISMARKIT；本個案自行繪製

　　在中尺寸應用方面，夏普擁有全球最大IGZO（氧化銦鎵鋅）產能，耕耘IGZO技術超過5年，是最早實現量產的供應商，這對仍缺乏相關技術經驗的鴻海而言，有高度互補價值。IGZO技術因為省電的優勢，已在iPad Pro等產品上開花結果，預料未來在平板甚至筆電產品上也具發展潛力[51]。因此，鴻海不惜以4年時間布局，將夏普納入企業版圖之一。

48 李淑惠（2016年2月26日）。鴻海若吃夏普 迎千億蘋果單。中時電子報。取自：http://www.chinatimes.com/newspapers/20160226000038-260202。

49 LTPS：低溫多晶矽（Low Temperature Poly-silicon；簡稱LTPS）是新一代薄膜電晶體液晶顯示器（TFT-LCD）的製造流程，與傳統非晶矽顯示器最大差異在於LTPS 反應速度較快，且有高亮度、高解析度與低耗電量等優點。

50 李淑惠（2016年3月1日）。鴻海擁夏普 JDI恐大受衝擊。中時電子報。取自：http://www.chinatimes.com/newspapers/20160301000103-260204。

51 李淑惠（2016年3月1日）。鴻海擁夏普 JDI恐大受衝擊。中時電子報。取自：http://www.chinatimes.com/newspapers/20160301000103-260204。

田表3-8　鴻海買夏普的五大原因

1.蘋果iPhone
鴻海是蘋果iPhone最大的組裝代工及零件供應商，由於螢幕是iPhone最昂貴的零組件，也有較高的利潤，因此鴻海一直希望能爭取蘋果的面板訂單，而且夏普就是蘋果面板的供應商之一。
2.多角化經營
鴻海一直希望能多角化經營，意在擺脫低毛利的契約式生產角色，轉向高階元件生產。夏普的面板技術，將能幫助鴻海在面板的生產上更上層樓，也減少它們對於契約式生產的依賴。
3.品牌
鴻海並沒有以自家品牌名義製造的產品，他們希望以其它的替代方案，來提升其品牌價值。夏普是非常著名的品牌，如果能成功讓夏普虧損止血，夏普將變得非常有價值。
4.挑戰三星
鴻海希望能爭取蘋果iPhone下一個世代的面板訂單，但南韓三星是有機發光二極體（OLED）的主要供應商。但取得夏普後，鴻海就能在這個領域上進行投資，並成為關鍵的供應商。
5.歷史因素
2012年，鴻海董事長郭台銘以個人名義，投資夏普的堺10代廠，並成功讓該廠由虧損轉向開始獲利，鴻海也希望能以此為基礎，進行更密切的合作。

資料來源：自由時報；本個案自行繪製

四、鴻海與夏普的合作模式

　　鴻海這次投入資金聯日抗韓，能否為臺灣電子產業鋪出一條康莊大道，並建構「新夏普」版圖，是鴻海未來十年的重要布局，將牽動鴻海整個企業的未來發展。

　　夏普經營上的弱點在於人事費用過高及製造成本居高不下，使得虧損加劇。相對地，鴻海在生產成本的管控嚴謹，若搭配夏普的品牌價值與生產技術，讓夏普起死回升的機會相當高。另一方面，鴻海擬斥資千億元購買夏普的資金成本，也受惠於日本低利率的優勢，有利於鴻海在日本爭取到相當好的貸款條件，相對而言，對鴻海的資金壓力降低不少。因此「集合、整合、融合」是本次鴻夏戀的口號，如何集結台日人才及技術、進一步整合台日生產及品牌優勢打團體戰，最終達到台日兩企業的融合才是重要關鍵[52]。

---

[52] 劉家熙（2016年3月11日）。鴻夏戀五部曲三重點 鎖定眼球革命。中時電子報。取自：http://www.chinatimes.com/realtimenews/20160311003825-260410。

⊞ 表3-9　鴻夏戀如何運作

	鴻夏戀如何運作？
財務方面	1.鴻海取得夏普股權。
	2.合作中國成都廠中小尺寸面板廠。
	3.夏普取得數百億日圓的技術轉讓費。
業務方面	1.雙方共同營運生產LCD面板工廠。
	2.夏普委託鴻海代工生產智慧手機，並以夏普品牌透過鴻海中國通路銷售。
	3.夏普提供液晶面板給美國Apple，Apple委託鴻海製造系列產品。

資料來源：科技產業資訊室；本個案自行繪製

五、鴻海與夏普財務比率比較

（一）鴻海與夏普總資產比較

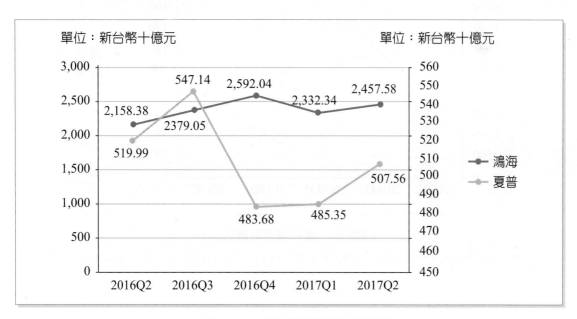

▷▷ 圖3-32　鴻海與夏普總資產比較

資料來源：鴻海官方財務年報、臺灣經濟新報（TEJ）、夏普官方財務年報；本個案自行繪製

鴻海	夏普
1. 鴻海近五季的總資產有上升趨勢，持續平穩的增長，有部分是因為併購其他企業，資產有部分增加。 2. 鴻海在2017年第一季有資產減少的現象，是受到提列收購Nokia功能性手機的成本增加，再加上投資印度電商Snapdeal後認列的資產減損。	1. 夏普因為長年經營不善，不僅資產逐年減少，甚至退出北美、歐洲電視與家電市場、變賣資產，於2016年首度負債超越資產，並且在年底跌到谷底。 2. 2017年後，七年來首度轉虧為盈，資產逐漸攀升，與鴻海合作之後大幅減少原料的開支，而且積極進行新產品線的開發與進攻未來的市場規劃。

(二) 鴻海與夏普營收比較

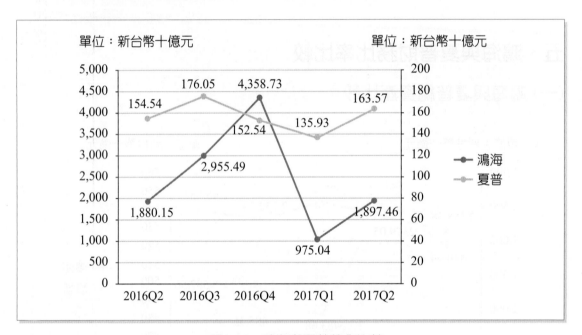

▷▷圖3-33　鴻海與夏普營收比較

資料來源：鴻海官方財務年報、臺灣經濟新報（TEJ）、夏普官方財務年報；本個案自行繪製

鴻海	夏普
1. 鴻海2016年第二季遭到淡季效應拖累，表現不如預期，並且研發費用提高，導致營收整體下滑。	1. 夏普在2016年第二季，雖然相機模組銷售提高，但液晶與太陽能電池部門的銷售較為低迷。
2. 鴻海2016年第三季因九月iPhone7新機上市，銷售明顯增溫，營收較去年同期增加，突破兆元新台幣關卡。	2. 夏普在2016年第三季，鴻海完成注入資金，夏普揮別兩年虧損，主要面板事業銷售成績提升。
3. 2016年第四季適逢傳統季節性旺季，受到9月消費性電子產品帶動，年終時營收也大幅上升。	3. 2016年第四季，來自手機的液晶面板與相機模組需求下降，導致營收下滑。
4. 鴻海在2017年第一季營收又碰到淡季影響，台幣強勢升值，營運狀況不理想。	4. 2017年第一季，手機、家電及液晶面板銷售量攀升，但是夏普在能源解決方案與電子元件事業都有明顯下滑。
5. 2017年第二季依然維持季節性淡季表現，但維持正成長的走勢，期待下半年蘋果iPhone8有一波換新機風潮，代工可以變成合作最大贏家。	5. 2017年第二季，中小型尺寸面板與液晶電視銷售量有成長，亞洲市場白色家電部分的銷售也有顯著上升。

(三) 鴻海與夏普營收成長率比較

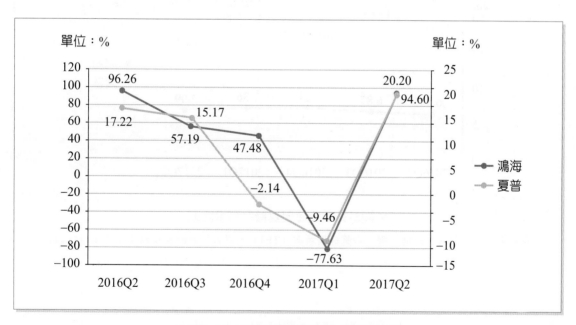

▷▷ 圖3-34　鴻海與夏普營收成長率比較

資料來源：鴻海官方財務年報、臺灣經濟新報（TEJ）、夏普官方財務年報；本個案自行繪製

鴻海	夏普
1. 鴻海在2016年第二季時，營收成長及營收成長率同樣處於下跌趨勢，鴻海首次出現負成長。與夏普都是受到iPhone 6系列銷售量下滑的影響，導致產品供過於求。 2. 鴻海2017年第一季營收成長率嚴重下滑。	1. 夏普在2016年第二季與第三季的營收成長率算是平穩的表現，產品的銷售量也有成長，但是第四季因為大量的蘋果液晶面板與相機模組的需求下降，導致營收成長率呈現負成長。 2. 2017年第一季夏普的產品與事業部門，有些微幅成長，但也有部門的銷售嚴重下滑，所以也是呈現負成長，在第二季的表現不錯，創下正成長的新高，因為主要產品的銷售量都呈現穩定的成長與市場佔有率提升。

(四) 鴻海與夏普毛利率比較

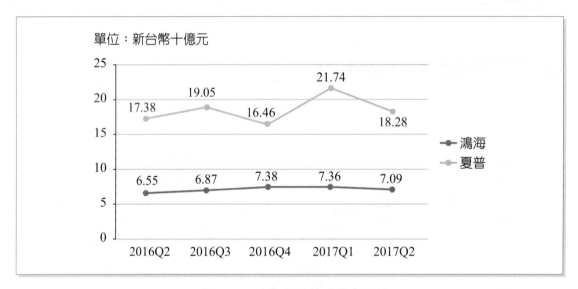

▷▷ 圖3-35　鴻海與夏普毛利率比較

資料來源：鴻海官方財務年報、臺灣經濟新報（TEJ）、夏普官方財務年報；本個案自行繪製

鴻海	夏普
1. 由於鴻海是代工，毛利率雖不高，但是從2017年第一季開始，突破長久以來的6%，迎接7%以上的關卡，比去年同期顯著成長；在2017年第二季創下三率三升的新高，並且持續攀升，呈現獲利非常穩定的狀態。	1. 夏普的毛利率因為製造成本相對於同業高，所以毛利不算高，從2016年第二季到第四季的狀況，毛利處於平穩的狀態，只有微幅上漲與跌落。 2. 從2017年第一季開始，暌違多年夏普首次轉虧為盈，在成本的部分，與鴻海合併後，由於鴻海都是大量採購，所以大幅降低原料的支出，毛利率的表現逐漸成長。

(五) 鴻海與夏普每股盈餘比較

　　鴻海在2016年第二季到第四季有明顯上升，是受到產品銷售量增加與蘋果發表新機風潮的影響；到2017年第一季與第二季的表現又再度下滑，受到淡季與匯損因素，屬於跌到全年營運谷底的狀態。

　　夏普的每股盈餘歷年來都是呈現負數，表示公司沒有賺錢。但是在2016年第三季鴻海正式投入資金後，就朝正值攀升；到2017年第二季都是有盈餘的狀態，處於穩定。但是在2017年第二季有掉落的趨勢，是因為能源解決方案事業部門的營收大幅下降，造成的損失。

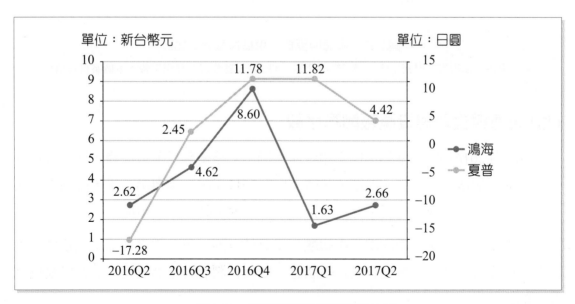

▷▷ 圖3-36　鴻海與夏普每股盈餘比較

資料來源：鴻海官方財務年報、臺灣經濟新報（TEJ）、夏普官方財務年報；本個案自行繪製

(六) 鴻海與夏普股東權益率比較

鴻海的股東權益報酬率一直都呈現非常穩定的狀態，保持在正值，表示公司內部經營狀況良好，只有在2017年第一季，受到銷售衰退的影響，所以股東權益報酬率下滑，但是在第二季有稍微回溫。

夏普在2016年第二季呈現負值，處於不穩定的情況，顯示公司內部需要調整，在2016年第三季之後股東權益報酬率才回溫，暌違多年終於成為正值，並且穩定的上升，顯示夏普在鴻海的領導之下，獲利能力漸入佳境。

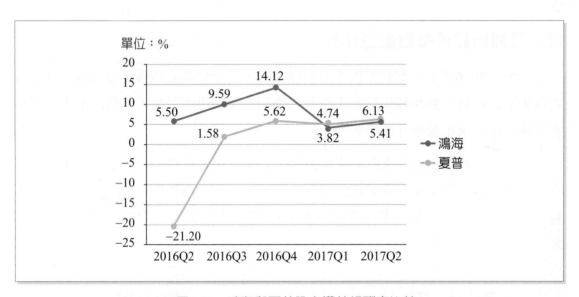

▷▷圖3-37　鴻海與夏普股東權益報酬率比較

資料來源：鴻海官方財務年報、臺灣經濟新報（TEJ）、夏普官方財務年報；本個案自行繪製

(七) 鴻海與夏普總資產報酬率比較

鴻海從2016年第二季到第四季總資產報酬率一路衝到目前最高峰，顯示公司營運的利潤逐漸增長，並且呈現穩定狀態；但在2017年第一季與第二季，碰到季節性淡季，且遇到台幣強勢升值，導致匯損，公司的營業狀況不如預期。

夏普在2016年第二季的總資產報酬率呈負值以外，第三季之後都呈現正值，表示公司的經營利潤從已經沒有成長的狀態，變成利潤能力逐漸成長，夏普蛻變為有盈餘的公司。

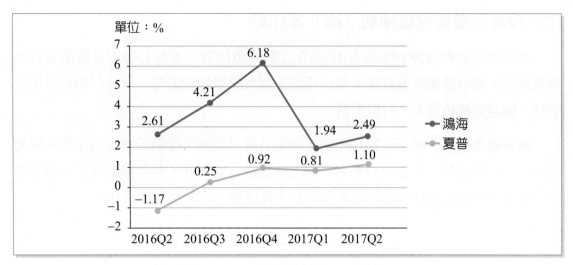

▷▷ 圖3-38　鴻海與夏普總資產報酬率比較

資料來源：鴻海官方財務年報、臺灣經濟新報（TEJ）、夏普官方財務年報；本個案自行繪製

(八) 鴻海與夏普稅後淨利（損）比較

　　鴻海在2016年第二季到第四季稅後淨利大幅提高，表示這三季的營運銷售不但有顯著回溫，並且非常穩定的成長；但在2017年第一季重跌，遇到營運淡季及匯損影響，第二季仍不見好轉，可是有微幅改善狀況，仍屬正成長。

　　夏普已經連續虧損五年，處於沒有淨利只有損失的狀態；2016年第二季鴻海取得夏普主導權後，六個月內讓夏普轉虧為盈、終結連續虧損，在2016年第三季，告別淨損、出現淨利，並且平穩的成長中，主要產品的銷售成績都有起色。

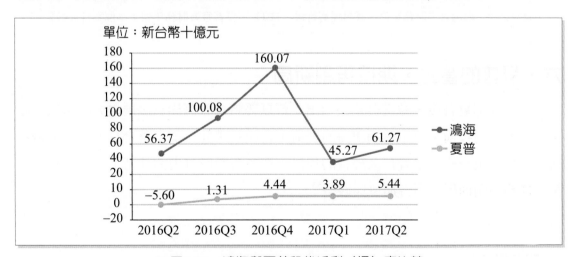

▷▷ 圖3-39　鴻海與夏普稅後淨利（損）率比較

資料來源：鴻海官方財務年報、臺灣經濟新報（TEJ）、夏普官方財務年報；本個案自行繪製

（九）鴻海與夏普稅後淨利（損）率比較

其實鴻海的稅後淨利率從2016年第二季到2017第一季都有穩定且持續成長的優異表現，顯示營運狀況良好，有包括接下蘋果訂單的因素等，但是在2017年第二季時，因遇到銷售淡季，所以下滑。

夏普稅後淨利率除了在2016年第二季是負成長之外，從第三季揮別淨損，開始出現淨利率正成長，也在2017年第一季之後逐漸穩定攀升，有明顯的成長，表示鴻海注資夏普之後，經營策略的規劃與方針，有達到一定的標準與成功。

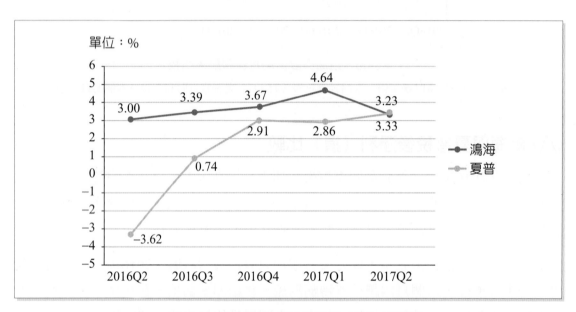

▷▷圖3-40　鴻海與夏普稅後淨利（損）率比較

資料來源：鴻海官方財務年報、臺灣經濟新報（TEJ）、夏普官方財務年報；本個案自行繪製

六、夏普的重生，期待再創新局

鴻海收購夏普後，戴正吳社長指出：新夏普將以五個極具發展潛力的領域，結合本身既有的技術基礎，透過鴻海的製造平台成長茁壯。加上整合夏普所有領域技術的手機，也一直是夏普長久經營的項目；在鴻海豐厚實力的加持下，未來新夏普是否能夠突圍而出，值得期待與觀察[53]。

---

53 編輯部（2017年3月30日）。走過百年，邁向新局：夏普的過去與未來。火箭科技評論。取自：https://rocket.cafe/talks/83012。

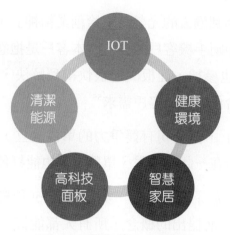

▷▷ 圖3-41　新夏普五大戰略目標

資料來源：夏普公司贊助——火箭科技；本個案自行繪製

　　夏普積極擴展全球電視事業版圖，鴻海集團副總裁暨夏普社長戴正吳2016年8月起正式兼任夏普海外販社業務統轄，親自領軍，積極擦亮夏普品牌，要提高夏普在全球品牌的知名度。首波主打日本、美國、歐洲、中國與東南亞市場，並預期世界各地的業績可望持續快速成長[54]。

　　以日本2017年會計年度第1季來看，夏普在歐洲、中國與東南亞均比去年同期成長，因此帶動第1季電視銷售量，較2016年同期成長1.8倍，成長態勢驚人。

⊞表3-10　夏普強化品牌全球化

夏普強化品牌全球化	
市場	布局重點
日本	強化4K產品線
美國	評估推廣副品牌
歐洲	重回電視戰場
中國	銷售硬體、軟體、內容等
東南亞	市場快速成長，搭上液晶電視換機潮

資料來源：經濟日報；本個案自行繪製

---

54 謝艾莉（2017年8月28日）。夏普擴TV版圖 搶全球市場。聯合新聞網。取自：https://udn.com/news/story/7240/2667552。

　　戴正吳用「夏普要回到過去的光榮，重拾創業精神」，要各部門放棄成見，互相合作。社長示範，與中國手機客戶開會，原本客戶是抱怨手機面板的問題，他要求鏡頭模組業務負責人也參加，面板問題很快得到解決，不只幫面板部門保住訂單，還教兩個部門如何合作，找出客戶需求[55]。

　　內部推動「分社化」，把公司有競爭力的單位獨立，向外爭取新業務。力推「一個夏普」的概念，合在一起是艦隊，單獨出去也能打仗[56]。

　　戴正吳親自拜訪夏普旗下所有據點，與全夏普750位經理人面談，回答對方提出的任何問題，逐一確定他提出的概念，所有人都能接受。親自召開結構改革會議，在全球同步參加視訊會議，檢討過去3個月的改革成果，凝聚內部共識[57]。

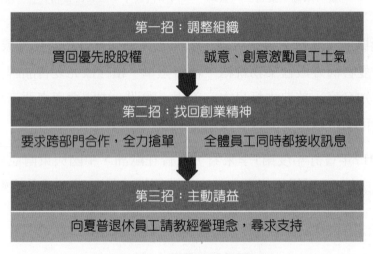

▷▷圖3-42　夏普經營重整策略

資料來源：財訊；本個案自行繪製

　　鴻海品牌大計，靠夏普戴上皇冠，鴻海投資夏普，就取得最具價值的科技品牌，由此整合生產與品牌，得拉抬原本評價定位較低端的組裝及零件業務

　　而最近一年，日股上漲34%，夏普股價漲幅高達273%。從2016年四月初，鴻海集團取得夏普主導權後，六個月內讓夏普轉盈、終結連續八季虧損[58]。

55 財訊（2017年1月21日）。戴正吳改造夏普的5封信及3策略。財經新報。取自：http://finance.technews.
　 tw/2017/01/21/dai-zheng-wu-reform-sharp/。
56 財訊（2017年1月21日）。戴正吳改造夏普的5封信及3策略。財經新報。取自：http://finance.technews.
　 tw/2017/01/21/dai-zheng-wu-reform-sharp/。
57 財訊（2017年1月21日）。戴正吳改造夏普的5封信及3策略。財經新報。取自：http://finance.technews.
　 tw/2017/01/21/dai-zheng-wu-reform-sharp/。
58 周岐原、黃煒軒（2017年7月3日）。獨家解讀四大爆點 鴻海股價為何能繼續漲。今週刊，1071期，42-48。

（一）鴻海與夏普的股價比較

　　鴻海投資夏普案在簽約之後，因涉各國反壟斷審查，導致投資計劃出現延宕。2016年8月12日鴻海對夏普投資資金到位，銀行終於願意開放融資額度，日本評級投資訊息中心（Rating and Investment Information, R&I）也把夏普評等從垃圾級「CCC+」調升兩級至「B」級，夏普股價跟著水漲船高[59]。

　　2016年8月13日鴻海已火速完成對夏普注資，總計3,888億日圓（約新台幣1,162億元），取得夏普約66%股權。鴻夏聯姻為日本電機大廠首度被國外企業併購，此消息刺激夏普股價大漲逾19%，但鴻海受財報不佳拖累，收跌3.69%[60]。

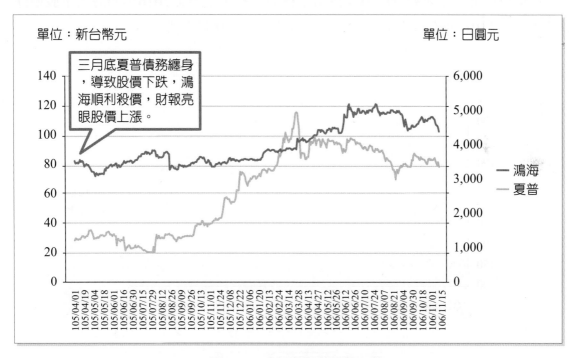

▷▷ 圖3-43　鴻海與夏普股價比較

資料來源：鴻海官方財務年報、臺灣經濟新報、日本股市網站；本個案自行繪製

---

59 陳柔蓁（2016年8月17日）。獲鴻海注資 夏普評級、股價跳升。自由時報。取自：http://news.ltn.com.tw/news/business/breakingnews/1797767。

60 王惠慧（2016年8月13日）。中國准鴻夏婚 夏普喜漲鴻海跌。自由時報。取自：http://news.ltn.com.tw/news/business/paper/1021263。

(二) 鴻海與夏普的股價報酬率比較

鴻海與夏普在2008年與2015年股價均明顯下跌。

2008年時全球遭遇到金融海嘯風暴，鴻海因為外資撤出，夏普則因60吋大尺寸液晶電視在美國銷路不好，導致庫存量過多，致使兩家公司股價都創新低。

2015年鴻海受到中國經濟疲軟、美國升息引發新興市場資金外逃，美元強勢導致美國企業獲利衰退等全球股災影響；夏普是因為蘋果iPhone 6銷量減少，面板產量已經供過於求，再度陷入銷售困境，股價也跌到谷底。

2017年第一季鴻海營收還是持續平穩的成長，夏普從2016年鴻海入主股價開始攀升，到2017年有些微幅跌落，但是表現仍較2016年為佳。

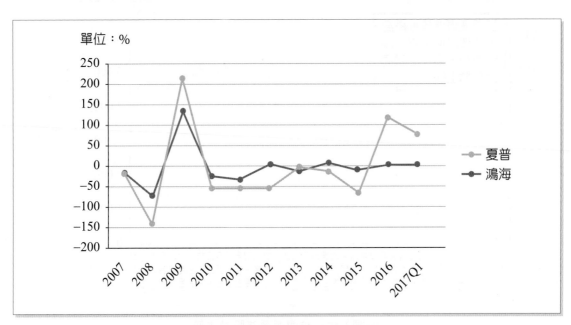

▷▷圖3-44　鴻海與夏普股價報酬率比較

資料來源：鴻海官方財務年報、臺灣經濟新報、日本股市網站；本個案自行繪製

3-5 結論

　　鴻夏戀從2012年結緣至2016年，歷經了四年，鴻海終於在2016年3月底與夏普攜手合作。對於這起併購事件，當時震驚了日本與臺灣的電子業界，因為夏普是日本高科技製造的電子產品公司，產業逐漸從日本國內開拓到全世界都有分公司，並且由當年的電子龍頭，漸漸走向衰退一途。夏普雖然擁有專業與成熟的技術，但卻不善於行銷與經營，被從製造業起家且相對年輕的企業鴻海集團併購於旗下，打破了日本社會較為強勢的刻板印象。

　　鴻海集團屬於製造業，是全球3C代工領域規模最大、成長最快，並在國際上享有極高的評價[61]。雖然每年的營收逐步成長，但是代工的毛利並不高，於是鴻海在世界版圖擴張之下，近年也逐漸傾向於規劃屬於自家的品牌，在業界能夠奠定更深的基礎。因此，鴻海從2012年開始積極的對夏普這個擁有純熟的液晶、面板技術的百年品牌，展開追求。鴻海除了從長期的營業狀況進行關注外，對於持續虧損的夏普積極規劃購入股份，企圖想成為股東之一，想要用夏普發揮鴻海品牌垂直整合的效益，成為蘋果等代工夥伴不可或缺的重要供應鏈。

　　鴻海的品牌大計，需要靠夏普為它加冕，投資夏普，就是取得最具價值的科技品牌，由此整合生產與品牌，布局鴻海未來的發展藍圖。鴻海指派戴正吳入主夏普，並努力重整夏普的公司的組織、調整員工士氣、跨部門合作、堅持全體員工同時接收訊息，且戴社長在全球據點面談經理人，凝聚內部共識。夏普的營業收入從鴻海入主後，由2016年到2017年內，淨損2,000多億減少到200多億日圓，在鴻海的成本精簡策略奏效之下，2017年度第1季稅後純益144.8億日圓（約40億元台幣），並連3季獲利，持續朝2017年度轉虧為盈目標邁進。

　　鴻海與夏普合併之後，不管是在銷售量還是財務狀況，都有明顯的提升及改善，而且預計在未來2017年能夠重返歐洲家電市場與北美的電視市場，也朝中國市場再度邁進，拾回夏普之前退出的市場版圖。也在致力於研發嶄新的產品線，像是開新型發機器人等，讓我們期待未來鴻夏戀的良性發展。

---

61 邱莉燕（2011年5月30日）。82家世界第1的傳奇。遠見。取自：https://www.gvm.com.tw/article.html?id=15554。

問題與討論

1. 臺灣在全球的電子專業製造與服務產業扮演什麼角色，請進行兩者的分析並比較其優勢與劣勢。

2. 從財務報表分析當中，若站在投資人立場，你看好鴻海和夏普合併後的發展嗎？爲什麼？

3. 假如你是夏普的管理者，你會接受鴻海的合併嗎？請講述理由並分析其優劣。

4. 和夏普合併是鴻海唯一的選擇嗎？你覺得鴻海還可以進行何種布局？

資料來源

1. DIGITIMES。取自：https://www.digitimes.com.tw/tech/。

2. Global Information,Inc.全球市場產業調查分析。取自：http://www.giichinese.com.tw/。

3. Global Information,Inc.全球市場產業調查分析。取自：http://www.giichinese.com.tw/。

4. Google財經。取自：https://finance.google.com.hk/finance?q=INDEXNIKKEI:NI225。

5. IHSMARKIT TECHNOLOGY。取自：https://technology.ihs.com/。

6. IHSMARKIT TECHNOLOGY。取自：https://technology.ihs.com/。

7. Kabutan日本股市網站。取自：https://kabutan.jp/stock/chart?code=6753。

8. MBA智庫百科。取自：http://wiki.mbalib.com/wiki/%E9%A6%96%E9%A1%B5。

9. MONEY DJ理財網。取自：https://www.moneydj.com/。

10. New Venture Research。取自：https://newventureresearch.com/。

11. New Venture Research。取自：https://newventureresearch.com/。

12. Sharp Annual Report 2012-2017（夏普官方財報）。

13. Sharp Annual Report 2012-2017（夏普官方財報）。

14. Sharp Global（夏普官網）。取自：http://www.sharp-world.com/。

15. Sharp Global（夏普官網）。取自：http://www.sharp-world.com/。

16. Statista。取自：https://www.statista.com/。

17. TechNews（科技新報）。取自：https://technews.tw/。

18. TEJ 臺灣經濟新報。

19. TWSE 臺灣證券交易所。取自：http://www.twse.com.tw/zh/。

20. Upptune。取自：http://www.upptune.com/。

21. Upptune。取自：http://www.upptune.com/。

22. YAHOO STOCK。取自：https://tw.stock.yahoo.com/。

23. 中時電子報。取自：http://www.chinatimes.com/。

24. 尹慧中（2017年7月17日）。鴻海挺生醫新創 選種子團隊。經濟日報。取自：https://money.udn.com/money/story/5612/2587365。

資料來源

25. 日本網。取自：http://www.nippon.com/hk/currents/d00179/。

26. 日本證券交易所。取自：http://www.jpx.co.jp/chinese/。

27. 日經中文網。取自：https://zh.cn.nikkei.com/。

28. 火箭科技。取自：https://rocket.cafe/。

29. 科技產業資訊室。取自：http://iknow.stpi.narl.org.tw/。

30. 海峽吧。取自：http://www.haixiaba.com/。

31. 財訊。取自：http://www.wealth.com.tw/。

32. 麥克連的空間（2011年6月27日）。7C布局牽一髮動全身　鴻海分拆大計動見觀瞻。取自：http://mcclanechou.blogspot.tw/2011/06/7c.html。

33. 壹讀。取自：https://read01.com/zh-tw/n6JN8.html#.WhGxH7puIid。

34. 換匯。取自：http://www.taiwanrate.org/exchange_rate_JPY_.php?forex=2016/12/30#.Wfm8MvmGOUk。

35. 曾如瑩（2016）。台日製造，黃金交叉。商業周刊第1482期。

36. 華泰證券研究報告。取自：http://data.eastmoney.com/report/80000073_0.html。

37. 新浪金融理財網。取自：http://finance.sina.com/bg/。

38. 維基百科。取自：https://zh.wikipedia.org/wiki/%E5%A4%8F%E6%99%AE。

39. 聯合新聞網。取自：https://udn.com/news/index。

40. 謝明玲（2012）。發現廢墟中的新日本。天下雜誌第491期。

41. 鴻海官方網站。取自：http://www.foxconn.com.tw/。

42. 張騄（2017年2月9日）。從臺灣2016營收看全球電子產業變遷：大陸崛起時代。每日頭條。取自：https://kknews.cc/zh-tw/finance/ene3g44.html。

43. 楚不易（2017年3月17日）。東芝賣身、索尼虧損，日本企業為什麼集體潰敗？世界華人周刊。取自：https://buzzorange.com/techorange/2017/03/17/japanese-company/。

44. 康育萍（2016年4月7日）。家電末代武士　一半被收購、一半重生。商業週刊，1482期，98-100。

45. 陶允芳（2012年2月22日）。日本家電業 最後的武士？［電子版］。天下雜誌，491期。取自：https://buzzorange.com/techorange/2017/03/17/japanese-company/。

資料來源

46. 宿靜（2014年6月24日）。郭台銘稱鴻海將擴大在台投資 業界指或加強4G布局。中國臺灣網。取自：http://big5.taiwan.cn/tsfwzx/ywbb/201406/t20140624_6378948.html。

47. 楊喻斐（2017年4月30日）。「鴻海帝國」版圖橫跨美歐亞。蘋果日報。取自：https://tw.appledaily.com/headline/daily/20170430/37634779。

48. 李宜儒（2017月7月26日）。蘋果工廠？就在明天 傳鴻海將宣布設廠威斯康辛州。鉅亨網。取自：https://news.cnyes.com/news/id/3877173。

49. 楊芙宜（2017年8月4日）。鴻海投資美國威斯康辛面板以外還布局生技。自由時報。取自：http://news.ltn.com.tw/news/world/breakingnews/2153004。

50. 曾如瑩（2012年3月27日）。鴻海靠5大策略重啓動能。Smart自學網。取自：http://smart.businessweekly.com.tw/Books/special2.aspx?p=5&id=46221&type=1&s=books。

51. 科技資本論（2017年11月15日）。到底什麼是雲計算？雲計算能幹什麼？壹讀。取自：https://read01.com/DG5KAz4.html#.WnmGk6iWY2w。

52. 財報狗（2013年4月22日）。比營收還重要的事——利潤比率。財報狗網站。取自：http://statementdog.com/blog/archives/5861。

53. 翁毓嵐（2015年1月17日）。資產認損103億 亞太電信轉虧損。中國時報。取自：http://www.chinatimes.com/newspapers/20150117000576-260110。

54. 謝佳宇（2009年11月15日）。群創併奇美 郭台銘力拚友達爭搶面板龍頭。數位時代。取自：https://www.bnext.com.tw/article/12836/BN-ARTICLE-12836。

55. 散點透視（2015年9月2日）。2015黑色八月全球股災罪魁禍首。凝視、散記。取自：http://blog.xuite.net/metafun/life/337277490-2015%E9%BB%91%E8%89%B2%E5%85%AB%E6%9C%88%E5%85%A8%E7%90%83%E8%82%A1%E7%81%BD%E7%BD%AA%E9%AD%81%E7%A6%8D%E9%A6%96。

56. TWicic 懂灣灣（2016年5月9日）。臺灣拿什麼跟中國比競爭？高喊要創新，宏碁研發費卻低到我嚇歪。科技報橘。取自：https://buzzorange.com/techorange/2016/05/09/an-insight-fot-taiwan-electronic-industry/。

57. 財經中心（2017年2月22日）。解析鴻海金流迷宮 841家公司藏著郭董賺錢秘密。蘋果日報。取自：https://tw.appledaily.com/new/realtime/20170222/1062036/。

資料來源

58. 鍾榮峰（2016年3月30日）。鴻海苦戀夏普修成正果 4年追求好事多磨。中央通訊社商情網。取自：http://cnabcbeta.cna.com.tw/news/ats/201603301129.aspx。

59. 許家禎（2016年2月15日）。鴻夏戀4年始末 郭台銘一度心寒認被騙 始終無法放手。今日新聞。取自：https://www.nownews.com/news/20160225/2007140。

60. 劉惠琴（2017年8月3日）。全球Q2手機市佔率最新排名公布！這個品牌大翻身搶進前5強。自由時報。取自：http://3c.ltn.com.tw/news/31065。

61. 周岐原、黃煒軒（2017年7月3日）。獨家解讀四大爆點 鴻海股價為何能繼續漲。今週刊，1071期，42-48。

62. 陳柔蓁（2016年8月17日）。獲鴻海注資 夏普評級、股價跳升。自由時報。取自：http://news.ltn.com.tw/news/business/breakingnews/1797767。

63. 王惠慧（2016年8月13日）。中國准鴻夏婚 夏普喜漲鴻海跌。自由時報。取自：http://news.ltn.com.tw/news/business/paper/1021263。

64. 邱莉燕（2011年5月30日）。82家世界第1的傳奇。遠見。取自：https://www.gvm.com.tw/article.html?id=15554。

個案4
臺灣遊樂園如何迎向全世界？

　　2013 年迪士尼以《冰雪奇緣》電影讓全世界再一次看見迪士尼的製片技巧和故事創作能力，並且在劇中的〈Let It Go〉這首主題曲也成為大街小巷每位小朋友朗朗上口的歌曲。迪士尼因為有《冰雪奇緣》在全球共賣出 12.76 億美元的票房收入，讓迪士尼在動畫市場上持續保持領先地位；也因此帶動迪士尼樂園的入園人潮，營收續創新高。

　　在迪士尼的成功案中，號稱臺灣迪士尼的「劍湖山」又要如何面對這全球遊樂園的市場？接下來的個案分析，我們將比較全球第一大、第二大的遊樂園和臺灣的劍湖山，並且探討「劍湖山」將如何從這競爭激烈的遊樂園市場中脫穎而出，並且進入全世界遊樂園的競爭市場。

本個案由中興大學財金系（所）陳育成教授與臺中科技大學保險金融管理系（所）許峰睿副教授依據具特色的臺灣產業並著重於產業國際競爭關係撰寫而成，並由中興大學財金所闕浩昀同學及臺中科技大學保險金融管理系王昱婷、林宣妤、蔡穆昀同學共同參與討論。期能以深入淺出的方式讓讀者們一窺企業的全球布局、動態競爭，並經由財務報表解讀企業經營風險與成果。

4-1 主題樂園市場概況

一、全球主題樂園市場概況

(一) 前言

全球遊樂園市場是一個龐大且不斷成長的市場，在技術、通路合作夥伴、服務交付和整合方面都必須要有巨額投資。所有主要的娛樂服務供應商、管理和系統供應商都將在這個市場上佔有重要的份額，消費者因為可支配收入的增加，所以花更多錢在休閒娛樂，遊樂園市場預計將實現驚人的高速成長。因此，主要市場參與者將會從根本上修改，並且升級他們的樂園設備和遊樂設施，用以吸引新客戶、保留顧客品牌忠誠度。

遊樂園產業本身正經歷迅速的轉型。社交媒體推出了一個免費的論壇，讓遊客評論樂園各個方面的體驗。由於參與人數的增加以及食品和商品的人均支出增加，預計該行業將以穩定的速度成長。主題樂園可以透過其他形式的休閒娛樂來進一步增加收入，例如：劇場表演納入遊樂項目中，並且遊樂園還可以透過電子技術減少等待時間，並在等待時提供更愉快的體驗，以提高遊客的滿意度。

隨著經濟穩定成長，可支配所得的增加，反轉全球經濟衰退危機的大幅復甦以及預期人口穩定增長將成為遊樂園市場的主要動力。此外，持續不斷的創新和經驗累積，以及從傳統到現代主題公園充滿活力的翻新，都將成為推動市場成長的主要力道。

（二）上升的全球市場

　　近幾年全球前九大主題樂園市場表現逐年上升，從2014年的3.689億遊客人次，增長到2015年的3.94億遊客人次，2016年遊客量成長到4.17億遊客人次。

田表4-1　2014年至2016年全球前九大主題公園集團的遊客總量

單位：百萬人

排名	集團名稱	2014遊客量	2015遊客量	2016遊客量
1	迪士尼集團	134.33	137.90	140.40
2	默林娛樂集團	62.8	60.50	61.20
3	環球影城娛樂集團	40.15	44.88	47.36
4	中國華僑城集團	27.99	28.83	32.27
5	華強方特	13.02	23.09	31.64
6	六旗集團	25.64	28.56	30.11
7	長隆集團	18.66	23.59	27.36
8	雪松會娛樂公司	23.31	24.45	25.10
9	海洋世界娛樂集團	22.40	22.47	22.00
排名前九大主題公園集團遊客總量		368.30	394.27	417.44

資料來源：TEA主題娛樂協會－全球主題樂園及博物館報告；本個案自行繪製

▷▷ 全球前四大主題樂園集團

▷▷ 圖4-1　迪士尼集團

▷▷ 圖4-2　默林娛樂集團

▷▷ 圖4-3　環球影城娛樂集團

▷▷ 圖4-4　中國華僑城

資料來源：Jerome LABOUYRIE/Shutterstock.com；本個案自行繪製

(三) 迪士尼依然坐擁全球樂園市場龍頭寶座

　　2016年全球樂園市場佔比依序為迪士尼、默林娛樂、環球影城娛樂、中國華僑城、華強方特、六旗集團、長隆、雪松會娛樂、海洋世界娛樂[1]。

　　雖然氣候，旅遊發展狀況和部分地區的政治因素一定程度上影響了主題樂園的成長，但隨著一些新項目的投資建設，主題樂園市場營運能力的提高和全球休閒娛樂消費的快速成長。從長期來看，主題樂園市場仍會保持平穩成長，業者對此前景充滿信心。

1　樂晴智庫（2017-01-10）。全球主題公園巨頭：迪士尼、環球影城、六旗、雪松會和海洋世界。取自：https://kknews.cc/zh-tw/travel/p4b34q2.html。

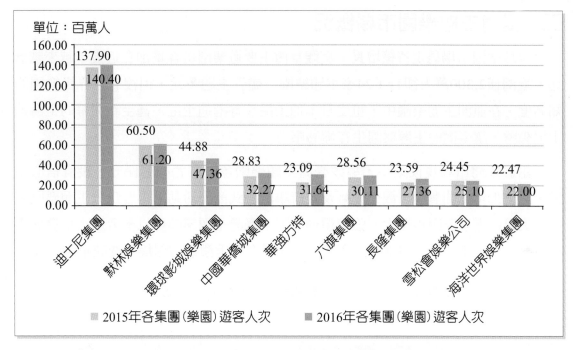

▷▷ 圖4-5　2015年至2016年各集團（樂園）遊客人次

資料來源：TEA主題娛樂協會——全球主題公園及博物館報告；本個案自行繪製

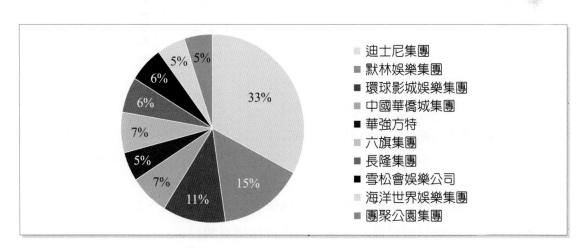

▷▷ 圖4-6　2016年各集團（樂園）遊客比率

資料來源：TEA主題娛樂協會——全球主題公園及博物館報告；本個案自行繪製

二、臺灣主題樂園市場概況

　　全球樂園市場穩定持續增長，反觀臺灣主要遊樂園遊客量卻在近幾年越來越低迷。臺灣僅2,300萬人卻有了24家主題樂園，儘管主題多元，但沒有世界級樂園的知名度，在亞洲主題樂園中，也受日本迪士尼、香港迪士尼，甚至新開幕的上海迪士尼夾擊，讓臺灣的主題樂園生存備感壓力。

　　由於臺灣市場規模太小，導致臺灣主題樂園多數業者心態保守，投資信心不足，加上近年休閒農場、觀光工廠及政府舉辦各式節慶活動，再度瓜分主題樂園客群，尖離峰需求差距再擴大。強敵環伺之下，臺灣主題樂園可以參考迪士尼發展中心概念，並且創造夢想與幸福全套情境，才能在競爭激烈的環境下突破重圍[2]。

田 表4-2　臺灣主要主題樂園2012年至2016年入園遊客人次

單位：萬人

排名	主題樂園名稱	2012	2013	2014	2015	2016
1	六福村主題樂園	118.92	108.38	156.48	163.02	143.82
2	劍湖山世界	115.46	113.02	112.16	112.40	100.05
3	麗寶樂園	73.41	108.13	109.83	82.98	91.46
4	九族文化村	134.31	102.17	93.75	90.69	88.28
5	花蓮海洋公園	48.83	53.52	61.37	57.73	53.88
	主要主題樂園遊客總量	490.93	485.22	533.59	506.82	477.49

資料來源：交通部觀光局國內主要觀光遊憩據點遊客人數統計；本個案自行繪製

　　從表4-3與圖4-7可以看到2015年到2016年的入園遊客人次，除了麗寶樂園有稍稍回升以外，其餘皆呈現衰退的現象。因為近年來臺灣民眾的休閒娛樂越來越多元化，選擇到國外度假的遊客也日漸增加，所以遊樂園便不再是國人假期首選，造成遊樂園入園人次衰退且低迷。

2　葉卉軒（2017-05-27）。商研院：臺灣主題樂園無競爭力。取自：https://udn.com/news/story/7241/2488698。

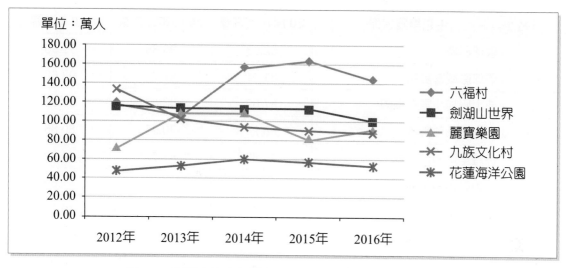

▷▷ 圖4-7 臺灣主要主題樂園2012年至2016年入園遊客人次

資料來源：交通部觀光局國內主要觀光遊憩據點遊客人數統計；本個案自行繪製

4-2 美國主題樂園發展概況

一、美國主題樂園入園人次

單從遊客量來看，2016年美國前19大的主題樂園整體遊客量比2015年成長了1.1%，這些美國遊樂園集團中只有環球影城的遊客人數有較明顯的增加，歸功於其哈利波特系列電影及商品強大的品牌魔力[3]。

⊞表4-3 美國主要主題樂園2012年至2016年入園遊客人次

單位：十萬人

排名	主題樂園名稱	2014年遊客量	2015年遊客量	2016年遊客量
1	迪士尼魔法王國	193.32	204.92	203.95
2	迪士尼樂園	167.69	182.78	179.43
3	未來世界	114.54	117.98	117.12
4	迪士尼動物王國	104.02	109.22	108.44
5	迪士尼好萊屋影城	103.12	108.28	107.76

---

3 BRIAN SANDS AECOM副總裁。

排名	主題樂園名稱	2014年遊客量	2015年遊客量	2016年遊客量
6	環球影城	82.63	95.85	99.98
7	環球影城冒險島	81.41	87.92	93.62
8	迪士尼加州冒險樂園	87.69	93.83	92.95
9	好萊屋環球影城	68.24	70.97	80.86
10	佛羅里達海洋世界	46.83	47.77	44.02
11	坦帕灣布希樂園	41.28	42.52	41.69
12	諾氏百樂訪樂園	36.83	38.67	40.14
13	加拿大奇幻樂園	35.46	36.17	37.23
14	杉點樂園	32.47	35.07	36.04
15	加利尼福亞海洋世界	37.94	35.28	35.28
16	國王島	32.38	33.35	33.84
17	六期魔術山公園	28.48	31.04	33.32
18	好時公園	32.12	32.76	32.76
19	六旗大冒險樂園	28.00	30.52	32.20
排名前十九主題公園集團遊客總量		1,354.45	1,434.90	1,450.63

資料來源：TEA主題娛樂協會──全球主題公園及博物館報告；本個案自行繪製

二、美國走向全世界

　　由下表可以發現全球排名前25名的遊樂園分布，大部分的遊樂園都集中在美國，當然還有不少美國遊樂園集團坐落在其他區域，如日本、香港、上海迪士尼。可見美國遊樂園產業不只深根，更把觸角伸向全世界。

田 表4-4　2016年全球排名前25名主題樂園遊客人數

單位：十萬人

排名	樂園	所在國家	2016年遊客量
1	迪士尼魔法王國	美國	203.95
2	迪士尼樂園	美國	179.43
3	東京迪士尼樂園	日本	165.40
4	日本環球影城	日本	145.00

排名	樂園	所在國家	2016年遊客量
5	東京迪士尼海洋	日本	134.60
6	迪士尼未來世界	美國	117.12
7	迪士尼動物王國	美國	108.44
8	迪士尼好萊屋影城	美國	107.76
9	環球影城	美國	99.98
10	冒險島	美國	93.62
11	迪士尼加州冒險樂園	美國	92.95
12	長隆海洋王國	中國	84.74
13	巴黎迪士尼樂園	法國	84.00
14	樂天世界	韓國	81.50
15	好萊屋環球影城	美國	80.86
16	愛寶樂園	韓國	72.00
17	香港迪士尼樂園	香港特別行政區	61.00
18	海洋公園	香港特別行政區	59.96
19	長島溫泉樂園	日本	58.50
20	歐洲主題樂園	德國	56.00
21	上海迪士尼樂園	中國	56.00
22	華特迪士尼影城	法國	49.70
23	艾夫特琳主題公園	荷蘭	47.64
24	趣伏里主題公園	丹麥	46.40
25	佛羅里達海洋世界	美國	44.02

資料來源：TEA主題娛樂協會——全球主題公園及博物館報告；本個案自行繪製

4-3 迪士尼集團

一、簡介

　　Walt Disney Company（華特迪士尼公司）前身為華特迪士尼製片公司，成立於1923年10月16日，是一家多元化跨國傳媒公司，擁有影視娛樂（Disney動畫和真人電影等）、主題樂園及度假區（在全球包括加州、佛州、東京、巴黎、上海、香港等地，擁有12座迪士尼度假區、11個主題樂園及郵輪四艘）、消費品生產（包括服飾、玩具、食品等商品）、傳媒（擁有美國三大廣播公司之一ABC、體育品牌ESPN等）和互動等五大業務。2015年6月30日合併旗下消費品以及互動部門，成為四個業務部門，2015年6月公司消費品部門推出一款智能型與網路相連的可穿戴玩具，具語音功能[4]。

田表4-5　迪士尼集團簡介

公司名稱	Walt Disney Company（The DIS） 華特迪士尼公司		
交易所	NYSE紐約交易所	交易代號	DIS
地址	500 South Buena Vista St,Burbank,California 91521,United States Of America	公司網址	http://thewaltdisneycompany.com
市值	152.25 Billion美元 （約4.6兆新台幣）	流通股數	1,543,480,961（2017/07/01）
資本額	43億美元		
員工人數	195,000	股東人數	890,200（2016/10/01）
所屬指數	道瓊指數、標普五百指數、羅素1000指數、羅素3000指數、美國消費服務指數、道瓊美國指數	所屬產業	主題樂園、影視
產業地位	全球最大的娛樂及媒體公司之一，主營影視娛樂、主題樂園度假區		

資料來源：迪士尼官網、鉅亨網；本個案自行繪製

4　Money DJ 理財網。Walt Disney Company。取自：https://www.moneydj.com/KMDJ/Wiki/WikiViewer.aspx?KeyID=7ac34f62-b680-4a34-a9d2-ac82。23cc8073。

二、關係事業

華特迪士尼公司及其子公司和附屬公司是一家領先的多元化國際家庭娛樂和傳媒企業，擁有媒體網路、公園和度假村、工作室娛樂、消費產品和互動媒體等業務部門。

(一) 媒體網路

該部門主要業務是有線電視網業務和廣播電視業務。

1. 有線電視網

該部門以Disney Channels 、ESPN和Freeform爲主。

(1) Disney Channels經營超過100家迪士尼品牌電視頻道，迪士尼擁有100％股權，這是一系列提供給青少年、兒童以及其家長和監護人的教育綜合類頻道，以34種語言在163個國家和地區播出。節目內容非常豐富，包括迪士尼眞人電影、動畫電影、舞台劇和適合全家觀看的眞人秀等。

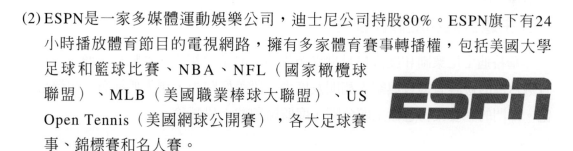

(2) ESPN是一家多媒體運動娛樂公司，迪士尼公司持股80％。ESPN旗下有24小時播放體育節目的電視網路，擁有多家體育賽事轉播權，包括美國大學足球和籃球比賽、NBA、NFL（國家橄欖球聯盟）、MLB（美國職業棒球大聯盟）、US Open Tennis（美國網球公開賽），各大足球賽事、錦標賽和名人賽。

(3) Freeform（原ABC Family，2016 年起更名）是針對14到34歲觀眾的美國有線電視網路，迪士尼擁有100％股權。主要播放原創眞人節目、第三方授權節目以及原創舞台劇和電影，並且推出品牌節日活動，如「萬聖節的13個晚上－13 Nights of Halloween」和「聖誕節的25天──25 Days of Christmas」等。

2. 廣播電視網業務

迪士尼的廣播業務包括美國國內廣播網絡、電視節目和發行業務，以及8家美國國內電視台。

(1) 國內廣播電視網絡

迪士尼主要經營ABC電視網絡，截至2016年10月1日，與242個地方電視台簽訂了合作協議，幾乎覆蓋美國所有家庭電視市場。

ABC廣播節目在以下時段播出：黃金時段、白天、深夜。其中，ABCNEWS.com提供在線的全球新聞深度報導和ABC新聞廣播的部分新聞報導，同時ABC新聞與雅虎新聞簽訂協議，定期向雅虎提供新聞。

(2) 電視製作和發行

迪士尼在ABC工作室的名義下製作大多數電視劇和電視節目，包括 Nextfilx 電視劇。同時迪士尼也參與《吉米雞毛秀》晚間版的製作，以及各種黃金時段特色節目、新聞節目等。

(3) 美國國內電視台

目前迪士尼擁有8家電視台，其中6家在美國電視家庭市場中收視率佔據前十。所有電視台都隸屬於ABC，覆蓋了美國23%的電視家庭收視。

(二) 主題公園和度假區部門

華特迪士尼樂園和度假村是世界領先的家庭旅遊和休閒體驗提供商之一，每年有數百萬的遊客有機會與家人和朋友度過一段美好時光，讓人們擁有一生難忘的回憶。部門的主要業務包括主題公園、度假區和迪士尼郵輪。

▷▷圖4-8　迪士尼樂園世界分布圖

1. 主題公園

目前迪士尼主題公園分為3種模式：第一種是迪士尼在美國本土採取的獨資投資並管理模式，即公司方全資擁有，包括華特迪士尼世界、加州迪士尼；第二種是在巴黎推行的雙方合資但由迪士尼管理模式；第三種是東京迪士尼的特許經營模式，由迪士尼輸出技術和授權，日方投資並管理，日方擁有全部股權。

(1) 華特迪士尼世界

華特迪士尼世界位於佛羅里達州奧蘭多西南22英里，佔地面積約25,000英畝。樂園中包含了四個主題公園：「Magic Kingdom魔法王國」、「Epcot未來世界」、「好萊塢影城」和「迪士尼動物王國」。

(2) 加州迪士尼

加州迪士尼樂園位於美國加利福尼亞州阿納海姆市迪士尼樂園度假區，包括兩個主題公園：迪士尼樂園（Disneyland）和迪士尼加州冒險樂園（Disney California Adventure），三個度假酒店和一個迪士尼商城（Downtown Disney）。

(3) 巴黎迪士尼

巴黎迪士尼樂園於1992年開業，在法國巴黎以東約20英里的馬恩拉瓦萊佔地5,510英畝的開發區。該樂園由迪士尼公司與法國政府當局聯合開發。2015年，巴黎迪士尼通過4億歐元的股權發行和6億歐元的貸款股權轉化，完成了10億歐元的資本重組。資本重組過程於2015年11月完成，公司的實際股權權益從51%增至81%。巴黎迪士尼有兩個主題公園：迪士尼公園（Disneyland Park）和華特迪士尼影城（Walt Disney Studios Park）。

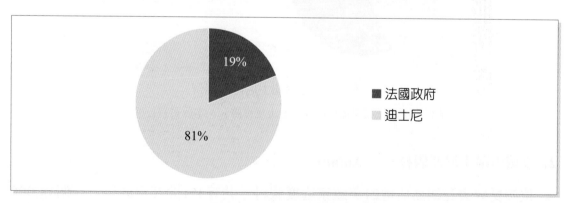

▷▷ 圖4-9　巴黎迪士尼控股情況

資料來源：三文娛每日頭條（迪士尼專訪）；本個案自行繪製

(4) 香港迪士尼

　　樂園位於大嶼山310英畝的土地上，靠近香港國際機場，包括一個主題公園和兩個主題度假酒店。迪士尼與香港政府聯合成立香港國際主題公園有限公司。

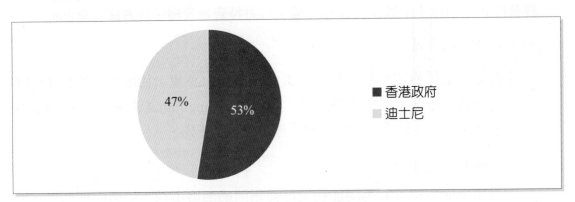

▷▷圖4-10　香港迪士尼控股情況

資料來源：三文娛每日頭條（迪士尼專訪）；本個案自行繪製

(5) 上海迪士尼

　　位於上海浦東區佔地面積約1,000英畝，已於2016年6月開業。其中包括上海迪士尼樂園、兩個主題度假酒店、購物、餐飲、娛樂中心、戶外娛樂區。

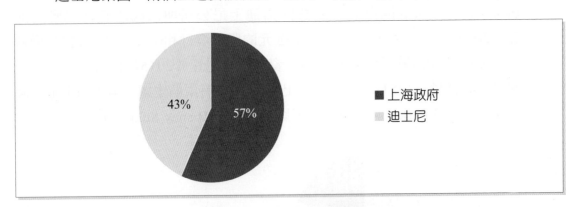

▷▷圖4-11　上海迪士尼控股情況

資料來源：三文娛每日頭條（迪士尼專訪）；本個案自行繪製

2. 夏威夷迪士尼度假村──Aulani

　　位於夏威夷瓦胡島佔地21英畝家庭度假村。共有351間客房酒店、一個18,000平方英尺的溫泉浴場和12,000平方英尺的會議室。

▷▷圖4-12　夏威夷迪士尼度假村

資料來源：Mana Photo/Shutterstock.com

3. 迪士尼郵輪

主要有4艘郵輪（「魔法號Disney Magic」、「驚奇號Disney Wonder」、「夢想號Disney Dream」和「幻想號Disney Fantasy」）在北美和歐洲港口經營。目前正在籌建兩艘新的郵輪，一艘將在2021年推出，另一艘在2023年推出。新郵輪重13.5萬噸，擁有1,250間客艙。

4. 娛樂工作室

90多年來，迪士尼工作室一直是華特迪士尼公司創立的基礎。今天，工作室為世界各地的消費者帶來高品質的電影、音樂和舞台劇。

影視娛樂業務主要是製作並發行眞人和動畫電影、音樂唱片和現場舞台劇。

(1) 製作發行眞人和動畫電影

公司主要由迪士尼影業（Walt Disney Pictures）、皮克斯工作室（Pixar）、漫威（Marvel）、盧卡斯（Lucasfilm）和試金石（Touchstone）發行電影。截至2016年10月1日，迪士尼在美國累計發行了約1,000部眞人電影和100部動畫長片。除美國市場之外，還朝電影市場、家庭娛樂市場以及電視市場發行。

(2) 音樂唱片

由迪士尼音樂集團（DMG）為電影和電視節目製作新的音樂，並直接開發、製作、銷售和向全球發行音樂唱片。DMG還向音樂出版公司、視聽設備、公共表演和數字發行公司出售版權，並承辦現場音樂會。DMG包括迪士尼唱片公司、好萊塢唱片公司、迪士尼音樂出版社和博偉音樂集團。

(3) 現場舞台劇

由迪士尼劇團製作並授權舞台劇，在百老匯和世界演出。目前已有《獅子王》、《阿拉丁》、《報童傳奇》、《歡樂滿人間》、《美女與野獸》、《小熊維尼》和《小美人魚》等優秀作品。

5. 消費產品和互動媒體

從玩具、服裝到書籍和遊戲，迪士尼消費品和互動媒體透過創新和引人入勝的實物產品和數字體驗，使故事和人物生動起來，激發了年輕人的想像力。商業活動主要透過商品授權、零售、遊戲和其他業務進行。

(1) 商品授權

迪士尼的商品授權業務涉及多種產品類別，主要是：玩具、服裝、家居裝飾和家具、配飾、文具、食品、健康和美容以及電子產品等。

(2) 零售

迪士尼零售店和北美、西歐、日本和中國的網站（DisneyStore.com和MarvelStore.com）聯合銷售迪士尼、漫威和盧卡斯為主題的產品。商店一般位於高級購物中心和其他零售商場。目前在北美有223家商店，歐洲8家、日本48家、中國擁有1家。

(3) 遊戲

主要是公司向第三方遊戲開發商開放許可。同時公司也自行開發和銷售遊戲，目前主要是網路遊戲，消費者可從第三方發行商下載或在線玩遊戲。

三、營收比重

　　下表可以看出，迪士尼自2012年至2016年的營收比重，佔比最大的是迪士尼的媒體網絡，其次是樂園和度假村，再者是動畫工作室及周邊商品與互動媒體。由圖4-13可以明顯看出迪士尼的媒體網絡、樂園和度假村的營收比重相較於動畫工作室和周邊商品與互動媒體均逐年增加並大幅成長。

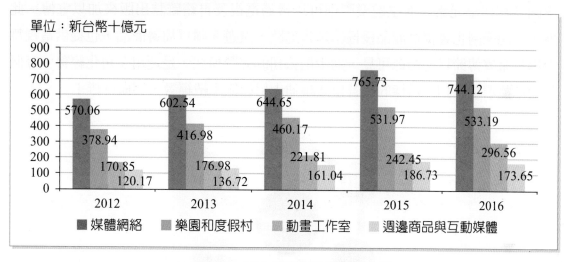

▷▷圖4-13　迪士尼集團近年營收比重

資料來源：迪士尼財報；本個案自行繪製

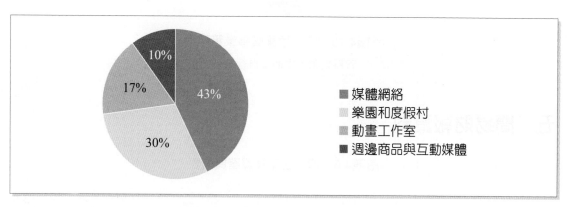

▷▷圖4-14　迪士尼集團2016年營收比重

資料來源：迪士尼財報；本個案自行繪製

四、經營模式

　　迪士尼永續成長的經營模式如下圖，以電影內容為核心，周圍圍繞著不同事業，每個事業的內容又可再成為其他事業的子彈，形成一種合縱連橫的力量。我們就以其他事業對主題樂園的影響來做探討，例如：電影內容對主題樂園，分別是：樂園體驗驅動遊客回去看更多的電影，賣座的電影吸引遊客到樂園體驗，並提供樂園各種娛樂元素，而主題樂園則可以透過電視及書籍雜誌出版來加以宣傳。此外，主題樂園也會提供商品授權給銷售通路，讓遊客購買周邊商品，也提供電視舞台場景來宣傳節目。由此可見，迪士尼公司的經營模式，是運用多角化經營，每個環節都能環環相扣，這樣的經營模式讓迪士尼能夠永續經營，笑傲群雄！

▷▷圖4-15　迪士尼集團事業策略圖

資料來源：本個案自行繪製

五、簡易財報資料

田表4-6　迪士尼集團資產負債表

單位：新台幣十億元

科目	2012	2013	2014	2015	2016	2017半年
流動資產	402.08	417.63	462.31	551.59	532.94	522.71
非流動資產	1,794.67	1,987.11	2,102.06	2,350.92	2,358.00	2,304.09
資產總額	2,196.75	2,404.74	2,564.37	2,902.51	2,890.94	2,826.80
流動負債	375.81	346.44	405.10	537.63	529.04	520.97

科目	2012	2013	2014	2015	2016	2017半年
非流動負債	654.82	713.60	789.08	899.34	1,002.86	902.33
負債總額	1,030.63	1,060.04	1,194.18	1,436.97	1,531.90	1,423.30
負債比率（%）	46.92	44.08	46.57	49.51	52.99	50.35
股東權益	1,166.12	1,344.70	1,370.19	1,465.54	1,359.04	1,403.50
流動比率（%）	106.99	120.55	114.12	102.60	100.74	100.33
存貨	45.08	44.02	47.97	51.71	43.66	39.62
速動比率（%）	94.99	107.84	102.28	92.98	92.48	92.73
ROA（%）	-0.57	-0.70	8.91	8.80	10.20	9.71
ROE（%）	-1.07	-1.25	16.68	17.43	21.71	19.55
本益比	14.84	18.57	19.82	23.74	17.00	19.44

資料來源：迪士尼財報；本個案自行繪製

☖表4-7　迪士尼集團損益表

單位：新台幣十億元

科目	2012	2013	2014	2015	2016	2017半年
營業收入淨額	1,240.01	1,333.21	1,487.67	1,598.98	1,747.51	1,691.47
營業成本	980.06	1,053.49	805.20	864.45	942.14	926.41
營業毛利	259.95	279.72	682.47	734.53	805.37	765.06
營業毛利率（%）	20.96	20.98	45.88	45.94	46.09	45.23
營業費用						
銷貨費用	233.47	247.60	261.04	259.76	274.98	250.98
折舊費用	58.82	64.88	69.73	71.74	79.38	84.21
總營業費用	292.28	312.49	330.77	331.50	354.36	335.19
營業費用率（%）	23.57	23.44	22.23	20.73	20.28	19.82
折舊費用率（%）	4.74	4.87	4.69	4.49	4.54	4.98
營業利益	-32.33	-32.77	351.70	403.03	451.01	429.87
利息支出	13.84	10.33	8.96	8.08	11.12	14.90
營業外收入及支出	25.49	15.36	30.48	27.70	27.14	10.94
稅前淨利	-20.69	-27.74	373.22	422.66	467.03	425.91

科目	2012	2013	2014	2015	2016	2017半年
稅後淨利	-12.51	-16.77	228.61	255.46	294.99	274.41
稅後淨利率（％）	-1.01	-1.26	15.37	15.98	16.88	16.22
營收成長率（％）	3.39	7.52	11.59	7.48	9.29	-
每股盈餘（美元）	3.13	3.38	4.26	4.90	5.73	5.65

資料來源：迪士尼財報；本個案自行繪製

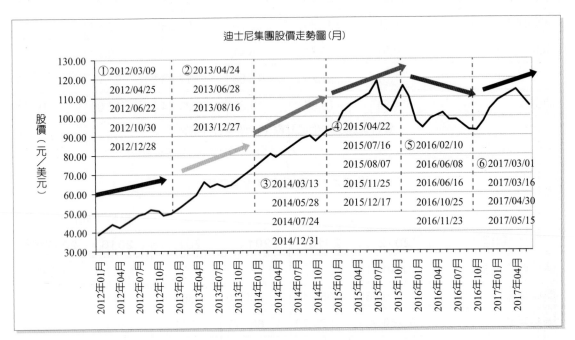

▷▷ 圖4-16　迪士尼集團近年股價走勢（月線）

資料來源：迪士尼官網、MoneyDJ；本個案自行繪製

（一）2012-2013

迪士尼集團在2012年 3月、4月、6月、12月陸續推出異星戰場、復仇者聯盟、勇敢傳說以及無敵破壞王等電影，並於2012年10月30日併購盧卡斯影音事業，使得股價有上升的趨勢。

（二）2013-2014

在2013年4月、6月、8月、12月陸續上映鋼鐵人3、怪獸大學、飛機總動員、冰雪奇緣等眾所皆知的電影，使得股價有更往上攀升的趨勢。

（三）2014-2015

2014年3月、5月、7月、12月陸續上映美國隊長2、黑魔女、星際異攻隊、大英雄天團等票房相當高的電影，更使得股價逐漸攀升。

（四）2015-2016

2015年4月、7月、8月、11月、12月陸續上映復仇者聯盟2、蟻人、腦筋急轉彎、恐龍當家、Star Wars等票房相當高的電影，其中以Star Wars榮獲20.66億美元的票房，使得股價攀升至最高點。

（五）2014-2017

2016年2月、6月、10月、11月陸續上映動物方程式、海底總動員2、奇異博士、海洋奇緣等電影以及上海迪士尼在2016年6月開幕。但今年的股價卻不增反減，是因為迪士尼集團的主要營收－媒體網路在2016年營業收入大幅下降以及ESPN的訂戶大減，獲利負成長才會導致2016年股價下跌。

（六）2017/06

2017年3月、3月、5月陸續上映金鋼狼3、美女與野獸、神力女超人等電影以及2017年4月香港迪士尼探索家度假酒店開幕，股價有持續回溫、上升的趨勢。

4-4 默林娛樂集團

一、簡介

默林娛樂集團（Merlin Entertainments Group）成立於1999年，為英國上市公司，是歐洲第一大、全球領先的現場娛樂開發運營公司[5]。集團旗下擁有樂高樂園（Lego Land Park）、杜莎夫人蠟像館（Madame Tussauds）、倫敦眼（The London Eye）、海洋世界（Sea Life）等知名產品。目前集團在全球4大洲共23個國家經營超過100個場館、12家酒店、4個度假村。

田表4-8　默林娛樂集團簡介

公司名稱	默林娛樂公共有限公司（MERL） Merlin Entertainments PLC				
總部	英國普爾	成立時間	1998/12	全職員工	27,000人
創辦人	尼克·瓦尼	董事長	Sir John Sunderland	執行長	Nick Varney
市值	5.06 Billion英鎊 （約1.30千億新台幣）	主要經營業務		遊樂園、水族館和度假村	

資料來源：維基百科、yahoo finance、默林娛樂官網

二、關係事業

（一）主題公園度假村

1. Alton Towers奧爾頓塔

2. Chessington World切辛頓冒險世界

3. Gardalandt加爾達樂園

4. Heide Park海德公園

5. Thrope Park索普公園

6. Warwick Castle沃爾克城堡

---

5 美通社（2015-10-21）。華人文化與英國墨林娛樂宣布成立合資公司。取自：https://m.life.tw/?app= view &no=342388。

（二）Lego Land樂高樂園

（三）旅遊景點

1. Sea Life海洋世界

2. Madame Tussauds杜莎夫人蠟像館

3. The Eye Brand倫敦眼

4. The Dungeons地牢之旅

5. Shrek＇s Adventure夢工廠史瑞克冒險樂園

6. Wild-Life野生動物園

三、營收比重

　　默林娛樂集團年報中將其營業收入分成旅遊景點、樂高樂園、主題樂園與度假村，其中佔比最高的「旅遊景點」，默林積極在遊客常會到訪的觀光區設點，並藉此創造收入。

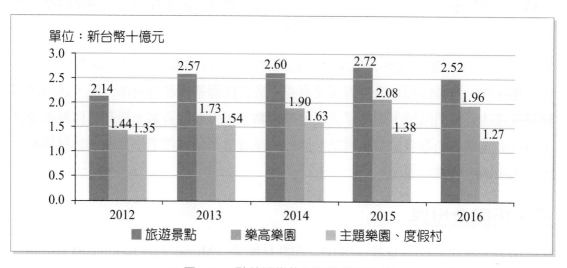

▷▷圖4-17　默林娛樂集團近年營收比重

資料來源：默林娛樂集團2012年至2016年年報

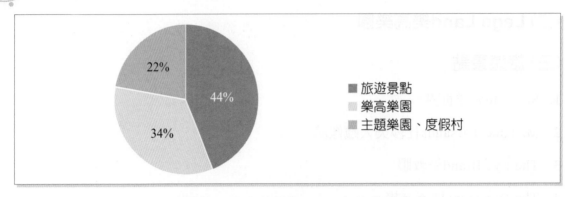

▷▷圖4-18　默林娛樂集團2016年營收比重

資料來源：默林娛樂集團2012年至2016年年報

四、經營模式

　　默林娛樂集團為專業化主題公園經營模式提供了經典觀摩對象。默林娛樂集團（Merlin Entertainments Group）為英國當地知名的優質家庭娛樂景點運營公司，目前亦是全球第二大的旅遊景點營運公司。

　　與全產業鏈經營模式的顯著不同在於，默林集團旗下的各個主題樂園品牌都相對獨立，多數都基於單一位置或者景點進行設計開發。雖不採取一個園區內整合配置的做法，但是也出現了像樂高樂園、海洋生物館等全球品牌。

　　舉例來說，全球以樂高積木為主題的樂園目前有8家，因兼具娛樂性、創造性、趣味性、遊戲性和知識性而深受喜愛。樂高樂園基本都有內部分區，迷你城市建築區往往是熱門區域，而為了表現地域特點，吸引本地遊客，樂高迷你城市通常會有代表該地區的著名建築和場景。此外，還設置了積木創造學習區、幼兒積木專區、駕駛區、城鎮區等。

五、拓展全世界

　　華人文化產業投資基金（CMC）和默林娛樂（Merlin Entertainments Group）聯合宣布，雙方正規劃成立合資公司，著手在上海及周邊地區開發家庭娛樂主題樂園－樂高樂園（LEGOLAND Park），並進一步在中國開發一系列中小型室內外現場娛樂及主題樂園項目，如：「地牢之旅」（The Dungeons）、「樂高探索中心」（LEGOLAND Discovery Center）、「功夫熊貓歷險之旅」（DreamWorks Tours - Kung Fu Panda Adventures）等一系列城市室內中小型現場娛樂項目[6]。

6　美通社（2015-10-21）。華人文化與英國墨林娛樂宣布成立合資公司。取自：https://m.life. tw/?app=view&no=342388。

▷▷圖4-19　默林娛樂世界分布圖

資料來源：默林娛樂年報；本個案自行繪製

六、簡易財報資料

田表4-9　默林娛樂集團資產負債表

單位：新台幣十億元

科目	2012	2013	2014	2015	2016	2017半年
流動資產	9.90	17.59	18.28	12.62	13.43	16.76
非流動資產	107.28	115.18	118.60	120.12	116.83	127.20
資產總額	117.18	132.77	136.88	132.74	130.26	143.96
流動負債	12.98	13.27	13.46	12.91	13.90	17.27
非流動負債	75.38	73.12	71.19	64.07	59.95	70.05
負債總額	88.36	86.39	84.65	76.98	73.85	87.32
負債比率（%）	75.41	65.07	61.84	57.99	56.69	60.66

科目	2012	2013	2014	2015	2016	2017半年
股東權益	28.82	46.38	52.23	55.76	56.41	56.64
流動比率（%）	76.27	132.55	135.81	97.75	96.62	97.05
存貨	1.07	1.18	1.28	1.46	1.42	2.07
速動比率（%）	68.03	123.66	126.32	86.48	86.39	85.06
ROA（%）	0.36	2.30	5.27	5.67	5.49	6.09
ROE（%）	1.46	6.60	13.82	13.50	12.68	15.47
本益比	0.00	23.91	24.69	26.95	21.67	17.60

資料來源：默林娛樂年報；本個案自行繪製

⊞表4-10　默林娛樂集團損益表

單位：新台幣十億元

科目	2012	2013	2014	2015	2016	2017半年
營業收入淨額	50.17	58.57	61.36	62.03	57.54	62.45
營業成本	7.61	8.35	8.89	9.37	8.97	9.95
營業毛利	42.56	50.22	52.47	52.66	48.57	52.50
營業毛利率（%）	84.83	85.74	85.51	84.89	84.41	84.07
營業費用						
銷貨及其他費用	33.26	37.44	34.15	35.24	32.98	36.34
折舊費用	4.11	4.91	4.91	5.39	5.17	3.30
折舊費用率（%）	12.36	13.11	14.38	15.30	15.69	9.08
總營業費用	37.37	42.35	39.06	40.63	38.15	39.64
營業費用率（%）	74.49	72.31	63.66	65.50	66.30	63.47
營業利益	5.19	7.87	13.41	12.03	10.42	12.86
利息支出	5.79	5.06	3.14	2.23	1.82	1.87
營業外收入及支出	1.07	0.74	-1.03	-0.39	0.12	0.04
稅前淨利	0.47	3.55	9.24	9.41	8.72	11.03
稅後淨利	0.42	3.06	7.22	7.53	7.15	8.76
稅後淨利率（%）	0.84	5.23	11.76	12.14	12.42	14.02
每股盈餘（英鎊）	8.00	15.10	16.00	16.80	20.80	3.70
營收成長率（%）		16.74	4.76	1.09	-7.24	8.53

資料來源：默林娛樂年報；本個案自行繪製

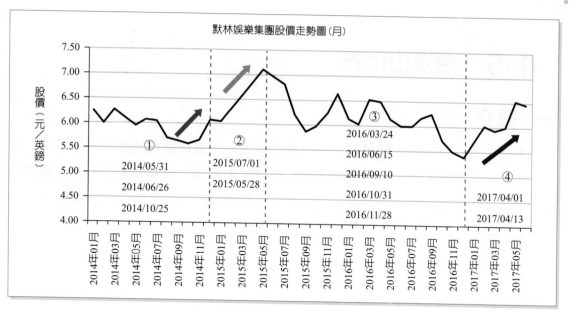

（一）2014-2015

默林娛樂集團陸續在2014年5月、2014年6月、2014年10月開放北京杜莎夫人蠟像館、舊金山杜莎夫人蠟像館、新加坡杜莎夫人蠟像館。

（二）2015-2016

在2015年5月、2015年7月陸續開放奧蘭多杜莎夫人蠟像館、倫敦史瑞克冒險樂園開幕。

（三）2014-2017

分別在2016年3月、2016年6月、2016年9月、2016年10月、2016年11月開放羅馬SEA LIFE、重慶SEA LIFE、重慶杜莎夫人蠟像館、杜拜樂高樂園、伊斯坦堡杜莎夫人蠟像館。

（四）2017

在2017年4月期間陸續開放日本樂高樂園、納什維爾杜莎夫人蠟像館。

4-5 劍湖山世界

一、簡介

耐斯企業集團創辦人陳鏡村先生昆仲的老家——雲林縣古坑鄉永光村只是一處默默無聞的小農村，即使人們取道此地，頻頻進出草嶺，但匆匆來去，永光鄉間的青山翠谷，始終寂寂無名，不過就是一片乏人問津的路過景色而已。1986年，由於創辦人的夢想，將古坑鄉永光村一處荒山野地建立了劍湖山世界[7]。

田 表4-11　劍湖山簡介表

公司名稱	劍湖山世界股份有限公司（5701） JANFUSUN FANCYWORLD CORP				
創辦人	陳鏡村	董事長	陳志鴻	總經理	尤義賢
上櫃日期	87/03/12	成立時間	75/08/07	實收資本額	新台幣25.38億元
主要 經營業務	觀光遊樂業、觀光旅館業、百貨公司業				

資料來源：劍湖山世界投資人專區公司基本資料；本個案自行繪製

二、關係事業

1. 劍湖山世界主題樂園

2. 劍湖山王子大飯店

3. 耐斯王子大飯店

4. 耐斯廣場時尚百貨

5. 劍湖山世界網路商城

6. 品牌授權

---

7 劍湖山網址。取自：http://fancyworld.janfusun.com.tw/about.aspx。

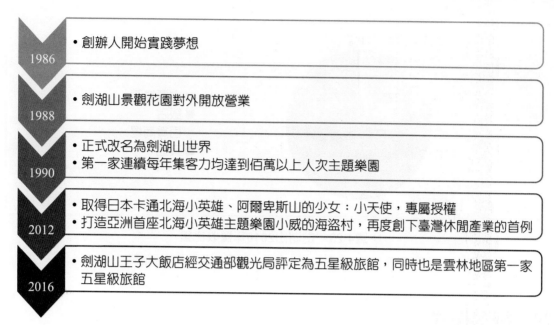

▷▷圖4-21　劍湖山大事記

資料來源：劍湖山官網；本個案自行繪製

三、營收比重

　　由下圖可以看到劍湖山每年的營收比重並不是主題樂園奪冠，而是飯店的營收最多。雖然劍湖山不是主要營收來源，但樂園、飯店與商場都可以互相影響帶動營收發展。

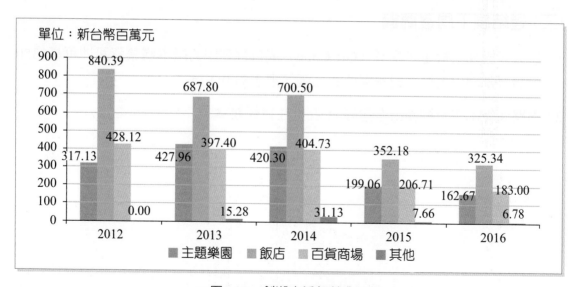

▷▷圖4-22　劍湖山近年營收比重

資料來源：2012年至2016年劍湖山財報；本個案自行繪製

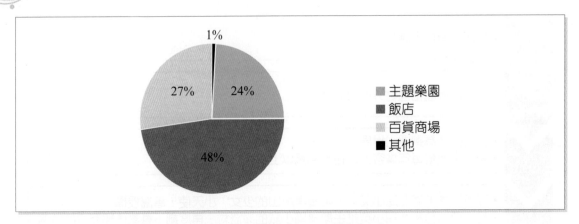

▷▷ 圖4-23　劍湖山2016年營收比重

資料來源：2012年至2016年劍湖山財報；本個案自行繪製

四、經營模式

（一）推出各種特定優惠

1. 現場購票優惠

2017年11月壽星玩樂園只要$1元（需搭配一人購買$899園門票）。

2. 劍湖山世界愛無國界

2017年7~12月新住民入園只要$399元。

（二）連結旗下周邊商機

1. 憑太平雲梯手機電子票券（QR Code）或自行列印的紙本購票資訊即可享$350元購買劍湖山世界主題樂園門票乙張（現省$449）。

2. 網路商城限定－揪團出遊送好康 五星住宿輕鬆拿。

(三) 劍湖山世界主題樂園行銷活動

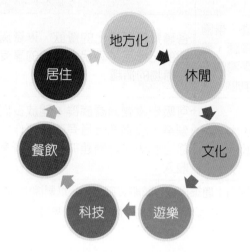

▷▷ 圖4-24　劍湖山世界主題樂園行銷活動分類

資料來源：本個案自行繪製

⊞ 表4-12　劍湖山世界主題樂園行銷活動分類

產品或服務名稱	小類區分	休閒特色	主要顧客群
地方化	咖啡博物館、茶藝博物館	結合異國風情與地方文化，達到消費者全方面的滿足。	饕客及各年齡層的顧客
休閒	景觀花園、綠林、劍湖水景、招待所、露天卡拉OK	享受奇花異草，庭園造景和劍湖景觀，為遊客滌盡俗慮，滿足感性的休閒之旅。	老年顧客及各年齡層的顧客
文化	博物館、國際聯誼中心、彩虹劇場、和園紀念花園	四大文化空間，提供遊客博覽古今天下奇珍異寶和坐擁青山綠水的思考決策空間，以及觀賞世界最大室內水舞及國際級表演節目，以滿足文化觀光知性之旅。	團體（研習、公司、組織）、適合各年齡層的顧客
遊樂	摩天廣場、兒童玩國	二十餘種遊樂設施，有驚險，有刺激、有趣味、有溫馨，讓遊客充分享尖叫的快感，闔家歡笑的趣味，增進親子與友情的和諧。	年輕人、兒童
科技	耐斯影城	串連「巨蛋劇場」、「震撼劇場」、「3D劇場」、「巨無霸劇場」。	適合各年齡層的顧客

產品或服務名稱	小類區分	休閒特色	主要顧客群
餐飲	劍湖樓餐廳、景園餐廳咕咕餐廳、義大利屋、臺灣咖啡館、購物中心	各專賣店多樣化的餐飲，琳瑯滿目的紀念品，滿足遊客吃的享受和購物的情趣。	適合各年齡層的顧客
居住	劍湖山王子大、耐斯王子大飯店	可吸納夜間消費族群，開放夜間營業，設備充分且有效率運作，除可解決住宿問題亦可提升營業收入。	適合各年齡層的顧客

資料來源：國內主題樂園經行銷略之研究——以劍湖山主題樂園為例
鍾秀菊、葉庭瑜、廖家慶、周思錞

從表4-13顯示劍湖山世界主題樂園行銷活動有下列特色：

1. 多樣化的行銷手法，加強顧客對主題樂園的忠誠度，提升競爭優勢。

2. 重視產品多元發展，強調策略性地方行銷，提升全球化戰略、產業族群競爭優勢與全方位思考。

　　從上述劍湖山世界主題樂園的內外部經營管理策略、方案與產品行銷手法在國內獨領風騷。若劍湖山世界主題樂園能將市場區隔，產品定位後，鎖定特定族群，加強主打擬定對象，將事半功倍，節省組織資源、金錢的損耗，方能提升行銷效能、組織整體績效與開創潛在消費者[8]。

五、簡易財報資料

⊞ 表4-13　劍湖山資產負債表

單位：新台幣十億元

科目	2012	2013	2014	2015	2016	2017/06
流動資產	0.42	0.34	0.37	0.30	0.47	0.40
非流動資產	4.62	4.25	4.05	3.64	3.29	3.07
資產總額	5.04	4.59	4.42	3.94	3.76	3.47
流動負債	0.78	0.79	1.14	1.24	2.12	1.24

8　邱淑媛、李三仁。（2007）。主題樂園商業行銷管理之探討，以劍湖山世界為例。康寧學報9 79-98。

科目	2012	2013	2014	2015	2016	2017/06
非流動負債	1.50	1.40	1.20	0.94	0.22	1.04
負債總額	2.28	2.19	2.34	2.18	2.34	2.28
負債比率（%）	45.24	47.71	52.94	55.33	62.23	65.71
股東權益	2.76	2.40	2.08	1.76	1.42	1.19
流動比率（%）	53.85	43.04	32.46	24.19	22.17	32.26
存貨	0.08	0.08	0.08	0.07	0.06	0.06
速動比率（%）	43.59	32.91	25.44	18.55	19.34	27.42
ROA（%）	-8.93	-4.14	-8.60	-8.63	-15.96	-4.61
ROE（%）	-16.30	-7.92	-18.27	-19.32	-42.25	-13.45
本益比	0	0	0	0	0	0

資料來源：TEJ、劍湖山財報；本個案自行繪製

田表4-14　劍湖山損益表

單位：新台幣十億元

科目	2012	2013	2014	2015	2016	2017/06
營業收入淨額	1.60	1.53	1.58	1.54	1.41	0.68
營業成本	0.77	0.76	0.77	0.74	0.66	0.31
營業毛利	0.83	0.77	0.81	0.80	0.75	0.37
營業毛利率（%）	51.88	50.33	51.27	51.95	53.19	54.41
營業費用						
銷貨費用	0.87	0.88	0.87	0.87	0.83	0.38
折舊費用	0.36	0.26	0.26	0.24	0.22	0.11
總營業費用	1.23	1.14	1.13	1.11	1.05	0.49
營業費用率（%）	76.88	74.51	71.52	72.08	74.47	72.06
折舊費用率（%）	29.27	22.81	23.21	21.62	20.75	22.45
營業利益	-0.4	-0.37	-0.32	-0.31	-0.3	-0.12
營業外收入及支出	-0.14	0.14	-0.15	-0.1	-0.41	-0.08
稅前淨利	-0.54	-0.23	-0.47	-0.41	-0.71	-0.2

科目	2012	2013	2014	2015	2016	2017/06
稅後淨利	-0.45	-0.19	-0.38	-0.34	-0.6	-0.16
稅後淨利率（%）	-28.13	-12.42	-24.05	-22.08	-42.55	-23.53
營收成長率（%）	-41.7	-4.38	3.27	-2.53	-8.44	-51.77
每股盈餘（元）	-1.53	-1.63	-1.44	-1.27	-1.37	-1.54

資料來源：TEJ、劍湖山財報；本個案自行繪製

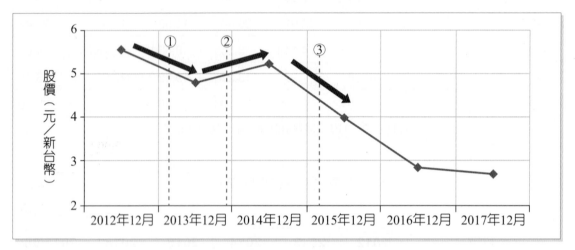

▷▷圖4-25　劍湖山近年股價走勢（月線）

資料來源：TEJ、劍湖山財報；本個案自行繪製

（一）義大遊樂世界2010年12月18日正式開幕

　　義大世界的開幕再度瓜分了市場，義聯集團投資開發的義大世界2010年12月18日正式開幕，近百公頃園區包括飯店、劇院、購物廣場、遊樂世界，從吃喝玩樂到住宿全包，牽動南部休閒購物市場版圖[9]。

9　魏斌（2010-11-19）。南部市場被瓜分，遊樂刑警點受衝擊。取自：https://tw.appledaily.com/headline/daily/20101219/33047969。

(二) 亞洲首座「小威の海盜村」2013年1月21日啓航開幕

　　冬季之中，寒假及新春假期即是國內旅遊的旺季，更是臺灣主題樂園「熱門時段」。「劍湖山世界」在這關鍵之際，推出斥資1.5億元打造全亞洲首座維京海盜主題園區「小威の海盜村」於21日登場，劍湖山世界副董事長游國謙與北海小英雄卡通品牌授權公司社長高橋茂美等人出席爲「小威海盜村」共同啓航開幕[10]。

(三) 臺灣旅遊型態改變，出國自由行新選擇

　　中華民國行政院主計總處4月6日發布國情統計通報指出，2015年出國人次爲1,318萬人次，創下新高，年增率爲11.3%。此外，根據Visa調查，臺灣旅客2016年內最可能前往亞太地區前三名旅遊目的地依序爲日本、中國、南韓；自由行已經成爲臺灣旅客的主要旅遊型態。

　　隨著國人海外旅遊興盛，出國人數大幅增加。據中央社報導，主計總處指出，根據交通部觀光局統計，國人出國旅遊熱潮，從2010年起連6年持續大幅成長，2015年出國人次爲1,318萬人次，創下新高，年增率爲11.3%[11]。

10 洪書璯（2013-1-22）。亞洲首座小威的海盜村啓航開幕。取自：https://tw.news.yahoo.com/%E4%BA%9E%E6%B4%B2%E9%A6%96%E5%BA%A7-%E5%B0%8F%E5%A8%81-%E6%B5%B7%E7%9B%9C%E6%9D%91-%E5%95%9F%E8%88%AA%E9%96%8B%E5%B9%95-031704150.html。

11 大紀元鍾元（2014-04-07）。臺灣去年出國人次創歷年新高，最愛日本行。取自：http://www.epochtimes.com/b5/16/4/6/n7527473.htm。

4-6 迪士尼集團、默林娛樂集團、劍湖山世界財務比較分析

一、營業收入比較

2017年迪士尼執行長 Robert Iger 表示，在電視頻道業務上，ESPN的表現仍然不佳因而拖累了營收，在其他業務方面，迪士尼主題樂園的營收成長也相當穩健；默林集團營收呈穩定成長；劍湖山則因為市場被義大世界瓜分，及近年來國人選擇出國旅遊，導致營收遞減。

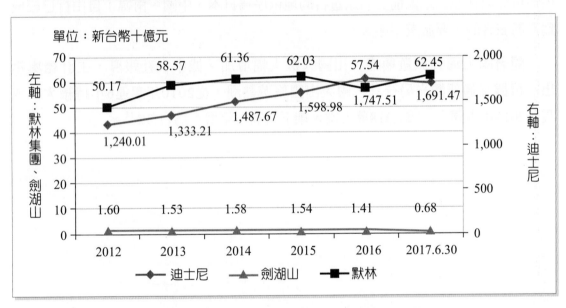

▷▷圖4-26　劍湖山、默林、迪士尼營業收入比較

二、營業毛利率比較

迪士尼自2013年營業收入逐年上升，再加上嚴格控管營業成本，使毛利率從2013年開始呈現穩定的趨勢；默林娛樂集團每年的營業收入與營業成本皆呈現穩定成長的趨勢，因此營業毛利率亦呈穩定；劍湖山的營業收入雖連年遞減，但營業成本亦逐年下降，因此營業毛利率亦呈穩定。

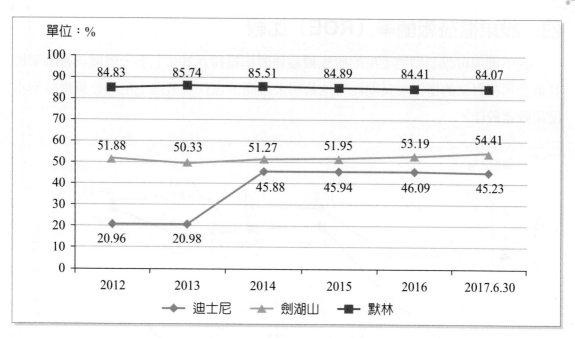

單位：%

▷▷圖4-27　劍湖山、默林、迪士尼營業毛利率比較

三、總資產報酬率（ROA）比較

　　由下表可以看出，迪士尼及默林集團的總資產報酬率逐年上升代表公司的資產運用效率越好，才有多餘的資金可以購買其他資產，創造更大的獲利。

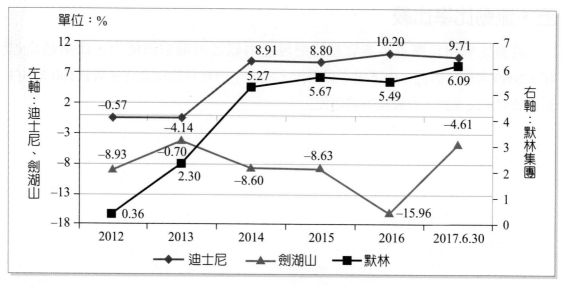

單位：%

左軸：迪士尼、劍湖山

右軸：默林集團

▷▷圖4-28　劍湖山、默林、迪士尼總資產報酬率（ROA）比較

四、股東權益報酬率（ROE）比較

　　從下圖中可以看到迪士尼的股東權益報酬率維持在20%上下，總權益報酬率比其他公司相對來的穩定，長期比其他公司來得高，也代表著迪士尼的股東權益資本使用效益較佳。

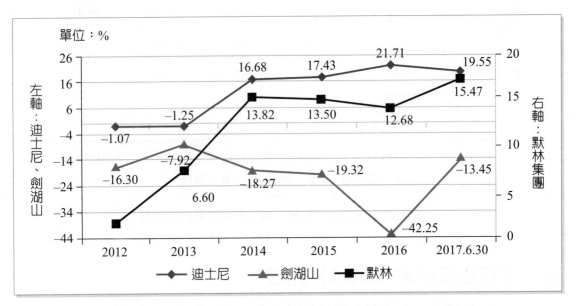

▷▷圖4-29　劍湖山、默林、迪士尼股東權益報酬率（ROE）比較

五、流動比率比較

　　流動比率用以衡量企業資產的變現能力以及短期償債能力，比率越高越好，200%尤佳。因此，由下表可以看出，迪士尼與默林的流動比率皆為100%左右相較於劍湖山來說，有較佳的償債能力。

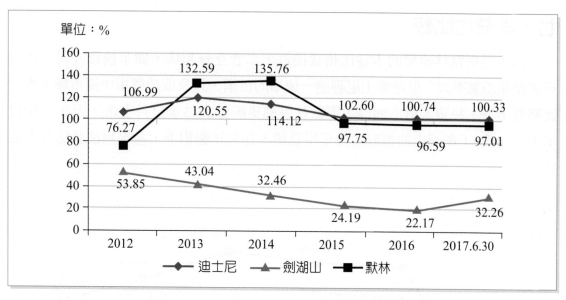

▷▷ 圖4-30　劍湖山、默林、迪士尼流動比率比較

六、營收成長率比較

　　由下圖可以看出，迪士尼及默林集團的營業收入成長率雖然呈現起起伏伏的趨勢，但實際上營業收入淨額卻是逐年攀升，成長幅度穩定。而劍湖山則於2012年至2017年，營收均較2017年度低，顯示集客力道不再；再加上推出許多優惠方案，使得營收成長不易。目前以飯店及餐飲爲主要收入來源的營運困境，可能會加速旗遊樂園經營的邊緣化。

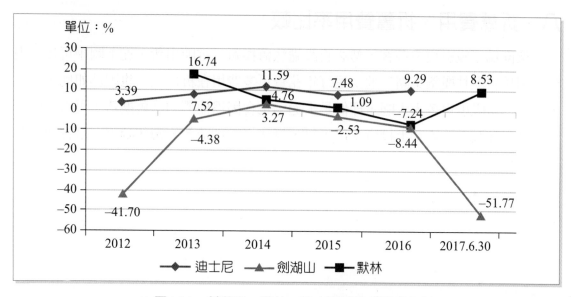

▷▷ 圖4-31　劍湖山、默林、迪士尼營收成長率比較

七、本益比比較

迪士尼與默林娛樂的本益比相當接近，二者互有起伏，顯示投資人對二者的經營預期差異不大。但是迪士尼經過一連串的併購，以及成功擴拓中國市場，本益比略有上升，投資人信心回溫。而默林娛樂集團於2013年11月上市，因此，2012年本益比為0；劍湖山的每股盈餘呈現負值，在長年虧損下，甚至無法評估其本益比。

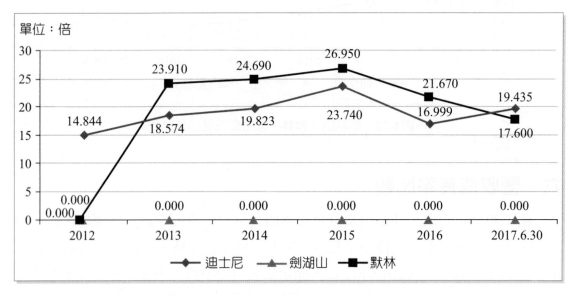

▷▷圖4-32 劍湖山、默林、迪士尼本益比比較

八、折舊費用、折舊費用率比較

樂園為了吸引更多遊客，勢必將設備汰舊換新、推陳出新，從下圖中可以發現到，相較於默林娛樂集團，迪士尼每年花費更多費用在折舊上，也因為如此，迪士尼才能逐年吸引更多人入園，即便是去過，也會因為他們的汰舊換新，再次入園！而劍湖山在設備的更新上投資支出不足，無法再次創造新的到訪誘因，是經營上的一大警訊。

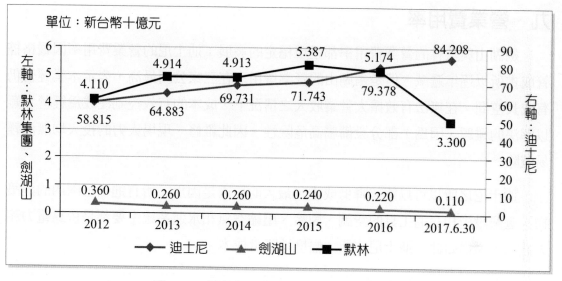

▷▷圖4-33　劍湖山、默林、迪士尼折舊費用比較

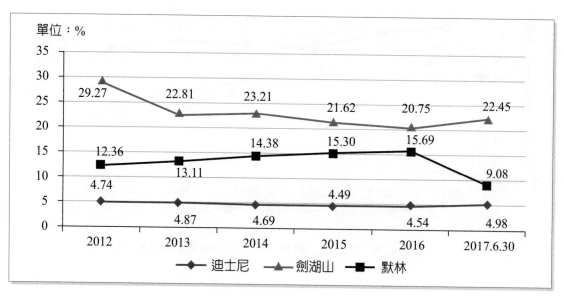

▷▷圖4-34　劍湖山、默林、迪士尼折舊費用率比較

九、營業費用率

　　劍湖山與默林的營業費用率都呈現穩定的發展；迪士尼的營業費用率因嚴格控管成本所以逐年遞減。但是劍湖山的營業費用率在三家公司最高，表示本業經營仍有成長空間。在無法有效擴大營業收入之情況下，成本的有效控制使成為經營者難以解決的難題，因為，部分設備屬高危險性，因此維修、現場人力的投入均無法輕易減除。

　　迪士尼之所以可以逐年降低成本，最大的原因是因為：所有迪士尼園內的建築物、遊樂設施和交通工具的空調、製冷、壓縮空氣和水運系統主要都是依靠電力和天然氣，因為如此，迪士尼才能大幅度地降低成本。

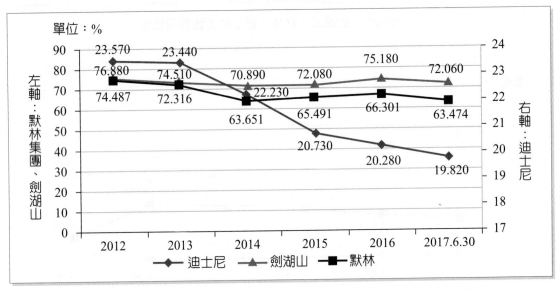

▷▷圖4-35　劍湖山、默林、迪士尼營業費用率比較

4-7 結論

　　臺灣主題樂園每家年平均遊客數僅約45萬人次，儘管近年來因受到「少子化」影響，主力客群縮小，各樂園入園人次幾乎都是逐年下滑，但是反觀香港迪士尼樂園雖然是全球最小的迪士尼樂園，門票價格卻比東京和上海迪士尼樂園高，雖少了中國遊客，國際觀光客不減反增，躍升至逾五成；臺灣主題樂園票價與亞洲各國相較偏低，卻沒人要來，到底出了什麼問題？

　　從以上的財報資訊分析資料顯示看來，臺灣的遊樂園設施雖不及迪士尼豐富，但我們可以像一手創造出迪士尼的華特迪士尼先生抱持著同樣的信念「人們進去可以享受的樂園，而不是單純賺錢的工具。」

　　我們認為主題樂園未來的趨勢勢必是要持續推陳出新，可以看到全球遊客最多的迪士尼樂園提撥了最多且最高的折舊費用，他們想給遊客的永遠是最新最真實的情境感受，沒有人喜歡看到生鏽的遊樂設施，斑駁的城堡，破破爛爛的人偶。

　　此外，從本個案中亦可以發現迪士尼從故事、動畫、電影、舞臺劇創造都是一系列的情境及夢想，主要由迪士尼影業（Walt Disney Pictures）、皮克斯工作室（Pixar）、漫威（Marvel）、盧卡斯（Lucas film）和試金石（Touchstone）發行電影，截至2016年10月1日，迪士尼在美國累計發行了約1,000部真人電影和100部動畫長片，而除美國市場之外，還朝電影市場、家庭娛樂市場以及電視市場發展，使所有年齡層的人來到迪士尼樂園都可以有返老還童的感覺；而默林娛樂集團與全產業鏈模式的顯著不同在於，旗下的各個主題樂園品牌都相對獨立，多數都基於單一位置或者景點進行設計開發。雖不採取一個園區內整合配置的做法，但因樂高積木在玩具市場上有一定的知名度，因此在世界各地打造樂高樂園，吸引全家大小一起同樂，除了樂高樂園以外，默林亦積極在觀光景點設置杜莎夫人蠟像館、Sea Life海洋世界，以拓展其知名度。

　　根據本個案研究，臺灣的遊樂園多從設施出發再創造故事，吸引力道便降低了許多，在四面環敵之下的臺灣要做出更多特色，可以學習迪士尼集團、默林娛樂集團，從創造故事開始，進而走向全世界。

問題與討論

1. 除了本文的參考意見之外，你還可以想出其他辦法讓臺灣遊樂園走向國際嗎？

2. 劍湖山集團近幾年財報數據逐年下滑，除了本文的參考意見之外，你還有其他想法可以將劍湖山變的更好嗎？

3. 此個案分析了臺灣遊樂園市場的困境，除了遊樂園市場之外，你認為臺灣還有哪些產業面臨到外在環境的挑戰？

資料來源

1. BRIAN SANDS AECOM副總裁。

2. GRAND VIEW RESEARCH。取自：http://www.grandviewresearch.com/industry-analysis/amusement-parks-market。

3. MoneyDJ。取自：https://www.moneydj.com/。

4. Morningstar。取自：http://beta.morningstar.com/stocks/XNYS/DIS/quote.html。

5. Statista 統計網。取自：https://www.statista.com/statistics/193140/revenue-of-the-walt-disney-company-by-operating-segment/。

6. TEJ臺灣經濟新報資料庫。

7. 2015年TEA主題娛樂協會-全球主題公園及博物館報告。取自：http://www.tea-connect.org/images/files/TEA_167_975425_160817.pdf。

8. 2016年TEA主題娛樂協會-全球主題公園及博物館報告。取自：http://www.tea-connect.org/images/files/TEA_239_717418_170609.pdf。

9. 三文娛每日頭條。取自：https://kknews.cc/zh-tw/travel/p4gqxb2.html。

10. 大紀元。取自：http://www.epochtimes.com/。

11. 交通部觀光局國內主要觀光遊憩據點遊客人數。取自：http://admin.taiwan.net.tw/statistics/month2.aspx?no=194。

12. 股感知識庫。取自：https://www.stockfeel.com.tw/。

13. 迪士尼官網。取自：https://thewaltdisneycompany.com/about/。

14. 旅遊經編輯部 / 洪書瑱。

15. 商研院：臺灣主題樂園無競爭力。取自：https://money.udn.com/money/story/5648/2488698。

16. 商研院經營模式創新研究所副所長李世珍。

17. 國內主題樂園經行銷略之研究－以劍湖山主題樂園為例 鍾秀菊、葉庭瑜、廖家慶、周思錞。

18. 鉅亨網。取自：https://www.cnyes.com/。

19. 劍湖山官網。取自：http://www.janfusun.com.tw/index.aspx。

20. 默林娛樂集團官網。取自：https://www.merlinentertainments.biz/。

21. 樂晴智庫（2017-01-10）。全球主題公園巨頭：迪士尼、環球影城、六旗、雪松會和海洋世界。取自：https://kknews.cc/zh-tw/travel/p4b34q2.html。

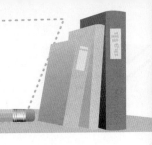

資料來源

22. 葉卉軒（2017-05-27）。商研院：臺灣主題樂園無競爭力。取自：https://udn.com/news/story/7241/2488698。

23. Money DJ 理財網。Walt Disney Company。取自：https://www.moneydj.com/KMDJ/Wiki/WikiViewer.aspx?KeyID＝7ac34f62-b680-4a34-a9d2-ac82。23cc8073。

24. 美通社（2015-10-21）。華人文化與英國墨林娛樂宣布成立合資公司。取自：https://m.life.tw/?app＝view&no＝342388。

25. 劍湖山網址。取自：http://fancyworld.janfusun.com.tw/about.aspx。

26. 邱淑媛、李三仁。（2007）。主題樂園商業行銷管理之探討，以劍湖山世界為例。康寧學報9 79-98。

27. 魏斌（2010-11-19）。南部市場被瓜分，遊樂刑警點受衝擊。取自：https://tw.appledaily.com/headline/daily/20101219/33047969。

28. 洪書瑱（2013-1-22）。亞洲首座小威的海盜村啓航開幕。取自：https://tw.news.yahoo.com/%E4%BA%9E%E6%B4%B2%E9%A6%96%E5%BA%A7-%E5%B0%8F%E5%A8%81-%E6%B5%B7%E7%9B%9C%E6%9D%91-%E5%95%9F%E8%88%AA%E9%96%8B%E5%B9%95-031704150.html。

29. 大紀元鍾元（2014-04-07）。臺灣去年出國人次創歷年新高，最愛日本行。取自：http://www.epochtimes.com/b5/16/4/6/n7527473.htm。

個案5
主機板、PC已死？強固電腦的未來！
友通、微星、研華的轉型

　　個人電腦在 1990 年代進入人們的生活後，已經是不可或缺的一項工具，不過在智慧型手機與平板電腦出現後，個人電腦已經不再是人們的必需品，很多個人電腦能做的事，智慧型手機與平板電腦都能辦到，因為這樣的情況，使得原本在發展個人電腦或相關產品的企業開始面臨衰退。為了突破這樣的瓶頸，各大企業紛紛轉型發展強固型電腦。強固型電腦的規格與應用要求比個人電腦更專業、嚴謹，而且強固型電腦能應用的產業也非常的多元，這樣的市場成為各大企業轉型的方向之一。本個案以友通、微星與研華為例，這三家企業在個人電腦產業受到衝擊後，試圖轉型發展不同領域的強固型電腦，改變了自己的企業生命週期，創造出新的一波成長。

資料來源：AnnaElizabeth photography/Shutterstock.com

第三篇　利基製造與品牌經營

本個案由中興大學財金系（所）陳育成教授與臺中科技大學保險金融管理系（所）許峰睿副教授依據具特色的臺灣產業並著重於產業國際競爭關係撰寫而成，並由中興大學財金所陳品旭同學及臺中科技大學保險金融管理系李宛柔、曾郁媗、廖盈慈同學共同參與討論。期能以深入淺出的方式讓讀者們一窺企業的全球布局、動態競爭，並經由財務報表解讀企業經營風險與成果。

5-1 前言

一、主機板、個人PC已死？

原先社會大眾對個人電腦的依賴性高，但自從智慧型手機與平板電腦漸漸普及後，消費者對個人電腦的需求降低，商務人士使用智慧型手機收發電子郵件、觀看股票最新動態、透過攝影機進行視訊會議、利用自動提醒功能的行事曆記錄重要會談時間與地點等，讓自己能夠掌握最新的商務資訊；旅客利用智慧型手機內建的GPS系統搭配地圖程式功能來規劃旅遊路線、上網查看各個景點的網友評價，讓旅遊可以豐富又愜意；年輕人用智慧型手機玩遊戲、聽音樂、看YouTube以及DVD影片，隨時隨地享受流行脈動；以前要透過電腦才能做到的，現在智慧型手機都可以完成了！多數需要PC電腦的消費者早已擁有個人電腦，很少更換新機，尚未擁有PC電腦的消費者則可以選擇購買智慧型手機或是平板電腦等價格較低、使用更方便的產品。根據圖5-1，PC出貨成長率逐年下滑，若PC大廠想要在此產業穩定發展，就必須做出改變，或尋找出其他可行的替代方案，例如各PC大廠紛紛轉型為強固型電腦製造商，尋求新的商機。

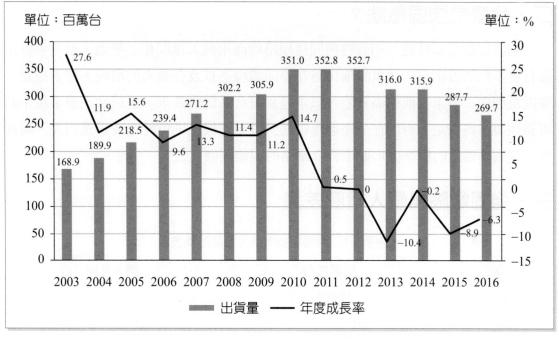

▷▷ 圖5-1　2003年至2016年全球PC出貨量

資料來源：statista；本個案自行繪製

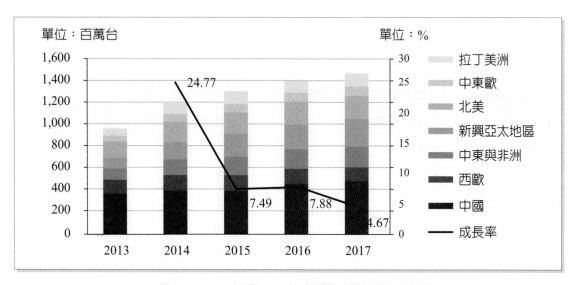

▷▷ 圖5-2　2013年至2017年全球智慧型手機出貨量

資料來源：statista；本個案自行繪製

二、什麼是強固電腦？

強固電腦基本性能、相容性與同樣規格的商用個人電腦相差無幾，但是強固電腦有更多的防護措施，注重的部份為在不同環境下以及在惡劣的環境下要求穩定。強固電腦並不要求當前最高效能，只求達到符合系統的要求，需符合工業環境中的可靠性要求與穩定，否則在生產過程中遇到電腦當機，則可能造成嚴重損失，因此強固電腦所要求的標準值均要求符合嚴格的規範與擴充性。

三、強固電腦與個人電腦差異

表5-1　強固電腦與個人電腦差異表

項目	強固電腦	個人電腦
使用對象	工業、商業、政府大型用戶	個人
使用環境	工作環境惡劣	工作環境穩定
應用領域	安全、監控、生產……	企業辦公室、家庭
採用前測試	長，6個月～2年	短
產品生命週期	長，3~7年	短，9個月～2年
產品規格	半標準化、客製化	標準化
供貨需求	重視長期供貨及售後技術支援服務	無長期供貨需求及售後技術支援服務少
產品要求重點	品質長期穩定，不求最新最快	最新最快功能最強
生產需求	少量，彈性生產	大量，經濟規模
交貨模式	少量多樣	多樣少量
原物料庫存期間	長	短
顧客忠誠度	高	低
產業進入障礙	中	低
產業毛利	高（30~40%）	低（10%以下）
產業應用型態	整體應用系統之一部分	最終成品

資料來源：本個案自行繪製

四、強固電腦應用產業

▷▷ 圖5-3　強固電腦可應用的產業

資料來源：本個案自行繪製

　　強固電腦可算是一個具有獨特利基之產業，隨著各種網路應用的蓬勃發展，大大增加了產業電腦的應用範圍，使其滲入更多種的產業，包括金融業、電信業、網路業、保全業、娛樂業、交通業、製造業、國防等所需應用的各式電腦自動化控制器與伺服器，以及更多樣的生活應用。以下我們舉例幾項應用的方向[1]：

(一) 工業自動化控制

　　在產業電腦傳統發展主軸之工業自動化控制市場，其應用層面遍及各產業自動化領域，如工廠、電廠、大眾運輸系統、或建築物監控等。Industrial Personal Computer近年來均走出工廠自動化範圍，朝商業、企業、軍方、娛樂等領域積極布局。

(二) 生活自動化

　　目前產業電腦之應用已不再限於產業自動化領域，近來也迅速普及到生活自動化之市場，產業電腦亦可應用在教育、娛樂及商業等可提升生活機能的各種自動化產品，例如嵌入式電腦早已被廣泛應用在像是捷運讀卡機、自動售票機、無人販售機、ATM、KTV 點歌機、GPS 及車用PC等。

1　張志暉（2010年5月26日）。工業電腦產業淺談。康和證券。取自：https://www.moneydj.com/report/zd/zdcz/zdcz_1B12D905-56E4-4FBA-AFDA-47D374A81DED.djhtm。

（三）智慧型交控系統市場ITS

在交通控管電腦化方面，智慧型交控系統市場運用在高速公路、快速道路與市區道路，例如路口號誌控制、電子收付費、車速偵測等。

（四）零售點終端機

零售銷售點終端訊息系統（POS）可爲零售商管理商品登記、銷售單據以及大量交易提供必要的輔助。從POS交易收集的數據可以幫助企業爲客戶提供更好的服務、建立客戶忠誠度和制訂更好的採購決策，同時追蹤庫存以保持對庫存的控制。

（五）醫療設備

醫療電子影像系統產值逐漸攀升，目前已成爲台廠繼電子看板後，積極進軍的另一影像產業，特別是中國醫療電子影像市場。且醫療電子影像系統的靜音、穩定及高處理效能等需求皆貼近台系IPC廠的技術，因此成爲台廠積極切入的領域。

（六）垂直整合產品

廠商除需具備開發產業電腦的基本能力，更需具備軟體開發能力及垂直整合的專業知識，才能將高效能、整合性、擴充性及相容性高的系統平台應用於各產業中。未來產業電腦的發展潛力在垂直整合應用市場中，對於具備高度整合技術能力的廠商將是一大機會。

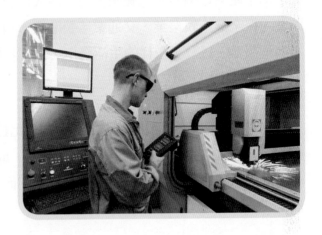

5-2 工業電腦產業

一、工業PC全球概況

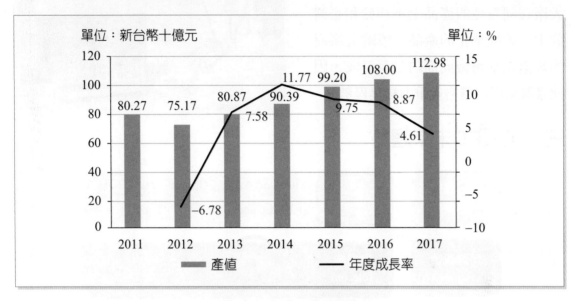

▷▷ 圖5-4　全球工業電腦產值

資料來源：IHS；本個案自行繪製

二、臺灣工業電腦廠商之優勢

相對於全球其他區域的工業電腦廠商，臺灣的工業電腦廠商優勢[2]。

(一) 完整之零組件供應網絡

工業電腦所用之零組件大致與一般個人電腦相似，如：CPU、記憶體、晶片組、PCB、連接器、被動元件……等；而臺灣電子工業產業及個人電腦產業發展完備，建構了完整的上、中、下游產品及零組件供應網絡，使得臺灣工業電腦廠商在取得零組件上之交易成本大幅下降，因此國內業者於產品成本結構上相較於國際競爭者較為有利。

2　工業電腦產業分析。取自：https://nccur.lib.nccu.edu.tw/bitstream/140.119/35068/6/32537106.pdf。

（二）具有價格低、品質佳、彈性、交期快

　　由於臺灣個人電腦產業架構完
整，能低價迅速提供臺灣工業電腦廠
商所需的各類零組件，使得國際工業
大廠在同質性的產品上不利於和臺灣
競爭。如標準化的產品一般歐美廠商
的報價比臺灣廠商高約二至三成，因
此臺灣廠商在價格競爭力極具優勢。

三、工業PC未來趨勢

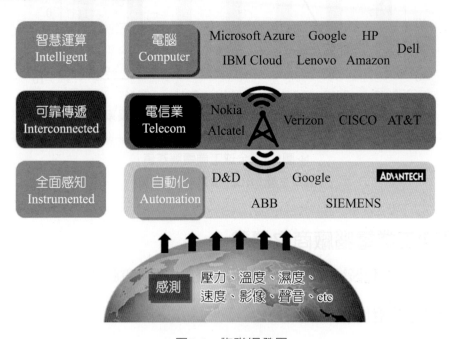

▷▷圖5-5　物聯網發展

資料來源：研華科技股份有限公司2016年度年報；本個案自行繪製

　　根據麥肯錫最新報告《The Internet of Things: Mapping the Value beyond the Hype》，整個物聯網產業的發展與成長可分為三個階段[3]。

3　研華股份有限公司2016年度公司年報。2017年4月30日。取自：http://advcloudfiles.advantech.com/investor/ Shareholder-Annual-Report/106/1.pdf。

1. 第一波成長在2010年發生，至2020年成熟，而主要受惠廠商爲物聯網設備（IoT device）相關廠商，如無晶圓廠（fabless houses）以及部分硬體製造商智慧型手機及智慧穿戴裝置（Smartphone and Smart Wearable Device）等。

2. 第二波成長將從2015年至2016年開始啓動，2019年至2020年將加速成長，至2025年日趨成熟並進入物聯網第三波成長，而專長於軟硬體整合方案的廠商將成爲物聯網第二波成長的主要受惠者。

3. 第三波的成長將從2030年開始展開，至2040年逐漸發展成熟，而主要的受惠廠商將會是服務提供商，如阿里巴巴，Google、Amazon、微軟等。而最大的價值創造者則來自於最終用戶本身，因商業模式的更新、新技術的應用、更精確的大數據預估，創造出商業價值。

　　IDC研究預測，2018年全球物聯網廠商將可創造出超過4.6兆美元的營收規模。其中，製造、政府基礎建設、零售、醫療與交通將會創造出最多的市場價值。另外還有約1.8兆美元的營收來自難以歸類的小型垂直市場，符合物聯網分散又高度客製化的商業模式。

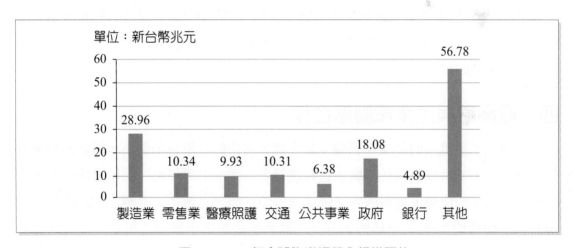

▷▷ 圖5-6　2018年全球物聯網營收規模預估

資料來源：IDC；本個案自行繪製

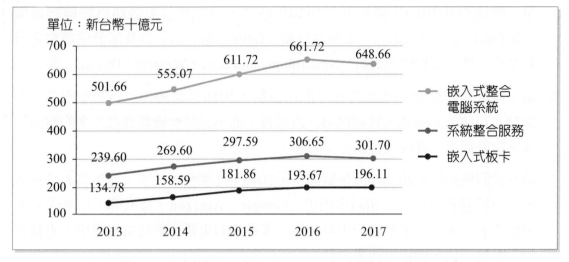

▷▷ 圖5-7　2013年至2017年IoT與嵌入式硬件的全球出貨營收

資料來源：VDC RESEARCH；本個案自行繪製

　　世界各國為了滿足雲端服務的需求投入大量的基礎建設與e化支出，物聯網中包括無線射頻辨識標籤（RFID）、閱讀器、其他基礎設施、無線網路感測（WSN）等皆是工業電腦廠專長的領域。因此，對於IPC業者而言，將帶來龐大商機。物聯網時代來臨，工業電腦的成長動能也將來自物聯網應用於生活、電能、交通等各種領域的解決方案。

四、電腦廠與工業電腦廠合作

　　在傳統工業電腦的領域，仍屬少量多樣，客戶的訂單量仍偏小，因此即使業者想降低成本，其供應商及代工廠也很難讓業者如願。但近年來，部份新興產業，擁有相對中高量的優勢，使得成本下降成為可能。而過去數年，臺灣工業電腦的領先廠商，紛紛採取與PC大廠結盟的方式，無非也是認定中高量市場是其成長的重要動力之一，若能透過與大廠結合以降低材料與生產成本，則有機會突破瓶頸，創造新的商機。

⊞ 表5-2　廠商合作概況

電腦廠	工業電腦廠	合作概況
佳世達	友通	佳世達公開收購友通
鴻海	樺漢	鴻海入主樺漢
仁寶	安勤	仁寶認購安勤

電腦廠	工業電腦廠	合作概況
華碩	研揚	華碩併購研揚
緯創	磐儀	緯創認購磐儀私募普通股，成第一大股東
樺漢	瑞祺電	樺漢取得瑞棋電35%股權，成第二大股東

資料來源：本個案自行繪製

　　本個案所探討的工業電腦廠友通（2397）獲佳世達（2352）入股8.7%，攜手搶攻物聯網龐大商機。佳世達在顯示器領域國際知名度高，在客戶及零件採購都有領導優勢，可加速友通液晶電腦研發成果。

五、友通、微星、研華產業上中下游

(一) 友通產品介紹

1. 上游：中央處理器（CPU）、印刷電路板（PCB）、晶片組、記憶體（DRAM）、以及其他零組件，而友通比較特殊的上游產品有硬碟機、機箱及電源供應器。

2. 中游：主機板、單板電腦，而友通比較特殊的則是有儲存設備及工業電腦。

3. 下游：有系統整合商、最終使用者及區域經銷商，而友通比較特殊的是有ODM（Original Equipment Manufacturer，原始設備生產商）以及ODM（Original Design Manufacturer，原始設計製造商）。

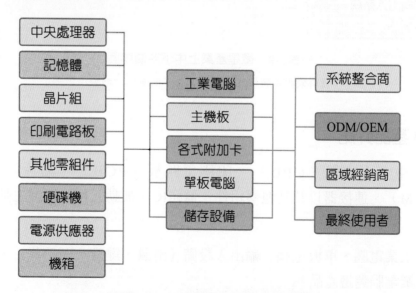

▷▷圖5-8　友通產業上中下游關聯圖

資料來源：友通2017年年報；本個案自行繪製

(二) 微星產品介紹

1. 上游：微星有中央處理器（CPU）、印刷電路板（PCB）以及連接器，而微星科技在上游比較特殊是有自行開發軟體（基本輸出入驅動程式），讓使用者（買家）在使用上有更好更真實的體驗。

2. 中游：主機板、電源供應器以及其他輸出入設備、監視器（無線網路監視攝影機）、電腦機殼、電競PC鍵盤、介面卡、軟硬體。

3. 下游：網路伺服器、電腦工作站、桌上型電腦以及筆記型電腦。

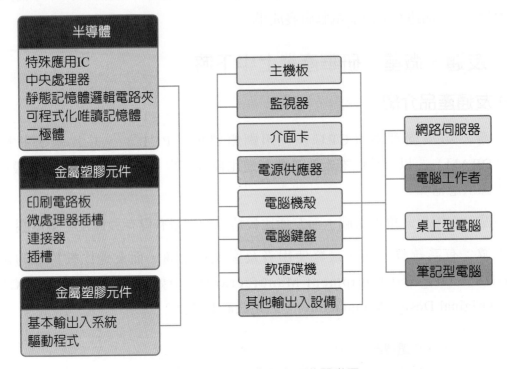

▷▷圖5-9　微星產業上中下游關聯圖

資料來源：微星2017年年報；本個案自行繪製

(三) 研華產品介紹

1. 上游：中央處理器（CPU）、印刷電路板（PCB）、晶片組、記憶體（DRAM）、連接器以及其他零組件、邏輯IC、被動元件（保護主動元件的功能）。

2. 中游：工業電腦、單板電腦、輸出入設備（滑鼠、鍵盤、顯示幕）、準系統產品及工業電腦週邊產品。

3. 下游：系統整合商、最終使用者及區域經銷商。

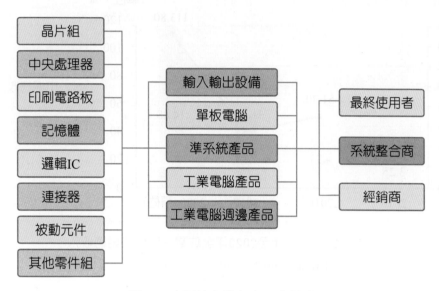

▷▷ 圖5-10　研華產業上中下游關聯圖

資料來源：研華2016年年報；本個案自行繪製

5-3 電競產業

一、全球電競產業概況

(一) 全球電競產值

2017年全球遊戲產業規模預計將達1,089億美元。若單獨觀察電競市場，2017年電競市場規模為6.96億美元，年增率41.3%，2020年預估市場規模將達15億美元。

2017年消費者於電競比賽門票、電競比賽週邊商品，例如：電競戰隊衣服、帽子等支出預計將達到6,300萬美元。電子競技產業目前並未為大多數遊戲發行商帶來可觀的利潤，但他們的投資為遊戲收入帶來了正面的影響，也為電競活動奠定了基礎。

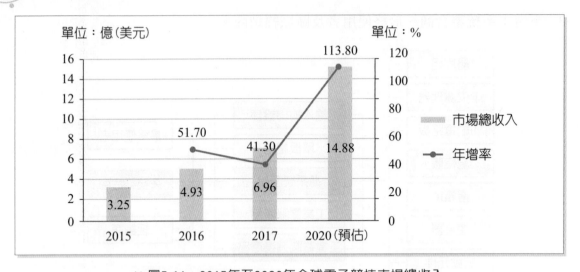

▷▷圖5-11　2015年至2020年全球電子競技市場總收入

資料來源：NEWZOO 2017年全球電子競技報告；本個案自行繪製

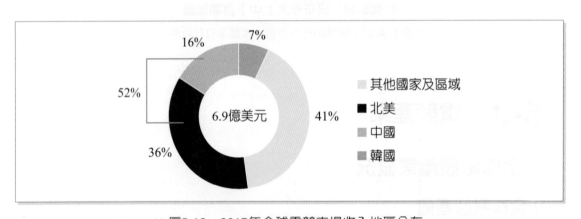

▷▷圖5-12　2017年全球電競市場收入地區分布

資料來源：NEWZOO 2017年全球電子競技報告；本個案自行繪製

(二) 全球電競觀眾及愛好者數量

　　全球電子競技觀眾將在2017年達到3.85億人，包括1.91億電競愛好者和1.94億一般觀眾。預計到2020年，電競愛好者的數量將再增長50%，總計達2.86億。

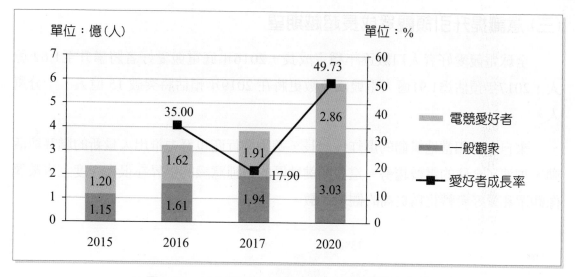

▷▷ 圖5-13　2015年至2020年全球電競觀眾愛好者數量

資料來源：NEWZOO 2017年全球電子競技報告；本個案自行繪製

　　根據全球最大的遊戲影音串流平台Twitch統計，最多觀看電競直播分別來自臺灣、俄羅斯、美國、加拿大、巴西、瑞典、英國、法國、德國、波蘭。

▷▷ 圖5-14　全球電競直播觀眾分布

資料來源：Twitch；本個案自行繪製

(三) 意識提升引領觀眾成長超越期望

全球電競愛好者人口數逐年穩定成長，2016年底電競愛好者將攀升至1.62億人，2017年預估為1.91億人電競觸及數更將在2019年預估將突破15億人，十分驚人。

來自全球和當地媒體的爆炸性增長，遊戲發行商也努力推出大量新的聯賽與活動，加速了全球的電競趨勢。這些關鍵地區的這種意識的提昇在很大程度上也被偶像觀眾和愛好者轉化為更高的觀眾人數。

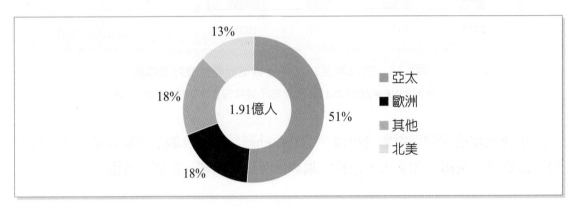

▷▷ 圖5-15　2017年全球電競愛好者分布地區

資料來源：NEWZOO 2017年全球電子競技報告；本個案自行繪製

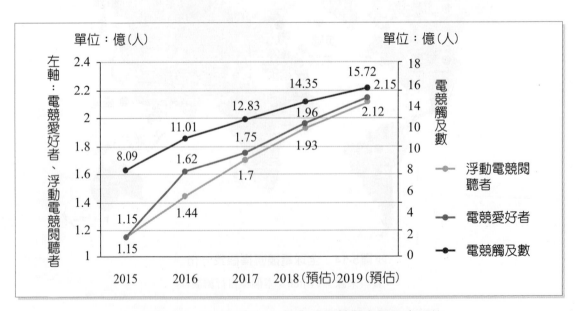

▷▷ 圖5-16　2015年至2019年全球電競觀眾觸及率預估

資料來源：NEWZOO 2017年全球電子競技報告；本個案自行繪製

二、電競熱潮的影響

(一) 電競賽事

在目前電競賽事中，「英雄聯盟」這款遊戲是全球數一數二的賽事，而2016年「英雄聯盟全球總決賽」就吸引全球觀眾共1.6億人觀看。電競賽事因為「競技」本質，與體育賽事非常相似，由高額獎金吸引人才，高強度賽事吸引觀眾，觀眾帶動商機，再回饋到賽事與獎金。而電競賽事觀眾的觀賞行為，則如同在網路看電影、看電視劇，對比影音網站每年斥資百億購買內容版權，遊戲主播不只能自行產生獨家內容，還能直接帶入粉絲觀眾，相較之下，上億元的薪資成本顯得「性價比」極高[4]。

資料來源：Roman-Kos/Shutterstock.com

(二) 名人進軍電競

2016年4月由臺灣藝人周杰倫成立 J 戰隊（J Team），是一支臺灣的職業電子競技隊伍，隸屬杰藝文創公司旗下，主要參與英雄聯盟與戰地之王的賽事。

周杰倫在中國開直播，單場就吸引高達三千萬人次觀看，假設每人收取一元觀賞費用，一小時就有三千萬元收入，而且期間負責講評的主持人、週邊觀賽的直播主，等於間接得到三千萬名粉絲，週邊商業效益相當可觀，未來周杰倫只要與 J 戰隊互動，就能帶動商機。

(三) 加入國際賽事

電子競技的熱潮席捲全球，2022年的杭州亞運會也將電競列入正式競賽項目，現在電競也將進軍2024年巴黎奧運，可望成為新的運動項目。

---

4 羅之盈（2016年5月10日）。看周杰倫打電動　商機有多大？。天下雜誌。597期。取自：http://www.cw.com.tw/article/article.action?id=5076216&eturec=1&ercamp=article_interested_7。

（四）電競旅館

華碩ROG玩家共和國攜手168inn集團打造亞洲首間電競旅館「i hotel」。希望透過與網路咖啡廳的跨界合作，提供玩家和業餘選手們最無與倫比的電競環境。ihotel全館共有「經典雙人一大床」、「經典雙人兩小床」、「太空艙雙人」、「太空艙四人」與「電競宿舍風」等五種房型，每間客房除了建置專為e-Sport電子競技遊戲而生的強大個人電腦系統，遊戲中的酷炫特效或細節刻劃，都可近乎真實般躍然眼前，還有能抑制螢幕藍光的顯示器與頂級電競座椅，使消費者長時間從事電競娛樂，也能保有舒適的感覺。另外在大廳也規劃了電競對戰擂臺與電視牆，提供參賽者舞台與人同場較勁，感受電競賽事的氣氛[5]。

三、電競PC未來趨勢

（一）電競筆電市場競爭加劇

隨著中國、南韓及歐美多國將電競列為正式體育賽事，促使全球電競遊戲熱潮持續增溫，電競生態體系亦愈趨健全，包括直播平台、賽事轉播權、廣告及職業戰隊等。PC品牌廠著眼於電競產品高毛利與玩家換機需求明確，在全球消費性筆記型電腦換機需求低迷的情況下，紛紛擴大電競產品線之布局。

（二）產品趨勢：薄型化與平價化

為了擴大遊戲族群至中輕度玩家，方便玩家外出攜帶與同好連線對戰，廠持續推出輕薄型筆記型電腦產品。薄型電競筆電基於散熱考量，會在效能與體積上採取平衡，主要訴求中度遊戲玩家。電競廠商除了在硬體規格創造不同產品組合外，也在產品週邊著手，例如採用標準機械式鍵盤，增加遊戲玩家按鍵手感。另外也強化鍵盤之燈效，配合電競遊戲需求，提高玩遊戲時的享受。

本個案所探討的電競電腦廠微星，近幾年發表MSI GL62系列比起以前的GT83系列，相對的輕薄也平價了許多。

5　曾仁凱（2017年10月12日）。華碩ROG攜手168inn集團打造亞洲第一電競旅館。聯合新聞網。取自：https://udn.com/news/story/7240/2752892。

田表5-3　微星科技產品比較

型號	MSI GL62系列	GT83系列
尺寸	383 × 260 × 22~29 mm	383 × 260 × 22~29 mm
重量	2.2公斤	5.5公斤
價格	3~4萬元（新台幣元）	10~15萬元（新台幣元）

資料來源：本個案自行繪製

5-4 博弈產業

一、全球博弈產業發展概況

根據經建會跨國研究報告指出，全球197個國家中，有高達136個國家設有賭場，尤其歐洲與北美洲地區，設有賭場的比例最高，這顯示了世界各國對博奕產業所持之態度均較為開放。因此，博弈產業被列入觀光事業休閒育樂類發展項目是世界的潮流與趨勢。

根據美國賭場城市公司（Casino City）的「全球博彩年鑑」（Global Gaming Almanac）數據，2013年世界各國共有包括賭場、撲克室、老虎機廳、彩票廳等在內的各種合法賭博場所226,963間。

田表5-4　2013年世界賭場分布

國家	家數	比例%
歐洲	191,613	84.40%
北美	20,767	9.10%
大洋洲	7,696	3.40%
中美洲與南美	3,624	1.60%
加勒比海	1,381	0.60%
非洲	1,136	0.50%
亞洲及中東	562	0.20%
郵輪	184	0.10%
合計	226,963	100%

資料來源：Casino City＇s Global Gaming Almanac, 2016；本個案自行繪製

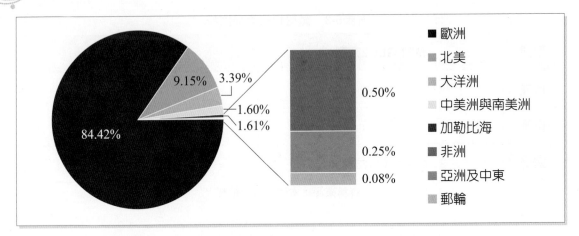

▷▷ 圖5-17　2016年世界賭場分布（含只有博彩遊戲機的場所）

資料來源：Casino City's Global Gaming Almanac, 2016；本個案自行繪製

二、博弈產業未來趨勢

　　博弈產業在全球掀起了一波熱潮，形成了「賭博性娛樂事業」的產業型態，隨著產業逐漸成熟下也帶動產值逐年成長，根據全球博彩顧問公司（Global Betting and Gaming Consultants）的最新預測，全球博彩市場預計到2022年將達到5,000億美元的博彩總收益。

▷▷ 圖5-18　2014年至2022年全球博彩市場總收益

資料來源：GBGC Global Gambling Report -12th edtion 2017；本個案自行繪製

(一) 亞洲佔比逾43%

　　根據PWC -The Casion and online gaming 2015研究報告指出，2010年時全球博弈產業產值歐美國家約佔據了三分之二，然而到了2015年亞洲市場佔整體博弈產業市佔率超過43%，正式取代美國成為全球博弈市場的霸主。

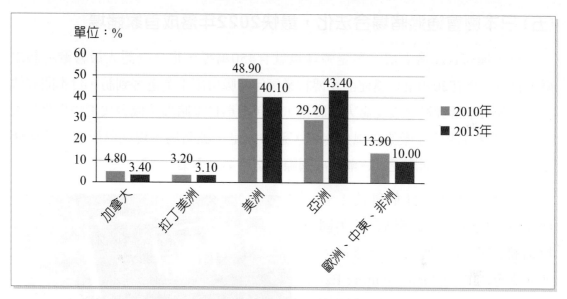

▷▷ 圖5-19　2010年與2015年博弈總收益分布比例

資料來源：PWC -The Casion and online gaming 2015；本個案自行繪製

(二) 澳門世界最大

　　澳門博弈產業目前仍是世界最大的博弈中心，博弈產業年收入是美國賭城拉斯維加斯的七倍，不過在中國經濟放緩、反貪腐等政策驅使下，使得澳門博彩業大受打擊，衝擊澳門經濟。隨著澳門被中央納入一帶一路戰略之內，推動經濟適度多元轉型，降低博弈產業比重。

(三) 新加坡急追新秀

　　新加坡於2017年為止有兩座大型賭場，包括馬來西亞財團投資聖淘沙名勝世界，美國拉斯維加斯的金沙集團投資營運的濱海灣金沙，預期新加坡將可取代南韓及澳洲，成為亞太地區規模僅次於澳門的博弈市場。

（四）菲律賓積極搶攻

　　亞太區域陸續新建賭場，其中以菲律賓博弈商機最受關注，隨著菲國政府積極發展博弈事業，成立博弈特區並且規劃相關交通設施與相關配套措施，吸引相關產業進駐與商業投資。

（五）日本國會通過賭場合法化，最快2022年落成首家賭場

　　日本擁有1.28億人口，單是彈珠檯就有450萬檯，也是臺灣人最喜歡造訪之處，日本希望在2020東京奧運前，博彩業每年能吸引兩千萬遊客到訪。日本開放博弈，帶動日本博弈概念股受惠大漲慶祝，也包括為日本賭場及機台代工的臺灣代工廠商。世界各國博弈產業正風生水起，過去只是單純賭場，現在已形成了博弈產業，且涉及專業層面廣泛，逐漸形成國際博弈產業的專業分工[6]。

　　本個案探討的研華科技，參與了2017年10月2日至5日於美國拉斯維加斯盛大展出的全球最大博弈盛會G2E（Global Gaming Expo），搶入博弈機台的換機潮商機。新打造的4K高解析度、曲面遊戲機、三面顯示器或3D影視內容等，在歐美及日本地區都相當搶手。

資料來源：welcomia/Shutterstock.com

6　葉子菁（2017年10月7日）。2019博弈市場大餅達5,110億美元。聯合晚報。取自：https://udn.com/news/story/7241/2744470。

5-5 友通科技股份有限公司

一、公司簡介

(一) 沿革與背景

友通資訊股份有限公司（DFI Inc.）成立於1981年，為全球工業電腦的領導供應商。友通資訊主要業務為主機板及系統產品的創新設計與製造，針對醫療診斷及成像、ATM/POS、工業控制、公共資訊站、安全監控、數位電子看板、博弈及其他嵌入式應用提供具成本效益的產品。身為Intel智慧型系統聯盟（Intel®Internet of Things Solutions Alliance）的成員，友通資訊與Intel在通訊及嵌入式市場緊密合作，以發展次世代標準的平臺及解決方案。

田表5-5　友通公司簡介

董事長	呂衍奇
公司成立	1981年7月14日
股票代號	2397
實收資本額（新台幣元）	1,148,398,570
生產據點	臺灣臺北/中國蘇州
全球員工人數	580名

資料來源：本個案自行繪製

(二) 公司價值與目標

1. DMM（Design Manufacture Management）

友通資訊在工業電腦產業上，擁有超過30年的經驗於生產先進且高品質的主機板與系統產品，承諾於要求的時間內進行大量的生產，並確保客戶能以低價格獲取產品。

⊞表5-6　DMM

(1)設計	(2)製造	(3)管理
●產品發展過程 ●模組化電路設計 ●固件／軟件的客製化 ●機械與系統的整合 ●專門設計評估小組 ●信號完整性與可靠度檢測	●生產階段管理 ●生產據點 ●生產過程／製造執行系統 ●可製造性設計	●品質檢測服務 ●製造執行系統 ●產品生命週期管理 ●產品版本控管 ●售後服務 ●分析根本原因

資料來源：友通科技官網、本個案自行繪製

2. 參與的商業聯盟

(1) Intel智慧型系統聯盟

Intel智慧型系統聯盟由通訊、嵌入式開發商與解決方案供應商組成的團體，致力於以Intel技術為基準的模組化標準解決方案的開發。

(2) AMD合作夥伴

AMD合作夥伴計劃提供定義明確且透明化的準則，其透過分層計劃提供合作夥伴廣泛的屬性，包含財務、使用、行銷、推薦/認可、技術與原料。

(3) Freescale Connect合作伙伴計劃

Freescale Connect合作伙伴計劃是為了組成全球獨立工程公司的聯繫網路，提供重要工具、軟體、技術、工程服務和培訓，以基於Freescale解決方案進行嵌入式設計。

(4) 微軟Windows Embedded合作夥伴

針對智能系統與Windows Embedded的微軟合作夥伴計劃，即為一個技術與解決方案的合作夥伴生態體系，以支持企業在設備與智能系統解決方案及服務的發展。

(5) SGET聯盟

SGET的目的為實現各個致力於嵌入式電腦技術、編寫及編制技術規範（SMARC及Qseven）或是其他工作成果，例如實行準則、軟體介面或系統要求的工作團隊。

(6) PICMG聯盟

　PICMG為一個合作開發關於高性能的電信與工業電腦應用的開放式規範聯盟。PICMG涵蓋了一系列的規範，包含了CompactPCI, AdvancedTCA, AdvancedMC™, CompactPCI Express, COM Express and SHB Express。

(7) PCI-SIG

　週邊元件互連專業組織（PCI-SIG）致力於PCI標準的發展與強化。

二、營業比重與項目

　友通主要從事工業用電腦板卡（Embedded Motherboard）系統產品的設計、製造、生產、銷售及售後服務。主要應用在生活自動化領域之垂直市場，如零售店解決方案、金融自動服務、博奕與遊戲機、醫療、安全監控、通訊等產業，並逐步往下整合，提供嵌入式系統及模組。

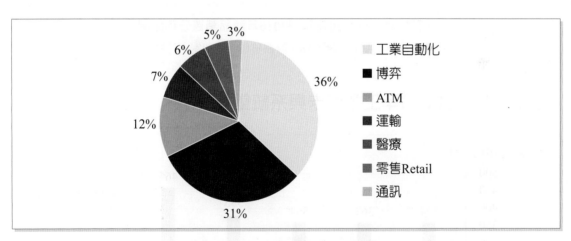

▷▷圖5-20　友通科技2016年營業比重

資料來源：友通官網2016年財務年報；本個案自行繪製

三、市場產銷及概況

(一) 主要商品之銷售地區

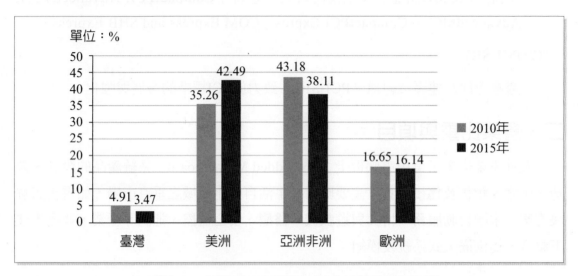

▷▷ 圖5-21　友通2015年與2016年商品銷售分布比例

資料來源：友通官網2016年財務年報；本個案自行繪製

(二) 2012年至2016年工業板卡與系統銷售

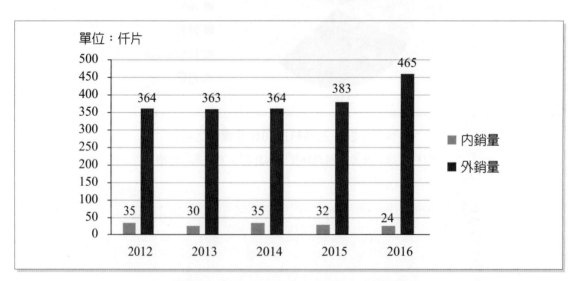

▷▷ 圖5-22　友通2012年至2016年內、外銷量

資料來源：友通2012年至2016年報；本個案自行繪製

四、友通股價趨勢

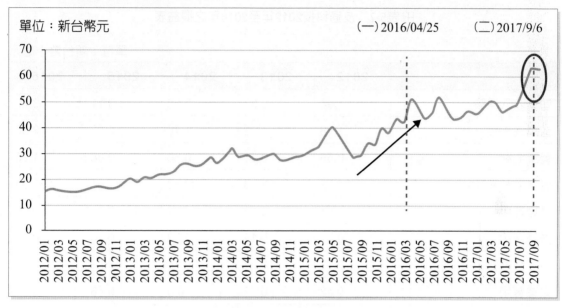

▷▷ 圖5-23　友通股價走勢

資料來源：TEJ臺灣經濟新報資料庫；本個案自行繪製

(一) ATM換機潮來臨，股價走揚

2016年成長動能來自於微軟不再支援XP平台設備的防駭系統，使國內銀行開始全面更換新的Win 7平台，加上2015年與佳世達進行結盟，使得在採購零組件上享有更低的成本，使毛利可以提升[7]。

(二) 佳世達收購友通已發行普通股

佳世達科技財務副總經理王淡如在臺灣證券交易所宣布，將以公開收購股權方式，自2017年9月12日起，以每股現金新台幣65元公開收購友通已發行普通股。友通生產工業電腦主機板卡與系統，搭配佳世達已取得從事POS業務的拍檔科技的股權，讓佳世達在智慧解決方案的布局可以更完整[8]。

7　吳依叡（2016年4月25日）。受惠ATM換機潮來臨，友通（2397）業績展望佳，股價走揚。財訊快報。取自：https://tw.stock.yahoo.com/news_content/name/焦點股－受惠atm換機潮來臨－友通－2397－業績展望佳－020947412.html。

8　潘志義（2017年9月5日）。佳世達以每股65元公開收購友通普通股。經濟日報。取自：https://money.udn.com/money/story/5641/2684524。

五、財務報表

表5-7　友通科技2012年至2016年之損益表

單位：新台幣十億元

	2012	2013	2014	2015	2016
營業收入淨額	1.94	2.31	2.62	3.11	3.82
營業成本	1.28	1.6	1.76	2.13	2.56
營業毛利	0.66	0.71	0.86	0.98	1.26
營業毛利率（%）	34.02	30.3	32.82	31.61	32.98
管理費用	0.1	0.12	0.11	0.14	0.14
推銷費用	0.21	0.19	0.23	0.24	0.26
研究發展費	0.12	0.14	0.16	0.2	0.21
營業費用	0.43	0.45	0.5	0.58	0.61
研究發展費用率（%）	6.19	6.06	6.11	6.45	5.5
營業費用率（%）	22.16	19.48	19.08	18.71	15.97
營業利益	0.23	0.26	0.36	0.4	0.65
營業外收入及支出	0.04	0.05	0.06	0.05	0.01
稅前淨利	0.27	0.31	0.42	0.45	0.66
稅後淨利	0.21	0.25	0.34	0.36	0.53
稅後淨利率（%）	10.82	10.82	12.97	11.61	13.87
每股盈餘（元）	1.82	2.21	2.95	3.13	4.59
營收成長率（%）	9.25	19.07	13.42	18.32	23.23

資料來源：TEJ臺灣經濟新報資料庫；本個案自行繪製

⊞ 表5-8　友通科技2012年至2016年之資產負債表

單位：新台幣十億元

	2012	2013	2014	2015	2016
流動資產	2.89	3.02	3.03	2.87	3.22
非流動資產	0.36	0.39	0.5	0.84	0.88
資產總額	3.25	3.41	3.53	3.71	4.1
流動負債	0.39	0.47	0.52	0.58	0.8
非流動負債	0.07	0.10	0.11	0.11	0.09
負債總額	0.46	0.57	0.63	0.69	0.89
負債比率（%）	14.71	16.72	17.8	18.5	21.64
總資產周轉次數	0.6	0.69	0.76	0.86	0.98
股東權益總額	2.79	2.84	2.9	3.02	3.21
存貨	0.36	0.48	0.47	0.4	0.37
ROA（%）	6.7	7.6	9.71	9.91	13.49
ROE（%）	7.71	8.99	11.74	12.11	16.89
本益比	13.9	17.01	13.97	13.85	12.4

資料來源：TEJ臺灣經濟新報資料庫；本個案自行繪製

5-6 微星科技

一、公司簡介

田表5-9　微星科技簡介

董事長	徐祥
公司成立	1986年8月4日
股票代號	2377
實收資本額（新台幣元）	8,448,561,900
全球員工人數	2400名

資料來源：本個案自行繪製

(一) 沿革與背景

微星科技（Micro-Star International Co., Ltd）簡稱MSI，是臺灣品牌，總部位於臺灣新北，為了更貼近全球市場，提供有效且迅速的服務和技術，於世界各地主要市場先後成立區域子公司及辦事處，成為跨國科技公司。

微星科技是由擁有工程師背景的徐祥、游賢能、黃金請、盧琪隆、林文通五人所共同創辦。早期任職於臺灣索尼公司，分別任職於PC部門、顯示器部門及生產部門。1985年，這五人先後離開臺灣索尼；隨後於1986年8月正式成立微星科技。

微星原本是一家主機板製造大廠，後轉型為電腦相關系統開發製造廠商，成為臺灣前四大、全球前五大的伺服器製造商及全球電競NB的龍頭。

(二) 與玩家深度結合的微星科技

投入專業電競硬體多年的MSI微星科技贊助全球超過20個職業電競戰隊，除了自辦MSI Masters Gaming Arena全球電競比賽之外，更在世界各國與玩家和粉絲面對面深度交流。

微星傾聽專業戰隊及玩家的需求，投入研發及設計的資源，創造更優質的筆記型電腦、顯示卡、主機板、桌機，推出GAMING系列和品質優異且耐用的Pro系列，以創新科技讓玩家享受在遊戲及電競的世界中。另外，符合雲端概念的伺服

器，滿足客戶要求的工業電腦，引領智慧生活的機器人家電及實現人性科技的車用電子，微星投入人工智慧、商務及物聯網，積極跨入新的市場。

　　微星致力於提供電競玩家最新與獨家的電競特色，讓不同等級玩家都能獲得最精準細緻的高品質遊戲享受，因此贏得國際眾多媒體與獎項的背定，例如，Z170A XPOWER GAMING TITANIUM 旗艦主機板，在2016年獲得極具聲望的「Computex臺北國際電腦展採購首選」殊榮，GeForce GTX 1080 30th Anniversary 紀念款也獲得臺灣精品獎的殊榮。

二、營業比重與產品結構

　　微星主要業務原為消費性筆電代工，於2012年逐漸轉型，截至2017年上半年產品營收比重分別為筆電34%、主機板23%、顯示卡29%及系統產品（準系統、DT/AIO、伺服器、工業產品及IoT）14%，其中電競筆電佔筆電營收80%以上，可以看出目前微星是以電競相關自有品牌為其主要經營模式。微星產品分類主要為：

1. 主機板：Intel及AMD平台主機板。

2. 多媒體專業顯示卡：Nvidia及AMD系列顯示卡。

3. 伺服器：伺服器主機板、工作站主機板、積架伺服器、整合式威脅管理防火牆系統等。

4. 桌上型電腦：電競桌上電腦、迷你電腦、桌上型電腦。

5. 工業電腦：工業電腦主機板、工業電腦系統、POS、PPC、工業手持式平板。

6. 消費性電子產品：汽車影音與通訊等相關智能應用產品。

7. 筆記型電腦產品：電競專用筆記型電腦、多媒體娛樂筆記型電腦、移動式工作站、虛擬實境專用筆記型電腦和繪圖筆記型電腦。

8. 智慧型機器人、雲端運算：家用服務機器人系統、雲端運算及Android應用軟體模組[9]。

9　微星科技股份有限公司。MONEYDJ理財網。取自：https://www.moneydj.com/KMDJ/Wiki/wikiViewer.aspx?keyid=a3a81968-3a9d-4838-9964-03e709562d3a。

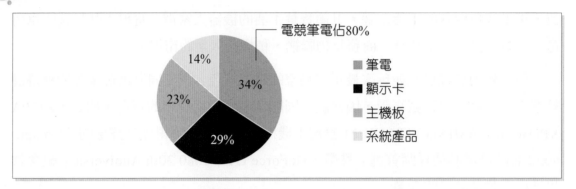

▷▷圖5-24　微星科技2016年營業比重

資料來源：微星2016年年報；本個案自行繪製

三、市場產銷及概況

(一) 市場分析

1. 主要商品之銷售地區

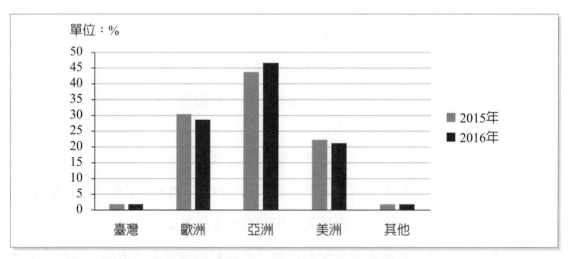

▷▷圖5-25　星科技2015年與2016年銷售分布

資料來源：微星科技2016年年報；本個案自行繪製

2. 2012年至2016年電腦及電腦週邊產品銷售量

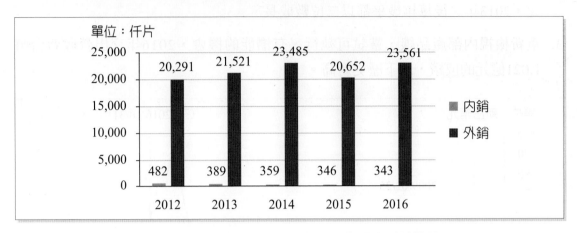

▷▷ 圖5-26　微星科技2012年至2016年國內外銷售量

資料來源：微星科技2012年至2016年年報；本個案自行繪製

(二) 銷售競爭

微星科技在產品銷售上面對許多競爭者，如表5-10所示：

田 表5-10　微星科技國內外競爭廠商

產品	競爭者
主機板	廣達、仁寶、光寶、精英、鴻海、聯寶及環電等
平板電腦	仁寶、和碩、英業達、廣達、緯創、華碩、宏碁及鴻海等
桌上型電腦	技嘉、和碩、緯創、精英及鴻海等
筆記型電腦	仁寶、和碩、英業達、廣達、精英及緯創等
電競電腦	Dell、華碩、宏碁、技嘉、惠普及聯想
智慧型機器人	華碩
繪圖卡	技嘉、和碩、精星、鴻海

資料來源：Money DJ；本個案自行繪製

四、微星股價趨勢

1. 2009年，是微星最慘澹的一年，金融海嘯持續發酵，筆電市場因過度削價競爭，加上iPad問世而讓小筆電銷售未見起色。

2. 2010年把精力都轉戰高毛利的電競筆電市場，2012年的獲利成長到8.8億元，2013年之後每年幾乎都以二位數成長。

3. 重新檢視內部產品線，嘗試可執行、有潛能的機會，2016年交出營收新台幣1,021億元的成績，創下歷史新高。

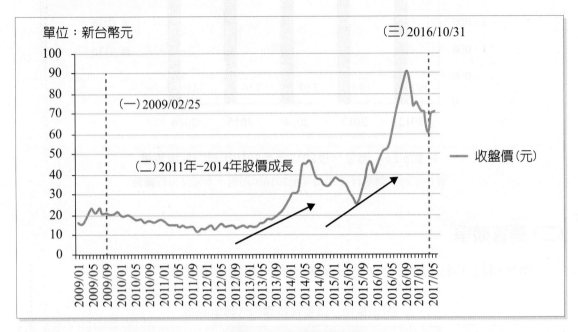

▷▷ 圖5-27　微星股價走勢

資料來源：TEJ臺灣經濟新報資料庫；本個案自行繪製

五、財務報表

⊞ 表5-11　微星科技2012年至2016年之損益表

單位：新台幣十億元

	2012	2013	2014	2015	2016
營業收入淨額	67.06	71.88	84.9	85.29	102.19
營業成本	59.55	62.62	73.39	72.45	87.24
營業毛利	7.51	9.26	11.51	12.84	14.95
營業毛利率（%）	11.2	12.88	13.56	15.05	14.63
管理費用	1.02	0.66	0.77	1.05	0.79
推銷費用	3.24	3.72	4.41	4.53	5.24
研究發展費	2.38	2.5	2.74	3.21	3.4

	2012	2013	2014	2015	2016
營業費用	6.63	6.88	7.92	8.785	9.43
研究發展費用率（%）	3.55	3.48	3.23	3.76	3.33
營業費用率（%）	9.9	9.57	9.33	10.3	9.23
營業利益	0.88	2.38	3.59	4.055	5.52
營業外收入及支出	0.32	0.35	-0.02	0.212	0.3
稅前淨利	1.2	2.73	3.57	4.267	5.82
稅後淨利	0.88	1.97	3.01	3.71	4.89
稅後淨利率（%）	1.31	2.74	3.55	4.35	4.78
每股盈餘（元）	0.99	2.34	3.57	4.39	5.79
營收成長率（%）	-14.76	7.19	18.12	0.46	19.81

資料來源：TEJ臺灣經濟新報資料庫；本個案自行繪製

⊞ 表5-12 微星科技2012年至2016年之資產負債表

單位：新台幣十億元

	2012	2013	2014	2015	2016
流動資產	31.03	35.46	39.75	40.29	44.56
非流動資產	6.2	6.18	6.67	6.24	5.91
資產總額	37.23	41.64	46.42	46.53	50.47
流動負債	15.48	18.46	21.55	20.54	23.193
非流動負債	0.17	0.24	0.34	0.25	0.384
負債總額	15.65	18.7	21.89	20.79	23.577
負債比率（%）	42.04	44.92	47.16	44.68	46.72
總資產周轉次數	1.74	1.82	1.93	1.84	2.11
股東權益總額	21.53	22.94	24.53	25.74	26.89
存貨	10.06	11.45	15.53	14.97	16.52
ROA（%）	2.25	5.01	6.84	7.97	10.08
ROE（%）	3.85	8.88	12.7	14.74	18.57
本益比	11.92	13.99	9.63	12.42	13.07

資料來源：TEJ臺灣經濟新報資料庫；本個案自行繪製

5-7 研華科技股份有限公司

一、公司簡介

田表5-13　研華科技簡介

董事長	劉克振
公司成立	1983年5月
臺灣股市代號	2395
資本額（新台幣元）	6,966,115,110
全球員工	8,000人
全球支援分布	21個國家及92個主要城市

資料來源：本個案自行繪製

(一) 沿革與目標

　　1983年由劉克振、黃育民及莊永順三位前惠普公司工程師創立，主要業務有工業電腦、工業自動化、工業網路、物聯網等，1999年研華股份有限公司在臺灣證券交易所上市，2007年於德國慕尼黑成立歐洲總部。研華致力成為全方位的系統整合及設計服務的領導廠商，並與系統整合商緊密合作，以提供各類廣泛應用與橫跨各種產業的完整解決方案。

(二) 研華「刺蝟三圓圈」

　　研華定義出了自己的刺蝟三圓圈，以此為核心嚴格執行，研華懷抱「智能地球的推手」之願景，從利他精神出發，專注投入正派經營，以追求頂尖為策略，致力複製利他概念的成功經驗，發展產業群聚效益，以期建立與社會良性因果循環的企業成長模式，成為卓越的產業領導者，與社會共好共榮[10]。

---

10 研華官方網站。取自：http://www.advantech.tw/about/missionandfocus。

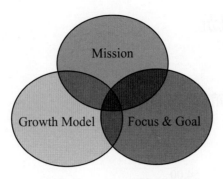

▷▷ 圖5-28　研華刺蝟三圓圈

資料來源：研華科技2016年年報；本個案自行繪製

二、營業比重

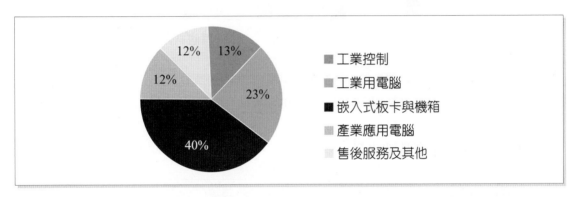

▷▷ 圖5-29　研華2016年營業比重

資料來源：研華科技2016年年報；本個案自行繪製

三、營業項目與產品結構

1. 嵌入式版卡與主機殼。

2. 產業應用電腦。

3. 工業控制、工業用電腦。

4. 售後服務及其他。

四、市場產銷及概況

(一) 市場分析

1. 主要商品（服務）之銷售（提供）地區

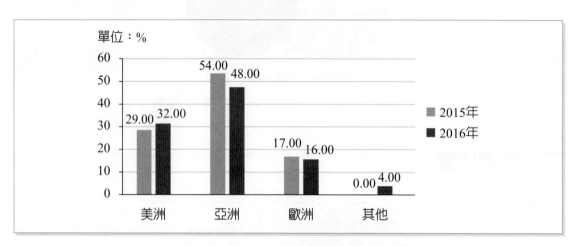

▷▷ 圖5-30　研華2015年與2016年銷售分布

資料來源：研華2015年、2016年年報；本個案自行繪製

2. 2012年至2016年產品銷售量

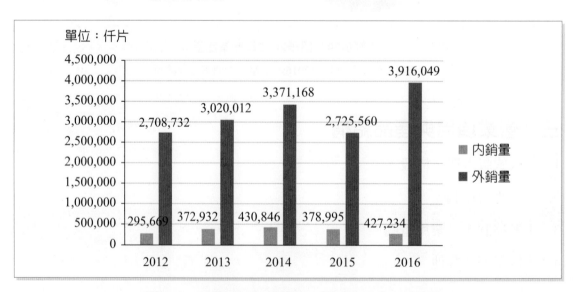

▷▷ 圖5-31　研華近2012年至2016年國內外產品銷售量

資料來源：本個案自行繪製

五、研華股價趨勢

▷▷圖5-32　研華股價走勢

資料來源：TEJ臺灣經濟新報資料庫；本個案自行繪製

（一）成立「研華投資（Advantech Corporate Investment, ACI）」

研華為加速推動智慧城市與物聯網落地，成立「研華投資（Advantech Corporate Investment, ACI）」積極尋找合適投資標的，近期鎖定包含製造、機器人、醫療、零售、車載、智能建築等六大產業為投資目標。並積極與上、下游產業夥伴策略合作、成立智慧城市暨物聯網產業發展聯盟推動相關業務，以及於各大專院校成立物聯網實驗室，希望藉由產、學、研之合作，將智慧城市與物聯網概念全面展開。

（二）與韓國電信簽訂MOU，共拓物聯網閘道器應用市場應用至智慧城市、智慧環境、工廠自動化

六、財務報表

表5-14　研華科技2012年至2016年之損益表

單位：新台幣十億元

	2012	2013	2014	2015	2016
營業收入淨額	27.55	30.66	35.73	38	42
營業成本	16.63	18.07	21.34	22.66	24.88
營業毛利	10.92	12.59	14.39	15.34	17.12
營業毛利率（%）	39.64	41.06	40.27	40.37	40.76
管理費用	1.7	2.08	2.12	1.98	2.58
推銷費用	2.96	3.08	3.53	3.89	4.26
研究發展費	2.41	2.76	3.23	3.54	3.65
營業費用	7.06	7.92	8.88	9.41	10.49
研究發展費用率（%）	8.75	9.00	9.04	9.34	8.69
營業費用率（%）	25.66	25.83	24.85	24.79	24.98
營業利益	3.86	4.67	5.51	5.93	6.63
營業外收入及支出	0.37	0.5	0.54	0.36	0.47
稅前淨利	4.23	5.17	6.05	6.29	7.1
稅後淨利	3.46	4.11	4.91	5.1	5.67
稅後淨利率%	12.78	13.46	13.74	13.43	13.49
每股盈餘（元）	6.22	7.26	7.8	8.08	8.96
營收成長率（%）	4.23	11.28	16.54	6.35	10.53

資料來源：TEJ臺灣經濟新報資料庫；本個案自行繪製

表5-15　研華科技2012年至2016年之資產負債表

單位：新台幣十億元

	2012	2013	2014	2015	2016
流動資產	13.79	15.41	17.99	18.09	21.18
非流動資產	10.23	12.13	13.55	15.89	17.36
資產總額	24.02	27.54	31.54	33.98	38.54
流動負債	5.47	7.21	7.78	9.24	11.44

非流動負債	0.74	0.91	1.23	1.29	1.71
負債總額	6.21	8.12	9.01	10.53	13.15
負債比率（％）	25.85	29.47	28.57	30.98	34.13
總資產周轉次數	1.21	1.19	1.21	1.16	1.16
股東權益總額	17.81	19.42	22.53	23.45	25.39
存貨	3.89	4.03	4.78	4.87	5.6
ROA（％）	15.34	16.02	20.54	15.67	15.72
ROE（％）	20.95	22.22	23.51	22.3	23.3
本益比	20.15	29.93	31.39	26.74	28.82

資料來源：TEJ臺灣經濟新報資料庫；本個案自行繪製

5-8 微星、研華、友通財務資訊比較分析

一、營業收入比較

　　整體而言，三家公司每年營收都是持續上升的，2016年微星的營收更是突破1,021億，由此可以看出電競市場帶來的效益是非常大的。

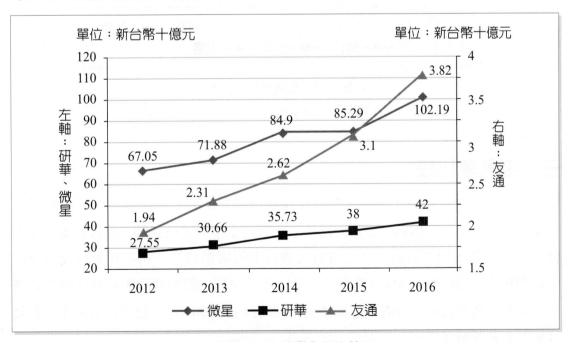

▷▷ 圖5-33　營業收入比較

資料來源：TEJ臺灣經濟新報資料庫；本個案自行繪製

二、營收成長率比較

　　微星在2012年為負成長，主要原因為iPad的出現，衝擊到微星小筆電的市場，在2012年之後轉型，發展電競筆電，營收逐年成長，2016年營收從2015年852億上升至1021億，營收成長率高達19.81%；友通2016年的營收成長率高達23.23%，創14年來新高；研華營收從2015年380億上升到2016年420億成長率高達10.53%。由此可見，臺灣廠商在生產及製造的優勢下仍然充滿機會，若能在消費趨勢下及早轉型，仍然有能力在世界市場中佔有一席之地。

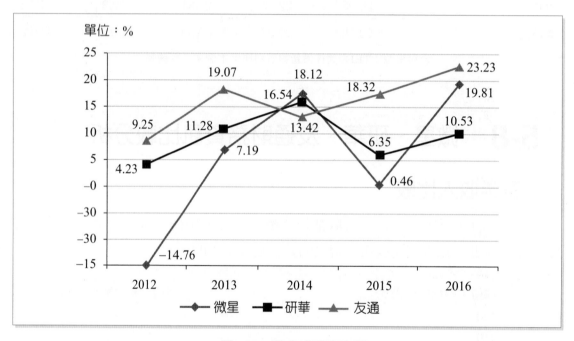

▷▷圖5-34　營收成長率比較

資料來源：TEJ臺灣經濟新報資料庫；本個案自行繪製

三、毛利率比較

　　雖然微星營收很高，但是因為微星採用高品質的效能與配備，在成本的投入非常高，導致毛利率稍低；研華因建構了完整的上中下游供應鏈，使得營業成本大幅下降，因此毛利率較高。這三家轉入強固型電腦領域的公司毛利率均較一般傳統臺灣PC代工廠商3%~6%的毛利率高出許多。雖然在轉型初期遭遇營收成長陣痛期，但是因為堅持切入強固型電腦產業得到的高毛利率回饋，是公司未來面對景氣波動的有效護城河之一。

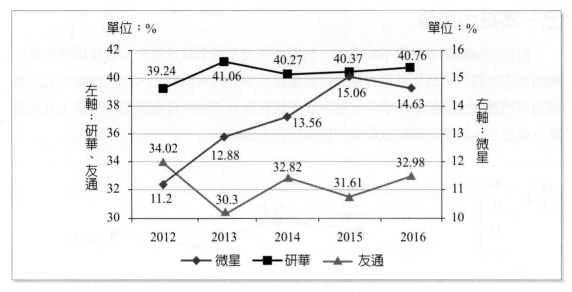

▷▷圖5-35　毛利率比較

資料來源：TEJ臺灣經濟新報資料庫；本個案自行繪製

四、每股盈餘比較

　　微星自2012年轉型發展強固型電腦後，稅後淨利大幅成長，因此每股盈餘也逐年成長，另外研華與友通的每股盈餘也是穩定成長的趨勢。

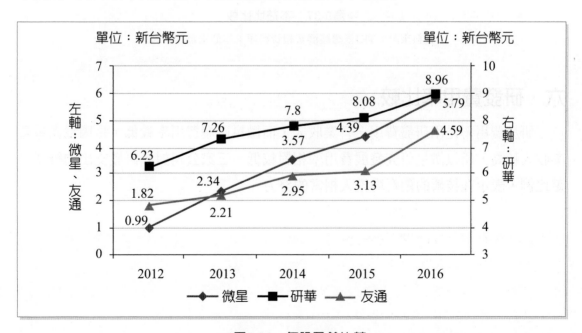

▷▷圖5-36　每股盈餘比較

資料來源：TEJ臺灣經濟新報資料庫；本個案自行繪製

五、本益比比較

　　雖然友通與微星股價不相上下，然而微星及友通本益比低於大盤是因為比起研華的全方位發展，微星只單方面的發展電競及友通的規模較小，因此投資人對這兩家公司的想像空間較小，期待友通及微星能在原有產品的技術優勢下，涉入其他新產品的發展，讓產品線更加齊全，提昇投資人認同。

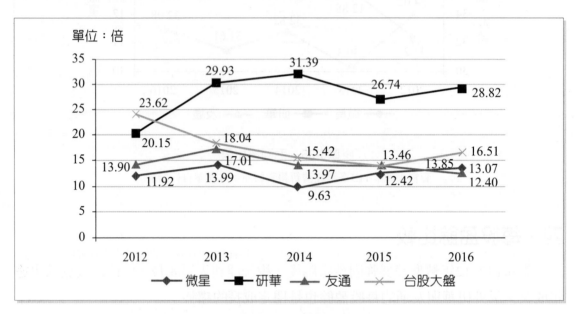

▷▷圖5-37　本益比比較

資料來源：TEJ臺灣經濟新報資料庫；本個案自行繪製

六、研發費用率比較

　　研發費用率是用研發費用／營業收入，而微星研發費用率較低，是因為微星營業收入較高，所以微星研究發展費用率相對較低。三家公司對於研發支出均維持一定比例，表示在技術的創新均投入相當的努力。

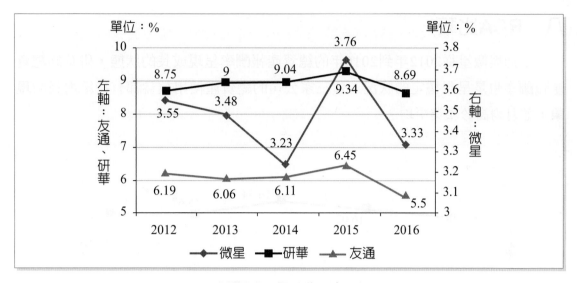

▷▷ 圖5-38 研發費用率比較

資料來源：TEJ臺灣經濟新報資料庫；本個案自行繪製

七、ROE比較

從圖表中看到研華的股東權益報酬率維持在20%上下，研華的ROE比其他二家公司相對來的穩定，也代表著研華的股東權益資本使用效益較佳。而微星及友通的ROE均高於半導體產業的平均ROE，表示經過數年的轉型努力股東權益資本的使用效益已高於產業平均。

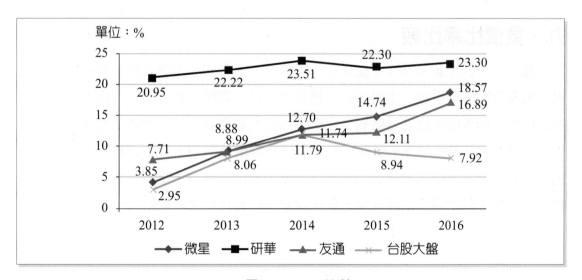

▷▷ 圖5-39 ROE比較

資料來源：TEJ臺灣經濟新報資料庫；本個案自行繪製

八、ROA比較

　　友通與微星從2012年到2016年的總資產報酬率呈現成長的狀態，研華的總資產報酬率也是呈現穩定的狀況，這三家公司的總資產使用效益都有持續增長的現象，並且均高於產業平均。

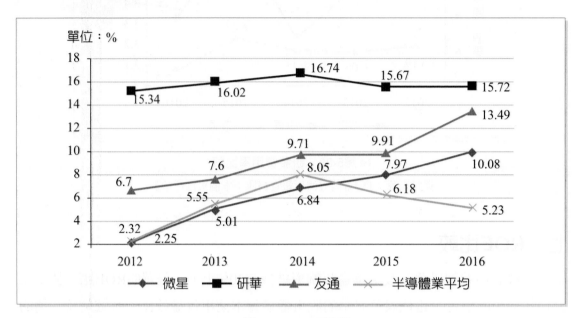

▷▷圖5-40　ROA比較

資料來源：TEJ臺灣經濟新報資料庫；本個案自行繪製

九、負債比率比較

　　微星負債比率超過40%，從微星的負債內容去了解，金融負債比例其實相對偏低，幾乎沒有短期借款，主要負債為應付款、員工薪酬、福利負債及所得稅等，金融負債除了極少的短借之外就剩下比例不高的長期借款，因此實際上長期負債比率不高的為2016年約0.05%。另外，友通與研華負債比率均不高，因為兩家的負債相對的較低。顯示出切入利基市場，讓這三家公司的財務自由度提高許多。並且可以擺脫為了擴大代工規模而造成擴充資產設備而提高負債比率的宿命。

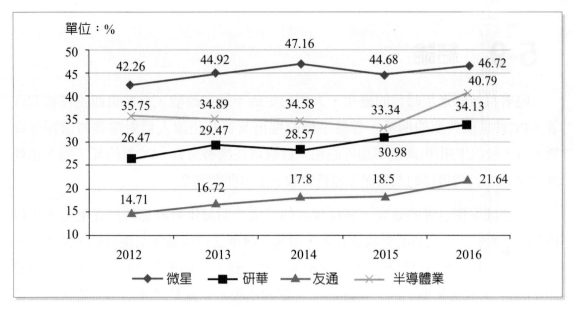

▷▷ 圖5-41　負債比率比較

資料來源：TEJ臺灣經濟新報資料庫；本個案自行繪製

⊞ 表5-16　微星負債內容

單位：新台幣十億元

微星負債內容	2012	2013	2014	2015	2016
短期借款	1.08	1.20	2.14	0.60	0.00
應付商業本票	0.00	0.00	0.00	0.00	0.00
應付帳款及票據	11.26	13.81	15.27	16.13	18.05
其他流動負債	3.14	3.45	4.14	3.81	5.15
流動負債	15.48	18.46	21.55	20.54	23.193
非流動負債	0.17	0.24	0.34	0.25	0.384
負債總額	15.65	18.70	21.89	20.79	23.577
資產總額	37.23	41.64	46.42	46.53	50.47
長期負債比率（%）	0.45%	0.58%	0.74%	0.53%	0.76%

資料來源：TEJ臺灣經濟新報資料庫；本個案自行繪製

5-9 結論

　　隨著科技的進步時代的變化，人們的生活不斷在改變，有些東西正在被取代著，PC就是個典型的例子。智慧手機的推出及普及化讓人們對電腦的依賴性降低，且一般PC的市場滲透率趨近飽和。綜觀這些趨勢來看，PC真的死了嗎？那些PC製造廠會因為這樣的瓶頸而在經營績效上出現問題嗎？

　　經過個案撰寫者的研究，發現探討的三家公司每年營收都持續在上漲，比較值得注意的是微星科技的營收成長率，微星在轉型之前成長率呈現負值，營收甚至下滑了14%，自從2012開始轉型後就逐年成長，到了2016年的營收甚至達到新台幣1,021億，由此可知他們的主力商品——電競電腦，也就是電競市場所帶來的效益有多大。而全球電競的發展也越來越好，更加受到重視及國際賽事的支持，所以微星未來在電競PC的發展值得期待。

　　而研華近年來最大的變革就是從純硬體，變成硬體＋軟體的企業，也就是往物聯網發展，這是也是研華最大的突破，這兩年也逐漸被產業所接受。他們與系統整合商緊密合作，提供各類廣泛應用與橫跨各種產業的完整解決方案，因此研華也成為自動化產業、嵌入電腦、物聯網最具關鍵影響力的全球企業。物聯網也是未來的重要趨勢，對於研華的發展我們也是抱持看好的態度。

　　從生產主機板起家的友通資訊，看到主機板產業從早期快速成長走向成熟期後，產品價格陷入削價競爭的紅海市場，於是自2000年起便逐步往技術門檻更高的工業電腦發展。工業電腦這個產業還是源自於PC產業，以往PC時代，工業用的電腦產品因少量多樣、客製化以及穩定性的等等要求，衍生出這個分支，而友通以往主要產品為板卡，而後也順應產業變化轉型到工業電腦領域。而友通被佳世達併購之後，友通在2017年也獲得醫療、工業自動化訂單。2017年友通也開始發展物聯網，引進微軟Azure平台搶攻物聯網商機。

　　PC出貨成長率逐年下滑，若PC大廠想要在此產業穩定發展，就必須做出改變，或尋找出其他可行的替代方案，因此傳統PC大廠轉型為製造高附加價值的強固型電腦，是一個不錯的選擇，本個案探討的三家科技公司，都因為此商機而成功轉型。

問題與討論

1. 個人電腦大廠紛紛轉型成強固型電腦，但是小廠在轉型上可能會面對機器設備成本與技術研發問題，小廠商有哪些方法可以改善這樣的困境？

2. 微星能在競爭激烈電競筆電市場嶄露頭角，微星的優勢在哪？

3. 強固型電腦發展快速，強固型電腦會因為技術發展的演進而演變成新型態的個人電腦嗎？

4. 在強固電腦的產業中，你最看好何種領域的應用？為什麼？

資料來源

1. Casino City Gobal Gaming Almanac-2016 Edition。取自：http://www.globalgamingalmanac.com/samples/#17/z。

2. CNBC，Gambling revenue grew rapidly in 2014, but difficulties lie ahead。取自：https://www.cnbc.com/2015/05/28/gambling-revenue-grew-rapidly-in-2014-but-difficulties-lie-ahead.html。

3. GBGC Global Gambling Report -12th edtion 2017（全球博彩顧問公司2017全博彩報告）。取自：http://www.globalgamingalmanac.com/samples/#17/z。

4. HIS。取自：https://www.ihs.com/index.html。

5. J Team。維基百科。取自：https://zh.wikipedia.org/wiki/J戰隊

6. NEWZOO 2017全球電子競技報告。取自：https://newzoo.com/insights/cn/電子競技市場今年整體收入預計為6-96億美元/。

7. OCA亞洲奧林匹克理事會。取自：http://www.ocasia.org/ch_Index.aspx。

8. PWC -The Casino and online gaming 2015。取自：https://www.pwc.ru/en/entertainment-media/publications/assets/global-gaming-outlook.pdf。

9. Statista統計網站。取自：https://www.statista.com。

10. TEJ 臺灣經濟新報資料庫。

11. VDC Research，IoT Forcing Embedded Boards and Systems Vendors to Adapt to Survive。取自：http://www.vdcresearch.com/News-events/iot-blog/iot-forcing-embedded-boards-and-systems-vendors-to-adapt-to-survive.html。

12. 工業電腦產業分析。取自：https://nccur.lib.nccu.edu.tw/bitstream/140.119/35068/6/32537106.pdf

13. 友通105年度報表。取自：http://www.dfi.com/Upload/FinancialReport/75/105年-友通資訊年報.pdf。

14. 友通攜手佳世達搶攻物聯網。取自：http://www.chinatimes.com/NEWSPAPERS/20150604001268-260206。

15. 永豐投顧文獻參考pdf。取自：https://mma.sinopac.com/MMA7txt/research/Weekly/20160125/0402.pdf。

16. 吳依叡（2016年4月25日）。受惠ATM換機潮來臨，友通（2397）業績展望佳，股價走揚。財訊快報。取自：https://tw.stock.yahoo.com/news_content/name/焦點股－受惠atm換機潮來臨－友通－2397－業績展望佳－020947412.html。

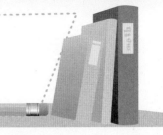

資料來源

17. 亞東證券投資文獻參考pdf。取自：https://www.osc.com.tw/study1/monthly/9605/9605_industrial%20PC.pdf。

18. 股感知識庫。取自：https://www.stockfeel.com.tw。

19. 研華。財報狗。取自：https://statementdog.com/analysis/tpe/2395#2395。.

20. 研華105年報。取自：http://advcloudfiles.advantech.com/investor/Shareholder-Annual-Report/106/1.pdf。

21. 陳祈儒（2017年7月20日）。博弈、運輸帶動友通成長；下半年毛利率有壓力。MoneyDJ新聞。取自：https://www.moneydj.com/KMDJ/News/NewsViewer.aspx?a=d749a16b-6db8-4cb3-b30a-0fb1ace1dc57。

22. 張志暉（2010年5月26日）。工業電腦產業淺談。康和證券。取自：https://www.moneydj.com/report/zd/zdc/zdcz/zdcz_1B12D905-56E4-4FBA-AFDA-47D374A81DED.djhtm

23. 曾仁凱（2017年10月12日）。華碩ROG攜手168inn集團打造亞洲第一電競旅館。聯合新聞網。取自：https://udn.com/news/story/7240/2752892。

24. 葉子菁（2017年10月07日）。2019博弈市場大餅達5110億美元。聯合新聞網。取自：https://udn.com/news/story/7241/2744470。

25. 微星105年度報表。取自：https://tw.msi.com/files/pdf/investor/book/2017_2377_5.pdf。

26. 樺漢、研華賭城搶訂單。取自：https://udn.com/news/story/7253/2739484。

27. 潘志義（2017年9月5日）。佳世達以每股65元公開收購友通普通股。經濟日報。取自：https://money.udn.com/money/story/5641/2684524。

28. 羅之盈（2016年5月10日）。看周杰倫打電動　商機有多大？。天下雜誌。597期。取自：http://www.cw.com.tw/article/article.action?id=5076216&eturec=1&ercamp=article_interested_7。

29. 研華股份有限公司105年度公司年報。2017年4月30日。取自：http://advcloudfiles.advantech.com/investor/Shareholder-Annual-Report/106/1.pdf。

30. 微星科技股份有限公司。MONEYDJ理財網。取自：https://www.moneydj.com/KMDJ/Wiki/wikiViewer.aspx?keyid=a3a81968-3a9d-4838-9964-03e709562d3a。

31. 研華官方網站。取自：http://www.advantech.tw/about/missionandfocus。

個案6

品牌之路是毛利率的救贖？
神基的品牌轉型

　　過去四十年來，臺灣電子代工產業蓬勃發展，不論是電腦、電腦週邊產品及通訊產品的代工，在全球市場上可以說是數一數二的。面對科技進步，市場主流產品由桌上型電腦、筆電，發展至攜帶方便的智慧型手機，原本的代工技術必須不斷更新。而面對美國的再工業化及中國代工業的興起，技術層面與人工成本等條件在未來必定受到挑戰，代表臺灣電子代工產業不能繼續安逸下去，必須有所改變，才得以繼續在全球市場上佔有一席之地。而如何帶領臺灣代工產業邁向下一步，是臺灣電子代工產業存亡的關鍵。

　　神基科技便是一個絕佳的典範。神基科技早期以生產軍事電子設備為主，而在1990年代末期跨入筆記型電腦的代工產業，在此產業發光發熱。惠普等國際品牌大廠紛紛與之合作，甚至靠代工創造百億元營收。然而，神基科技有不一樣的想法。它捨棄百億的筆記型電腦代工訂單，轉而鎖定強固型電腦的利基市場，並在此市場創立品牌。雖目前在市佔率上與較早進入強固型電腦的日本公司松下仍難以比擬，但其產品受到亞太、歐美國家之肯定，在強固型電腦的市場佔有一席之地，成功地建立品牌，發揚臺灣的電子技術。

本個案由中興大學財金系（所）陳育成教授與臺中科技大學保險金融管理系（所）許峰睿副教授依據臺灣特色產業並著重於產業國際競爭關係撰寫而成。並由中興大學會研所陳昱霄同學及臺中科技大學保險金融管理系洪翊晴、陳韻筑同學共同參與討論。期能以深入淺出的方式讓讀者一窺企業的全球布局、動態競爭，並經由財務報表解讀企業經營結果。

6-1　前言

1968年第一台筆記型電腦銷售後，因為筆電攜帶方便，設計符合人性，所以筆記型電腦市場呈現不斷成長的態勢。資訊產業與臺灣的經濟發展息息相關，成為1990年代以後最重要的產業之一。21世紀後，資訊產業仍為主力產業，但由於智慧型手機的崛起，對PC市場的長期發展造成衝擊。

智慧型手機（Smartphone）是指具有獨立的行動作業系統，可透過安裝應用軟體等程式來擴充功能的手機，其運算能力及功能均優於傳統功能型手機。

最初的智慧型手機功能並不多，而且還有鍵盤，但iPhone之後的機型增加了可攜式媒體播放器、數位相機和閃光燈（手電筒）、GPS導航、NFC（Near Field Communication是一種短距離的高頻無線通訊技術，可以讓裝置進行非接觸式點對點資料傳輸，也允許裝置讀取包含產品資訊的近距離無線通訊標籤）、重力感應水平儀等功能，使其成為了一種具有多樣化功能的裝置。透過這樣的破壞性創新，不只是傳統手機產業被顛覆，連PC產業也受到影響。如今智慧型手機成為了電子市場主流硬體，大量取代1990到2000年代所推出的各類電子產品。

智慧型手機取代PC地位，主要是因為智慧型手機、平板電腦等移動設備普及，能夠滿足用戶生活的大部分需求。而PC多使用在工作、遊戲等應用，因此比起手機，PC的使用頻率較低，使用頻率低也就意味著汰舊換新的需求低。再加上PC的使用壽命遠高於手機，智慧型手機平均一兩年就需要更換，但PC往往使用四至五年時間，這都對PC的銷售量造成了衝擊。

　　隨著PC市場衰退，能夠突破現有以價量取勝的模式，而能在服務與技術創新上有所差異化的業者，未來才有可能在市場中存活。

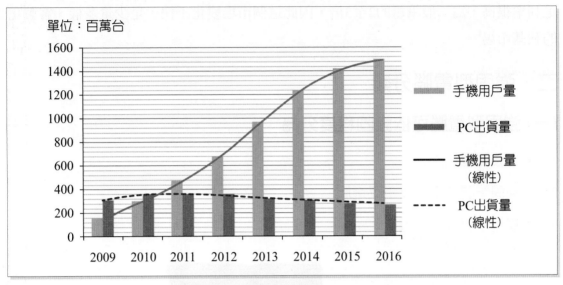

▷▷圖6-1　2009年至2016年手機用戶量及PC出貨量的走勢圖與直條圖

資料來源：statistics網站；本個案自行繪製

6-2　強固型電腦全球概況

一、強固型電腦的定義與市場地位

(一) 強固型電腦的定義

　　強固型電腦的設計，強調的不是美型外觀或輕薄機身，而是要求耐高溫、耐衝擊、耐碰撞，以及在艱困環境下的可應用性。一般而言，強固型最常使用的範圍是軍工產業，其次則偏向艱困環境下的使用，例如在高溫的沙漠或嚴寒的極地，由於氣候不是高溫就是濕冷，一般商用型電腦根本無法因應如此的環境，所以必須依賴強固型電腦進行作業。

（二）強固型電腦市場定位

　　由於技術門檻相當高，市場競爭者少且需求特殊，產品的生命週期較長，因此毛利率很高，爲一般筆電的2至3倍，因此這個市場變化不快，是少量多樣、客製化的利基市場[1]。

二、強固型電腦分類

（一）強固型電腦可依強固程度分為

1. 完全強固型

2. 半強固筆記型電腦及平板電腦

3. 商規型強固筆記型電腦

▷▷ 圖6-2　強固型電腦

三、競爭格局和主要供應商

（一）全球強固型電腦市佔率前兩名

1. 松下（**Panasonic**）

　　松下市佔率爲60%，在過去20年市佔率皆維持50-60%以上，主要因爲松下最早布局強固型市場，並提供完整服務的廠商。

1　杜念魯（2009年9月9日）。強固型筆電的應用市場。Digitimes網站。取自：https://www.digitimes.com.tw/tech/dt/n/shwnws.asp?id=0000149464_ti15ks7h5xxbjs5mr4mi6。

2. 神基（Getac）

神基市佔率為20%，從原料掌控到售後服務的全面服務，成功搶佔全球市佔率。預估神基未來幾年將持續成長，主要因為彈性的服務及深耕多年的品牌價值。

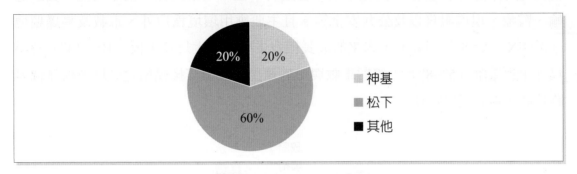

▷▷圖6-3　2017年松下與神基強固型電腦全球市佔率

資料來源：財訊快報；本個案自行繪製

(二) 全球強固型電腦市場銷售地區分布

由於強固型屬於特殊規格的筆記型電腦，單價昂貴，通常先進國家較有此需求。全球市場分布而言，目前70%集中於北美市場，歐洲市場約佔20%，其餘10%則屬於亞太地區。

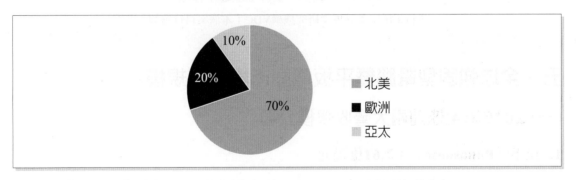

▷▷圖6-4　2017年全球強固型電腦市場銷售地區分布

資料來源：李欣怡、神基科技Getac官網；本個案自行繪製

四、強固型電腦市場未來之供需狀況及成長性

依據美國專業研究機構VDC（Venture Development Corporation）市場研究資料顯示，強固型（含半強固）筆記型電腦暨平板電腦於2017年之全球市場規模為83.6萬仟台[2]。主要市場與應用集中在政府單位、工業工程、生產製造、交通運輸、醫療、現場服務以及公共安全等。且主要應用環境為戶外、車載及易爆環境（ATEX、ANSI等規範），未來的成長機會主要在較大尺寸平板（10"~14"）及小尺寸平板電腦（5"~8"）。兼顧車載與戶外雙用，並須支援模組化廣域多模無線網路功能，提高使用效益。

▷▷ 圖6-5　強固型主要市場及應用領域

資料來源：美國專業研究機構VDC；本個案自行繪製

五、全球強固型電腦暨平板電腦市場營收規模

（一）2016年全球前兩大營收規模公司

1. 松下（Panasonic）：7.61億美元

松下計劃在臺灣擴充產能，將銷售成長的大部分比重透過臺灣工廠（新北市）生產，目標在2020年結束前將臺灣工廠佔Panasonic整體PC生產比重從現行的約3成提高至5成左右水準，規模等同於日本神戶工廠[3]。

2　神基科技Getac年報（2016）。取自：http://tw.getacgroup.com/upload/investor_report_m_files/1385a78a966b9 799572fce79d5ffcc79.pdf；本個案自行繪製。

3　MoneyDJ（2017年9月4日）。Tech news科技新報。取自：https://technews.tw/2017/09/04/panasonic-taiwan-factory-increase-production/；本個案自行繪製。

2. 神基（Getac）：1.98億美元

神基2017年9月營收較8月20.46億元微幅上揚，達20.63億元，連兩個月營收站上20億元；雖較2016年9月的21.04億元略下滑1.95%，惟累計2017年1月9月合併營收達160.05億元，較2016年同期成長11.31%。

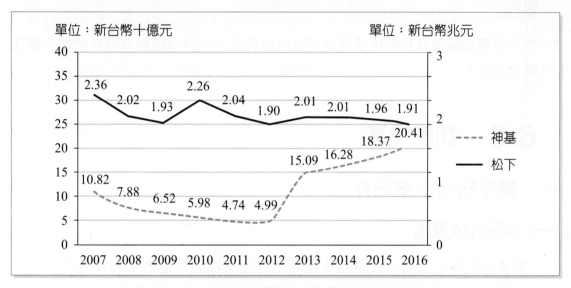

▷▷ 圖6-6　神基科技與松下2007年至2016年年營收

資料來源：臺灣經濟新報資料庫TEJ；本個案自行繪製

六、強固型電腦發展遠景有利因素、不利因素與因應對策

（一）有利因素

1. 垂直市場對強固型平板的接受度趨於成熟，加上物聯網的快速發展，未來政府機構以及民間大型企業對行動設備之需求將出現顯著的成長和汰換潮，可帶動強固型電腦產品的需求[4]。

2. 美國總統大選後，新政府擬增加國防預算及國內公共建設預算，此舉將有助推升戶外強固型電腦設備的需求。

---

4 神基科技Geta年報（2013）。取自：http://ir.getac.com.tw/pdf/2013annual.pdf；本個案自行繪製。

（二）不利因素及因應對策

1. 硬體價值逐年下滑，產業軟硬體巨擘朝軟硬整合之方向發展。神基之因應對策為深耕生態體系，與上游之系統整合商、軟體商、硬體商等建立更緊密的合作關係，提供客戶完整的垂直市場解決方案，以提高產品之附加價值和獲利率[5]。

2. 雲端運算功能提昇及數位基礎建設愈來愈普及，恐會降低廠商對於軟體設備採購之需求。

6-3 認識神基

一、神基科技企業簡介

（一）神基科技源起

　　神基科技為臺灣前三大電腦集團聯華神通旗團旗下重要之關係企業。創立於 1989年，是由聯華神通關係企業神通電腦（MiTAC Inc.）與美國奇異航太部門（GE Aerospace）共同合資成立，專門提供國防電子相關設備。2002年在臺灣證券交易市場掛牌上市（股票代碼TSE：3005），2016年合併營收達新台幣204.07億元。

（二）基本資料

田表6-1　神基科技基本資料

產業類別	電腦及週邊設備製造業	董事長	黃明漢
成立時間	78/10/05	資本額	新台幣57億元
上市時間	91/02/25	總部	臺北市南港區南港路一段209號A棟5樓
股票代號	3005	產品類型	攜帶式強固型電腦、塑膠暨金屬機構零組件、汽車機構件、航太扣件

資料來源：維基百科；本個案自行繪製

5　神基科技Geta年報（2014）。取自：http://ir.getac.com.tw/pdf/2014annual.pdf；本個案自行繪製。

(三) 轉型背景

臺灣的科技產品中，曾有一台筆記型電腦在阿富汗戰爭時擋下了爆炸飛濺的致命碎石，不但救了士兵一命。更讓人驚訝的是，它雖承受了劇烈撞擊，但仍然維持著運行狀態。獲救的士兵還因此寫一封感謝信給這台筆電的品牌廠商神基科技（Getac）。

2007年起，神基科技不再接惠普、NEC的新代工訂單，相當於放棄年營收300億新台幣的消費筆記型電腦代工業務。而後大幅改造產線，全力轉向小量、多樣的強固型筆電市場，建立自身品牌。並將產品銷往汽車、工廠、軍事領域[6]。神基科技董事長黃明漢形容：「那段日子就像是冬日早晨在被窩裡賴床一樣，晚10分鐘起床，只為享受多十分鐘的溫暖。」雖然別人常說：「你原來的生意做得好好的，公司也沒有虧錢，反正我不轉型，日子也一樣在過啊！」但是，黃明漢認為：「你終究還是要起床面對這些問題，溫度仍然是很低。」「既然知道未來的經營前景是什麼樣子，趁公司還有餘力、仍有獲利的時候，應該及早做這個決定。」於是他決定，要把佔公司不到1%營收的強固型產品，發展成公司主力產品[7]。

神基打造出全新產品線，包括漂亮的醫療用淺藍色平板電腦，以及一台厚重如OO七手提箱，要價五千美元的軍事用筆電。神基花了超過9年才逐漸轉型成功，間接顯示了強固型電腦市場的高進入門檻；神基的軍用電腦，成功在強固型電腦市場建立獨特的品牌，難以被其他廠商複製。

(四) 總部及研發中心位置

神基總部及研發中心皆設於臺灣臺北市，並設有分支機構於美國、德國、英國、義大利、法國、俄羅斯、印度、中國等地。電腦系統組裝廠設在中國江蘇省崑山加工區。而機構零組件製造廠、汽車零組件造廠以及航太扣件製造廠則分布在臺灣桃園市、越南河內、江蘇省崑山市以及江蘇省常熟市。

---

6 陳良榕（2015年11月10日）。轉型大膽求穩 苗豐強的兩手策略。天下雜誌。取自：https://www.cw.com.tw/article/article.action?id=5072316。

7 蘇宇庭（民106年3月）。他狠丟300億生意 從代工B咖躍升全球第二。商周雜誌，商業周刊第1531期。取自：http://magazine.businessweekly.com.tw/Article_mag_page.aspx?id=63998；本個案自行繪製。

（五）公司沿革與大事記

⊞表6-2　神基科技公司沿革與大事記

日期	事件
1989 年	Getac Corporation於1989年與GE Aerospace共同合資成立。
1994 年	增加工業用電腦，天線通信空用電子系統及航太載具等營業項目。
1998 年	Getac Corporation與神達電腦之筆電事業體合併，跨入商規筆記型電腦生產，公司更名為神基科技（MiTAC Technology Corporation）。
2001 年	名列商業週刊2000年臺灣製造業之最調查中「三年成長最快企業」第7名，並在系統廠商中排名第9大。
2002年	在臺灣證卷交易所掛牌上市，股票代碼3005，成功製造出全臺灣首款結合影音功能以及家電介面的液晶電腦。
2005年	間接投資漢達精密（昆山）有限公司美金1,500萬元，加強垂直整合能力，提昇整體競爭力。
2006年	2003年至2005年獲利成長615%，獲頒勤業眾信臺灣高科技Fast 50獎項第30名。
2007年	吸收合併漢達精密科技股份有限公司，擴大綜合機構群（塑膠機構件、金屬沖壓件）的營運規模及競爭力。推出Getac強固型電腦自有品牌。
2008年	於中國江蘇省成立蘇州吉達電通有限公司，以因應公司業務需要，拓展中國內銷市場。
2009年	投資華孚精密金屬科技（常熟）有限公司，跨入輕金屬汽車機構件，以強化產業合作綜效。轉投資全球第三大鎂鋁合金廠華孚科技股份有限公司（股票代碼6235），以擴大產業合作綜效。 變更公司英文名稱為Getac Technology Corporation，以拓展自有品牌業（原名為MiTAC Technology corporation）。
2010年	擴大投資豐達科技股份有限公司，發揮產業合作綜效。神基科技獲頒經濟部產業科技發展獎——優等創新企業獎。Getac PS236暨PS535強固型手持產品獲頒臺北國際電腦展創新設計獎；Getac V100 強固型筆電暨PS236強固型手持產品獲得Best Choice獎項。
2011年	於越南河內桂武工業區成立第二個汽車機構件生產基地MiTAC Computer（Vietnam）Co. Ltd., 擴大神基汽車事業群的營運規模。
2012年	強固筆電X500榮獲臺灣精品金質獎。
2013年	獲選經濟部工業局第二屆中堅企業重點輔導企業。
2014年	成立印度、俄羅斯辦事處銷售推廣強固型電腦解決方案。
2015年	投資WHP Workflow Solutions LLC軟體公司，發展軟硬體整合解決方案。

日期	事件
2016年	神基與英邁（Ingram Micro）通路商簽訂合作契約，拓展強固型電腦在西歐地區通路網絡。神基與國際物流領導品牌DHL簽約合作，由DHL負責Getac強固型電腦產品在歐洲地區的產品售後維修暨物流服務。榮獲全球權威品牌價值調查機構Interbrand 評選Getac品牌為2016年臺灣最有價值品牌前35強之肯定。
2017年	成立法國辦事處，銷售推廣強固型電腦解決方案。

資料來源：神基科技2016年度年報；本個案自行繪製

二、轉型前後營運範疇與應用領域

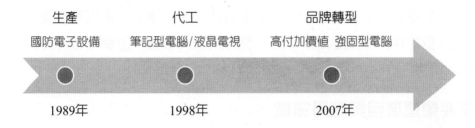

▷▷ 圖6-7　神基營運範疇進化史

資料來源：本個案自行繪製

（一）轉型前營運範疇

最初主要以生產軍用天線、雷達零件等國防用電子設備為主。1998年開始跨入筆記型電腦代工，後又涉足液晶電視代工。

（二）轉型後營運範疇

2007年因應全球經濟與產業變遷，神基科技擴大對強固型電腦產品線的投資，以自有品牌Getac行銷國際。神基擁有完整的強固型電腦產品線，包括強固型筆記型電腦、強固型平板電腦、以及強固型手持設備，產品應用領域涵蓋軍方、警方、公共事業、通訊、製造、以及交通運輸等[8]，產品加固等級涵蓋超級強固、完全強固到半強固等級。除了強固型電腦事業，神基科技還從事機構零組件的設計製造，提供塑膠和輕金屬機構零組件的服務。

8　神基科技Getac官網。http://tw.getacgroup.com/；個案撰寫者整理。

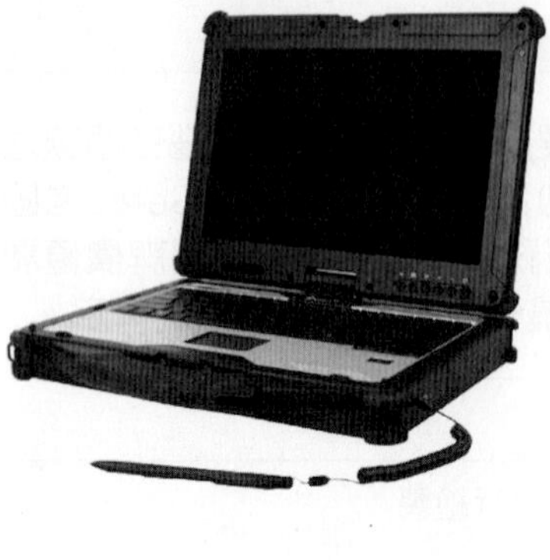

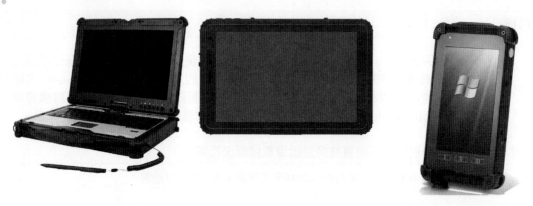

▷▷圖6-8　強固型筆記型電腦

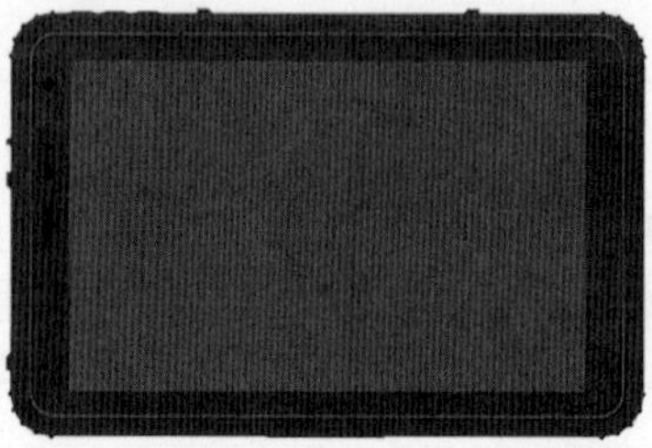

▷▷圖6-9　強固型平板電腦

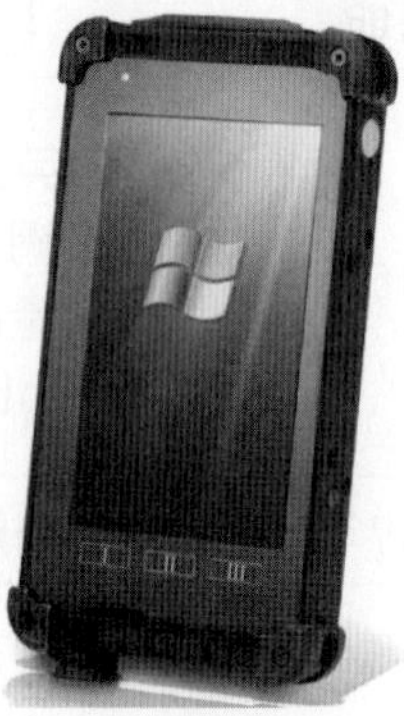

▷▷圖6-10　強固型手持設備

「強固型電腦」是神基科技目前的主力產品，主要追求在極端環境下仍能正常運作的「高穩定性」，鎖定提供軍方、警方或公共事業、運輸業等有特殊作業需求的B2B商用市場[9]。

(三) 主要營運項目與應用領域

1. 電子件（涵蓋國防暨工業用電腦、手持設備及其附屬設備軟硬體）

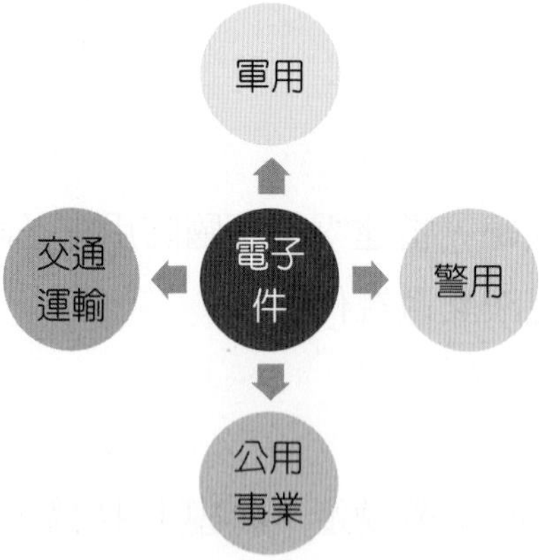

▷▷圖6-11　神基營運項目應用的四大領域

資料來源：Getac品牌官網；本個案自行繪製

9　張淳育（2017年6月23日）。神基科技拚全球市場 推英語培訓計劃還有獎勵金！《English Career》第60期。取自：http://www.businesstoday.com.tw/article/category/154685/post/201706230001。

神基科技強固型電腦在軍用、警用、公用事業、交通運輸四大市場表現優異。除了車載影像系統打入美國警方市場外，對海陸空三軍市場也持續供貨強固型平板及筆電。公用事業部分，也拿下了美國第三大能源公司，太平洋瓦斯電力公司的市場。

(1) 軍方

軍隊需要能在日常任務和惡劣環境之中穩定運作的裝置，以便即刻部署軍力。Getac強固型電腦可達成零故障，為前線提供指揮命令、戰略通訊、戰情和技術文件[10]。

(2) 警方

在嚴峻的移動環境下工作的執法人員，在應對危急情況時，不容許有任何差錯。執法人員須處理大量電話、巡邏廣闊的轄區，並透過電腦系統通訊即時取得警方紀錄。Getac車載移動電腦配備高速無線技術，讓執法人員能夠在現場迅速調度資源，維護公共安全[11]。

(3) 公共事業

公共事業公司以可靠的無線通信將工程師的工作效能最大化，使基礎設施保持良好狀態。Getac強固型移動電腦內嵌 GPS 和快速通信功能，可協助分配公司資產，讓工程師能夠隨處作業，提高作業執行效率。內建攝影頭和條碼掃描器，協助公共設施維護人員進行多任務作業[12]。

(4) 交通運輸

機場使用總計超過30種軟體、應用程式來執行不同的任務。在過去，最大的問題是行動應用程式所需的硬體設備無法一致，因為裝置必須用於執行不同的工作。而且通常人員工作時，設備容易受到碰撞，也可能受機械力影響（如堆高機叉車的搖動等）。另外，由於裝置設備需在任何天候下照常運作，無論冬夏，使其面臨艱難的考驗。強固型電腦裝置的主要優勢在於其穩固牢靠的特性、易於操作的觸控界面、實用優質的週邊配備，以及在夜晚和強光下極高的螢幕可視性。

---

10 神基科技Getac官網。http://tw.getacgroup.com/；個案撰寫者整理。
11 神基科技Getac官網。http://tw.getacgroup.com/；個案撰寫者整理。
12 神基科技Getac官網。http://tw.getacgroup.com/；個案撰寫者整理。

2. 綜合機構件事業群

神基綜合機構件事業群以純熟的RHCM（高速高溫成型技術Rapid Heat Cycle Molding，係將模具型腔加熱至所設定的溫度加以注塑成型，注塑完成後對模具型腔快速地降溫至設定的溫度再取出產品[13]）暨雙色雙料射出技術享譽業界。並結合各項先進的表面處理技術，提供高品質、高良率，符合時尚美學的複合材料機構件[14]。

3. 汽車機構件事業群

神基汽車機構件事業群主要生產輕金屬壓鑄製程的汽車內構件，獲得多家國際一級汽車零件供應商的認證，所生產的汽車安全帶轉軸數量全球居冠[15]。

4. 航太扣件事業群

神基科技轉投資豐達科技（TSE：3004）為航太發動機扣件的專業製造商，通過美國飛機引擎製造廠商奇異（GE）公司與歐洲Safran集團的Snecma公司的認證，是亞太地區唯一被認證合格的航太發動機扣件製造公司[16]。

三、神基科技產品營業比重

田表6-3 神基科技2016年度產品營業比重

單位：新台幣仟元

產品別	2016年度	
	金額（新台幣：仟元）	比率（%）
電子件	9,176,652	45%
機構件（綜合暨汽車）	9,592,355	47%
航太扣件	1,637,938	8%
合計	20,406,945	100%

資料來源：神基科技2016年度年報；本個案自行繪製

---

13 漢達精密MPT官網。http://www.mpt.tw/rhcm.aspx；個案撰寫者整理。

14 神基科技Getac官網。http://tw.getacgroup.com/；個案撰寫者整理。

15 神基科技Getac官網。http://tw.getacgroup.com/；個案撰寫者整理。

16 神基科技Getac官網。http://tw.getacgroup.com/。

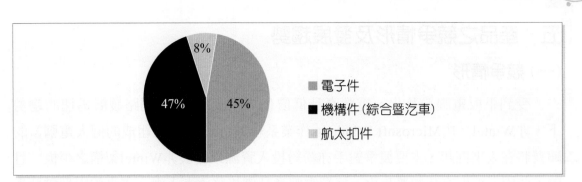

▷▷圖6-12　神基2016年度產品營業比重圖

資料來源：神基科技2016年度年報；本個案自行繪製

四、產業上、中、下游之關聯性

神基在強固型平板電腦、PDA、強固型手持式電腦產業中，屬於上游製造商（ODM）與自有品牌供應商（OBM）之角色。而中游主要角色為製造商之直銷部門、經銷商、加值商及系統整合商。中游再提供下游各行各業之系統整合解決方案、技術支援及維修服務等附加價值於製造商之軟硬體中。

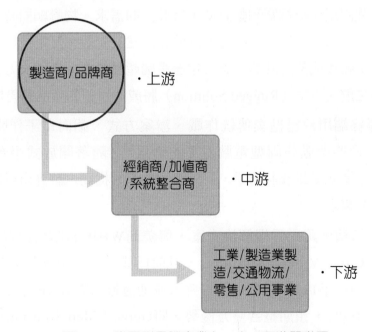

▷▷圖6-13　強固型電腦產業上、中、下游關聯圖

資料來源：神基科技2016年度年報；本個案自行繪製

五、產品之競爭情形及發展趨勢

(一) 競爭情形

受到平板電腦普及化、電腦產品低價化，以及HTML5網路發展迅速的趨勢下，非Wintel（由Microsoft Windows作業系統與Intel CPU所組成的個人電腦）的陣營將在未來掘起，主要競爭對手亦紛紛投入資源以發展非Wintel架構之平板。且隨著強固型平板電腦的普及化，終端電腦產品價格將逐漸下滑，未來強固型電腦產品的競價情形將越趨白熱化，而發展專用機可與競爭對手形成差異化，進而提升市場競爭力[17]。

用戶對輕薄化行動設備的要求將越來越高，但受限於輕金屬機殼價格較高，以及環保意識抬頭的影響，強固型電腦設備製造商正尋求替代性的輕量材質，例如以高剛性複合材料來取代傳統鎂鋁合金機殼[18]。

(二) 發展趨勢

由物聯網延伸而來之概念帶動了數據採集（data collection）技術的蓬勃發展，進而提升強固型平板電腦和強固型手持裝置的需求。物聯網同時也帶動週邊軟硬體的技術升級，Intel、三星與高通等巨擘登高建立聯盟，訂定技術標準，產業將從純粹硬體為主轉變成軟、硬體及整合週邊電腦產品的全面性解決方案，可預期未來強固型電腦之解決方案（Rugged Solution）將成為新興的產品銷售模式[19]。

軍、警等終端用戶已拋棄傳統作戰、辦案方式，朝向電子作戰和電子辦案的方向發展，此將帶動強固型電腦產品的需求[20]。隨著開放式平台的普及，且軍、警、醫療、金融業以及服務業，對保密性要求的提高，證實市場將會對相關軟硬體有更顯著的需求。

神基近兩年積極跨入雲端解決方案，與美商WHP公司合作推出智慧行動監控系統GVS（Gatac Video Solution），目前已成功導入美國幾個州郡的大型警局運作。神基2017年11月9日舉行董事會、並通過擴大對WHP公司之投資，從持股31.87%增至100%，預期整合雙方優勢，將Getac Video Solution拓展到公共安全、交通運輸與物流等產業[21]。

---

17 神基科技Geta年報（2013）。取自：http://ir.getac.com.tw/pdf/2013annual.pdf；個案撰寫者整理。
18 神基科技Geta年報（2013）。取自：http://ir.getac.com.tw/pdf/2013annual.pdf；個案撰寫者整理。
19 神基科技Geta年報（2013）。取自：http://ir.getac.com.tw/pdf/2013annual.pdf；個案撰寫者整理。
20 神基科技Geta年報（2013）。取自：http://ir.getac.com.tw/pdf/2013annual.pdf；個案撰寫者整理。
21 翁毓嵐（2017年11月10日）。神基Q3獲利創同期新高 增持WHP達100%。工商時報。取自：http://www.chinatimes.com/newspapers/20171110000200-260204；本個案自行繪製。

六、短、長期業務發展策略計劃

(一) 短期發展策略

1. 電子件（以強固型電腦及其解決方案爲主）

(1) 市場策略面

藉由市場的公關活動及提高媒體曝光率，透過參與秀展、舉辦論壇來提升品牌形象及知名度。另外，針對不同市場屬性主打特定機種電腦，致力提升大型標案得標機率，並與大型通路結盟合作，透過結盟夥伴的廣大的通路網絡力量，提升銷售量[22]。

(2) 生產及全球布局策略面

100% in-House設計製造，強固型電腦係屬高價少量的產品。神基除了具備專業的研發設計能力，還擁有出類拔萃的製造實力。爲擴大歐洲市場佔有率，並提昇品牌知名度，提供客戶在地化的優質服務，於德國及英國設立銷售據點，並派遣業務人員派駐義大利專責開發區域市場[23]。

▷▷ 圖6-14　神基科技全球銷售據點地圖

資料來源：Getac品牌官網；本個案自行繪製

---

22 神基科技Getac企業社會責任報告書（2013）。取自：http://www.getac.com.tw/pdf/CSR/Getac_CorporateSocialResponsibilityReport_2013.pdf；本個案自行繪製。

23 神基科技Geta年報（2011）。取自：http://ir.getac.com.tw/pdf/100annual-FINAL.pdf；本個案自行繪製。

(3) 產品發展策略面

擴展強固型電腦產品線，包含不同尺寸、不同強固等級之電腦以搶攻市佔率；深度規劃五大重點垂直市場，進而提供客戶更完整及專業化的解決方案[24]。

(4) 營運績效策略面

導入客戶關係管理IT平台，強化重點訂單管理、提升客戶滿意度、深耕垂直市場領域，進而達到擴大市佔率之目的[25]。

(5) 銷售地區

主要銷售涵蓋下列區域暨國家：

①亞太（包括中國、印度與澳洲）

②歐洲（含俄羅斯）

③美洲（含美國以及中南美國家）

④中東

(二) 長期發展策略

1. 電子件（以強固型電腦及其解決方案為主）

(1) 市場策略面

為擴大營運範圍且提供客戶更多元、專業的服務範疇，將與主要銷售國家之系統整合商與軟體服務公司建立策略夥伴關係，提升客戶完整的解決方案，以墊高競爭門檻[26]。

(2) 生產及全球布局策略面

為擴大軍工規範電腦市佔率，長期將在更多主要銷售地區陸續建置前線的業務開發和行銷人員以提供客戶更即時的服務品質[27]。

---

24 神基科技Geta年報（2011）。取自：http://ir.getac.com.tw/pdf/100annual-FINAL.pdf；本個案自行繪製。
25 神基科技Geta年報（2014）。取自：http://ir.getac.com.tw/pdf/2014annual.pdf；本個案自行繪製。
26 神基科技Getac企業社會責任報告書（2013）。取自：http://www.getac.com.tw/pdf/CSR/Getac_CorporateSocialResponsibilityReport_2013.pdf；本個案自行繪製。
27 神基科技Geta年報（2013）。取自：http://ir.getac.com.tw/pdf/2013annual.pdf；本個案自行繪製。

(3) 產品發展策略面

透過整合軟硬體技術暨週邊及應用層面的解決方案，達到滿足客戶，創造完備的特殊（專業）電腦與服務之目標，進而成為特殊（專業）電腦之最佳選擇。

(4) 營運績效策略面

由硬體供應商逐漸轉型為解決方案的服務商，此時因應神基推動自有品牌之需求，持續進行組織調整，以期成為更能激發研發創意、提升客戶服務的戰略化品牌組織。

(5) 銷售地區

主要銷售涵蓋下列區域暨國家：

①亞太（包括臺灣、中國、日本與澳洲）

②歐洲

③中東

④美洲（含美國以及中南美國家）

⑤非洲

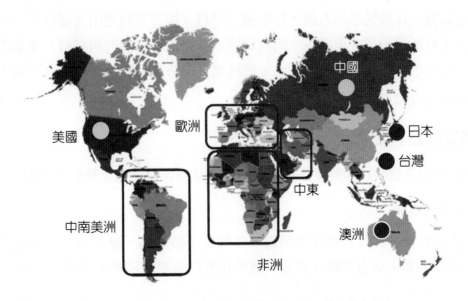

▷▷圖6-15　神基科技長期布局全球銷售地區

資料來源：神基科技Getac品牌官網；本個案自行繪製

七、品牌創新與研究

(一) 創新能量

　　為鼓勵同仁創新,神基透過建構完善的專利獎勵制度,每年各技術部門另設定專利提案績效目標,於當年底檢視績效達成率,並提供專利提案、獲准與績效獎金。神基內部同時設立「專利審查會」,由25位審查委員針對同仁之專利提案進行審查確認,同時透過專利檢索之措施,鑑別可能侵犯他人專利之風險,針對可能之風險予以分析、迴避,確認無風險後才交由智慧財產部申請與維護專利。為確保公司研發專利與智慧財產權不受非法侵害,法務單位轄下設置專責從事專利申請之專利小組。截至2016年底,神基累計擁有超過750件國內外專利,包含發明、新型與設計等專利[28]。

(二) 研究發展

　　神基以科技為核心,長年致力於探索先進科技,每年投資可觀之金額從事研究發展。2016年投入7.73億元作為研究發展費用,約佔合併營收4%[29],主要從事強固型電腦相關技術開發、新材質應用、各項先進製程與表面處理技術的提升。推出第二代全新的半強固筆電S410、國防安全使用的五吋專用機、及軟硬整合的智慧行動監控系統。此外,為提升客戶滿意度,引進先進的測試暨檢驗設備以提升產品設計暨製造品質。在機構產品方面,持續複合材料(複合材料是由金屬材料、陶瓷材料或高分子材料等兩種或兩種以上的材料經過複合工藝而製造的材料)產品的開發與量產,全面提升工廠自動化普及率,同時導入可降低耗能之綠色模具,朝永續環境發展的方向努力。

(三) 品牌願景與使命

　　Getac憑藉先進的技術與產品推升市佔率,品牌足跡遍及全球80個國家。

1. Getac品牌產品

　　品牌產品包含各式尺寸強固型筆電、平板及手持產品,應用領域橫跨國防、公安、公用事業、交通運輸、製造、醫療以及汽車維修等垂直市場。

---

28 神基科技Getac企業社會責任報告書(2016)。取自:http://www.getac.com.tw/pdf/CSR/Getac_CorporateSoc
　ialResponsibilityReport_2016_V2_1060707.pdf;本個案自行繪製。
29 神基科技Getac企業社會責任報告書(2016)。取自:http://www.getac.com.tw/pdf/CSR/Getac_CorporateSoc
　ialResponsibilityReport_2016_V2_1060707.pdf;本個案自行繪製。

2. 技術的推手（Technology Enabler）

Getac深刻理解專業人士在艱困環境下的作業環境，因此其品牌願景與使命是成為科技的推手，持續地推進產品創新、提供完美的使用者體驗、幫助使用者提升工作效率以成就完美的工作績效。

3. 可靠性、選擇性與彈性（Reliability, Choice and Flexibility）

技術是神基的核心能力，品牌信念不僅追求技術創新，更提供可靠的高品質產品贏得客戶的信賴。

八、神基強固型電腦市場及產銷概況

（一）主要產品銷售地區

田 表6-4　2016年度主要產品銷售地區金額與比例

年度 地區	2016年度	
	金額	比例
亞洲	10,627,307	52%
美洲	6,686,380	33%
歐洲	2,549,308	12%
其他	543,950	3%
合計	20,406,945	100%

資料來源：神基科技2016年度年報；本個案自行繪製

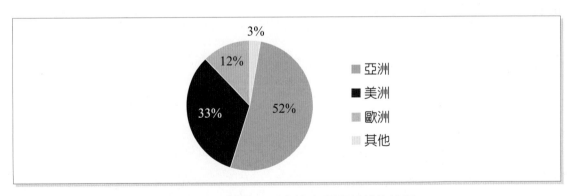

▷▷ 圖6-16　神基2016年度主要產品銷售地區

資料來源：神基科技2016年度年報；本個案自行繪製

九、神基科技2012年至2016年資產負債簡表及相關比率

表6-5　神基科技2012年至2016年資產負債簡表及相關比率

單位：新台幣十億元

	2012	2013	2014	2015	2016
流動資產	4.35	4.22	4.82	5.14	5.01
資產總額	14.68	15.34	16.78	17.65	18.20
流動負債	2.77	2.56	2.99	3.53	4.05
長期負債	0.00	0.00	0.00	0.00	0.00
其他負債及準備	0.09	0.30	0.42	0.40	0.41
負債總額	2.86	2.87	3.41	3.93	4.47
負債比率（%）	19.49	18.64	20.31	22.27	24.57
普通股股本	5.82	5.82	5.82	5.83	5.69
未分配盈餘	2.94	2.81	3.24	3.66	4.35
股東權益總額	11.82	12.47	13.37	13.72	13.73
流動比率（%）	157.16	164.71	161.17	145.40	123.71
速動比率（%）	133.04	130.95	120.97	109.62	90.38

資料來源：臺灣經濟新報資料庫TEJ；本個案自行繪製

　　從表6-5可以看出，神基科技2012年至2016年之長期負債都為0，負債總額與資產總額呈現增長趨勢，普通股股本沒有太大的變動，未分配盈餘亦與股東權益持續成長。

十、神基科技2012年至2016年損益簡表及相關比率

田表6-6　神基科技2012年至2016年損益簡表及相關比率

單位：新台幣億元

	2012	2013	2014	2015	2016
營業收入	49.92	152.18	162.92	183.35	204.07
營業成本	37.13	122.74	127.08	137.43	147.66
營業毛利	12.79	29.44	35.84	45.92	56.40
營業毛利率（%）	25.62	19.35	22.00	25.04	27.64
營業費用	10.16	23.71	28.28	31.82	34.81
推銷費用	3.26	10.02	12.42	14.82	16.29
管理費用	2.31	7.89	9.34	9.66	10.79
研究發展費用	4.59	5.79	6.52	7.34	7.73
研究發展費用率（%）	9.19	3.81	4.00	4.01	3.79
營業費用率（%）	20.35	15.58	17.36	17.35	17.06
營業利益	2.63	6.02	7.74	14.44	22.04
營業利益率（%）	5.27	3.96	4.75	7.88	10.80
營業外收入及支出合計	1.42	0.07	4.29	4.10	5.28
稅前淨利	4.05	6.08	12.03	4.27	4.68
稅後淨利	3.63	4.99	8.52	14.28	22.64
淨利率（%）	7.27	3.28	5.23	7.79	11.09
每股盈餘（元）	0.63	0.69	1.51	2.19	3.69
ROA（%）	2.47	3.25	5.07	8.09	12.44
ROE（%）	3.07	4.00	6.37	10.41	16.49
本益比	31.94	21.94	10.77	9.39	7.49
總資產週轉率（%）	34.00	99.19	97.08	103.90	112.13

資料來源：公開資訊觀測；本個案自行繪製

　　表6-6中可知，自2012年至2016年神基科技每年的營業毛利及每股盈餘持續增加，神基在2012年退出商用筆電，以致2013年營收略遜一籌；而2014年至2016年積極拓展強固型電腦在西歐地區之通路網絡，使營業收入淨額有大幅的成長。

十一、神基科技2012年至2016年財務報表分析

(一) 財務結構方面

負債比率：代表負債總額與資產總額的比率關係，用以衡量一家公司資本結構的重要指標。

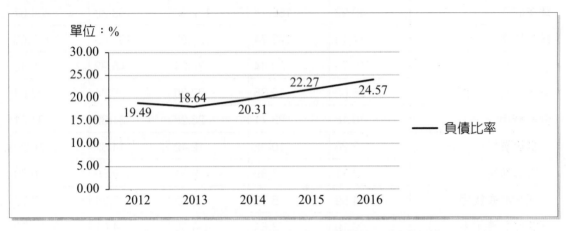

▷▷圖6-17　神基科技2012年至2016年負債比率折線圖

神基科技之負債比率雖逐漸上升，但比率仍不算高，神基負債多為短期的流動負債，並無長期負債。表示公司的財務狀況極佳，並無資本過度膨脹問題。

(二) 償債能力分析

由圖6-18可知，神基科技的流動比率逐年下降，並由資產負債表可以發現，流動資產及流動負債都是漸漸上升，但流動負債上升幅度比流動資產大，主要係因應付帳款及票據之緣故。

神基科技的速動比率與流動比率呈同方向下降，2016年存貨係為五年來最高者，所以2016年下降幅度較大一些。

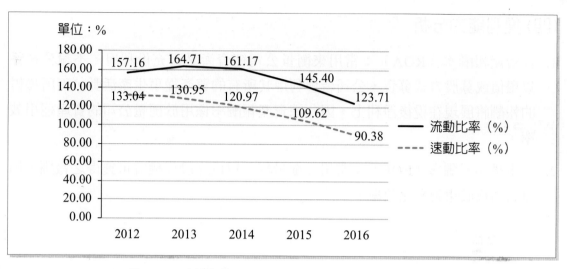

▷▷圖6-18　神基科技2012年至2016年流動比率與速動比率

(三) 經營能力分析

　　神基科技的總資產週轉次數從2012年的0.34下滑至2013的0.33，2014年後逐漸回升，代表資產運用效率改善。

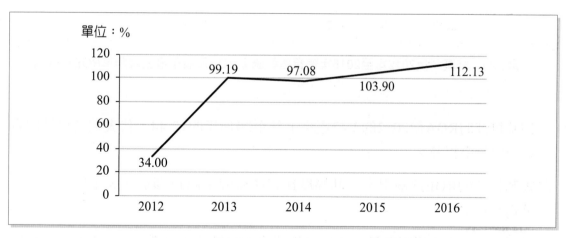

▷▷圖6-19　神基科技2012年至2016年總資產週轉率

(四) 獲利能力分析

1. 總資產報酬率（ROA）：常用來衡量公司總資產是否充份利用。不論公司係以舉債或募股方式募資，公司皆會利用其所有的資產從事生產活動，而所獲得的報酬將展現在稅後淨利上，因此總資產報酬率係用於衡量公司的資產運用效率。

2. 股東權益報酬率（ROE）：常用以衡量每一單位之股東權益可獲得之報酬，衡量公司為股東獲利之效率。

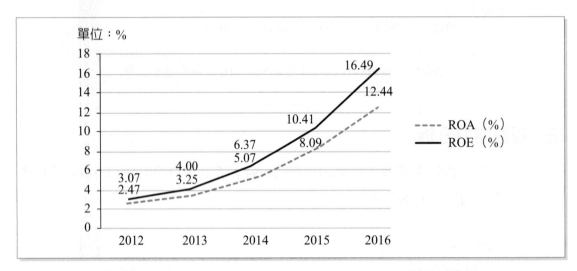

▷▷ 圖6-20　神基科技2012年至2016年總資產報酬率ROA及股東權益報酬率ROE折線圖

神基科技的ROA從2012的2.47逐步上升至2016年的12.44，代表神基科技的資產運用效率提升。

神基科技的ROE逐漸提高，其幅度比資產報酬率ROA還高，表示舉債經營對公司有利。

3. 營業毛利率：係用以衡量一家公司獲利能力的最基本指標，可以用此數值觀察公司獲利變化的趨勢。

4. 營業淨利率：係用以反映一家公司本業獲利能力的指標。由於營業淨利率的計算已將過程中所耗用的一切成本列入考量，因此衡量本業的獲利能力時，營業淨利率便為重要指標。

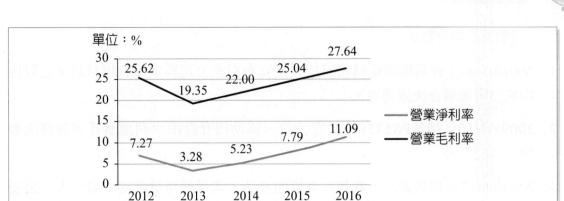

▷▷圖6-21　神基科技2012年至2016年營業毛利率及營業淨利率

　　神基科技在2012年及2013年，其毛利率並沒有太大變動，2014年後，營業毛利逐年提高。由於2016年跨入的智慧行動監控解決方案Getac Video Solution已成功導入美國田納西州大型警局，故於2017年可望有更好的表現。

　　神基2016年第4季合併營收為新台幣204.07億元，年增11.30%，稅後淨利22.64億元，年增58.54%，也預期2017年之營業淨利率也有相當好的表現。

十二、神基科技股價分析

　　在分析完整體的財務概況後，繼而可透過觀察神基科技從上市後的股價變動，以了解其股價走勢。

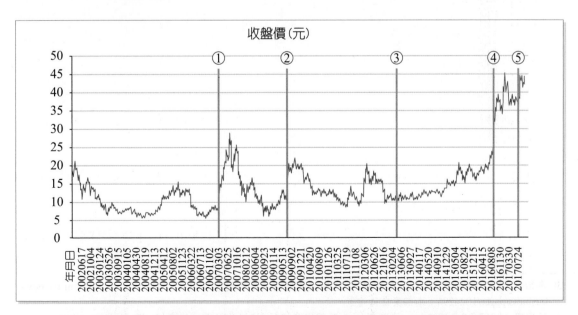

▷▷圖6-22　神基科技2002年06月17日至2017年07月24日股價走勢圖

資料來源：臺灣經濟新報資料庫TEJ；本個案自行繪製

股價重要轉折點：

1. 2007/03/03：神基與漢達精密科技共同宣布兩家公司將進行合併且該案已取得兩家公司董事會決議通過。

2. 2009/07/10：神基PS535F小兵立大功，協助提升農田水利灌溉管理勤務之效率。

3. 2013/04/17：神基發表一款領先業界的產品，其標榜是最強固、最先進、最安全，且搭載Android 4.1作業系統的強固型平板電腦Z710。

4. 2016/08/23：神基2016上半年獲利表現優於市場預期，在外資買盤推升下，股價創近4年新高，法人看好下半年神基強固型電腦與機構零組件旺季出貨效應[30]。

5. 2017/08/19：2017年法人預估神基下半年可較上半年營收成長 7-15%，毛利率也可持穩，神基也積極布局美國警局標案訂單，對營運帶來新動能，股價在利多加持下順利完成填息，一周大漲10.82%，衝上43.95元，創下5個月新高[31]。

---

30 卓怡君（2016年8月23日）。外資捧場 神基股價創高。自由時報。取自：http://news.ltn.com.tw/news/business/paper/1024296；本個案自行繪製。

31 蔡宗憲（2017年8月19日）。神填息 神基股價填息完封創5個月新高。鉅亨網。取自：https://news.cnyes.com/news/id/3898167。

6-4 神基強固型電腦競爭對手

一、松下Panasonic株式會社簡介

(一) 日本松下Panasonic公司概況

松下電器創業於1918年。2008年10月，董事會決定公司日文簡稱由「松下電器」更名為「パナソニック」（Panasonic），公司日文全名亦從「松下電器產業株式會社」（Matsushita Electric Industrial Co., Ltd.）更名為「パナソニック株式會社」。而尚在日本國內使用的「ナショナル」（National）商標在2009年漸進性廢止，全球皆統一使用「Panasonic」品牌及商標。

1960年代投入電腦的研發與製造，但期間獲利不佳，直到1995年才決定創造自有品牌。日本是電車社會，行動概念相對重要，導致松下決定鎖定兩塊市場，一塊是日本白領用的商務型筆電「Let's Note」，另一塊是為了因應惡劣環境，增加工作效率及產品使用年限，主打全球市場的強固型電腦。

松下Panasonic大部分筆電及部分強固型PC產品是透過日本神戶工廠生產，臺灣主要負責強固型產品的生產，是松下強固型電腦的唯一海外產線[32]。

(二) 臺灣松下電腦股份有限公司概況

隸屬日本松下（Panasonic）集團的海外 PC 事業據點，在台成立已26年，致力於堅固型與半堅固型筆電暨平板電腦製造與技術開發，推出產品名稱為「TOUGH-BOOK」與「TOUGHPAD」的強固型筆電，多年來蟬聯全球強固型筆電市佔率第一名。

主打三防（防水、防塵、防震）軍規及強固特性並通過美軍強固測試（耐震、耐壓、耐振、耐高低溫、耐高低壓等）與防水防塵商品測試。販賣對象以歐美

---

32 維基百科。http://zh.wikipedia.org/zh-tw/；個案撰寫者整理。

之政府組織、軍警、瓦斯、電信、快遞等特殊工作環境需求之產業爲主。除了強固型筆電外，爲因應手持裝置市場起飛，近年更積極開發強固型平板與PDA，均有斬獲[33]。

(三) 品牌概述

1. 品牌：Panasonic松下品牌始於1955年，首先係用於音頻揚聲器的品牌。它是"Pan"和"Sonic"這兩個詞的組合，具有將公司創造的聲音帶向至世界的意涵。

2. 品牌標語：A better life, A better world.。

3. 品牌宣言：Panasonic堅持創造更美好的生活及美好的世界，爲全世界人們的幸福和社會的發展以及地球的未來不斷做出貢獻。

(四) 品牌原則

　　松下品牌有五個原則：

1. 責任符號

品牌名稱之目的是公開聲明對生產和銷售產品的責任，保證產品質量。

2. 公司和產品的圖像

品牌象徵著製造活動和對高品質產品的經營和銷售，是基本管理理念的結果。也是公司與消費者之間的重要聯繫。

3. 消費者信任和滿意證明

品牌實力或品牌形象表示市場接受度及產品對社會之貢獻度，亦爲消費者滿意度和社會信任度的證明。

4. 無價的企業資產

品牌名稱是自成立以來價值增長的企業資產。

---

33 王宜弘（2017年6月3日）。產業：戴爾強攻強固電腦市場，對戰松下、神基，分食年逾300億元市場大餅。MoneyLink富聯網，財訊新聞。取自：https://tw.stock.yahoo.com/news_content/url/d/a/20170603/%E7%94%A2%E6%A5%AD-%E6%88%B4%E7%88%BE%E5%BC%B7%E6%94%BB%E5%BC%B7%E5%9B%BA%E9%9B%BB%E8%85%A6%E5%B8%82%E5%A0%B4-%E5%B0%8D%E6%88%B0%E6%9D%BE%E4%B8%8B-%E7%A5%9E%E5%9F%BA-%E5%88%86%E9%A3%9F%E5%B9%B4%E9%80%BE300%E5%84%84%E5%85%83%E5%B8%82%E5%A0%B4%E5%A4%A7E9%A4%85-055243340.html；個案撰寫者整理。

5. 員工驕傲指標

品牌名稱表示企業持續生產高質量產品的自豪感和決心。所有員工都應充分認識品牌的價值，並以最小心和最高的尊重使用它們。

(五) 產品類別

▷▷ 圖6-23　松下Panasonic產品類別圖

資料來源：臺灣Panasonic集團2016年年報；本個案自行繪製

(六) 松下全球關係企業

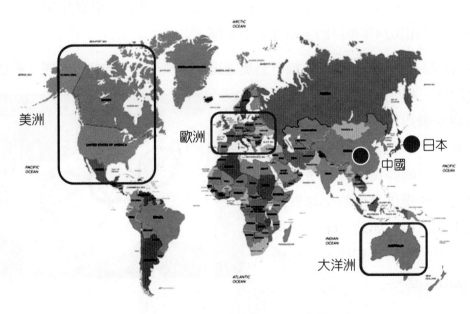

▷▷ 圖6-24　松下株式會社全球關係企業

資料來源：Panasonic臺灣官網；本個案自行繪製

1. 松下全球研發地圖：日本、北美、歐洲、中國、亞洲、大洋洲等地區推進全球化發展，具有利用當地人才和技能的研發體系[34]。

2. 增長戰略和研發活動：松下集團透過 "4倍3矩陣" 之策略以產生新的客戶價值觀。

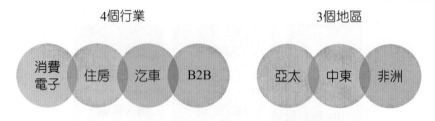

4個行業　消費電子　住房　汽車　B2B

3個地區　亞太　中東　非洲

▷▷圖6-25　松下集團4倍3矩陣圖

資料來源：Panasonic臺灣官網；本個案自行繪製

　　近年來，松下強固型電腦除在美國大力推廣業務外，其足跡也遍布全球數十個國家。松下亦將強固性電腦銷往多個領域，例如汽車、政府、衛生保健、公共安全、交通運輸、電信及各行業，以此力保全球市佔率。

(七) 松下與全球夥伴關係——奧林匹克運動會

　　松下將提供先進的技術和產品以支持平昌2018冬奧會、東京2020年奧運，以及將於2022年和2024年舉行的冬季和夏季奧運。

　　作為視聽設備類的贊助商，松下為奧運提供各種產品，包括：電視、廣播和專業視聽設備、AV存儲媒體、汽車導航和相關車載娛樂系統設備、和視頻監控設備。於此產品類別中，松下已獲得了向國際奧委會和奧林匹克組織委員會提供設備的全球營銷權和首次談判權，如此一來，松下將透過其產品、服務和技術，繼續支持奧運的營運。

---

34 Panasonic。http://www.business.Panasonic.com/best-rugged-tablet.html。

此外，為了準備東京2020年奧運，松下在公司內設立了東京奧運組織委員會，委員會係透過開發新技術和服務以支持奧運的運作，全力推廣與奧運有關的遊戲商機。透過這些活動，松下的目標不僅是擴大在日本的銷售，並且也透過加強系統層面之解決方案以擴大全球的業務。

(八) 松下Panasonic財務報表

1. 資產負債簡表及相關比率

⊞ 表6-7　松下2012年至2016年資產負債簡表及相關比率

單位：新台幣百億元

	2012	2013	2014	2015	2016
流動資產	64.85	69.00	88.73	75.24	83.33
非流動資產	75.50	66.53	66.15	67.45	72.23
資產總額	140.34	135.54	154.88	142.69	155.56
流動負債	67.58	63.38	71.05	64.57	70.51
非流動負債	38.85	30.91	32.02	35.29	39.29
負債總額	106.43	94.29	103.07	99.86	109.80
負債比率（%）	75.84	69.57	66.55	69.98	70.58
普通股股本	6.73	6.73	6.73	6.73	6.73
未分配盈餘	17.54	22.85	26.55	22.83	27.34
股東權益總額	33.91	41.25	51.81	42.83	45.76
流動比率（%）	95.96	108.87	124.88	116.53	118.17
速動比率（%）	55.30	65.63	83.84	74.42	78.09

資料來源：Panasonic臺灣官網；本個案自行繪製[35]

---

35 資料來源：Panasonic。http://www.business.Panasonic.com/best-rugged-tablet.html。

2. 損益簡表及相關比率

田表6-8　松下2012年至2016年損益簡表及相關比率

單位：新台幣百億元

	2012	2013	2014	2015	2016
營業收入淨額	189.88	201.15	200.59	196.40	190.94
銷售成本	140.92	146.61	143.71	139.56	61.41
營業毛利	48.96	54.54	56.88	56.84	56.85
營業毛利率	25.79	27.11	28.36	28.94	29.77
營業費用	28.36	25.34	24.08	24.18	25.37
推銷費用	7.22	7.25	6.30	6.19	5.86
管理費用	8.08	5.64	5.89	6.58	8.13
研究發展費用	13.06	12.45	11.89	11.41	11.38
研究發展費用率（%）	6.88	6.19	5.93	5.81	5.96
營業費用率（%）	14.93	12.60	12.00	12.31	13.29
稅前淨利	-10.36	5.36	4.74	5.92	27.11
稅後淨利	-20.15	3.16	5.11	4.97	4.84
淨利率（%）	-10.61	1.57	2.55	2.53	2.54
每股盈餘（日圓）	0	13	18	25	25
ROA（%）	-14.36	2.33	3.30	3.48	3.11
ROE（%）	-59.43	7.67	9.86	11.61	10.58
總資產週轉率（%）	135.30	148.41	129.51	137.64	122.74

資料來源：Panasonic臺灣官網；本個案自行繪製

3. 財務報表分析

2012年，松下財報慘淡，而日本央行推出的量化寬鬆政策，使日元持續大幅貶值，此舉有利於日企出口，松下無疑也是受益者之一。當時液晶技術不斷被優化、發展，松下卻依舊押寶在等離子上，要求獨享等離子市場，不願與任何企業結成戰略聯盟，企圖憑藉壟斷等離子技術以獨佔彩色電視市場。然而松下卻仍未解決等離子技術的一些致命缺點，如面板尺寸受限、長時間定格會出現燒

屏現象、成本居高不下等問題。導致松下帶著高達431億日元的虧損遺憾宣布退出等離子面板、電視機的生產業務，同時也錯過了液晶發展的最好時機[36]。

截至2015年，全球經濟繼續小幅回升，中國和一些資源豐富的國家經濟放緩，而由於內部需求，美國和歐洲經濟繼續呈現緩慢的復甦態勢；日本內部之消費復甦乏力，就業形勢持續改善中。

松下的淨收益將近七成在國內，三成則在海外。2016年，全球經濟繼續小幅回升，隨著美國經濟在個人消費和資本投資的改善中持續成長，中國經濟放緩的過度擔憂減少。日本的海外經濟成長使日本出口和資本投資增加，儘管其個人消費仍然停滯，但日本經濟環境在政治、貨幣政策與匯率走勢等方面出現重大變化，使整體經濟略有回升。

二、茂訊電腦股份有限公司簡介

(一) 公司簡介

茂訊電腦股份有限公司成立於1990年3月，員工人數約290位，工廠設於新北市，為強固型筆記型電腦製造及筆記型電腦專賣連鎖商。

由於資訊產品快速變遷、生命週期短，經營團隊秉持著專注本業經營之精神，開拓市場，擴充營運規模，堅持加強研發、掌握技術，同時結合優質之售後服務，提升產品附加價值，減少景氣波動及環境變化之影響，發展出特有之競爭模式，而此亦為茂訊電腦之利基所在[37]。

國內業務部從事筆記型電腦連鎖專賣，目前全國共23家連鎖門市，其年銷量已達臺灣最大之筆記型電腦連鎖專賣店。

---

36 王詩堯（2017年11月18日）。曾經稱霸全球的日系家電企業走下神壇 問題出在哪？中國新聞網。取自：http://www.chinanews.com/cj/2017/11-18/8379770.shtml。

37 任珮云（2017年8月）。《電腦設備》神基GVS取代Veretos行銷全球。中時電子報。取自http://www.chinatimes.com/realtimenews/20170825002663-260410。

(二) 基本資料

田表6-9　茂訊電腦股份有限公司基本資料

產業類別	電腦及週邊設備製造業	董事長	沈頤同
成立日期	79/03/15	資本額	新台幣5億8686萬元
上櫃日期	93/10/01	總部	新北市深坑區北深路三段250號7樓
股票代號	3213	產品類型	商用筆記型電腦及其週邊商品、強固型筆記型電腦、強固型車載型（含平版式）電腦、強固型鍵盤、及強固型Tablet電腦之製造及銷售，以及電腦通路銷售。

資料來源：茂訊2016年度年報；本個案自行繪製

(三) 品牌轉型背景

　　茂訊成立於民國79年，當時臺灣只有2家筆記型電腦廠：「倫飛和茂訊」。茂訊當年也是臺灣少數有能力生產商用筆記型電腦廠，但後來眼看倫飛打自有品牌跌跌撞撞，而仁寶、廣達專注代工，茂訊曾為了搶單加入殺價競爭，工廠愈蓋愈大，獲利卻愈來愈低。當時茂訊董事長沈頤同面臨一個問題：他是該繼續擴大投資，加入產量競賽或是改走其他的路呢？經過一番掙扎之後，他做出了一個重大的決定。他決定退出商用筆記型電腦的「甲組」戰場，轉向軍工規格筆記型電腦的「乙組」戰場[38]。沈頤同甚至將此決定以喜歡的籃球作比喻：「茂訊決定退出甲組籃賽，改打乙組！」。

　　從一開始客戶主動找上門，希望茂訊幫忙生產特殊規格的筆記型電腦，經過幾年的努力，茂訊已成功打進歐洲的軍用、警用市場，成為歐洲的軍工規格筆記型電腦品牌。沈頤同放棄大量代工接單，改以小量客製化服務，但對於維持一定的毛利水準之堅持依然不變。

---

38 胡蕙文（2006年8月31日）。茂訊堅守臺灣最後一條NB生產線與高毛利 臺灣藍海專題 茂訊的故事（上）。大紀元臺灣。取自：http://www.epochtimes.com/b5/6/8/31/n1440117.htm 23；胡蕙文（2006年8月31日）。茂訊董座沈頤同：做對的事情 堅持下去。大紀元臺灣。取自：http://www.epochtimes.com/b5/6/8/31/n1440118.htm。

　　儘管每個月筆記型電腦僅有數百台的生產數量，因其走高單價、量身訂做的「精品」路線，使得茂訊獲利穩定成長[39]。

（四）公司願景

　　展望未來，茂訊電腦除藉由本身經營團隊的努力，亦透過專業的行銷通路及與經銷商的策略聯盟，繼續朝「全國最大筆記型電腦專賣連鎖商」及「全球最大可攜式強固型電腦製造商」的願景邁進。茂訊追求獲利成長，並基於永續經營的理念，發揮企業價值，創造員工、股東及公司三贏的局面，最終希望能回饋予社會，達到社會企業的目標。

（五）營業比重

表6-10　茂訊電腦2016年度營業收入與比重

單位：新台幣仟元

產品別	2016年度	
	營業收入	營業比重
商用筆記型電腦	1,328,432	61.71%
強固型筆記型電腦	700,821	32.56%
維修服務與其他	123,368	5.73%
合計	2,152,621	100%

資料來源：茂訊2016年度年報；本個案自行繪製

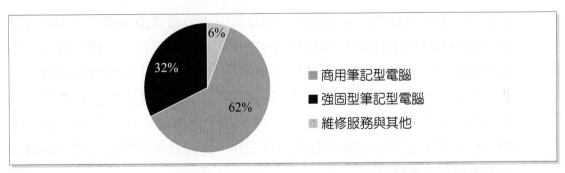

圖6-26　茂訊電腦2016年度營業比重

資料來源：茂訊2016年度年報；本個案自行繪製

---

39 胡蕙文（2006年8月31日）。茂訊堅守臺灣最後一條NB生產線與高毛利 臺灣藍海專題 茂訊的故事（上）。大紀元臺灣。取自：http://www.epochtimes.com/b5/6/8/31/n1440117.htm；胡蕙文（2006年8月31日）。茂訊董座沈頤同：做對的事情 堅持下去。大紀元臺灣。取自：http://www.epochtimes.com/b5/6/8/31/n1440118.htm；本個案自行繪製。

（六）業務項目

茂訊目前的商品（服務）及開發項目為：

1. 商用筆記型電腦及其週邊商品之銷售。

2. 強固型筆記型電腦製造及銷售。

3. 強固型車用電腦製造及銷售。

4. 強固型鍵盤製造及銷售。

5. 強固型Tablet電腦製造及銷售。

6. 強固型顯示器製造及銷售。

7. 強固型通信測試電腦製造及銷售。

8. 強固型PDA電腦製造及銷售。

（七）競爭情形與利基

1. 競爭情形

(1) 強固型筆記型電腦

因投入廠商不多，故競爭不若商業用筆記型電腦激烈，目前國內只有神基等少數廠商投入強固型電腦之產銷。而強固型電腦並非採用大量且低成本的生產方式，而是採少量多樣並強調特殊化規格與功能之生產策略。

(2) 電腦及其週邊產品經銷

同業之競爭十分激烈，主要係因電腦及其週邊設備產品多樣化、生命週期短、價格下跌快速的緣故，使各廠商之庫存成本、配送、維修等營運成本皆逐漸提高。此情況導致業績即使提高但獲利卻不見得增加的窘境。因此，必須走大型化的路線，在採購、自動化倉儲設備及配送效率等方面建立規模經濟效益，方可擁有生存的空間。目前較大型的業者有聯強國際、宏碁與捷元等；而屬中型業者有三井、虹優及茂訊等以特定產品鎖定小範圍利基市場經營。

2. 競爭利基

(1) 已建構全球行銷網路，在各消費國家均擁有專業的合作夥伴，並投資入股最主要的北美與歐洲市場的經銷商，進而充分掌握忠誠度與市場動向。

(2) 擁有獨立之研發人員並建立了耐環境性及電磁干擾相關的知識庫及實驗室使新競爭對手不易趕上。

(3) 產品已分散至多樣市場，較不受景氣變動影響。

(4) 彈性生產系統，能滿足客戶少量多樣且快速交貨之需求。

(5) 主要經營團隊已合作十年以上，幹部人員流動率極低，員工向心力強。

(八) 市場佔有率

由於強固型電腦在國內市場規模甚小，且各廠商之銷售大多以外銷為主，故無明確之相關產業統計數字。在電腦及其週邊產品之經銷方面，由於國內市場競爭者多，且呈現大者恆大之競爭態勢，茂訊非為完全專業之電腦產品代理商，故於國內佔有率並不大[40]。

(九) 主要產品之銷售地區

表6-11　茂訊電腦2016年度銷售地區金額與比例

單位：新台幣仟元

年度 地區	2016年度	
	金額	比例
（外銷）美洲	71,168	3.31%
（外銷）歐洲	584,982	27.17%
（外銷）其他	44,671	2.08%
內銷	1,451,800	67.44%
合計	2,152,621	100%

資料來源：茂訊2016年度年報；本個案自行繪製

---

40 茂訊電腦年報（2016）。取自：http://eng.crete.com.tw/105%E5%B9%B4%E5%A0%B1-%E4%BF%AE%E8%A8%82%E7%89%88.pdf；本個案自行繪製。

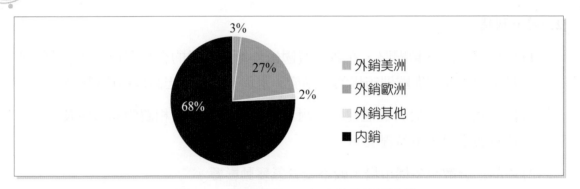

▷▷ 圖6-27　茂訊電腦2016年度銷售地區比例

資料來源：茂訊2016年度年報；本個案自行繪製

(十) 發展遠景之有利與不利因素

1. 有利因素

(1) 掌握行銷通路及產品且市場分散，並打入不同行業與應用。合作模式也經過實戰考驗，並有多次逐退競爭者，贏得訂單的成功經驗。

(2) 研發團隊已有十年以上研發經驗，並取得多項領先同業之專利技術。自主之研發能力亦可掌握最新技術之開發時程。另外各部門之專業管理人才，有助於製造成本控制及品質能力之穩定與提升。

(3) 臺灣整體的資訊工業環境，能夠迅速取得技術、零件、充沛的專業人才以及完備的支援體系等等[41]。

2. 不利因素及其因應對策

(1) 本土廠商與日本大廠Panasonic加入競爭：二線筆記型電腦製造商倫飛、Panasonic轉型投入競爭，以低價、大量來爭取OEM或終端客戶。茂訊保持小公司的彈性，迅速滿足客戶的特殊需求，並致力提高產品規格、品質，降低成本以保持競爭力。

(2) 茂訊目前仍處於中小企業階段，雖獲利良好，但知名度不高，使得資金、人才之獲得皆有困難。茂訊透過經營透明化、股票公開化以強化公司形象。引入公開市場資金，配合員工認股選擇權的實施和獎勵分紅制度來有效吸引人才。

---

41 茂訊電腦年報（2016）。取自：http://eng.crete.com.tw/105%E5%B9%B4%E5%A0%B1-%E4%BF%AE%E8%A8%82%E7%89%88.pdf；本個案自行繪製。

(十一) 茂訊財務報表

1. 年營收

由圖6-28可知，茂訊從2012年的年營收新台幣18.8億元上升至2016年的年營收新台幣21.5億元，由營收趨勢來看，布局強固型電腦是正確的選擇。

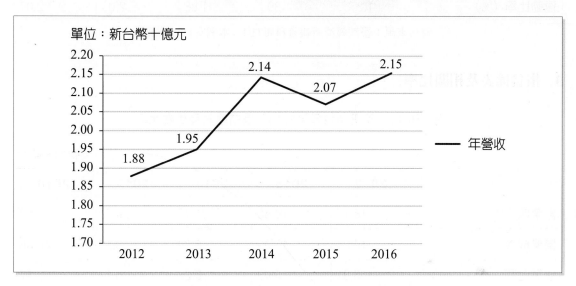

▷▷ 圖6-28　茂訊2012年至2016年年營收

資料來源：臺灣經濟新報資料庫TEJ；本個案自行繪製

2. 資產負債簡表及相關比率

田 表6-12　茂訊2012年至2016年資產負債簡表及相關比率

單位：新台幣億元

	2012	2013	2014	2015	2016
流動資產	10.42	12.22	12.75	13.14	14.98
非流動資產	3.37	3.71	3.39	3.37	3.09
資產總額	13.80	15.93	16.14	16.52	18.07
流動負債	1.83	3.21	2.73	2.64	3.71
非流動負債	1.02	0.98	0.96	0.99	1.03
負債總額	2.85	4.19	3.69	3.63	4.74
負債比率（％）	20.67	26.31	22.85	21.98	26.23
普通股股本	5.87	5.87	5.87	5.87	5.87

	2012	2013	2014	2015	2016
未分配盈餘	1.78	2.41	3.00	3.29	3.83
股東權益總額	10.95	11.74	12.45	12.89	13.33
流動比率（%）	568.94	380.19	467.76	497.65	404.03
速動比率（%）	1.37	1.39	1.88	2.03	2.07

資料來源：臺灣經濟新報資料庫TEJ；本個案自行繪製

3. 損益簡表及相關比率

⊞表6-13　茂訊2012年至2016年損益簡表及相關比率

單位：新台幣億元

	2012	2013	2014	2015	2016
營業收入	18.75	19.52	21.42	20.71	21.53
營業成本	14.84	15.09	16.20	15.58	16.06
營業毛利	3.91	4.43	5.22	5.13	5.47
營業毛利率（%）	20.85	22.69	24.36	24.76	25.40
營業費用	2.25	2.40	2.60	2.59	2.58
推銷費用	1.27	1.32	1.43	1.56	1.56
管理費用	0.30	0.32	0.34	0.33	0.34
研究發展費用	0.68	0.76	0.82	0.70	0.68
研究發展費用率（%）	3.60	3.91	3.85	3.36	3.14
營業費用率（%）	12.00	12.28	12.15	12.50	11.97
營業利益	1.66	2.03	2.62	2.54	2.89
營業利益率（%）	8.85	10.40	12.21	12.26	13.43
營業外收入及支出合計	0.28	0.39	0.23	0.30	0.28
稅前淨利	1.94	2.42	2.85	2.84	3.17
稅後淨利	1.54	1.94	2.28	2.33	2.60
淨利率（%）	8.21	9.96	10.66	11.26	12.08
每股盈餘（元）	2.67	3.28	3.88	3.98	4.42

	2012	2013	2014	2015	2016
ROA（%）	11.16	12.20	14.15	14.11	14.39
ROE（%）	14.07	16.56	18.34	18.09	19.50
本益比	9.72	13.76	11.50	10.80	11.93
總資產週轉率（%）	135.90	122.50	132.72	125.39	119.12

資料來源：公開資訊觀測站；本個案自行繪製

4. 財務報表分析

近幾年PC產業低迷，全球筆記型電腦出貨量衰退，在此環境中，茂訊之表現甚為出色，營收及獲利均有小幅提升。2016年茂訊營業額為新台幣 21.5億元，較2015年成長3.94%；而稅後淨利為新台幣2.59億元，金額較2015年成長11%。2016年每股稅後盈餘（EPS）為新台幣4.42元。

從表6-12可看出茂訊之資產總額維持一定上升速度，公司規模也持續擴大。由表6-13可知，每股盈餘由2012年2.67元提升至2016年至4.42元，而研究發展費用率則持續維持在3.14%~3.91%之間，並無太大變動，營業毛利率以較緩速度提高，目前維持在25%左右。

整體而言，強固型筆記型電腦目前仍處於成長期，市場預測該產業未來仍可保持每年8%以上之成長率。

三、神基科技、茂訊、松下個案比較

此章節將透過神基科技、茂訊與日本松下株式會社3家企業之比較，對該產業有更深入之了解。因為日本松下株式會社所採用的財務報表是美國GAAP，與臺灣IFRS季度和方法不相同，故僅採用部分比率來做比較。

（一）總資產週轉率

神基的總資產週轉率最低，表示為三家公司中，資產使用效能最低；松下之總資產週轉次數維持在一定比率之上，相較之下較為穩定，但神基之銷貨收入2013年成長率205%，以致2013年總資產週轉率飆升。

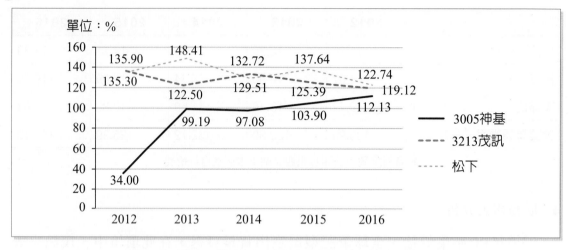

▷▷圖6-29　神基、茂訊及松下2012年至2016年總資產週轉率

資料來源：臺灣經濟新報資料庫TEJ、臺灣Panasonic集團2016年年報；本個案自行繪製

（二）營業毛利率

　　神基近幾年朝向高附加價值產品發展，並且於2013年領先業界發表業界最強固且搭載Android4.1作業系統的強固型平板電腦Z710，使毛利率大幅上漲；松下由於產品多項市佔率第一，品牌發展全球，使毛利率穩定成長；茂訊從2012年至2014年強固型電腦追求客製化，毛利率雖穩定成長，但由於神基成長速度驚人，於2015年被神基超越。

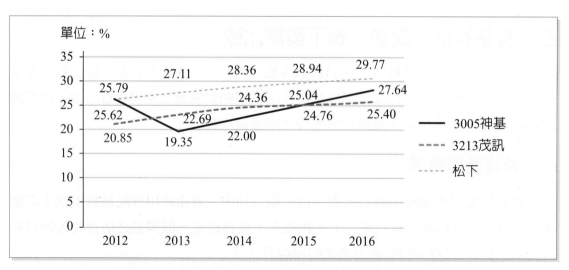

▷▷圖6-30　神基、茂訊及松下2012年至2016年年營業毛利率

資料來源：臺灣經濟新報資料庫TEJ、臺灣Panasonic集團2016年年報；本個案自行繪製

(三) 負債比率

茂訊2012年至2016年之負債比率，只有2015年低於神基，其他四年之負債比率皆高於神基；神基之長期負債皆爲0，負債比率變動之影響因素爲應付帳款及票據，而該數值在2013年爲9.93億，且在2014年至2016年期間持續增加，導致神基的負債比率增加。松下公司規模較大，且商品種類較多，負債比率相較之下爲最高，此代表松下公司舉債經營的比例最高，因此對債權人之保障較小，債權人承受較大之財務風險。

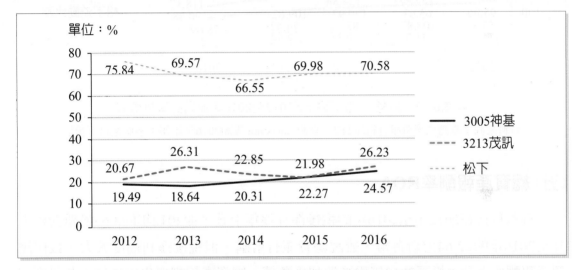

▷▷圖6-31　神基、茂訊及松下2012年至2016年負債比率

資料來源：臺灣經濟新報資料庫TEJ、臺灣Panasonic集團2016年年報；本個案自行繪製

(四) 流動比率、速動比率

茂訊之流動比率爲三家公司最高，但速動比率最低，係因茂訊之存貨量過高可能造成存貨變現能力弱，變現價值低，此代表公司短期償債能力較不佳。神基之流動負債逐年提高，流動比率及速動比率逐年降低；松下之產品多元，存貨影響速動比率及流動比率間之差距。

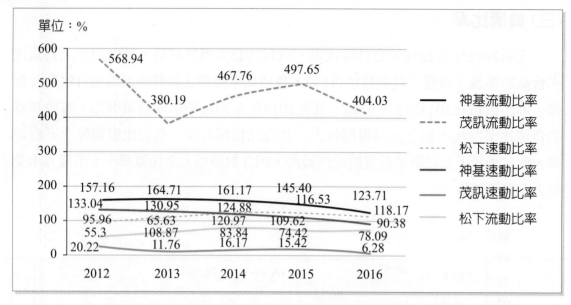

▷▷ 圖6-32　神基、茂訊及松下2012至2016年流動比率折線圖

資料來源：臺灣經濟新報資料庫TEJ、臺灣Panasonic集團2016年年報；本個案自行繪製

(五) 總資產報酬率ROA

　　神基科技在2012年至2016年的稅後淨利逐年上升，從2012年的3.63億新台幣上升至2016年的22.64億新台幣，雖說總資產有增購，但稅後淨利幅度較大，致使總資產報酬率上升；松下2012年稅後淨利為負值，總資產報酬率也為負值；茂訊則和神基一樣，ROA逐年平穩上升。

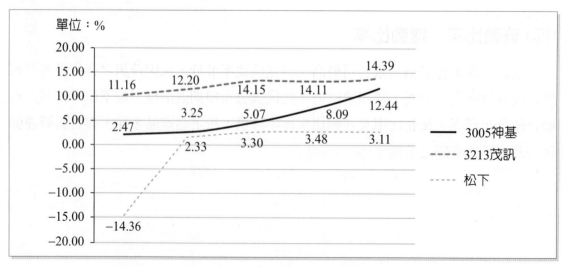

▷▷ 圖6-33　神基、茂訊及松下2012年至2016年總資產報酬率

資料來源：臺灣經濟新報資料庫TEJ、臺灣Panasonic集團2016年年報；本個案自行繪製

（六）股東權益報酬率ROE

3家公司中，茂訊之股東權益報酬率相對穩定，維持在14~20%上下，神基則是稅後淨利穩定成長，以致ROE穩定成長；松下2012年財務狀況，營業外支出過高，以至於稅後淨利爲負，進而導致ROE爲負值。

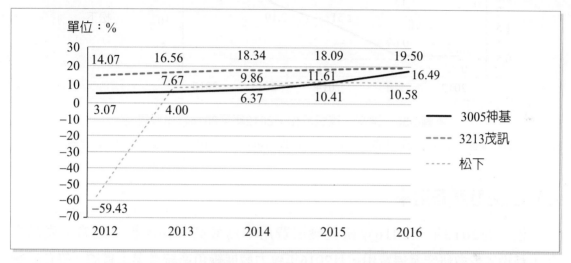

▷▷圖6-34　神基、茂訊及松下2012年至2016年股東權益報酬率

資料來源：臺灣經濟新報資料庫TEJ、臺灣Panasonic集團2016年年報；本個案自行繪製

（七）每股盈餘

自每股盈餘的觀點來看，2012年松下獲利不佳，財報虧損，每股盈餘最低；茂訊每股盈餘最高神基次之。近年來由於強固型電腦發展出色，使得神基及茂訊之每股盈餘皆逐年成長。

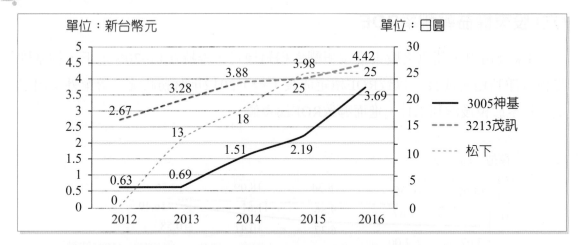

▷▷圖6-35　神基、茂訊及松下2012年至2016年每股盈餘

資料來源：臺灣經濟新報資料庫TEJ、臺灣Panasonic集團2016年年報；本個案自行繪製

(八) 研究發展費用率

　　松下在2013年至2016年研究發展費用率為最高，係因松下之旗下產品多元，需投入較多研究發展費用，且2016年致力發展綠色系統產業，獲頒「綠色系統夥伴」獎項。茂訊及神基2012年至2016年皆維持在一定的比率水準，表示在技術領先及維持的壓力下，必須透過長期研發支出來穩定技術優勢。

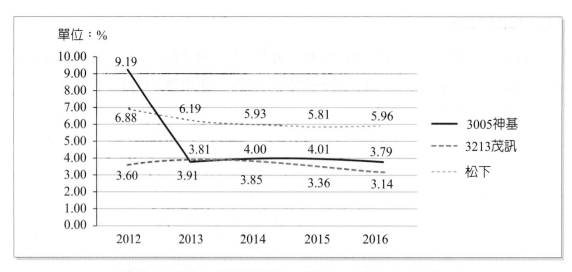

▷▷圖6-36　神基、茂訊及松下2012年至2016年研究發展費用率

資料來源：臺灣經濟新報資料庫TEJ、臺灣Panasonic集團2016年年報；本個案自行繪製

6-5 結論

　　強固電腦全球市場規模大約新台幣300-400億元，從全球市佔率前兩大的強固型電腦公司，松下與神基的案例來看，兩間公司都藉由品牌轉型，發展小而美的強固型電腦市場，高技術門檻及競爭者少的優勢，單價與毛利率均遠高於一般消費/商用的筆電或平板，且產品行銷全球多國，這是跨國性的強固型電腦品牌，擁有國際化的研發、經營團隊的利基。

　　受到傳統PC市場衰退影響，力求創新發展強固型電腦與平板市場更是明確選擇，使客戶不再侷限於商業用途而是可以應用於國防、警務、消防、工業等垂直市場，這樣的轉型為他們開拓出一片藍海。

　　神基品牌轉型以前是做代工，只需符合客戶的需求；但在投入發展自有品牌之後，就要找到市場定位，決定產品規格，如何找到市場等。神基近幾年朝向高附加價值產品發展，自推出強固型電腦品牌以來，在研發上不斷推陳出新，提供客戶卓越的強固式解決方案，為各種專業領域的市場注入源源不絕的活力。2014年後，營業毛利逐年提高，見證了神基成為全球第二大強固產品領導者。

　　Panasonic為最早布局強固型市場且提供完整服務的廠商，並且松下長久且積極參與國際間奧林匹克的產品提供，都可以感覺到松下想要站在世界第一的企圖心。

　　過度耽溺在當年的榮光裡，老品牌也可能變成創新的包袱，因此神基認為品牌之路是毛利率提高的一種方法，擁有高技術研發以及品牌價值的加成，能創造更高的效益。

　　臺灣名列前茅的企業，在突破、創新與改變上都有大膽嘗試，像是華碩透過跨界合作，不斷提升消費體驗，加速拓產業務版圖，而在AR／VR技術不斷升級創新的過程，HTC Vive也已經成為高端的虛擬實境產品領導品牌，並且將VR技術應用在健康醫療領域，提供更精準的醫療產品和服務。品牌之路不僅能提高經營能見度、成為企業的典範，更在國際間有著舉足輕重的地位。

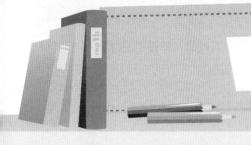

問題與討論

1. 想想臺灣還有其他的品牌轉型故事嗎？他們有什麼共同點，抑或不同點呢？

2. 歐美日等先進國家也歷經產業轉型的時期，他們有何臺灣可以借鏡的經驗呢？

3. 神基品牌轉型最成功的關鍵是甚麼？可否套用在臺灣其他產業的品牌轉型？

4. 如果你是投資人，你會選擇投資神基抑或是松下？爲什麼？

5. 如果你是當時神基的經理人，你會支持董事長轉型的決定嗎？爲什麼？

6. 神基可以發展何種策略，增進在強固型電腦市場的市佔率？亦或再跨進新的市場領域呢？

資料來源

1. Gartner。取自：https://www.gartner.com/technology/home.jsp。

2. Google財金。取自：http://finance.google.com/finance。

3. MoneyDJ（2017年9月4日）。Tech news 科技新報。取自：https://technews.tw/2017/09/04/panasonic-taiwan-factory-increase-production/。

4. Panasonic。取自：http://www.business.Panasonic.com/best-rugged-tablet.html。

5. Yahoo股市（臺灣）。取自：https://tw.stock.yahoo.com/。

6. 公開資訊觀測站。取自：http://mops.twse.com.tw/mops/web/t05st32。

7. 王宜弘（2017年6月3日）。產業：戴爾強攻強固電腦市場，對戰松下、神基，分食年逾300億元市場大餅。MoneyLink富聯網，財訊新聞。取自：https://goo.gl/zcHw8t。

8. 王郁倫（2017年8月）。神基行動監控方案客戶爆增　今年業績超標。蘋果即時。取自：http://www.appledaily.com.tw/realtimenews/article/new/20170817/1184220/。

9. 王詩堯（2017年11月18日）。曾經稱霸全球的日系家電企業走下神壇 問題出在哪？中國新聞網。取自：http://www.chinanews.com/cj/2017/11-18/8379770.shtml。

10. 臺灣經濟研究院（2015）。景氣動向調查新聞稿。臺灣經濟研究院。取自：http://www.tier.org.tw/observe/forecast.asp。

11. 臺灣經濟研究院。取自：http://www.tier.org.tw/。

12. 臺灣經濟新報TEJ。

    臺灣藍海專題　茂訊的故事（上）。大紀元臺灣。取自：http://www.epochtimes.com/b5/6/8/31/n1440117.htm。

13. 任珮云（2013年2月1日）。專訪茂訊3213老董：沈頤同：今年2013必賺贏去年2012。《中國時報》。取自：https://goo.gl/UVBdHT。

14. 任珮云（2017年8月）。《電腦設備》神基GVS取代Veretos行銷全球。中時電子報。取自：http://www.chinatimes.com/realtimenews/20170825002663-260410。

15. 杜念魯（2009年9月9日）。強固型筆電的應用市場。Digitimes網站。取自：https://www.digitimes.com.tw/tech/dt/n/shwnws.asp?id=0000149464_ti15ks7h5xxbjs5mr4mi6。

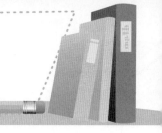

資料來源

16. 卓怡君（2016年8月23日）。外資捧場 神基股價創高。自由時報。取自：http://news.ltn.com.tw/news/business/paper/1024296。

17. 拓產研業研究所（Topology Research Institute,TRI）。取自：http://www.topology.com.tw/tri/。

18. 阿斯匹靈。【基本面分析】個股透視表。CMoney。取自：http://www.cmoney.tw/app/itemcontent.aspx?appid=1346。

19. 洛穎（2016年12月31日）。3005TT神基。洛穎的財經隨筆。取自：http://bear-0103papa1.blogspot.tw/2016/12/3005tt.html。

20. 科技產院資訊室（國家政院中心）。取自：http://cdnet.stpi.org.tw/techroom.htm。

21. 胡蕙文（2006年8月31日）。茂訊堅守臺灣最後一條NB生產線與高毛利。

22. 胡蕙文（2006年8月31日）。茂訊董座沈頤同：做對的事情 堅持下去。大紀元臺灣。取自：http://www.epochtimes.com/b5/6/8/31/n1440118.htm。

23. 茂訊電腦。取自：http://eng.crete.com.tw/control2.htm。

24. 茂訊電腦年報（2016）。取自：http://eng.crete.com.tw/105%E5%B9%B4%E5%A0%B1-%E4%BF%AE%E8%A8%82%E7%89%88.pdf。

25. 神基科技。取自：http://www.getac.com.tw/。

26. 神基科技Getac企業社會責任報告書（2013）。取自：http://www.getac.com.tw/pdf/CSR/Getac_CorporateSocialResponsibilityReport_2013.pdf。

27. 神基科技Getac企業社會責任報告書（2016）。取自：http://www.getac.com.tw/pdf/CSR/Getac_CorporateSocialResponsibilityReport_2016_V2_1060707.pdf。

28. 神基科技Getac年報（2016）。取自：http://tw.getacgroup.com/upload/investor_report_m_files/1385a78a966b9799572fce79d5ffcc79.pdf。

29. 神基科技Getac官網。http://tw.getacgroup.com/。

30. 神基科技Geta年報（2011）。取自：http://ir.getac.com.tw/pdf/100annual-FINAL.pdf。

31. 神基科技Geta年報（2013）。取自：http://ir.getac.com.tw/pdf/2013annual.pdf。

32. 神基科技Geta年報（2014）。取自：http://ir.getac.com.tw/pdf/2014annual.pdf。

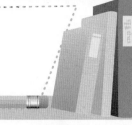

資料來源

33. 翁毓嵐（2017年11月10日）。神基Q3獲利創同期新高 增持WHP達100%。工商時報。取自：http://www.chinatimes.com/newspapers/20171110000200-260204。

34. 張淳育（2017年6月23日）。神基科技拚全球市場 推英語培訓計劃還有獎勵金！《English Career》第60期。取自：http://www.businesstoday.com.tw/article/category/154685/post/201706230001。

35. 梁亦鴻。財務報表透視篇：「如何看懂財務報表內的秘密」。財務金融人才養成班。取自：https://goo.gl/AjnHwU。

36. 產業情報研究所（Market Intelligence & Consulting Institute, MIC）。取自：http://mic.iii.org.tw/aisp/aboutmic/about.asp/。

37. 陳良榕（2015年11月10日）。轉型大膽求穩 苗豐強的兩手策略。天下雜誌。取自：https://www.cw.com.tw/article/article.action?id=5072316。

38. 電子時報（Digitimes）。取自：http://www.digitimes.com.tw/。

39. 漢達精密MPT官網。取自：http://www.mpt.tw/rhcm.aspx。

40. 維基百科。取自：http://zh.wikipedia.org/zh-tw/。

41. 蔡宗憲（2017年8月19日）。神填息 神基股價填息完封創5個月新高。鉅亨網。取自：https://news.cnyes.com/news/id/3898167。

42. 蕭景仁（2013）。全球平板電腦產業之競爭策略分析。大同大學工程管理研究所，碩士論文。

43. 聯華神通集團。取自：http://www.msgroup.com.tw/getac_tech_zh.asp。

44. 謝艾莉（民106年6月）。強固型電腦廠 迎旺季。經濟日報。取自：https://money.udn.com/money/story/5710/2545805。

45. 謝艾莉（民106年9月）。神基出貨將攀峰 後市俏。經濟日報。取自：https://money.udn.com/money/story/5710/2682271。

46. 蘇宇庭（民106年3月）。他狠丟300億生意 從代工B咖躍升全球第二。商周雜誌，商業周刊第1531期。取自：http://magazine.businessweekly.com.tw/Article_mag_page.aspx?id=63998。

NOTE

個案7

服務的極致
和泰車能從優秀到卓越？

　　現今交通發達，大眾交通工具如高鐵、捷運的發展越來越進步，但至 2016 年全球車市需求仍然強勁，年成長還有 2% 以上，代表雖然已經有了非常便利的大眾運輸系統，人們還是想擁有屬於自己的一輛汽車。本個案藉由全球車市概況，了解國際汽車大廠在全球的銷量，並聚焦臺灣目前在全球車市中的發展狀況。本個案以和泰汽車為例，從和泰汽車的經營模式與發展歷程，讀者可以了解到臺灣汽車產業與國際汽車產業的關係是非常緊密的。另外，本個案也以裕隆、裕日、三陽等三間公司來與和泰車做比較，不同的商業模式在汽車產業中有著不同的經營方式與市場表現。而電動車與共享經濟的來臨，正使得傳統汽車產業面臨巨大的挑戰，不管是技術層面，或是嶄新的商業模式，都有可能使人們對於傳統汽車的需求減少，而這也是目前汽車產業所面對的問題與挑戰。

第四篇　服務深耕與在地化

　　本個案由中興大學財金系（所）陳育成教授與臺中科技大學保險金融管理
系（所）許峰睿副教授依據具特色的臺灣產業並著重於產業國際競爭關係撰寫而
成，並由中興大學財金所陳品旭同學及臺中科技大學保險金融管理系蔡泓諭、簡
呈祐同學共同參與討論。期能以深入淺出的方式讓讀者們一窺企業的全球布
局、動態競爭，並經由財務報表解讀企業經營風險與成果。

7-1 全球與臺灣汽車市場概況

一、全球汽車市場概況

表7-1　2014年至2016年汽車銷售

單位：輛

	2014	2015	2016
中國	23,491,893	24,597,583	28,028,175
美國	16,927,967	17,924,016	17,959,511
日本	5,556,400	5,039,427	4,961,325
韓國	1,660,252	1,833,293	1,825,433
臺灣	423,836	420,775	439,585
德國	3,307,039	3,487,016	3,654,050
印度	3,176,763	3,425,341	3,669,277
英國	2,843,030	3,061,406	3,076,158
巴西	3,497,811	2,569,014	2,050,327
法國	2,177,554	2,326,071	2,462,328
加拿大	1,889,436	1,938,858	1,983,124
其他	20,532,720	20,935,766	21,526,436
全球合計	85,342,995	87,400,384	91,458,490

資料來源：MARKLINES全球汽車訊息平台；本個案自行繪製

在2015年全球車市突破8,700萬輛後，2016年全球汽車銷量達到9,100萬輛，較2015年成長4.6%，而2015年較2014年成長2.4%，可見全球各地車輛需求仍然強勁，近三年全球車市銷量概況如圖7-1。

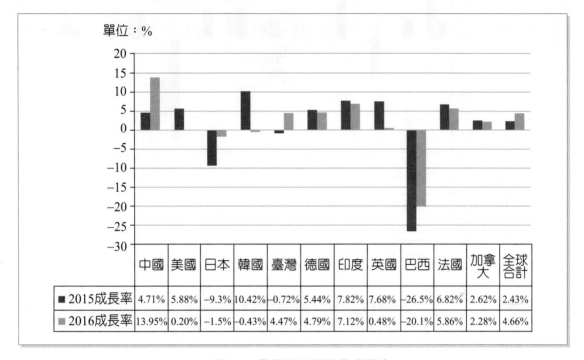

單位：%

	中國	美國	日本	韓國	臺灣	德國	印度	英國	巴西	法國	加拿大	全球合計
■ 2015成長率	4.71%	5.88%	−9.3%	10.42%	−0.72%	5.44%	7.82%	7.68%	−26.5%	6.82%	2.62%	2.43%
▨ 2016成長率	13.95%	0.20%	−1.5%	−0.43%	4.47%	4.79%	7.12%	0.48%	−20.1%	5.86%	2.28%	4.66%

▷▷ 圖7-1　各國汽車銷售量成長率

資料來源：MARKLINES全球汽車訊息平台；本個案自行繪製

全球汽車市場市佔排名依序為中國、美國、日本、印度、德國，中國受惠小排氣量車型購置稅減半，汽車銷量大幅提升，全年銷售超過2,800萬輛；居次的美國車市受到低利率與就業率穩定等因素，銷量維持近1,800萬輛；第三的日本車市受消費稅提高影響，表現還是難以翻轉，跌破500萬輛。

歐洲車市穩定復甦，其中以義大利成長幅度最大為18.1%，穩定的內需加上當地對本土品牌的支持，強勁拉抬汽車銷量；印度因人口眾多及市場潛力深厚，加上勞工薪資起飛，讓各車廠相當重視這塊市場進而相繼布局，2016年銷量正式超越德國成為全球第四大銷售國，而巴西及俄羅斯則因為政局及經濟仍然不穩，車市持續衰退。韓國車市則是因為韓國政府取消稅費優惠與現代汽車爆發勞資糾紛等影響，造成銷量不增反減[1]。

1　2016年全球車市概況。財團法人車輛研究測試中心。取自：https://www.artc.org.tw/chinese/05_about/01_01list.aspx?pid=4。

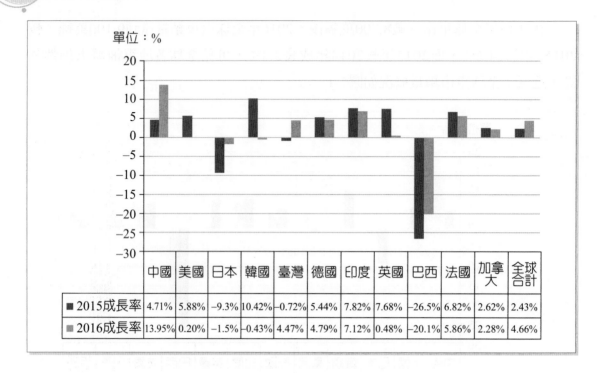

單位：%

	中國	美國	日本	韓國	臺灣	德國	印度	英國	巴西	法國	加拿大	全球合計
■ 2015成長率	4.71%	5.88%	−9.3%	10.42%	−0.72%	5.44%	7.82%	7.68%	−26.5%	6.82%	2.62%	2.43%
▨ 2016成長率	13.95%	0.20%	−1.5%	−0.43%	4.47%	4.79%	7.12%	0.48%	−20.1%	5.86%	2.28%	4.66%

▷▷ 圖7-2　各國2016年汽車銷量成長率

資料來源：MARKLINES全球汽車訊息平台；本個案自行繪製

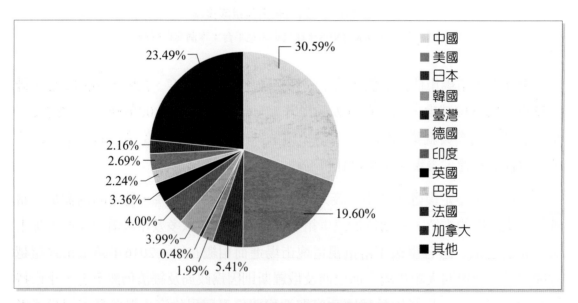

▷▷ 圖7-3　2016年全球汽車銷售比率

資料來源：MARKLINES全球汽車訊息平台；本個案自行繪製

田表7-2　全球各汽車品牌銷售量

單位：輛

	2014	2015	2016
大眾集團（Volkswagen）	10,137,400	9,936,000	10,314,200
豐田集團（Toyota）	10,231,000	10,151,000	10,175,000
通用集團（GM）	9,782,362	9,849,951	9,972,708
雷諾日產聯盟（Renault-Nissan）	7,320,474	7,874,856	8,311,668
現代集團（Hyundai）	7,167,380	7,364,132	7,629,225
福特集團（Ford）	5,951,593	6,196,979	6,308,622
本田（Honda）	4,441,748	4,631,650	4,923,763
戴姆勒集團（Daimler）	2,091,508	2,376,934	2,537,681
寶馬集團（BMW）	1,872,448	2,017,458	2,101,007
其他	27,577,934	28,041,152	30,172,454
全球銷量	86,573,847	88,440,112	92,446,328

資料來源：MARKLINES全球汽車訊息平台；本個案自行繪製

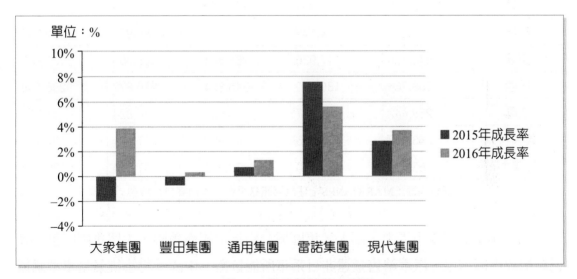

▷▷圖7-4　各品牌銷售成長率

資料來源：MARKLINES全球汽車訊息平台；本個案自行繪製

　　2015年9月18日美國環保署對福斯發出違法通知，指出福斯近六年所售出的柴油車款中引擎控制模組有作弊的程式碼，規避美國車輛廢氣氮氧化物（NOx）排放汙染檢測標準，醜聞越演越烈。9月23日抵擋不了輿論之衝擊，迫使執行長下台，並確定要處理出問題的1,100萬輛車。但還在跟政府討論召回事宜，惡意的不誠實數據，造成消費者信心大減，2015年成長率下降2%，2016年06月福斯汽車最後在美國以153億美元和解，其中100億用來補償車主，27億用來研究環境補償，20億投入做零污染排放，剩下6億是部份州所提出的需求[2]。

田表7-3　2016年汽車品牌各國銷量

單位：輛

	大眾集團	豐田集團	通用集團	雷諾日產	現代集團
中國	3,872,604	1,065,974	4,010,181	1,186,125	1,792,017
美國	591,063	2,460,850	3,043,071	1,564,423	1,422,603
日本	83,548	2,227,978	1,305	539,719	169
韓國	33,273	19,859	42,036	120,035	1,193,642
臺灣	10,693	101,133	0	41,326	13,005
德國	1,322,608	77,051	259,050	279,313	169,171
印度	60,641	134,149	28,949	185,969	500,537
英國	573,130	117,936	288,865	308,656	181,888
巴西	258,266	180,270	345,824	210,872	206,158
法國	258,442	82,797	75,060	590,824	61,727
義大利	243,268	75,875	101,902	227,421	102,491
加拿大	63,370	89,120	70,260	47,654	120,149

資料來源：MARKLINES全球汽車訊息平台；本個案自行繪製

　　2016年全球汽車市場中，兩大銷售區域分別是中國與美國，大眾集團因很早就已經搶攻中國市場，汽車銷售量遠非日系車所能抗衡。中國受惠小排氣量車型購置稅減半，成為全球最大汽車消費國。豐田集團在美國市場上的表現則較為優異，豐田集團2016年在美國市場受到低利率與就業率穩定等因素，銷售表現穩健。

2　2015年福斯集團汽車舞弊事件整理。2016年7月25日。公民行動影音紀錄資料庫。取自：https://www.civilmedia.tw/archives/50994。

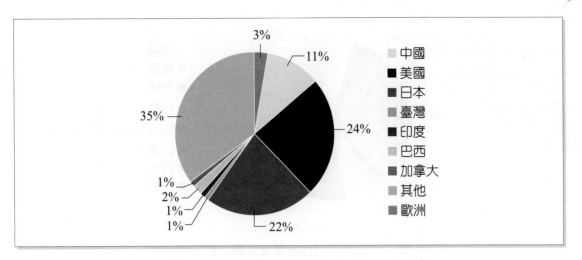

▷▷圖7-5　2016年豐田集團在各國銷售量市佔率

資料來源：MARKLINES全球汽車訊息平台；本個案自行繪製

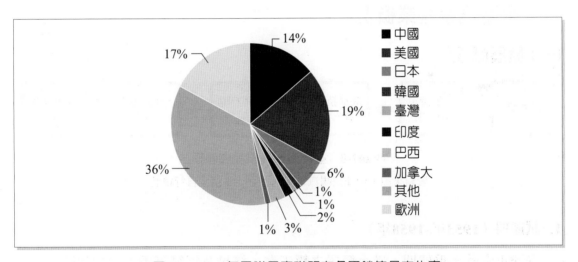

▷▷圖7-6　2016年雷諾日產聯盟在各國銷售量市佔率

資料來源：MARKLINES全球汽車訊息平台；本個案自行繪製

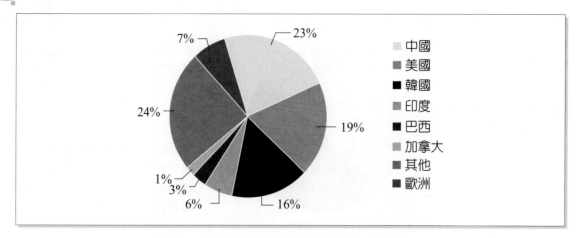

▷▷圖7-7　2016年現代集團在各國銷售量市佔率

資料來源：MARKLINES全球汽車訊息平台；本個案自行繪製

二、臺灣汽車產業概況

(一) 發展歷程[3]

▷▷圖7-8　臺灣汽車產業發展歷程

資料來源：中華民國汽車安全協會；本個案自行繪製

1. 試產期（1953年-1958年）

臺灣正處戰後重建期，僅有簡單之輕工業，機械及鋼鐵等重工業相當缺乏。裕隆汽車於1957年試製吉普車推出，初期大部份零件均由裕隆自行生產。

2. 裝配技術導入期（1957年-1967年）

1961年公布「發展國產汽車工業辦法」，期限四年，禁止新設整車裝配廠。需以零件組裝，國產化率僅20%-40%。

3. 生產技術導入期（1968年-1978年）

1967年以後，核准通過三陽、六和、中華等汽車整車廠之設立生產，但隨即又限制除外銷50%以上者，不得申請設立。以完全拆散零件組裝，並開始導入座椅、懸吊、傳動系統零組件之生產技術，國產化率達50%-60%。

3　汽車大觀園。中華民國汽車安全協會。取自：http://www.carsafety.org.tw/about_car02.aspx

4. 生產技術吸收期（1977年-1984年）

引進煞車、儀表、轉向系統零組件之生產技術，進行零組件國產化，國產化率達70%。

5. 市場自由化期（1985年-1991年）

1985年開始實施「六年汽車工業發展方案」，大幅調低汽車關稅及國產化率，並放寬整車裝配廠設立之標準。各車廠開始自行設計新車型。

6. 國際化推進期（1992年-迄今）

車型之開發、生產及銷售與先進國家同步。汽車零件外銷金額大幅成長，其中對日回銷比率每年皆成長，1994年已高達20%。隨著國際間汽車廠整合趨勢以及加入WTO而來的市場自由化，臺灣正逐漸融入全球汽車工業分工體系之一環。

（二）產業概況

臺灣整車製造品質已接近先進國家水準，業者大力投入研發設計，推出符合國內消費者需求的差異化產品，並致力於提升客戶服務滿意度，國產車已普遍獲得國人之肯定。

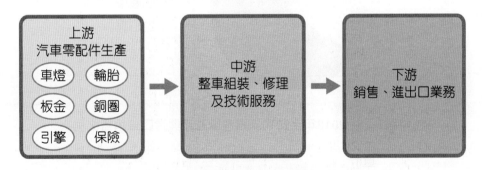

▷▷圖7-9　臺灣汽車產業產業鏈

資料來源：產業價值鏈資訊平台；本個案自行繪製

臺灣汽車產業的產值持續成長，2005年時年產值甚至高達新台幣2,309億元，但自從臺灣加入WTO後，進口車關稅由70年代的75%，一路降到17.5%，已製造完成的車與進口零件關稅差異變小，讓國產車逐漸喪失優勢。臺灣組車廠產能規模逐步縮減，單位成本拉高，反而更不利國產車在市場的競爭，使得相關產業的發展空間愈來愈小[4]。

---

4 邱馨儀（2017年10月16日）。進口車壓境 汽車業產值下滑。經濟日報。取自：https://money.udn.com/money/story/5612/2759105。

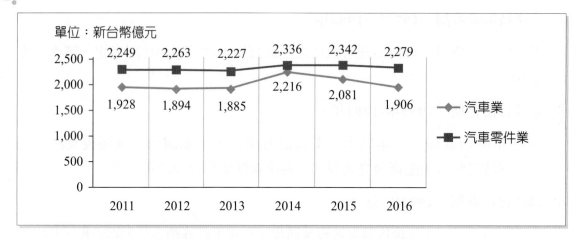

▷▷ 圖7-10　2011年至2016年汽車產業產值

資料來源：產業價值鏈資訊平台、臺灣區車輛工業同業公會；本個案自行繪製

(三) 臺灣汽車產業近年銷量

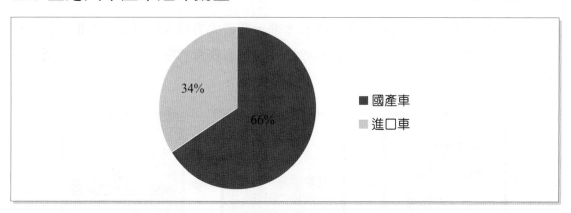

▷▷ 圖7-11　2012年至2016年臺灣國產車與進口車銷售比例

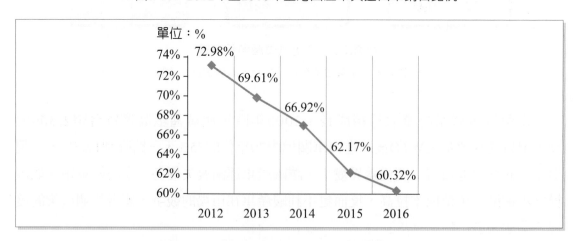

▷▷ 圖7-12　國產車2012年至2016年臺灣市佔率

資料來源：臺灣區車輛工業同業公會；本個案自行繪製

　　臺灣車市曾在1994年，創下一年銷售57.7萬輛的紀錄，但市場逐漸飽和，平均年銷量維持在40萬輛上下[5]，主要銷量仍是以國產車為大宗，約佔60%~70%，但因進口車比例持續拉高，國產車規模縮減，使得國產車比例有逐漸縮減的現象。國產車銷量雖然仍維持在26萬輛以上，但市佔率卻是逐年下降，反觀進口車不管是銷售量還是市佔率，每年都有明顯的成長。

田 表7-4　臺灣2012年至2016年汽車市場銷售統計表

年度		2012	2013	2014	2015	2016
國產車	銷售台數（輛）	267,027	263,434	283,631	261,580	265,141
	成長率	5.04%	-1.35%	7.67%	-7.77%	1.36%
	佔有率	72.98%	69.61%	66.92%	62.17%	60.32%
進口車	銷售台數（輛）	98,844	115,015	140,205	159,195	174,444
	成長率	1.81%	16.36%	21.9%	13.54%	9.58%
	佔有率	27.02%	30.39%	33.08%	37.83%	39.68%
合計	銷售台數（輛）	365,871	378,449	423,836	420,775	439,585
	成長率	-3.28%	3.44%	11.99%	0.72%	4.47%

資料來源：臺灣區車輛工業同業公會；本個案自行繪製

(四) 從臺灣走向全世界

　　除了內銷，臺灣的整車廠也從事外銷貿易，其中最大的外銷整車廠為國瑞汽車，最高一年外銷可達9萬多輛，第二名為中華汽車。相比之下，兩家公司的銷售量會差異這麼大的原因在於臺灣汽車多以代理國外廠牌為主，出口受原廠策略掌控，出口機會極小，國瑞因是豐田的生產基地所以才有機會外銷。

5　邱馨儀（2017年10月16日）。進口車壓境 汽車業產值下滑。經濟日報。取自：https://money.udn.com/money/story/5612/2759105。

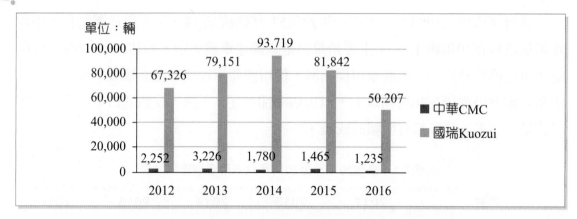

▷▷ 圖7-13　2012年至2016年臺灣兩大汽車整車廠外銷銷量

資料來源：臺灣區車輛工業同業公會；本個案自行繪製

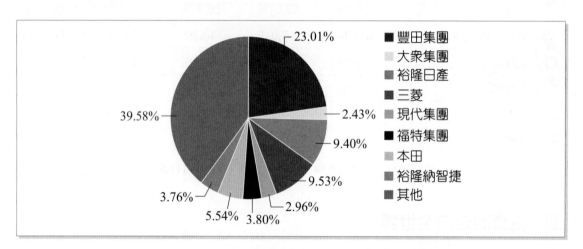

▷▷ 圖7-14　2016年臺灣各汽車品牌銷售量市佔率

資料來源：臺灣區車輛工業同業公會；本個案自行繪製

7-2 和泰汽車

一、和泰汽車基本介紹

和泰汽車股份有限公司由黃烈火先生於民國三十六年創立，公司初期以貿易為主要業務，隨後取得豐田、日野汽車及橫濱輪胎等知名品牌代理權，也是日本豐田汽車在海外市場的第一家總代理商。1984年和泰汽車與日野自動車等合資設立國瑞汽車，公司代理銷售國瑞汽車生產之各型車輛。

國瑞汽車成立於1984年，主要在台製造Toyota品牌汽車，股權持股比率為豐田佔65%，和泰車佔30%，日野佔5%，而和泰汽車專營國瑞汽車總代理汽車銷售[6]。

表7-5　和泰車簡介表

公司名稱	和泰汽車股份有限公司 Hotai Motor Co., Ltd		
成立時間	民國36年9月	總公司地址	臺北市松江路121號4、8-14樓
創辦人	黃烈火先生	總裁	蘇燕輝先生
資本額	新台幣54.6億元	員工人數	532人（2017年7月）
主要經營業務	代理銷售TOYOTA、LEXUS、HINO商用車、豐田產業機械		

二、關係企業群

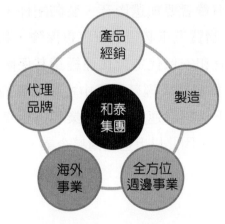

▷▷ 圖7-15　和泰汽車關係企業

資料來源：和泰汽車2016年財務報表；本個案自行繪製

6　和泰汽車官方網站。取自：https://pressroom.hotaimotor.com.tw/zh/。

三、營收比重

　　和泰汽車主要業務爲Toyota及Hino代理銷售，因要深化汽車銷售服務，採取多角化的經營，深化服務一條龍的精神。汽車保險及配件業務佔營收27%，爲第二多業務，分期事業及租賃事業分別爲3%及9%。

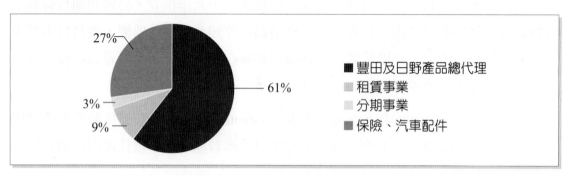

▷▷圖7-16　2016年和泰汽車營收比重

資料來源：和泰汽車2016年財務報表；本個案自行繪製

四、多角化經營－服務一條龍

　　和泰汽車主要銷售車輛品牌爲豐田汽車（Toyota）、豪華品牌凌志汽車（Lexus）及日野貨車（HINO）。國瑞汽車爲日本豐田、日本日野及臺灣和泰共同持股的代工製造公司，和泰汽車將年度銷售配備規格，交給國瑞汽車依規格代工製造Toyota汽車，並由臺灣八大經銷商銷售Toyota、Lexus，另外HINO貨車則由長源汽車銷售。若消費者要加選影音、裝飾配件，有和泰車美仕專門生產Toyota、Lexus零配件；購買汽車必須購買汽車保險，和泰旗下有和泰產險，若想選擇其他保險公司，有和安保代進行代理經銷其保險商品。和泰汽車也跨足中古汽車平台，併購abc好車網，經營認證中古車和實價登錄業務。若無購買車輛需求的族群，和泰旗下也經營連鎖租賃企業和運租車，且和運公司都是使用Toyota、Lexus作爲租賃車，因此以上這些衛星企業，使得和泰汽車更深化在汽車服務、銷售的領域中。

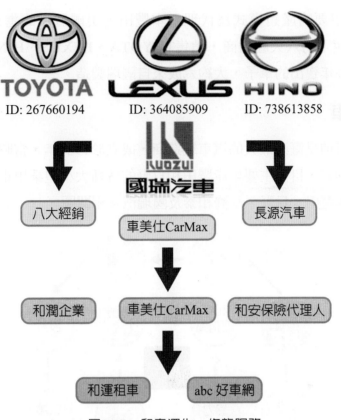

▷▷圖7-17　和泰深化一條龍服務

資料來源：維基百科、Shutterstock；本個案自行繪製

五、產銷模式

　　臺灣汽車產業的產品來源，大部分都是由國際品牌汽車廠授權，並提供零組件及技術在臺灣組裝生產，或是整車輸入後，由臺灣地區代理商透過經銷體系進行銷售及各種售後服務[7]。

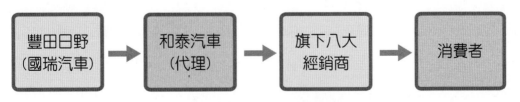

▷▷圖7-18　和泰汽車產銷流程

7　和泰汽車官方網站。取自：https://pressroom.hotaimotor.com.tw/zh/。

和泰汽車主要的產銷模式為代理日本豐田、美國豐田的進口車及國產國瑞汽車，並利用旗下的八大經銷商，銷售TOYOTA、LEXUS、HINO品牌的各式車款，其中和泰每年賣出的車子，大約六成來自國瑞製造。

(一) 國瑞汽車

國瑞汽車目前是臺灣最大的汽車製造商，成立於1984年，當時由日野自動車及和泰汽車合資創立，目前主要生產豐田和日野的各種大小型乘用車、商用車及客貨車。下圖為日本豐田、日野、臺灣和泰及國瑞汽車相關圖。

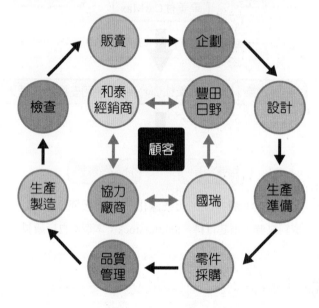

▷▷圖7-19　豐田日野、國瑞、和泰關係圖

資料來源：國瑞汽車官方網站；本個案自行繪製

（二）八大經銷商

▷▷圖7-20　和泰車八大經銷分布圖

資料來源：和泰汽車官方網站；本個案自行繪製

　　和泰汽車旗下有八大經銷商，依區域分成：國都汽車、北都汽車、桃苗汽車、中部汽車、南部汽車、高都汽車、蘭陽汽車和東部汽車，每個經銷商各自負責自己的區域，彼此井水不犯河水，每個月至少都會和總代理和泰汽車開會一次。

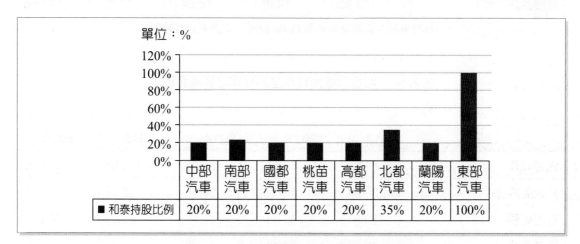

	中部汽車	南部汽車	國都汽車	桃苗汽車	高都汽車	北都汽車	蘭陽汽車	東部汽車
■ 和泰持股比例	20%	20%	20%	20%	20%	35%	20%	100%

▷▷圖7-21　和泰汽車對各經銷商持股比例

資料來源：和泰汽車官方網站；本個案自行繪製

六、簡易財報資料

⊞表7-6　和泰汽車2012年至2016年之損益表

單位：新台幣十億元

	2012	2013	2014	2015	2016
營業收入	135.24	146.47	160.21	160.61	172.53
營業成本	118.44	128.15	140.25	139.40	149.54
營業毛利	16.80	18.32	19.96	21.21	22.99
營業毛利率（％）	12.42	12.51	12.46	13.20	13.32
營業費用	10.10	10.71	11.47	12.06	12.80
推銷費用	7.36	7.16	7.67	8.10	8.53
管理費用	2.74	3.55	3.80	3.96	4.27
研發費用	0.00	0.00	0.00	0.00	0.00
研發費用率（％）	0.00	0.00	0.00	0.00	0.00
營業費用率（％）	7.47	7.31	7.16	7.51	7.42
營業利益	6.71	7.61	8.49	9.12	10.19
營業外收入及支出	3.52	2.96	3.74	4.10	4.35
稅前淨利	10.23	10.57	12.23	13.22	14.54
稅後淨利	7.52	7.65	9.20	9.78	10.74
稅後淨利率（％）	5.56	5.22	5.74	6.09	6.23
每股盈餘（元）	13.80	14.01	16.84	17.90	19.66

資料來源：臺灣經濟新報TEJ資料庫；本個案自行繪製

⊞表7-7　和泰汽車2012年至2016年之資產負債表

單位：新台幣十億元

	2012	2013	2014	2015	2016
流動資產	81.93	88.51	95.01	110.66	127.76
非流動資產	38.64	46.52	54.16	52.97	51.16
資產總額	120.57	135.03	149.17	163.63	178.92
流動負債	72.80	78.49	85.85	98.63	108.90

	2012	2013	2014	2015	2016
非流動負債	12.92	18.26	22.24	19.23	19.44
負債總額	85.72	96.75	108.09	117.86	128.34
負債比率（%）	71.10	71.65	72.46	72.03	71.73
股東權益總額	34.85	38.28	41.08	45.77	50.58
流動比率（%）	112.54	112.76	110.68	112.20	117.32
存貨	7.35	7.76	5.31	5.96	9.71
速動比率（%）	97.06	98.53	100.36	101.07	102.24
ROE（%）	21.58	19.98	22.40	21.37	21.23
ROA（%）	6.24	5.67	6.17	5.98	6.00
本益比	17.99	27.48	28.58	21.35	19.61

資料來源：臺灣經濟新報TEJ資料庫；本個案自行繪製

（一）和泰2014年至2017年股價走勢

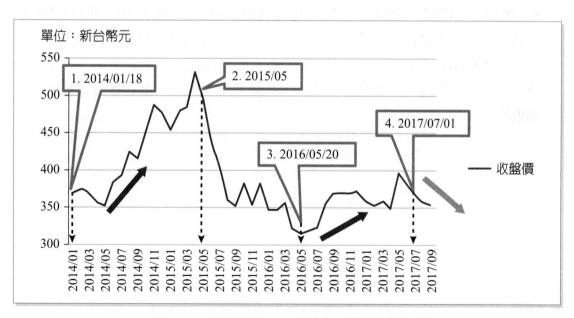

▷▷圖7-22　和泰汽車2014年至2017年9月股價走勢

資料來源：臺灣經濟新報TEJ資料庫；本個案自行繪製

1. 2013年車市衝上37.8萬輛，但是大環境沒有變好，新車買氣突然暴衝，認為最合理的解釋，就是車商期待已久的「換車潮」來了。臺灣超過700萬輛的汽車中，車齡在10年以上的比率超過52%，15年以上更達27%。換言之，目前臺灣有高達350多萬輛的「老車」，所以有多款新車上市，例如豐田新Altis、日產Super Sentra，民眾多了換車的理由[8]。

2. 2015年05月新車銷售量下滑，和泰車5月銷售量月減3.9%至10,625輛，累計前5個月銷售量年增1.5%至55,006輛，市佔率較2014年的32.9%下滑至31.4%。由5月銷售組成觀察，Altis（含自行設計的X車款）、Camry與Lexus RX等中高價車款銷售下滑，顯示高階車款的銷售受進口車影響[9]。

3. 2016年05月20日本豐田汽車宣布其TOYOTA及LEXUS Hybrid車輛（油電複合動力車）全球銷售量，累計至2016年4月已突破了900萬輛。第四代PRIUS油電小型車上市後持續熱銷，累計預訂台數超過1,000輛。原定的配額銷售一空，供不應求，因此和泰汽車也積極向原廠爭取更多的配額[10]。

4. 2017年07月11日和泰汽車宣布召回數款汽車，從2013年起因為高田氣囊瑕疵，配合日本豐田召回旗下車款，包含召回2008年1月至2010年間1月間生產ALTIS，並免費更換乘客座氣囊，也宣布召回2005年至2008年間生產LEXUS ES，共3,898輛，同樣是更換乘客座氣囊。瑕疵原因同為氣囊作動時，充氣裝置的容器可能破裂，導致碎片四散，可能影響乘客安全，但在臺灣都暫無相關案例[11]。

8　陳信榮（2014年1月23日）。和泰車總座蘇純興：換車潮爆發了。工商時報。取自：http://www.chinatimes.com/newspapers/20140123000075-260202。

9　沈培華（2015年6月5日）。《類股》國產車銷售趨緩，和泰車倒退嚕。時報資訊。取自：http://www.chinatimes.com/realtimenews/20150605002447-260410

10 TOYOTA油電複合動力車 全球總銷售突破900萬台（2016年5月23日）。汽車日報。取自：http://www.autonet.com.tw/cgi-bin/view.cgi?news/2016/5/b6050390.ti+a2+a3+a4+a5+b1+/news/2016/5/b6050390+b3+d6+c1+c2+c3+e1+e2+e3+e5+f1。

11 朱政庭（2017年9月12日）。高田氣囊瑕疵換不停　豐田ALTIS也召回4.2萬輛。蘋果日報。取自：https://tw.appledaily.com/new/realtime/20170912/1202432/。

7-3 裕隆汽車

一、公司簡介

　　裕隆成立於1953年，1986年曾開發量產國人設計之第一輛轎車飛羚101；後引進日本Nissan技術合作，生產Nissan品牌系列車款。

　　2003年分割爲裕隆車及裕日車，裕隆車專注汽車製造，裕日車負責通路行銷。裕隆集團聚焦於汽車生產後，已朝多品牌製造發展，現爲Nissan、Renault、Buick等品牌代工生產。

田 表7-8　裕隆公司簡介

公司名稱	裕隆汽車製造股份有限公司		
產業類別	汽車工業		
董事長	嚴凱泰		
地址	苗栗縣三義鄉西湖村伯公坑39號之1		
公司成立日期	1953/9/10	上市日期	1976/7/8
主要經營業務	1.汽車製造：LUXGEN 2.零件製造 3.保修及其他		
資本額	新台幣157億元		

田 表7-9　裕隆汽車大事記

1953年	裕隆機器製造股份有限公司正式創立
1957年	與日產自動車株式會社簽訂技術合作合約。
1976年	股票正式於證券交易所集中市場上市。
1986年	第一輛國人自行設計開發的新車—飛羚101正式上市。
1999年	投資菲律賓日產（NMPI），前進東南亞市場。
2000年	與中國東風汽車簽訂合資合約，前進中國市場。
2008年	成立「納智捷股份有限公司」，發展汽車自主品牌。
2010年	東風裕隆汽車公司成立，以 LUXGEN 品牌正式前進中國市場。
2017年	中華信用評等公司授予裕隆汽車的長期企業信用評等為「twA」，短期企業信用評等為「twA-1」，展望「穩定」。

資料來源：裕隆汽車官網；本個案自行繪製

二、裕隆汽車營收比重

　　裕隆汽車主要營收為替裕隆日產及納智捷進行車輛生產，生產品牌有納智捷、三菱汽車、日產汽車、中華汽車。其中因有自有品牌納智捷及代理品牌，因此營收組成與和泰汽車不同，營收比重中第二高的是車輛後續服務及維修的零配件生產，而保修佔裕隆營收1%，其他為5%。

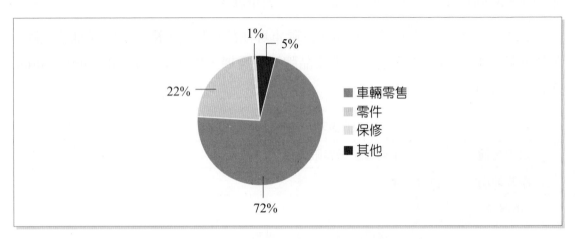

▷▷圖7-23　2016年裕隆汽車營收比重

資料來源：裕隆汽車2016年財務報表；本個案自行繪製

三、裕隆汽車旗下企業品牌

(一) 納智捷

　　2009年裕隆汽車宣布成立汽車品牌納智捷，為臺灣第一個汽車自主品牌，納智捷（LUXGEN）不僅注重臺灣市場，在2009年11月下旬於杜拜車展展出，成功外銷多國，也積極向外拓展。

▷▷圖7-24　納智捷商標與2017新車U5

資料來源：LUXGEN汽車官網

四、裕日車介紹

田表7-10　裕日車介紹

公司名稱	裕隆日產汽車股份有限公司		
產業類別	汽車工業	主要經營業務	汽車銷售
董事長	嚴凱泰	實收資本額	新台幣300億元
地址	苗栗縣三義鄉西湖村伯公坑39號之2	公司成立日期	2003/10/22
上市日期	2004/12/21		

資料來源：裕隆日產官網；本個案自行繪製

田表7-11　裕隆日產大事記

2003年	裕隆日產汽車股份有限公司成立
2004年	裕隆日產汽車公司股票正式掛牌上市
2006年	NISSAN全球銷售突破一億台
2008年	NISSAN TIIDA榮獲環保署「年度環保車」殊榮
2011年	零碳新時代NISSAN LEAF首度來台
2013年	榮獲工商時報「臺灣服務業大評鑑」金牌大賞
2015年	NISSAN榮獲J.D. Power 2015非豪華車CSI服務滿意度及SSI銷售滿意度雙料冠軍
2017年	INFINITI Q30 2017年式全新登場

五、裕隆日產營收比重

　　裕日車主要營收為車輛銷售，通路銷售品牌為NISSAN和高級品牌IN-FINITI，主要業務為代理日本品牌銷售佔營收84.33%，零配件生產作為後續保修及服務則佔營收15.40%[12]。

---

12 裕隆日產官方網站。取自：http://new.nissan.com.tw/nissan。

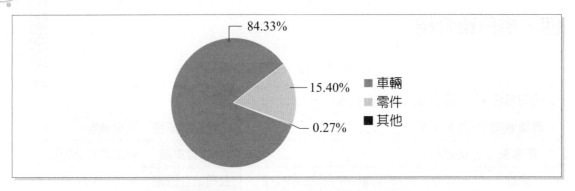

▷▷圖7-25　2016年裕隆日產營收比重

資料來源：裕隆日產2016年財務報表；本個案自行繪製

六、裕隆日產旗下企業品牌

(一) 日產汽車（NISSAN）

作為日產汽車臺灣代理商，在臺灣市場拓展上，裕隆日產在設計、研發、行銷、服務等方面，皆以提高顧客滿意作為最終目標，透過持續不斷的創新為顧客帶來更高的價值。

▷▷圖7-26　日產汽車商標與SENTRA

資料來源：NISSAN汽車官網

七、產銷模式

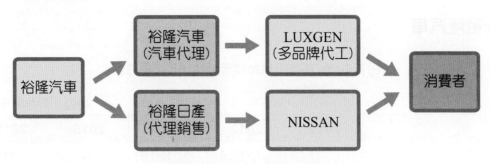

▷▷ 圖7-27　裕隆汽車產銷模式

資料來源：裕隆集團官網；本個案自行繪製

　　裕隆汽車主要採產銷分割的方式，將公司分成裕隆汽車及裕隆日產。裕隆在行銷上廣泛布建行銷據點，運作方式採直營或與經銷商合資經營。

　　裕隆汽車主要從事多品牌汽車代工業務以及發展自有品牌納智捷，專注在製造發展的方向。裕日車則是專門與日本日產汽車進行緊密的合作，代理銷售NISSAN車系，本身並無製造汽車的工廠。

田 表7-12　裕隆汽車旗下經銷商

日產車系	裕信、裕新、裕昌
納智捷車系	北智捷、桃智捷、中智捷、南智捷、高智捷

資料來源：裕隆集團官方網站；本個案自行繪製

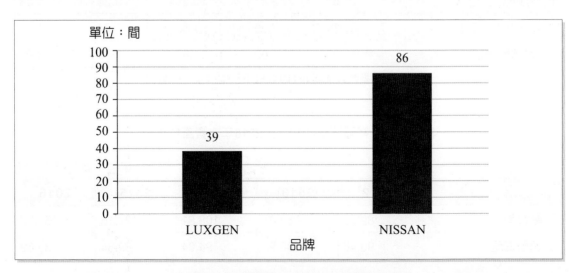

▷▷ 圖7-28　臺灣裕隆兩品牌經銷商數目

資料來源：裕隆集團官方網站；本個案自行繪製

八、簡易財報資料

(一) 裕隆汽車

田表7-13　裕隆汽車2012年至2016年之損益表

單位：新台幣十億元

	2012	2013	2014	2015	2016
營業收入	77.69	92.81	120.61	122.34	112.11
營業成本	64.48	78.48	103.26	104.52	92.95
營業毛利	13.21	14.33	17.35	17.82	19.16
營業毛利率（%）	17.00	15.44	14.39	14.66	17.12
營業費用	12.41	14.71	16.94	17.68	16.97
推銷費用	-	7.19	8.94	9.40	8.67
管理費用	-	7.17	7.65	7.98	8.01
研發費用	-	0.35	0.35	0.30	0.29
研發費用率（%）	-	0.38	0.29	0.24	0.26
營業費用率（%）	15.97	15.84	14.05	14.43	15.13
營業利益	0.80	-0.38	0.41	0.14	2.19
營業外收入及支出	3.55	3.69	3.20	4.6	0.88
稅前淨利	4.35	3.31	3.61	4.74	3.07
稅後淨利	2.96	2.37	2.21	3.35	1.33
稅後淨利率（%）	3.81	2.55	1.83	2.74	1.19
每股盈餘（元）	1.89	1.62	1.51	2.29	0.91

資料來源：臺灣經濟新報TEJ資料庫；本個案自行繪製

田表7-14　裕隆汽車2012年至2016年之資產負債表

單位：新台幣十億元

	2012	2013	2014	2015	2016
流動資產	82.20	89.08	108.81	122.16	131.58
非流動資產	90.46	86.93	94.04	89.84	89.69

	2012	2013	2014	2015	2016
資產總額	172.66	176.01	202.84	212.00	221.27
流動負債	80.52	89.86	112.69	118.62	132.38
非流動負債	18.42	8.77	10.01	12.20	9.83
負債總額	98.93	98.64	122.69	130.82	142.21
負債比率（%）	57.30	56.04	60.49	61.71	64.27
股東權益總額	73.72	77.38	80.15	81.18	79.06
流動比率（%）	95.26	99.13	96.55	102.98	99.40
存貨	10.55	10.90	10.53	9.41	7.57
速動比率（%）	77.93	82.24	81.97	90.28	89.74
ROE（%）	4.02	3.06	2.76	4.13	1.68
ROA（%）	1.71	1.35	1.09	1.58	0.60
本益比	26.83	28.13	32.29	23.97	14.41

資料來源：臺灣經濟新報TEJ資料庫；本個案自行繪製

（二）裕隆汽車2014年至2017年股價走勢

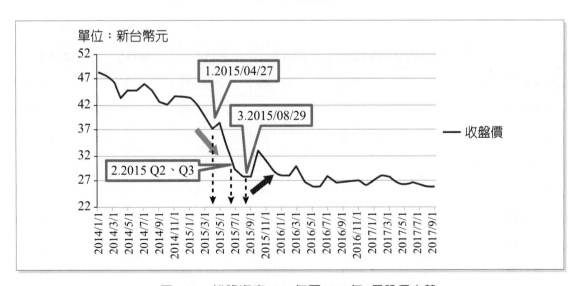

▷▷圖7-29　裕隆汽車2014年至2017年9月股價走勢

資料來源：TEJ臺灣經濟新報資料庫；本個案自行繪製

1. 2015年4月27日：納智捷部分車輛因安全性問題召回檢修，這次實施召回改正的原因，是少數車輛因扭力轉換器油封零件瑕疵，可能造成離合器無法正常運作，於行駛中產生引擎故障燈亮起，若持續行駛將致使車輛進入保護模式，降低車輛行駛性能，進而影響行車安全[13]。

2. 2015年Q2、Q3：臺灣銷售量下滑，貨物稅減免政策不確定是否繼續，消費者購買慾望保守。

3. 2015年08月29日：中國准發裕隆汽車金融執照，設立汽車金融公司，進軍汽車融資市場。通過中國銀行業監督管理委員會覆批後展開相關業務，參與中國汽車金融市場，完成裕隆集團在中國汽車事業布局的最後一塊拼圖。

　　裕隆汽車與同集團、負責汽車金融相關業務的另一上市公司－裕融企業合資，在杭州籌組裕隆汽車金融公司，從中古車金融（融資分期貸款）業務切入，再逐步投入新車融資業務，若集團參與投資的東風裕隆、東南汽車等車廠有需要，裕隆汽車金融公司可以提供相關服務[14]。

(三) 裕隆日產

田表7-15　裕隆日產2012年至2016年之損益表

單位：新台幣十億元

	2012	2013	2014	2015	2016
營業收入	29.13	31.49	33.18	33.22	34.86
營業成本	25.10	26.04	28.86	27.91	29.81
營業毛利	4.03	5.45	4.32	5.31	5.05
營業毛利率（%）	13.83	17.31	13.03	15.97	14.48
營業費用	3.17	3.62	3.53	4.07	3.85
推銷費用	2.16	2.61	2.56	3.13	2.94
管理費用	0.40	0.39	0.38	0.42	0.38
研發費用	0.61	0.62	0.59	0.52	0.53

---

13 戴海茜（2015年4月27日）。裕隆（2201）納智捷部分車輛因安全性問題召回檢修。財訊快報。取自：https://tw.stock.yahoo.com/news_content/url/d/a/20150427/個股-裕隆-2201-納智捷部分車輛因安全性問題召回檢修-020205072.html

14 陳信榮（2015年8月28日）。裕隆拿下 大陸汽車金融執照。工商時報。取自：http://www.chinatimes.com/newspapers/20150828000077-260202。

	2012	2013	2014	2015	2016
研發費用率（%）	2.08	1.96	1.77	1.56	1.51
營業費用率（%）	10.88	11.49	10.66	12.25	11.07
營業利益	0.86	1.83	0.79	1.24	1.20
營業外收入及支出	5.23	6.97	7.24	3.76	4.39
稅前淨利	6.09	8.8	8.03	5.00	5.59
稅後淨利	4.93	7.30	6.52	4.17	4.63
稅後淨利率（%）	16.92	23.18	19.66	12.54	13.28
每股盈餘（元）	16.46	24.33	21.75	13.89	15.44

資料來源：臺灣經濟新報TEJ資料庫；本個案自行繪製

⊞ 表7-16　裕隆日產2012年至2016年之資產負債表

單位：新台幣十億元

	2012	2013	2014	2015	2016
流動資產	14.99	18.14	16.26	12.31	12.84
非流動資產	12.15	17.18	20.25	18.87	16.90
資產總額	27.14	35.32	36.51	31.18	29.74
流動負債	3.15	5.17	6.37	6.99	6.31
非流動負債	3.32	5.11	3.21	2.23	1.88
負債總額	6.47	10.28	9.58	9.22	8.19
負債比率（%）	23.85	29.10	26.23	29.58	27.52
股東權益總額	20.67	25.04	26.93	21.96	21.55
流動比率（%）	474.74	350.62	255.34	176.17	203.52
存貨	0.00	0.00	0.00	0.00	0.00
速動比率（%）	452.27	187.22	212.78	174.88	203.23
ROE（%）	23.85	29.15	24.21	18.99	21.48
ROA（%）	18.17	20.67	17.86	13.37	15.57
本益比	13.49	20.82	16.16	14.36	13.92

資料來源：臺灣經濟新報TEJ資料庫；本個案自行繪製

（四）裕隆日產2014年至2017年股價走勢

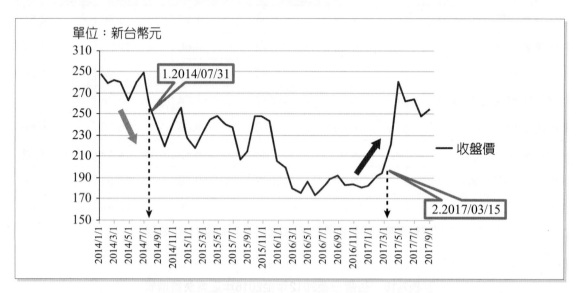

▷▷ 圖7-30　裕隆日產2014年至2017年9月股價走勢

資料來源：TEJ臺灣經濟新報資料庫：本個案自行繪製

1. 2014年07月31日：投資人除權息後，獲利了結，進入民俗月車市淡季，2014年8月中旬臺灣汽車新車掛牌市況慘澹，僅七千多輛新車掛牌，月減65％。

2. 2017年03月15日：INFINITI車系新車發表，性價比高於其他高級進口車，加上日幣貶值，銷售狀況良好。INFINITI銷售攀高，其中功臣之一即是INFINI-TI Q30於2017年7月發表上市，成功帶動INFINITI全品牌銷售氣勢，2016全年以35％的年成長率，成為國內進口豪華車市場成長最快速的品牌之一，2017年INFINITI Q30也是持續熱銷。

7-4 三陽工業

一、公司簡介

　　三陽工業創立於1954年，是臺灣第一家橫跨機、汽車製造公司。在汽車事業上，三陽早期與日本本田技研合作，但在2002年由於與本田技研理念不合，轉向與韓國現代汽車合作。在機車事業上，三陽工業在臺灣的主要競爭對手為山葉、光陽、台鈴、摩特動力、宏佳騰等。

田 表7-17　三陽工業簡介

公司名稱	三陽工業股份有限公司		
產業類別	汽車工業		
董事長	吳清源	實收資本額	新台幣86.9億元
地址	新竹縣湖口鄉鳳山村中華路3號		
公司成立日期	1961/9/14	上市日期	1996/7/29
主要經營業務	生產汽車、機車及其零件、引擎、零件模具內、外銷 提供有關產品之技術服務及其諮詢顧問業務		

田 表7-18　三陽工業大事記

1961年	改組為「三陽工業股份有限公司」
1967年	與「日本本田技研株式會社」簽訂生產汽車技術合約
1977年	臺灣第一部本田喜美1,200CC上市，南陽成為三陽汽車總經銷
1996年	三陽股票正式在臺灣掛牌上市
2002年	與日本本田終止技術合作，同期與韓國現代汽車技術合作
2005年	三陽義大利公司開幕
2016年	現代汽車首度引進重型商用車國產化上市

資料來源：三陽工業官方網站；本個案自行繪製

二、營收比重

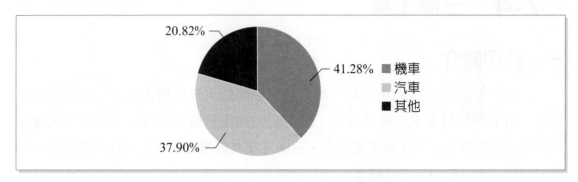

▷▷圖7-31　三陽工業2016年營收比重

資料來源：三陽工業2016年財務報表；本個案自行繪製

　　三陽工業主要營收來自於自有機車品牌Sang Yang Motor，佔總營收的41.28%，而汽車代理的現代汽車營收則是佔了37.9%。

三、旗下企業品牌

(一) SYM三陽機車

　　為使SYM創造精采生活的理想落實到使用者的實際生活中，三陽工業運用創新的專業技術來達到美好生活。目前三陽機車的產品從大型重型機車到100cc以下的輕型摩托車均有製造販售[15]。

(二) 現代汽車

　　韓國現代汽車於1967年成立後，不斷向世界一流品牌挑戰，建立許多最高科技的研發中心及生產基地，在「Drive Your Way」的品牌承諾下，創造品質及品牌優勢，是現代汽車在迎接未來之際的兩項優先要務，現代汽車不再滿足於跟隨與學習，努力為「創造人們的夢想與幸福的汽車」的理想邁進。

　　三陽工業成為現代汽車國際分工夥伴之後，即不斷的以優異的製造技術，追求完美品質，結合高度競爭力的價格，讓每一個產品都能有絕佳的競爭力，展現出現代汽車先進的、創新的、充滿活力的造車工藝與經營理念，爭取消費者對現代汽車的認同與喜愛[16]。

---

15 三陽工業官方網站。取自：http://www.sanyang.com.tw/。
16 三陽工業官方網站。取自：http://www.sanyang.com.tw/。

▷▷圖7-32　現代汽車產品，左至右為ELANTRA Sport、IONIQ Hybrid

資料來源：現代汽車官網

四、簡易財報資料

(一) 三陽工業

田表7-19　三陽工業2012年至2016年之損益表

單位：新台幣十億元

	2012	2013	2014	2015	2016
營業收入	34.40	32.62	36.46	32.88	35.45
營業成本	29.14	28.25	31.83	28.14	29.93
營業毛利	5.26	4.37	4.63	4.74	5.52
營業毛利率（%）	15.30	13.40	12.70	14.42	15.58
營業費用	5.09	5.27	5.47	5.16	5.10
推銷費用	2.56	2.88	3.08	2.89	3.01
管理費用	1.73	1.60	1.65	1.65	1.39
研發費用	0.80	0.79	0.74	0.62	0.70
研發費用率（%）	2.33	2.43	2.03	1.89	1.97
營業費用率（%）	14.80	16.15	15.01	15.70	14.38
營業利益	0.17	-0.90	-0.84	-0.42	0.42
營業外收入及支出	0.50	0.62	0.70	4.02	-0.44
稅前淨利	0.67	-0.28	-0.14	3.60	-0.02
稅後淨利	0.36	-0.47	-0.28	3.09	-0.32

	2012	2013	2014	2015	2016
稅後淨利率（%）	1.05	-1.44	-0.77	9.40	-0.90
每股盈餘（元）	0.41	-0.53	-0.32	3.48	-0.37

資料來源：TEJ臺灣經濟新報資料庫；本個案自行繪製

⊞表7-20　三陽工業2012年至2016年之資產負債表

單位：新台幣十億元

	2012	2013	2014	2015	2016
流動資產	19.61	18.99	21.11	21.55	20.98
非流動資產	18.29	18.74	19.13	21.40	19.30
資產總額	37.90	37.73	40.24	42.95	40.28
流動負債	11.20	13.03	18.91	18.85	13.27
非流動負債	10.03	9.63	5.06	5.59	10.40
負債總額	21.23	22.66	23.97	24.44	23.67
負債比率（%）	56.02	60.07	59.56	56.90	58.75
股東權益總額	16.67	15.07	16.27	18.51	16.61
流動比率（%）	175.05	145.68	111.59	114.31	158.14
存貨	8.57	8.19	8.42	9.50	5.21
速動比率（%）	82.60	47.05	41.90	38.59	67.66
ROE（%）	2.16	-3.12	-1.72	16.69	-1.93
ROA（%）	0.95	-1.25	-0.70	7.19	-0.79
本益比	39.33	0.00	0.00	5.73	0.00

資料來源：TEJ臺灣經濟新報資料庫；本個案自行繪製

（二）三陽工業2014年至2017年股價走勢

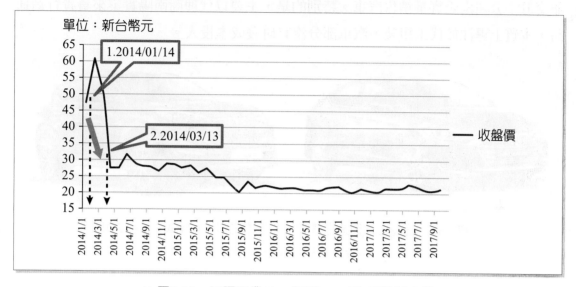

▷▷圖7-33　三陽工業2014年至2017年9月股價走勢

資料來源：臺灣經濟新報TEJ資料庫；本個案自行繪製

1. 2014年01月14日三陽工業內湖土地出售計劃暫緩，內湖舊廠開發案一波三折，除無法在2014年9月完工，同時宣布2014年無出售計劃，上百億元的業外收益確定落空，三陽股價因此受到拖累，三陽2014年度並無出售土地之計劃[17]。

2. 2014年03月13日前董座黃世惠傳出破產疑慮，三陽12日發表聲明，表示黃世惠已於2014年3月6日以個人因素請辭董事長，公司也已選出新任董事長黃悠美（黃世惠次女），此事對三陽應無實質影響。三陽聲明指出，就臺北地院裁定黃世惠破產事件，經查黃世惠因該裁定於法不符，已於2014年2月26日提出抗告；而提告的華南銀行也已於2014年3月4日撤回破產聲請，因此該裁定至今並未確定。

五、三陽工業產銷模式

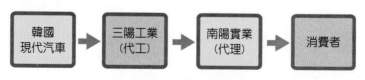

▷▷圖7-34　三陽工業產銷模式

---

17 黃琮淵（2014年1月15日）。內湖案生變 三陽業外落空。中國時報。取自：http://www.chinatimes.com/newspapers/20140115000826-260110。

　　三陽工業與韓國現代汽車爲技術合作關係，爲其國際代工的一份子，代工製造並交於子公司南陽實業銷售汽車。特別的是，主要以代理商南陽實業來負責行銷通路，本質上專注於代工組裝，汽車部分沒有研發成本投入。

▷▷圖7-35　三陽工業製造之車款，左至右為ELANTRA、TUCSON

資料來源：現代汽車官網

　　和泰車專注於汽車代理與汽車衛星產業，深化銷售服務一條龍，無投入任何研發成本，研發設計依賴日本豐田母廠，銷售部分交由八大經銷，各地不干預彼此範圍。而裕隆汽車專注於研發、製造，並且設立自有品牌納智捷，放眼全球，立志成爲臺灣國際品牌，廣設各地經銷，不干預經銷間的競爭。三陽工業代工、製造現代汽車，代理銷售交於子公司南陽實業，而汽車部分沒有研發成本，只有機車研發與開發國際市場。下表爲三家公司在營運方式上的差異比較。

田表7-21　和泰、裕隆、三陽工業產銷比較

	和泰汽車	裕隆汽車	三陽工業
營運方式	僅代理	研發、代理、製造	代工製造
研發成本	無	有	有（機車部門）
行銷方式	八大經銷	廣設經銷無分界	由南陽實業負責
開發國際市場	無	有	有（機車部門）

資料來源：本個案自行繪製

7-5　和泰車、裕隆車、裕隆日產、三陽工業財務比較分析

一、營業收入比較

　　和泰汽車銷量在臺灣市場市佔率23%高居第一名，高於裕隆車所代理三菱汽車9.53%與裕日車日產汽車9.4%，因此營業收入大幅領先其他三家廠商。而且臺灣汽車市場2016成長率為4.47%，使和泰車2016年營業收入成長至1,725億元。

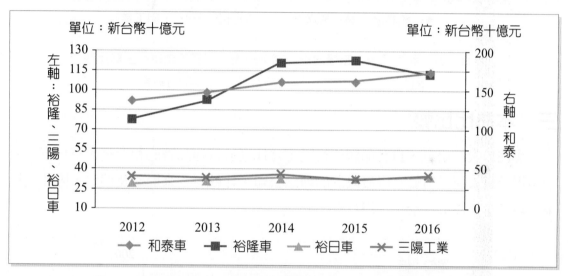

▷▷圖7-36　和泰汽車、裕隆汽車、裕榮日產、三陽工業營業收入比較

資料來源：TEJ臺灣經濟新報資料庫；本個案自行繪製

二、每股盈餘比較

　　裕隆車與三陽工業因都有投入資金進行研發，裕隆研發自有品牌納智捷，三陽而是研發機車品牌SYM，因此每股盈餘都低於以代理銷售的和泰車與裕日車。和泰與裕日不必負擔研發成本，並且稅後淨利都高於裕隆車與三陽工業，由於以上條件使代理銷售的公司每股盈餘高於有研發成本的公司。

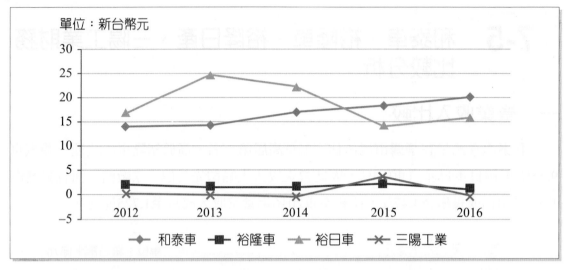

資料來源：TEJ臺灣經濟新報資料庫；本個案自行繪製

三、本益比比較

專注於設計研發、自有品牌的裕隆本益比高於代理品牌的和泰車、裕日車，表示市場投資人還是對於有研發設計的理念公司，比較有未來展望及期望，因此長期來看裕隆車是高於和泰車、裕日車。

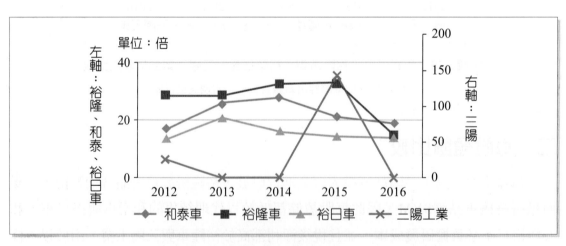

▷▷ 圖7-38　和泰汽車、裕隆汽車、裕榮日產、三陽工業本益比比較

資料來源：TEJ臺灣經濟新報資料庫；本個案自行繪製

四、毛利率比較

　　裕隆車因專注於設計研發、以及擁有自有品牌，因此成本可以自行控制，不需要向母廠繳交高額的品牌權利金。而代理品牌的和泰車、裕日車，高管銷成本攤銷完後，還得繳交權利金於日本母廠，因此裕隆車毛利率高於和泰車及裕日車。三陽工業汽車部門是採用代理方式，和需要攤銷機車部門的研發費用，因此毛利率也比裕隆汽車低，但比專注銷售的和泰車高。

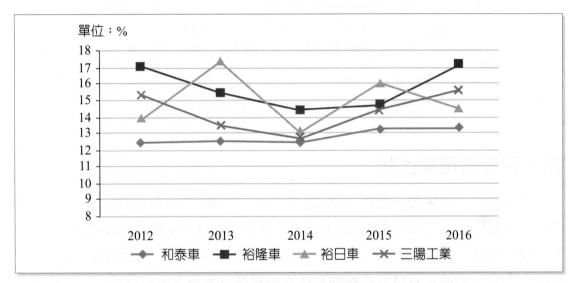

▷▷圖7-39　和泰汽車、裕隆汽車、裕榮日產、三陽工業毛利率比較

資料來源：TEJ臺灣經濟新報資料庫；本個案自行繪製

五、稅後淨利率比較

　　裕日車的營業外收入2013年至2015年分別為23.52億、29.77億、8.29億，2013年、2014年因成功投資業績持續成長的中國東風日產汽車，帶給裕日車營業外收入，而營業收入及營業成本與往年相差不大，因此稅後淨利率2014年大幅成長的原因來自營業外收入。三陽工業在2015年的稅後淨利率明顯的改善主要是受惠於子公司及關聯企業帶來的收益增加，使得營業外收入相較於2014年挹注了約33億新台幣。

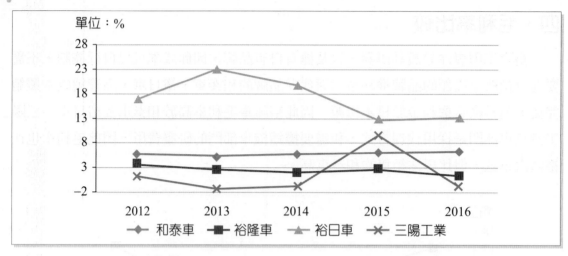

▷▷ 圖7-40　和泰汽車、裕隆汽車、裕榮日產、三陽工業稅後淨利率比較

資料來源：TEJ臺灣經濟新報資料庫；本個案自行繪製

六、研發費用率比較

　　和泰汽車只有代理與銷售，研發費用為日本母廠豐田自行攤銷，因此無研發費用；而裕日車必須攤銷日本日產進口零件研發費用和裕隆母公司的研發費用。三陽工業的部分，與其他公司不同的是，有機車自有品牌部門，因此需要攤銷機車部門研發費用，裕隆也有自有品牌納智捷及中華汽車需要支出研發成本。但長久以來，投資人喜歡有研發能力的公司，因為有專門的技術較不容易被取代。而代理銷售的和泰車，未來可能因業績下滑，日本母廠可能收回代理權，容易解除合作關係，因此有經營風險。

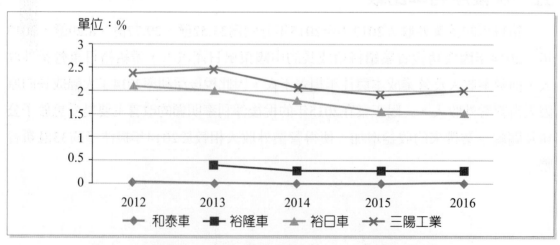

▷▷ 圖7-41　和泰汽車、裕隆汽車、裕榮日產、三陽工業研發費用率比較

資料來源：TEJ臺灣經濟新報資料庫；本個案自行繪製

七、股東權益報酬率ROE比較

　　和泰車股東權益報酬率維持在20%上下，和泰車的ROE比其他公司相對來得穩定，長期比其他三家來得高，也代表著和泰車的股東權益資本使用效益較佳，裕日車因2013年、2014年投資中國東風裕隆營收成長，因此ROE成長。

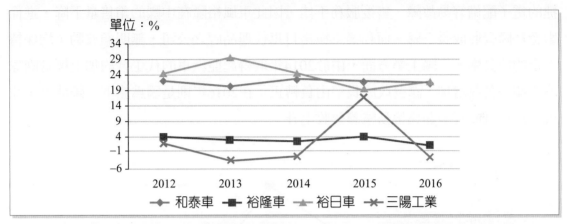

▷▷圖7-42　和泰汽車、裕隆汽車、裕榮日產、三陽工業股東權益報酬率ROE比較

資料來源：TEJ臺灣經濟新報資料庫；本個案自行繪製

八、總資產報酬率ROA比較

　　裕隆車與和泰車都是穩定的狀態，無太大之波動，而裕日車2012年至2014年的波動是因投資東風裕隆而有突出的報酬率，高於和泰車及裕隆車，裕隆車相比較低；因為投入研發費用，又不像裕日車有穩定的日本母廠提供現有設計產品，因此研發成果不一定有獲利，其資金運用效率較代理品牌公司低，因代理品牌只需要控制好管銷成本。

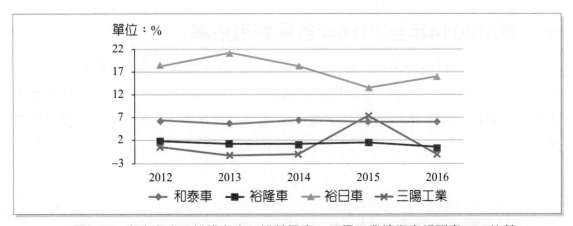

▷▷圖7-43　和泰汽車、裕隆汽車、裕榮日產、三陽工業總資產報酬率ROA比較

資料來源：TEJ臺灣經濟新報資料庫；本個案自行繪製

九、營收成長率比較

　　裕隆2013年至2014年在中國市場，因東風裕隆推出納智捷U6，在安全性佳、科技配備完善下，在中國市場熱賣，因此帶動了母公司整體營收。2015年時受到全球和臺灣車市低迷影響，營收下滑許多；再者，中國的納智捷車主，反應納智捷的電子配備容易故障，售後服務不佳，因此東風裕隆在中國的銷售量下降，進而影響裕隆營收成長下降。而和泰車與裕日車代理品牌之公司，無明顯波動，均保持一定的成長率。三陽工業方面，由於2014年取得起亞汽車的代工合約加上經營團隊改組使得營收增加，讓營收成長率由負轉正；在2016年則是因為旗下三陽機車多款機車銷售量成長的關係帶動整體營收上升。

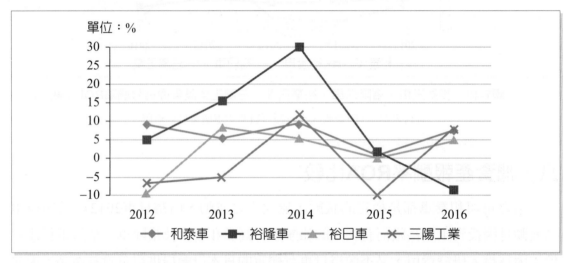

　　▷▷圖7-44　和泰汽車、裕隆汽車、裕榮日產、三陽工業營收成長率比較

資料來源：TEJ臺灣經濟新報資料庫；本個案自行繪製

十、臺灣2014年至2016年各品牌市佔率

　　和泰車在2014年至2016年時，市佔率下降1.1%，而日產汽車、現代汽車市佔率也有下降之趨勢。三菱汽車2014年至2016年市佔率成長3%，納智捷市佔率無太大變動，消費者可能不再注重汽車的影音配備及品牌迷思，開始注重安全性及性價比。

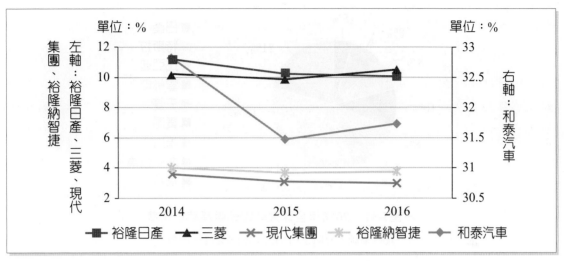

▷▷圖7-45 和泰汽車、裕隆汽車、裕榮日產、三陽工業臺灣2014年至2016年各品牌市佔率

資料來源：MRKELINES；本個案自行繪製

7-6 未來汽車產業趨勢

一、電動車的崛起

全球資本市場對於再生能源（Renewable Energy）、潔淨科技（Clean Technology）的投資聲浪四起，進而帶動起國際「電動車」產業的發展熱潮，各國政府也將「電動車」列為國家重要發展項目之一。2016年全球電動車銷量超過77萬輛，較2015年大幅成長42%，以中國、美國、挪威、英國與法國為前五大消費國[18]。

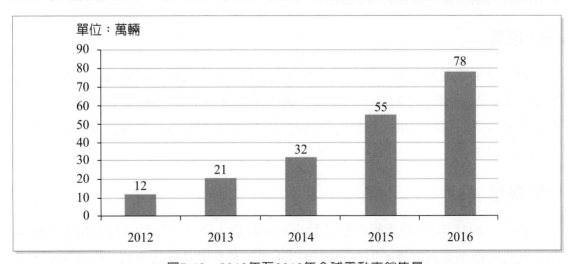

▷▷圖7-46 2012年至2016年全球電動車銷售量

---

18 電動車—財團法人車輛研究測試中心。取自：https://www.artc.org.tw/chinese/04_industry/01_01detail.
aspx?pdid=15。

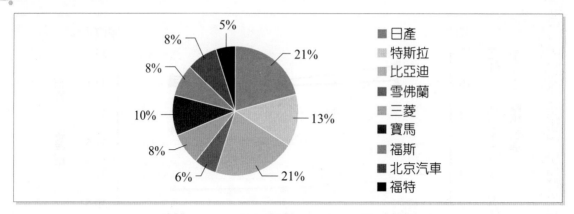

▷▷圖7-47　2016年全球大型電動車產商銷售量

資料來源：MRKELINES；本個案自行繪製

(一) 中國

　　雖然中國在2015年修訂了更嚴格的電池標準並加強打擊廠商騙取政府補助行為，使電動車補助力道相對趨緩，但其電動車銷量成長卻仍十分強勁，在2016年達到35萬輛的銷售量。

(二) 美國

　　美國2015年因石油價格大幅下滑、市場上油電與電動車型未推陳出新等因素而使銷量呈現負成長，至2016年終於擺脫陰霾。在Nissan、GM及Toyota皆推出全新或改款油電車型及Tesla也推出新改款車型的刺激下，美國2016年油電與電動車有近16萬輛的銷售量，較2015年成長37%。

(三) 挪威

　　挪威是全球電動車第三大市場，國內電動車市佔率更是全球最高，從2015年的22.8%攀升至2016年的29.5%，代表每10輛售出的車輛中就有3輛是電動車。其成長動力來自於政府持續提供高額度的補助政策，例如純電動車免徵註冊稅、增值稅及道路使用費等。

(四) 英國

　　英國在2016年3月時微幅調整電動車補助政策，降低了補助金額並增加車價限制，使補助標準更趨嚴謹，但在車廠推出新車款及基礎設施逐漸到位的激勵下，全年度共售出約4萬輛電動車，較2015年成長39%，成長力度維持高檔。

(五) 法國

法國政府依據排碳量對車輛徵稅，當排碳量小於60g/km時徵稅轉為補貼，最高補貼至6,000歐元，且購買低碳車輛、淘汰柴油車還有額外補助，刺激2016年電動車銷售量提升至3.5萬輛，成長28%[19]。

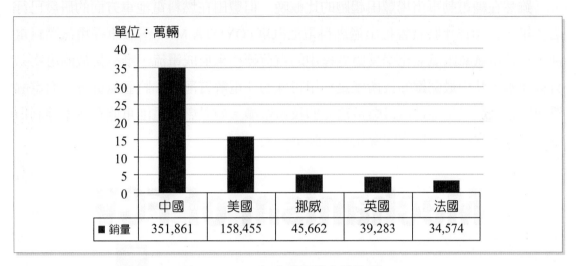

▷▷圖7-48　2016年全球電動車銷售量TOP5

資料來源：財團法人車輛研究測試中心；本個案自行繪製

(六) 豐田在電動車市場的發展

在純電動車市場以特斯拉的市佔率最大，豐田佔有的比例很小，豐田汽車董事長內山田武曾說過：「豐田之所以沒有推出重要的純電動汽車，是因為我們不認為該市場有太大潛力」。為什麼豐田這麼認為呢？原因在於豐田認為純電動車沒有什麼技術壁壘，從技術上來說純電動車比起汽油車製造的門檻相對低不少，再加上充電、續航

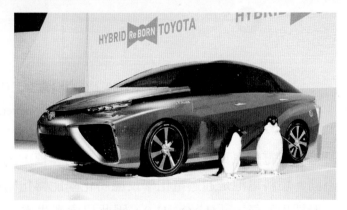

▷▷圖7-49　TOYOTA MIRAI

資料來源：維基百科

---

19 張凱喬（2017年）。2016年全球前五大電動車銷售市場解析。財團法人車輛研究測試中心。取自：https://www.artc.org.tw/chinese/03_service/03_02detail.aspx?pid=3107。

里程、電池穩定性等問題還仍待解決,所以才遲遲未發展電動車。直到2016年11月,豐田才正式成立新電動車部門。不過好消息是據傳豐田將在2022年發售一款搭載新型電池的電動車,這種全固態電池能將電動車行駛距離從目前的300至400公里大幅提高,並把充電時間從現行20至30分鐘縮短至數分鐘[20]。

　　雖然在純電動車市場豐田起跑的比較晚,但豐田在燃料電池車方面的研發已行之多年,在2015年時就曾推出過燃料電池汽車TOYOTA Mirai,該車採用氫燃料電池,它利用氫氣跟氧氣化學反應過程中的電荷轉移來形成電流,唯一排放的廢物只有純淨水,其中最關鍵的技術就是利用特殊的「電解質薄膜」將氫氣拆分,而電解質薄膜也是燃料電池領域最難被攻克的技術壁壘。如果燃料電池車能在成本控制上取得突破,實際上市場空間會比純電動車更大。

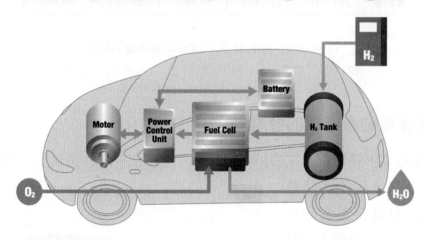

Mechanism of FCV

▷▷圖7-50　氫燃料電池工作原理

資料來源:metamorworks/Shutterstock.com

　　燃料電動汽車實質上也是電動汽車的一種,主要區別在於動力電池的工作原理不同。燃料電池是通過電化學反應將化學能轉化為電能,電化學反應所需的還原劑一般採用氫氣,「$H_2+O_2=H_2O$」因此只會產生水,達到零碳排標準,氫氣的儲存可採用液化氫、壓縮氫氣或金屬氫化物儲氫等形式。

---

20 嘴上說著不做純電動車的豐田,現在也開始行動了(2016年11月03日)。TechNews科技新報。取自:https://technews.tw/2016/11/03/toyota-electric-car/。

　　燃料電動車的續駛里程取決於所攜帶的氫量，而燃料的選擇、存儲與供給體系及安全問題，與汽車主體結構同樣重要。燃料電池可以使用多種燃料，但主要為氫氣、天然氣和甲醇。不過，由於氫氣揮發性高，擴散快，在管道、容器中容易泄漏。當氫氣在空氣中的濃度達4%時，就有可能引起爆炸，燃料系統的安全性也是關鍵問題之一。

田表7-22　鋰電池與氫燃料電池比較

項目	Tesla	Toyota
電池	鋰電池	氫燃料電池
續航力	426KM	500KM
價格（新台幣未稅）	213~279萬元	210萬元
補充燃料時間	快速充電20分鐘50%電量	＜5分鐘
發表時間	2012/06	2015/04

資料來源：Tesla、Toyota官網；本個案自行繪製

　　2016年3月底日本加氫站的數量增加至100座，此外，日本政府於2013年6月制定了燃料電池車的普及時間表，除了在2015年祭出購車補貼制度，更計劃於2025年結束前將燃料電池車價格壓低至300萬日圓以下水準，價格將媲美現在日本盛行的油電混合車。

　　另一個積極發展氫燃料汽車的地區是美國加州，美國加州已投入超過2億美元興建氫燃料補給站，目前加州有座專為轎車設計的加氫站、其他2座則為巴士設計，還有69座則還在興建當中。現代汽車已經在北美首先推出長期租賃型的燃料電池電動車Tucson FCEV，續航力可達426公里、每個月租賃費為499美元（約新台幣1.5萬元），並提供免費加氫氣和維修服務，可見北美市場也會是未來將會是最主要的戰場之一。

　　雖然現在燃料電池汽車的周邊設施遠不及鋰電池電動車，但是從成本競爭力來看，純電動車昂貴的電池將是取代汽車的致命傷，除非能夠大舉突破電池高成本的限制，否則燃料電池汽車必定猶如TOYOTA所言，將是TESLA電動車最大的對手[21]。

---

21 吳碧娥。TESLA大戰TOYOTA電動車之爭誰能勝出？。北美智權報。取自：https://goo.gl/vyfalF。

二、燃油車的黃昏

因為環保意識興起，電動車與自駕車時代來臨，汽車產業在各國也有很大轉變。包含英國、法國與印度都宣布了相關法案，在 2020年至2040年間逐步禁止販售柴油、汽油車，以及對柴油車加重課稅，而生產量佔全球三分之一的汽車大國中國也宣布，計劃在2040年淘汰汽、柴油車款[22]。

田表7-23　各國預計汰除燃油車時間

各國預計汰除燃油車時間	
法國	2040年
德國	2030年
挪威	2025年
荷蘭	2025年
印度	2030年
中國	2040年
英國	2040年

資料來源：自由時報；本個案自行繪製

田表7-24　各大車廠推出純電動車時程表

車廠名稱	時間	目標
豐田汽車	2050	所有車款為純電動車。
富豪汽車	2019	所有車款為油電混合動力車或純電動車。
賓士汽車	2022	所有車款為油電混合動力車與純電動車，屆時再增加50款全新電動車。
福斯汽車	2025	純電動車將佔總銷量25%或300萬輛，光中國就要賣出150萬輛，2030年旗下全部300種車款將推出電動版。
奧迪汽車	2025	純電動車佔所有車款的25%～30%。
福特汽車	2025	未來五年將在全球推出13款純電動車或混合動力車，2025年在中國市場銷售中，70%是純電動車或混合動力車。
本田汽車	2030	純電動車或混合動力車佔銷量2/3。

資料來源：自由時報；本個案自行繪製

---

22 全球各國禁售燃油車時間表相繼公布，2040年是最後期限（2017年7月14日）。每日頭條。取自：https://kknews.cc/zh-tw/world/46p962x.html。

（一）各國對燃油車的政策

1. 法國

為實現《巴黎協定》目標，法國計劃從2040年開始，全面停止出售汽油車和柴油車，將法國打造成為一個碳平衡的國家，計劃於2050年實現碳中和。

2. 德國

德國聯邦參議院曾以多票通過決議，自2030年起新車只能為零排放汽車，禁止銷售汽油車和柴油車，但德國汽車協會對此表示不滿。德國社民黨（SPD）和綠黨（Grünen）表示支持這一決議，由這兩黨派執政的德國聯邦州也支持此一禁令。

3. 挪威

挪威「進步黨」將淘汰所有汽油車，另外，「自由黨」也與「進步黨」、「基督教民主黨」和保守黨達成禁用汽油車的協議。

4. 荷蘭

荷蘭勞工黨公開提案，要求從2025年開始禁止在荷蘭國內銷售傳統的汽油和柴油汽車，從而確保在2025年之後所有新車都是新能源汽車。此外在該提案中還呼籲政府應積極投資和推動自動駕駛汽車的發展，從而減少交通事故的發生。

5. 中國

在天津召開的2017中國汽車產業發展國際論壇上，中國工信部副部長辛國斌透露政府正在與其他監管機構合作，制定終止生產和銷售汽、柴油車的時間表。同時，工信部也擬定「雙積分管理辦法」來取代過去的補貼政策，此管理法將會對車商平均耗油積分與新能源汽車的比重做出明確規定。

6. 英國

英國政府將提撥三十億英鎊整治空汙，包括在無人駕駛、零排放技術方面投資逾8億英鎊資金，並計劃在電池技術研究方面投資2.46億英鎊，以協助汽車業轉型[23]。

---

23 全球各國禁售燃油車時間表相繼公布，2040年是最後期限（2017年7月14日）。每日頭條。取自：https://kknews.cc/zh-tw/world/46p962x.html。

三、共享經濟威脅

共享經濟的概念正在全球各地發展，這種以「共享」取代「擁有」的消費模式，轉變人們的生活。其中，「汽車共享」的模式早已在歐美各城市快速發展。

有別於傳統租車透過定點、按天計費、定點租還車的模式，「汽車共享」最大特點在於流動式汽車共享使消費者能隨時租賃、隨處歸還車輛，就像使用私家車一般，更加方便、有彈性。

（一）國外共享汽車主要廠商

1. 德國Car2Go

由德國戴姆勒集團旗下的MOOVEL公司推行了一項名為「Car2Go」汽車共享的新概念，會員可利用專屬App得知何處有車輛可以使用。而且還車時不用開回原處或指定地點，只要將車輛停放在營運區域內的合法停車點即可。

「Car2Go」於2016年正式進軍中國市場，重慶也成為「Car2Go」在亞洲的第一個試點城市，測試兩個月後，業者也對外表示當地人接受度相當高。Car2go的使用方式也相當簡易，用戶可以用手機APP註冊付費會員，透過GPS定位系統，尋找附近可用的車輛，並且可選擇以每分鐘、每小時或每日等不同方案付費。

為配合Car2go服務，戴姆勒也推出了應用程式moovel，整合Car2go、火車、公車、計程車、公共自行車等大眾運輸資訊，讓使用者輕鬆規劃從出發地到目的地之間的交通路線，無縫轉接、轉乘[24]。

▷▷ 圖7-51　德國「Car2Go」

資料來源：Albert Pego/Shutterstock.com；Paolo Bona/Shutterstock.com

---

24 鄭寧（2016年11月21日）。共享汽車風潮！看看國外兩大業者怎麼做。KNOWING新聞。取自：http://news.knowing.asia/news/0ff78207-11e7-431d-96b3-698ebff18055。

2. 美國Zipcar

Zipcar是汽車租賃品牌安維斯（Avis）子公司，自1999年創立起，陸續在倫敦、紐約、伊斯坦堡等地上線，全球營運12,000輛汽車。其特色在於會員可以隨時取、還車，所有相關用車需求也都會備妥。

Zipcar結合科技系統，會員在需要用車時，只要透過電腦或手機的App，輸入租用時間後，系統便會告知會員哪裡有車子可租用。

2017年6月，服務範圍遍及全球500座城市的汽車共享平台Zipcar進軍亞洲，宣布臺北為第一站，並正式啟動服務。Zipcar採收費會員制，消費者可選擇月繳500元或年繳3999元方案，便能以最低每小時250元的價格，透過App當鑰匙，在各大停車場內租用車輛[25]。

▷▷ 圖7-52　美國「Zipcar」

（二）臺灣共享汽車廠商

1. 和運IRENT

和運租車2014年創新推出『24小時自助租車服務』，以客戶為中心思維，運用iT技術，將租車服務無限延伸到民眾的日常生活，並結合悠遊卡提供客戶最easy的租車樂趣。

「iRent 24小時自助租車」採會員制經營，提供會員24小時租車及線上服務，只要下載和運iRent專屬APP，加入會員審核通過，並將經常使用的悠遊卡認證註冊完成後就可以當作會員感應卡，當會員想要用車時，只要透過智慧手

25 鄭寧（2016年11月21日）。共享汽車風潮！看看國外兩大業者怎麼做。KNOWING新聞。取自：http://news.knowing.asia/news/0ff78207-11e7-431d-96b3-698ebff18055。

機上APP先預約車輛成功，即可於約定時間前往取車使用車輛，當會員想要用車時，只要透過智慧手機上APP先預約車輛成功即可，預約成功之後，24小時即可取車。2017年，新一代iRent還新增了全國首創24小時自助租車並提供甲租乙還服務，提供更加便捷的租車體驗[26]。

(三) 共享汽車發展困境

目前共享汽車仍存在諸多發展困境，包括找車難、停車難等問題，而未來行業進駐廠商的不斷增多，市場競爭加劇。在營運管理方面，包括投放使用的車輛可能會遭到部分用戶惡意損壞，車內殘留垃圾等行為也會影響後續用戶的使用，以及交通事故發生後的車輛修理、賠償等[27]。

▷▷ 圖7-53　共享汽車的停車問題仍須解決

資料來源：www.hollandfoto.net/Shutterstock.com

---

26 和運IRENT官方網站。取自：https://www.easyrent.com.tw/irent/WEB/index.shtml。

27 段郴群（2017年9月26日）。共享經濟「燒」到汽車租賃領域。廣州日報。取自：https://kknews.cc/tech/jr9jrgp.html。

7-7 結論

田表7-25　和泰車SWOT分析

S優勢	W劣勢
1. 市佔率臺灣第一。 2. 營業收入完勝其他車商。 3. 良好的技術品牌形象。 4. 獨特的產銷管理及分工。 5. 優秀的八大經商網路。 6. 品質穩定，良率高及低耗油。	1. 核心零組件、技術操控於豐田母廠。 2. 專注於代理、銷售方面，無產品研發。 3. 因省油鋼材輕，安全性質疑。 4. 專注發展HYBRID油電車技術。 5. 主要為美、日市場，風險高。
O機會	**T威脅**
1. 衛星產業增加，例如：保險、保代、租車、中古車市場。 2. 豐田母廠發表燃氫電池車TOYOTA Mirai。 3. 電動車價格昂貴，發展中國家對燃氣、柴油車的需求。	1. 大眾運輸系統逐漸發展（捷運、高鐵）。 2. 共享經濟崛起，自用車下降。 3. 各國定出禁止燃油車時程，豐田母廠專注於燃氫電池車，市場未明。

　　和泰汽車銷量臺灣市場市佔率第一名，和泰車2016年營業收入為1,725億元，2014年至2016年營業收入都為成長趨勢。但和泰汽車無研發費用支出，業務專注代理與銷售，核心零組件、專門技術由日本豐田所把持。因此，和泰汽車若未來業績下滑代理權恐有被收回之風險。並且，未來電動車的趨勢指日可待，因日本豐田母廠先前專注於動力混合車，而純電動車的技術起步相較其他車廠落後了許多。

　　臺灣市場和泰汽車所銷售的豐田TOYOTA每年有約10萬輛的銷售量領先各家車廠，並且和泰發展異業結合、服務一條龍，從和泰所需要的車型配備向國瑞汽車下單，再由合資的優秀八大經銷網絡銷售汽車，由長源汽車銷售日野貨車。若消費者需要選配影音產品，由和泰關係企業車美仕提供服務，購買汽車必須投保汽車保險，因此2017年和泰收購蘇黎世產險，更名為和泰產險，自行提供保險服務，讓購買和泰汽車產品的消費者，能有保險商品組合的議價空間，並有和安保險代理人，提供其他車險商品，近年來也極力發展中古車市場及共享經濟租車模式I-RENT。

　　和泰車雖已在服務上達到極致，但因日本母廠的電動車政策是一大風險，隨

著全球環保意識興起，電動車、自駕車時代來臨，汽車產業的革命也在各國相繼興起，全球許多國家，在 2020年至2050年間逐步禁止販售柴油、汽油車。但豐田汽車高層認為純電動車無技術堡壘，容易被學習，並且龐大的燃油車公司，突然間轉換成純電動車，其中的技術及銷售傳統的包袱，是絆腳石之一，因此專注於研發氫燃料電池車，與其他車商集團，發展不同的道路。豐田在2017年調整為純電動車、氫燃料電池車雙管齊下，但電動車發展較晚，仍須再觀察其如何發展。燃油車未來可將銷售重心轉往發展中或未發展國家，當發展中國家經濟成長時，通常使用成本較低的燃油車作為人民之載具，而彌補純電動車研發之費用。

共享經濟的概念來臨，這種新的消費模式，正在轉變人們的生活。「汽車共享」的模式早已在歐美各城市快速發展，有別於傳統租車，而可以隨租隨還，並且消費者不需要負擔維修保養的費用。共享汽車使用就像使用自家車一樣，更加方便、有彈性，但在各國家的風俗民情、公民素養不同，因此車輛的完整性與安全性，需要各廠商的嚴密控管。例如2017年開始發展的O-BIKE，在中國以及臺灣，發生的停車格事件及隨意破壞問題，表示仍有部分使用問題仍待解決。

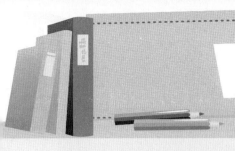

問題與討論

1. 國產車佔國內銷售車輛比例開始減少,臺灣汽車產業有哪些方法可以提升國產車的銷量,打破國產車競爭不過進口車的困境?

2. 部分國家已經開始規劃汰除燃油車的時間,電動車未來是否真的有可能完全取代燃油車?對於民眾可能造成影響有哪些?

3. 和泰汽車僅代理與銷售的業務,核心技術都掌握在母廠手中,若豐田與和泰汽車間的合作關係消失了,對和泰是個不小的衝擊。和泰汽車面對這樣的風險,有哪些措施可以因應?

4. 臺灣宣布將於2040年全面汰除燃油車,但是目前仍未有具體做法?對於達成此一目標,您有何看法?

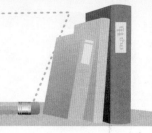

資料來源

1. MarkLines全球汽車產業平台。取自：https://www.marklines.com/portal_top_cn.html。

2. MoneyDJ。取自：https://www.moneydj.com。

3. TOYOTA油電複合動力車 全球總銷售突破900萬台（2016年5月23日）。汽車日報。取自：http://www.autonet.com.tw/cgi-bin/view.cgi?/news/2016/5/b6050390.ti+a2+a3+a4+a5+b1+/news/2016/5/b6050390+b3+d6+c1+c2+c3+e1+e2+e3+e5+f1。

4. TEJ臺灣經濟新報資料庫。

5. 三陽工業。取自：http://www.sanyang.com.tw/。

6. 王雲龍（2015年01月24日）。豐田燃料電池技術-宇宙黑科技是怎樣煉成。股感知識庫。取自：https://goo.gl/i0SYKF。

7. 全球各國禁售燃油車時間表相繼公布，2040年是最後期限（2017年7月14日）。每日頭條。取自：https://kknews.cc/zh-tw/world/46p962x.html。

8. 朱政庭（2017年9月12日）。高田氣囊瑕疵換不停 豐田ALTIS也召回4.2萬輛。蘋果日報。取自：https://tw.appledaily.com/new/realtime/20170912/1202432/。

9. 吳碧娥。TESLA大戰TOYOTA 電動車之爭誰能勝出？。北美智權報。取自：https://goo.gl/vyfalF。

10. 汽車大觀園。中華民國汽車安全協會。取自：http://www.carsafety.org.tw/about_car02.aspx。

11. 沈培華（2015年6月5日）。《類股》國產車銷售趨緩，和泰車倒退嚕。時報資訊。取自：http://www.chinatimes.com/realtime-news/20150605002447-260410。

12. 邱馨儀（2017年10月16日）。進口車壓境 汽車業產值下滑。經濟日報。取自：https://money.udn.com/money/story/5612/2759105。

13. 邱馨儀（2017年10月16日）。臺灣汽車產業近年產值資料。經濟日報。取自：https://goo.gl/P5qN24。

14. 和泰汽車官方網站。取自：https://pressroom.hotaimotor.com.tw/zh/。

15. 和運IRENT官方網站。取自：https://www.easyrent.com.tw/irent/WEB/index.shtml。

資料來源

16. 林文彬（2017年7月26日）。豐田開發電動車 充電只要幾分鐘。蘋果日報。取自：https://goo.gl/TgbrhQ。

17. 段郴群（2017年9月26日）。共享經濟"燒"到汽車租賃領域。廣州日報。取自：https://goo.gl/N7QR1A。

18. 財團法人車輛研究測試中心。取自：https://www.artc.org.tw/index.aspx。

19. 張凱喬（2017年）。2016年全球前五大電動車銷售市場解析。財團法人車輛研究測試中心。取自：https://www.artc.org.tw/chinese/03_service/03_02detail.aspx?pid=3107。

20. 陳正健（2016年6月6日）。2025年前 挪威將禁售汽油車，自由時報。取自：http://news.ltn.com.tw/news/world/paper/997755。

21. 陳信榮（2014年1月23日）。和泰車總座蘇純興：換車潮爆發了。工商時報。取自：http://www.chinatimes.com/newspapers/20140123000075-260202。

22. 陳信榮（2015年8月28日）。裕隆拿下 大陸汽車金融執照。工商時報。取自：http://www.chinatimes.com/newspapers/20150828000077-260202。

23. 黃欣（2015年6月17日）。中國中車再跌停 股價近腰斬。取自：http://www.chinatimes.com/newspapers/20150617000128-260203。

24. 黃琮淵（2014年1月15日）。內湖案生變 三陽業外落空。中國時報。取自：http://www.chinatimes.com/newspapers/20140115000826-260110。

25. 黃思敏（2017年2月28日）。共享經濟再進化：德國創新租車服務，把出租車當自家車開。取自：http://www.seinsights.asia/article/3290/3270/4647。

26. 裕隆日產官方網站。取自：http://new.nissan.com.tw/nissan。

27. 裕隆汽車官方網站。取自：http://www.yulon-motor.com.tw/。

28. 福斯集團汽車舞弊事件整理（2016年7月25日）。公民行動影音紀錄資料庫。取自：https://www.civilmedia.tw/archives/50994。

29. 電動車－財團法人車輛研究測試中心。取自：https://www.artc.org.tw/chinese/04_industry/01_01detail.aspx?pdid=15。

30. 嘴上說著不做純電動車的豐田，現在也開始行動了（2016年11月3日）。科技新報。取自：https://goo.gl/8twQgF。

31. 鄭寧（2016年11月21日）。共享汽車風潮！看看國外兩大業者怎麼做。KNOWING新聞。取自：http://news.knowing.asia/news/0ff78207-11e7-431d-96b3-698ebff18055。

資料來源

32. 盧永山（2017年09月18日）。掰了汽柴油 多國倒數迎電動車時代。自由時報。取自：http://news.ltn.com.tw/news/focus/paper/1136222。

33. 賴宏昌（2017年9月28日）。電動車夯、豐田急了？傳將與馬自達、Denso聯手開發。MoneyDJ理財網。取自：https://goo.gl/BYp2gn。

34. 戴海茜（2015年4月27日）。裕隆（2201）納智捷部分車輛因安全性問題召回檢修。財訊快報。取自：https://tw.stock.yahoo.com/news_content/url/d/a/20150427/個股-裕隆-2201-納智捷部分車輛因安全性問題召回檢修-020205072.html。

35. 豐田壓重本賭氫燃料電池車會有未來嗎？（2017年4月18日）。科技新報。取自：https://goo.gl/KVv1M4。

36. 2016年全球車市概況。財團法人車輛研究測試中心。取自：https://www.artc.org.tw/chinese/05_about/01_01list.aspx?pid=4。

37. 2015年福斯集團汽車舞弊事件整理。2016年7月25日。公民行動影音紀錄資料庫。取自：https://www.civilmedia.tw/archives/50994。

38. 三陽工業官方網站。取自：http://www.sanyang.com.tw/。

39. Car2go Blog。取自：https://blog.car2go.com/2009/05/25/info-questions-about-parking/。

個案8

共享經濟ING　從單車、機車到汽車

現在最夯的創新主題,正是萬物皆可分享、萬物皆一鍵到府的共享經濟(Sharing Economy)。在網路上,任何東西都能出租,由於網路、物聯網等科技成熟,以個人對個人方式連結,去掉多餘的中間商,降低不必要的成本,每人都成為消費者與生產者,用合理的價格與他人共用自己的食、衣、住、行,這不像是買賣「交易」關係,而更像是「分享」。

「共享型經濟」將個人所擁有的閒置資源進行社會化利用。分享型經濟倡導「租」而不是「買」。這將衝擊到許多實體產業,像是汽車、單車、飯店業、服飾業等等。

越來越多公司發展共享經濟,本個案一開始分析不同地區和不同服務的產業概況,並詳細介紹四家公司的營業項目,包括:臺灣的巨大、中國的中路及美國的Hertz 和 Avis,並在最後比較各個公司的財務狀況,讓讀者更能了解共享經濟相關公司的經營概況。

圖片資料來源:Batshevs/Shutterstock.com

第四篇　服務深耕與在地化

本個案由中興大學財金系（所）陳育成教授與臺中科技大學保險金融管理系（所）許峰睿助理教授依據具特色臺灣產業並著重於產業國際競爭關係撰寫而成。並由中興大學財金所吳宏信同學及臺中科技大學保險金融管理系胡閔綺、高佳瑄同學共同參與討論。期能以深入淺出的方式讓讀者們一窺企業的全球布局、動態競爭，並經由財務報表解讀企業經營成果。

8-1　共享經濟

一、共享經濟簡介

　　共享經濟（Sharing economy），又稱租賃經濟，是一種共用人力與資源的社會運作方式。它包括不同個人與組織對商品和服務的創造、生產、分配、交易和消費的共享。常見的型式有汽車、機車、自行車以及住宿等。

　　與此同時，共享經濟又具有弱化擁有權，強化使用權的作用。在共享經濟體系下，人們可將所擁有的資源有償租借給他人，使未被充分利用的資源獲得更有效的利用，從而使資源的整體利用效率變得更高。但是，在整體經濟景況較好的時候，人們可能會失去共享的意願[1]。

資料來源：SkyPics Studio/Shutterstock.com

1　維基百科。取自：https://zh.wikipedia.org/wiki/%E5%85%B1%E4%BA%AB%E7%B6%93%E6%BF%9F。

二、共享經濟之型態

⊞表8-1　共享經濟型態

空間	辦公空間	WeWork		Desks Near Me		ShareDesk	
	旅行住宿	Airbnb		Onefinestay		HomeAway	
交通	運輸服務	Uber		Avego		Tripda	
	車輛出租	Zipcar		Car2go		DriveNow	
物品	二手貨	Yahoo!拍賣				Yerdle	
	租賃物	Rent the Runway		Bag Borrow or Steal		Pleygo	
	客製品	Etsy		The Grommet		Shapeways	
服務	專業服務	TourTalk		Skillshare		Freelancer	
	個人服務	Netjets	DogVacay		EatWith		愛大廚
	開源協作	Threadless		LEGO		Kaggle	
金融	微型貸款	LendingClub		Kiva		Prosper	
	群眾募資	Kickstarter			Indiegogo		

資料來源：臺灣經濟月刊；本個案自行繪製

(一) 食

1. EatWith

他們提供食客與廚師平台，請廚師專門去做特別的餐點，像祖傳配方或其他地方吃不到的特色餐飲。它連接食客與廚師，用餐地點就是廚師家裡，食客通常是旅遊者。食客在官網註冊，選擇地區、口味後，預約並為主人的勞動付費，餐費根據各地區水準而不同，平均在30~60美元間，平台最多抽取15%的佣金。EatWith成立於2012年，對主人而言，他們要做的是製作菜單、上傳照片、填寫地址等其他資訊，然後等待食客下單。

2. 愛大廚

愛大廚成立於2013年，是中國首家提供專業廚師上門服務的App。只要打開手機，點擊「愛大廚」App，畫面上不僅出現一排五星級廚師任消費者選擇，六道菜只要人民幣99元，加上食材費約100元，價格超值。只要填寫好地址、用餐日期，選定菜色，就可直接用支付寶支付餐費，便完成預約。接著廚師依約上門，由於是在自家廚房烹調，絕對安全衛生。

(二) 衣

1. Rent the Runway

Rent the Runway成立於2008年，消費者可以透過RTR Reserve平台，租用Rent the Runway的服裝，時間為4-8天，價格最低為零售價格的10%。每個服裝租賃都包括一套備份服裝以確保適合，客戶可以在Rent the Runway獲得第二種著裝風格。Rent the Runway為消費者提供預先付款的服務，並提供5美元的保險費用以防止事故發生，租金包括乾洗和服裝維護[2]。

(三) 住

1. Airbnb

是一個讓大眾租賃媒合的網站，提供短期出租房屋或
房間的服務。讓旅行者可以透過網站或手機、發掘和

預訂世界各地的各種獨特房源，為近年來共享經濟發展的代表之一。Airbnb成立於2008年，公司總部位於美國舊金山。目前，Airbnb在191個國家、65,000個城市中共有超過3,000,000個房源。網站的使用者必須註冊並建立個人檔案，每一個住宿物件皆與一位房東連結，房東的個人檔案包括其他使用者的推薦、住宿過的顧客評價，以及回覆評等和私人訊息系統。

(1) Airbnb的誕生

2007年，Joe Gebbia和他的合夥人Brian Chesky得知有一個全球設計大會將在舊金山召開，由於與會人員太多，當地所有的酒店旅館都被預訂一空。Gebbia想到一個主意，將他和Chesky的住所出租給這些參加大會的設計師們居住。

當時他們自己是沒有任何正規的床位可出租的，只有3個充氣床勉強湊合能出租。因此他們就把這個項目命名為「充氣床+早餐」（Air bed and breakfast），他們上線的第一個網域名就是 airbedandbreakfast.com。這就是Airbnb名稱的由來。在大會期間，他們共為三個人提供了「充氣床+早餐」的服務。

2008年，Joe Gebbia與Brian Chesky和Joe的大學室友Nathan Blecharczyk三個人合夥在舊金山正式創辦了短租網站 Airbnb（airbed and breakfast 的縮

---

2 共享經濟的案例清單。NTARP。取自：http://need168.blogspot.tw/2016/03/blog-post_39.html。

寫），開始正式運行這個構想。這個創業想法的核心是：就像你可以預定全世界任何一家旅館的房間一樣，你也可以預定其他人家裡的空房間[3]。

(2) Airbnb全球房源

Airbnb在全球191個國家的65,000多個城市提供三百多萬個房源。 其中，以美國66萬個為最多。

▷▷圖8-1　Airbnb全球房源分布

資料來源：Airbnb官網；本個案自行繪製

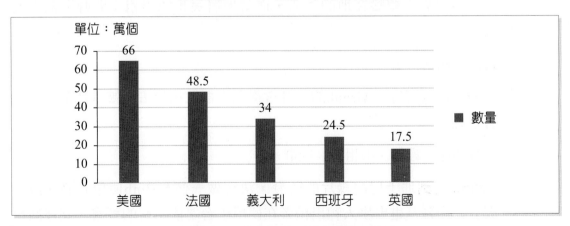

▷▷圖8-2　Airbnb擁有最多房源的國家

資料來源：Statista；本個案自行繪製

3　數位時代（2016年2月18日）。取自：https://www.bnext.com.tw/ext_rss/view/id/1343586。

(3) Airbnb房源入住人數

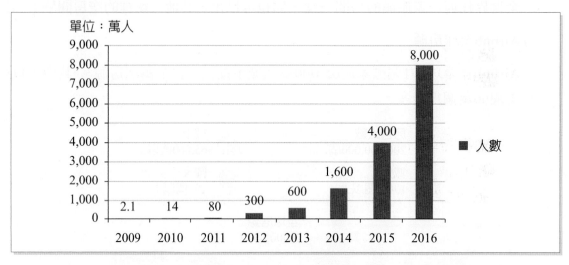

▷▷圖8-3　Airbnb房源入住人數

資料來源：Hotel News Now；本個案自行繪製

(4) Airbnb獲利模式

① 目標客層：「雙邊平台」的模式

一邊是度假和商務旅行的租用者，另一邊是出租者。Airbnb針對這兩類客層，設計出不同的價值主張、通路和收益流。

② 價值主張：成為旅人們在不同城市的「家」

Airbnb希望成為旅人們在不同城市的「家」，讓當地居民擔任東道主，領著旅客體驗在地的生活，而當地居民也能出租空間賺取額外收入。

③ 通路：網站為主

除開放網站訂房，Airbnb的好評會從顧客群散播出去，被其他潛在使用者看見。

④ 顧客關係：經營「出租者」社群

Gebbia受到迪士尼紀錄片的啟發，決定做一個Airbnb使用者的「故事板」，一幕幕畫出旅人和出租者在使用平台之前會有的疑慮、到彼此相遇時的心情和談天的內容。因此，Airbnb開始經營出租者社群，讓他們

彼此分享經驗，增進大家的服務能力，並從中挖掘新產品和服務。當有出租者說，「旅人在意居住地的街區文化」，Airbnb就回頭改網站，在房屋出租時同步公告附近活動。

⑤ 收益流：兩種客層都要付費

為了維持平台利潤，Airbnb向出租者及租用者均收費。

⑥ 關鍵資源：品牌力和穩固的社群

目前為止，Airbnb已經有強大的品牌力和社群，並獲得許多投資人的支持。

⑦ 關鍵活動：透過社群挖掘需求、開發新產品

Airbnb持續經營社群，以挖掘其他服務需求，開發新的產品。

⑧ 關鍵合作夥伴：第三方支付公司、攝影師

Airbnb很早就和PayPal及信用卡公司合作，提供便捷的支付管道。他們經由實驗發現，同一個房間只是上傳照片品質的不同造成出租率差異盛大（「明亮乾淨」和「昏暗不清」），明亮者的出租率是後者的兩倍，因而增加在地攝影師為合作夥伴，為每一個出租房間拍照。

⑨ 成本結構：行銷和研發最花錢

絕大部分的花費是在行銷活動和技術研發，但是和其他單位的銷售合作，也支付一些成本[4]。

(5) Airbnb的批評與爭議

① 經營邏輯問題

Airbnb經營主要有兩大邏輯：第一，如何讓陌生人進入你家？基本上是「盲選」，透過大量房東參與分散風險，讓每一次吃虧都不會發生在同一個房東身上。第二，「模糊價格」，經由網站設計與國際轉帳，同一個房源會有5種不同的價格，首頁廣告一個價格、日曆又是一個價格、房客最初看到的價格、房客最終付款的價格。房東最初看到的價格、房東最終提款的價格，可能均存在差異，當旅客搜尋過多房源相片而感到疲勞時，很容易被多重價格誤導，等刷卡後看見真正價格而後悔時，就會被扣服務費。

4　韋惟珊（2015年10月26日）。一張商業模式圖，告訴你Airbnb是怎麼愈做愈大的。經理人。取自：https://www.managertoday.com.tw/articles/view/51464。

② 信任危機

該網站主打社群建立在人與人之間的「信任」上。可是你憑什麼相信
Airbnb，相信陌生人？對此任何一方並未提供實質擔保，以致Airbnb拖
欠支付租金，房東卻無法追討，危險房客也無從監管，偷複製鑰匙時有
所聞。該網站系統會自動或人工手動下架認為相片不符的房源，但房東
卻渾然不知，也會偷偷修改房源價格、房源最低預定天數等細節，顯示
該網站已無從信任起。

③ 使用垃圾郵件

2011年，屋主和競爭對手聲稱，自動發往屋主的大量可疑電子郵件導致
Airbnb的成功。

④ 法律與安全問題

由於短期出租服務，有先天上的問題。在美國舊金山，一位署名「EJ」
的網友嚴詞指責Airbnb所帶來的房客盜竊她的財物。另外，在2015年
還有一名Airbnb用戶被房東家裡的狗咬傷，但 Airbnb拒絕支付醫療費
用，直到《紐約時報》報導後才得以解決。

在日本，Airbnb的民宿，多半沒有合法執照。因為在日本要取得合法的
旅館或民宿執照，甚至比臺灣還要困難，除了要符合嚴格的消防規定之
外，維持費用與經營的稅金更是沉重的負擔，所以萬一發生不幸的事
情，事後可能無法索賠。

2017年2月8日，新加坡市區重建局頒布新規定，禁止房屋擁有者提供低
於六個月的短租行為，一旦查獲，將會處以新加坡幣20萬元罰款[5]。

2. WeWork

Adam Neumann和合夥人Miguel McKelvey在
2010年成立了WeWork，他們租賃辦公大樓空
間，進行重新設計和裝修後把分隔成的空間轉
租，收取租金差價。「WeWork現在在16個國
家50多個城市擁有200多個辦公地點。」

資料來源：StockStudio/Shutterstock.com

5　維基百科。取自：https://w.liuping.win/wiki/%E7%88%B1%E5%BD%BC%E8%BF%8E。

(1) 全球共享工作空間數量

新創風氣興盛、個人工作者增加，共享工作空間（Coworking Space）也逐漸成爲新興選擇。出租共享辦公空間的企業，從鼻祖WeWork到後進者優客工場，2017年也都加碼注資，拓展全球據點。從歷年數據來看，Statista資料顯示，全球共享工作空間的數量，推算到2017年數量將達13,800間，5年成長了5倍；根據「全球共享辦公室調查」（Global Coworking Survey）推估，全球今年約有120萬人在共享辦公室工作[6]。

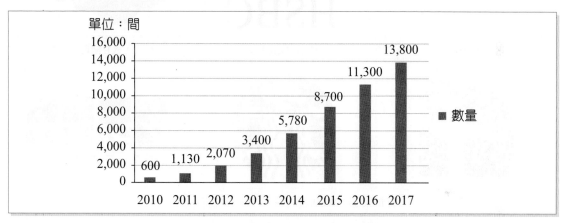

▷▷圖8-4　全球共享工作空間數量

資料來源：Statista；本個案自行繪製

(2) WeWork全球據點

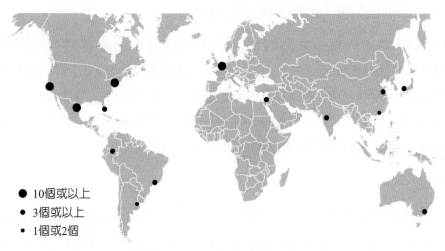

▷▷圖8-5　WeWork全球據點

資料來源：WeWork官網；本個案自行繪製

6　許博涵（2017年9月21日）。共享辦公室出租夯！鼻祖WeWork vs.後進者「優客工場」，從中國打到東南亞。SmartM。取自：https://www.smartm.com.tw/article/34313538cea3。

(3) WeWork企業合作夥伴

田表8-2　WeWork相關合作夥伴

Microsoft	HSBC	Salesforce
Microsoft	HSBC	salesforce
Facebook	**Starbucks**	**KPMG**
f	Starbucks	KPMG

資料來源：WeWork官網；本個案自行繪製

以審計與管顧聞名的國際會計師事務所KPMG，在曼哈頓約有50名員工使用WeWork大樓辦公，裡頭所有員工穿著T-shirt、圍繞長形木桌與白板做事，愜意的氣氛讓人很難想像這是KPMG。

現為KPMG研究員兼顧問的David Pessah分享他親身的有趣經歷：兩年前他任職於一間只有4人的新創公司，他們的辦公室正巧和KPMG在同層WeWork大樓，大樓內KPMG自在的工作氛圍，顛覆了他對會計師事務所嚴肅、緊繃的刻板印象。有天在電梯內遇到KPMG總監，兩人相談甚歡，於是David Pessah就在WeWork大樓內獲得了現在的工作！

(4) Wework的優勢

① 人人都想要矽谷辦公室，但不是人人都能在矽谷上班

Adam Neumann和Miguel McKelvey先租下一層辦公空間或整棟大樓，再將同個平面隔間並加以裝潢，最後出租給自由業者、創業團隊或大型企業。乍看之下WeWork的運作方式很像二房東，但他們不只是出租空間這麼簡單。

WeWork了解當前創業風氣盛行，大家都嚮往矽谷巨頭Google、Facebook的開放式辦公空間，然而「人人都想要矽谷辦公室，但不是人人都能到矽谷上班」，因此WeWork的使命便定位在提供顧客一個舒適、自在、對工作加分的空間！

兩位創辦人專業分工，Adam Neumann負責經營管理、建築師出身的Miguel McKelvey則擔負空間設計重任，將每個空間設計成時髦、充滿活力、創意的「矽谷風格」辦公室，並利用透明隔間讓空間在視覺上更為寬敞，也方便租戶們彼此認識交流。

② 不只是空間租賃，更是創業社群

在這裡每個人來自不同背景，卻對工作、創業有相同熱情，透過WeWork你很可能結交志同道合的夥伴、尋找合作廠商，甚至認識未來的老闆或投資人。WeWork有如實體社群網站，且人脈網絡比Facebook等更具體精確，這些軟性附加價值使WeWork辦公空間炙手可熱，也讓租戶一再續約！

單從辦公室租賃的角度來看，WeWork的收費貴得驚人，一張專用辦公桌月租350美元起、一間私人辦公室450美元起，價格依地點而異，例如位於曼哈頓的8人辦公室月租就要6,250美元！

但在大都市如倫敦、紐約的WeWork大樓八成以上客滿，空出來的位置也會在幾個月內出租，因為除了空間租賃，加入WeWork對內提升團隊向心力、對外建立業界人脈以及WeWork社群歸屬感，若將這些無形價值納入考量，目前的收費相對划算[7]。

3. DogVacay

DogVacay成立於2012年，他們為準備外出旅遊的寵物飼主提供尋找寄養家庭的服務，旗下所有的「寵物狗保姆」都經過了公司的統一測試。飼主可以在他們的網站上瀏覽寄養家庭的地址、聯繫方式，以及其他飼主的評比。寄養家庭還會每天將寵物的照片與影片發布到網站上，供飼主瀏覽。目前收集了十四萬多名愛狗人士，分別來自一萬多座不同的城市。

---

7 盧佑喬（2017年9月21日）。共同工作空間 WeWork 用矽谷式空間和人脈網絡，重寫「上班」的定義。Vide。取自：https://vide.tw/7881。

（四）行

1. Uber

中文翻譯爲「優步」，是一家交通網路公司，總部位於
美國加利福尼亞州舊金山，以開發行動應用程式連結乘
客和司機，提供載客車輛租賃及實時共乘的分享型經濟
服務。乘客可以透過傳送簡訊或是使用行動應用程式來
預約這些載客的車輛，利用行動應用程式時還可以追蹤
車輛的位置。

(1) Uber的起源

2008年的時候，在巴黎寒冷夜，Travis Kalanick和Garrett Camp，在路上一
直招不到車，於是就想若能發明一個只要用手一按就能叫車方法，可以提
供每個城市更好的生活品質。他們從中抽取佣金、車主利用這個賺額外的
收入、乘客享受到優惠的價格，由此創造三贏。

(2) Uber的經營模式

Uber在經營方面有創新的方式，跟之前看到的叫車服務都不同，價格方面
也採彈性。用比較低的價錢來創造更多的需求，有更多的需求創造更多有
意願供給的司機，有司機供給就有更多的服務。Uber以類似共享經濟的
方式經營，簡單來說共享經濟就是將閒置的東西讓大家共享，增加經濟發
展。Uber將閒置的車子去接送有需要的人，提供資訊平台，供給的人是提
供服務載客，而需求的人則是給予費用。

(3) Uber所在的國家與城市

Uber在全球的業務遍及全球689個城市，其中北美洲的城市最多，高達305
個。

田表8-3　Uber全球據點

北美洲	中南美洲	歐洲	中東	非洲	東亞	南亞	東南亞	澳洲和紐西蘭
305	148	97	13	15	10	37	43	21

資料來源：Uber官網；本個案自行繪製

(4) Uber的運作模式

搭乘Uber可以利用手機 APP 預約專車。預約需求會發送給最近的Uber司機，當Uber司機接受了預約，APP上將會預估司機多久會抵達要上車的地點。司機抵達時，APP還會有提醒，當預約到專車時，APP會提供司機的姓名、車款、車牌號碼，方便能認出該車。上車後，確認已將目的地輸入APP中了。Uber司機會用他們的Uber APP來確認所有行程。若有建議的行駛路線，可告訴Uber司機，將會按照指定的路線行駛。抵達目的地時，車資會自動從Uber連結的帳號支付[8]。

(5) Uber在臺灣

⊞表8-4　Uber在臺灣概況

日期	事件
2013年05月07日	在臺灣試營運。
2013年07月31日	正式在臺灣推出UberBLACK服務，與租賃車合作，主打黑頭車。
2014年05月08日	推出平價車UberX菁英優步。
2014年07月07日	千輛計程車在交通部抗議Uber搶生意。
2014年07月30日	交通部修改《計程車客運服務業申請核准經營辦法》，定義「派遣」行為必須申請營業執照。
2014年12月05日	交通部判定Uber違法經營白牌車。
2016年05月13日	Uber宣布15%優惠，被發現由司機自行吸收。
2016年06月15日	公平會因Uber廣告不實，重罰Uber100萬元。
2016年06月28日	推出順風車服務，讓乘客跟駕駛共乘。全民車行帶2千台計程車包圍立法院抗議。
2016年07月11日	衛星派遣車隊和計程車公會集結立法院、凱道抗議。
2016年08月02日	經濟部投審會欲撤銷Uber許可，隔天暫緩實施。
2016年08月12日	計程車包圍行政院抗議Uber違法。
2016年08月05日	Uber發出「讓Uber留在臺灣」網路連署。
2016年09月20日	推出在臺北、臺中、高雄推出預先排程服務。
2016年10月24日	爆發臺灣首例Uber駕駛性侵酒醉女乘客。

8　白欣晏、官鈺涵、石綿勛（2017年3月29日）。Uber法律爭議及消費者滿意度之分析。取自：http://www.shs.edu.tw/works/essay/2017/03/2017032909395664.pdf。

日期	事件
2016年10月25日	交通部推出「多元計程車方案」。
2016年11月15日	推出美食外送服務UberEATS。
2016年11月16日	臺北市國稅局發出兩張稅單追補Uber1.35億元稅金。
2016年11月17日	Uber亞太區總經理發公開信給蔡英文總統，請政府將車輛分享納入法規。
2016年11月28日	Uber在報紙刊登廣告，誤導民眾交通部將開罰Uber駕駛2,500萬。
2016年12月01日	Uber表示與富邦產險討論保險方案。
2016年12月09日	立法院三讀通過《營業稅法》修正案，跨境電商需設稅籍繳5％營業稅，Uber也要繳稅。
2017年01月06日	《公路法》修正案正式上路，重罰Uber及Uber駕駛。
2017年01月08日	Uber駕駛發起一日免費載客活動。
2017年01月13日	交通部長賀陳旦與Uber亞太區總監洽談偏鄉合作。
2017年01月18日	宣布與中華民國計程車駕駛員工會全國聯合會合作，擬推出UberTAXI服務，工會否認。
2017年02月02日	交通部開出勒令歇業處分書及2.31億元罰單，在台累計48張罰單金額11億元，Uber宣布暫停叫車服務。
2017年02月10日	Uber暫停叫車服務。
2017年04月13日	Uber宣布與租賃車合作恢復營運。
2017年10月30日	推出UberTAXI服務。

資料來源：數位時代；本個案自行繪製

① Uber推出UberTAXI服務

Uber在2017年10月30日宣布與亞太衛星車隊、皇冠大車隊、Q Taxi 攜手合作，在臺北市率先推出的UberTAXI正式啟動服務。加入Uber科技平台的駕駛和車輛皆通過嚴格審查，除了計程車為五年新以內的車輛，駕駛也必須擁有合法職業駕駛身份。

② 「一鍵叫車」的搭乘選擇

UberTAXI服務讓有需要叫車的人可以透過Uber APP配對到合作的計程車車隊，並且由車隊派遣其駕駛。對乘客而言，除了「菁英優步」、「尊榮優步」、「關懷優步」，更受益於多一種「UberTAXI」車輛選擇，可以減少等車時間，以更快且有效的方式到達目的地。

③ UberTAXI付費方式

採計程車費率跳表。不比照Uber傳統模式以信用卡付帳，而僅限以現金支付車資。

2. Zipcar

1999年，Robin Chase成立了Zipcar。Zipcar就像是「汽車版的YouBike」般，讓空車散布大城市各角落，使用者可隨時搜尋就近可用車輛，憑會員卡取車、還車，而使用完畢車輛還會自動上鎖，不必擔心營業時間和手續辦理等問題。根據美國柏克萊大學研究，一部共享車可取代9至13部私人車輛。

Zipcar透過吸收會員，發放會員卡來營運。Zipcar的汽車停放在民眾集中地區，會員可以直接上Zipcar的網站或者透過電話搜尋需要的車，網站根據車輛與會員所在地的距離，透過電子地圖排列出車輛的基本情況和價格，會員選擇汽車，進行預約取車。使用完之後於約定的時間內將車開回原本的地方，用會員卡上鎖。

3. Netjets

Netjets專為客戶提供私人飛機管理服務，同時也將管理的飛機提供航空包機服務。你可以將自己的飛機託管在這裡，閒置時可以租賃給其他人。

(五) 育

1. SkillShare

SkillShare是一個主打技能分享、人人都可能成為老師的在線學習及課程服務平台。以一對一、面對面的形式，讓各領域行家自行定價，幫助用戶解決個別化問題的一套互聯網服務系統[9]。

(六) 樂

1. TourTalk

TourTalk 以共享經濟為核心，建構即時翻譯人才平台，語言精通者只要通過審核與訓練即可成為翻譯官，可根據自選時段進行排班服務，開創語言精通者新型態的兼職收入管道。另一方面，旅客只要花點小錢就可享有即時翻譯，解決語言問題[10]。

9　共享經濟的案例清單。NYARP。取自：http://need168.blogspot.tw/2016/03/blog-post_39.html。
10　【共享經濟新可能】旅行免驚語言不通，TourTalk 幫你找來真人即時口譯（2016年7月19日）。科技報橘。
　　取自：https://buzzorange.com/techorange/2016/07/19/tour-talk-ad/。

8-2 共享經濟之概況

一、共享單車概況

(一) 中國概況

　　繼共享汽車之後，共享單車發展迅速，成為中國時下最火熱的共享經濟代表。隨著智慧手機應用的普及，共享自行車平臺也廣為民眾接受，這種使用方式被越來越多人選擇。根據統計數據顯示，2016年中國共享自行車的市場規模達12.3億元人民幣，用戶規模達0.28億人。預計2017年中國共享自行車市場規模將達到102.8億元人民幣，成長率高達735.8%；用戶規模將達到2.09億人，成長率將達646.4%。據統計，截至2017年3月底，中國共享自行車平臺中，ofo共享自行車的城市覆蓋率最高，已布局43座中國城市、3座海外城市。

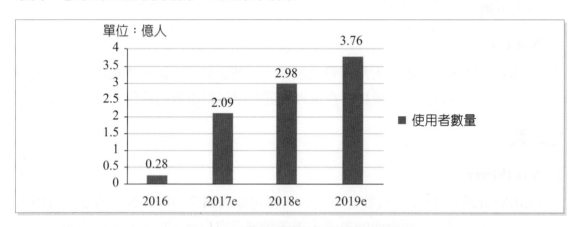

▷▷圖8-6　中國共享單車使用者數量預測

資料來源：中商產業研究院；本個案自行繪製

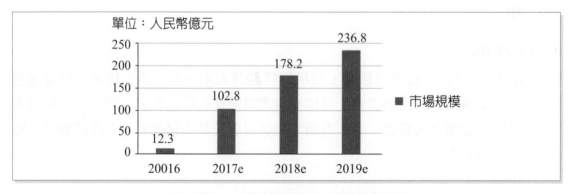

▷▷圖8-7　中國共享單車市場規模預測

資料來源：中商產業研究院；本個案自行繪製

（二）臺灣概況

在臺灣，共享單車一直都是非常熱門的新經濟題材。2012年中由臺北市政府和捷安特合作的Youbike開始試行，截至2016年已取得1億騎乘人次。極低毀損率所展現的高人民素質，讓包括阿姆斯特丹跟西雅圖在內等各國際城市的管理階層，都曾來臺灣取經並讚賞Youbike的服務。近期也有許多不同營運模式的共享單車服務誕生，例如：來自新加坡的Obike、來自美國的V-bike、來自中國的ofo共享單車與Mobike，甚至是荷蘭鹿特丹在2016年才開始測試的Gobike等。

以Youbike和Obike為例：Youbike為政府與企業合作的公共服務，採固定站點借還車服務，可以使用信用卡單次租車，也可以結合臺灣行之有年的悠遊卡、一卡通電子票證系統，無須押金，在各站點申請使用資格後，便可進行騎乘。目前以臺北地區來說，單月至少都有15萬次以上的租賃人數，並持續增加站點。騎乘費率為前30分鐘5元，30分鐘後採累計計費，每30分鐘10到40元不等。車輛單價大約17,000以上，有三段變速系統，騎乘起來較不費力。

而今年在臺灣快速崛起的Obike，則採取與Youbike完全不同的經營思維。Obike為無樁單車，借還單車都不需要回到特定站點。借車時必須先行下載APP，加入會員並繳納900元押金才能使用。借車時掃描車身上的QRcode解鎖，並持續開啟手機藍芽。抵達目的地後，停在任何適合停放腳踏車的公共空間後上鎖，即完成一次租借，採固定費率為每15分鐘2元。近期也針對使用較頻繁的用戶，推出單日、三日、雙周和單月，會員限定的優惠計價方案。由於未設置借還車的站點，Obike拓點極為快速，在臺北、臺東、臺南、宜蘭、高雄等地都已經可見到Obike的共享單車[11]。

二、共享機車概況

田表8-5 各國共享機車服務

公司	WeMo	Scoot	Cityscoot	COUP
城市	臺北（臺灣）	舊金山（美國）	巴黎（法國）	柏林（德國）
車數（輛）	約200	約500	約1000	約1000
速限	60km/hr	50km/hr	45km/hr	45km/hr

---

11 共享單車的理想模式？（2017年7月27日）。六都春秋。取自：http://ladopost.com/cn/newsDetail4.php?ntId=36&nId=103。

公司	WeMo	Scoot	Cityscoot	COUP
續航力	50km	32km	60km	80km
價格/分鐘	NT$2.5	NT$3	NT$9.9	NT$3.5
站點	無	有	無	無

資料來源：WeMo官網；本個案自行繪製

（一）WeMo

威摩科技（WeMo）成立於2015年底，並於2016年10月正式推出租賃服務，上線後使用人數持續穩定成長，目前註冊會員數已破6,000人，營運範圍有中正、大安、信義、中山、松山、萬華、大同區，預計今年10月底前陸續擴區。先以大直、內湖為主，再增加南港、士林等地區，2017年年底前也將新增1,000輛新車，擴大共享機車租賃服務。

WeMo騎乘金是提供給會員的優惠金，可以透過WeMo粉絲專頁上的優惠活動獲取，但目前尚沒有Member get Member的推薦折扣金模式。

WeMo APP上的地圖可查看周遭機車位置，點選機車即可查看該輛機車位置及與使用者步行距離。預訂時間為10分鐘，可隨意取消，不會收取任何費用。

若使用者違停、違反交通法規等，罰金將由租用者自行負擔。但若是停放於路邊合法的公共收費停車格，停車費由WeMo負擔。

（二）Scoot

Scoot成立於 2011年，總部於美國舊金山，創辦至今一共募資4.53百萬美元。Scoot使用低速的電動速克達車款，在加入會員之後，只要用手機的APP即能預約、開鎖、上路、還車與付款。車子放在路邊就可以，下一個人用手機找到車子位置後就能騎走，但Scoot也有「Scoot Parking」，也就是所謂的車庫。類似於臺灣YouBike的固定停車站點，不過還附有充電的功能，比較像是Gogoro的電池更換站。

Scoot所提供的車型一共有四種，分別為The Scoot、The Classic、The Cargo、The Quad，主要差在裝貨的空間大小、最高時速的限制、續航力與是否能載其他人等。The Scoot時速最高每小時50公里，費用每分鐘約新台幣3元，車上配件除了提供安全帽兩頂，還有能夠充電的手機支架。

(三) Cityscoot

Cityscoot成立於2014年，經過7個月的測試階段，2016年中於巴黎正式提供電動機車Cityscoot共享租賃服務，初期由100輛電動機車組成。在巴黎市中心方圓33平方公里的服務範圍（Cityscoot Zone）內是目前唯一的營運範圍，至2017年爲止一共約有1,000輛電動機車於市場服務。

Cityscoot提供可公共租借、連網的智慧電動機車，Cityscoot透過自行開發的控制器，爲電動機車添加智慧化功能，能讓Cityscoot登記、追蹤以及鎖定機車位置，以確保機車騎士安全及偵測使用者是否違規超出Cityscoot應歸還的地點，並適時發出警示提醒訊號。追蹤技術是由法國電信（France Telecom）旗下Orange所提供，是以GSM爲基礎的M2M通訊技術。

Cityscoot時速最高每小時45公里，費用每分鐘約新台幣10元，車上配件除了擁有USB充電插座外，另提供手套，但僅提供一頂安全帽。

(四) COUP

Gogoro與德國博世集團（BOSCH）旗下子公司COUP合作，在柏林推出COUP共享服務平台。Coup電動機車共享服務於2016年8月在柏林推出後獲得熱烈迴響，此商業模式也於2017年8月引進巴黎。

COUP時速最高每小時45公里，申請者需要年滿21歲且持有汽車、或機車駕照，德國收費方式爲每30分鐘3歐元、或是整日20歐元；巴黎則是，前30分鐘收取4歐元之後每增加10分鐘收取1歐元。

(五) 臺灣Gogoro

Gogoro由前宏達電創意長陸學森主導。歷經4年籌備，募資約45億台幣後推出電動機車。Gogoro電動機車最大特色是電池交換服務，車主不能自己充電，Gogoro的電池就是共享經濟，使用者只擁有電池使用權，沒有擁有權，必須到Gogoro充電站用舊電池交換新電池。而Gogoro電動機車一開始就鎖定消費者市場，目標客群爲18~28歲的年輕人。

臺灣市場擁有1,500萬台機車，並每年增加65萬台新機車。這麼龐大的市場，但臺灣兩輪機車產業卻沒有出現智慧化或綠能化的新機車。汽車產業不斷創新發展智慧化或綠能化汽車，但都由國外廠商主導，例如德國、日本與美國。

但臺灣機車文化與歐洲非常不同。歐洲人認爲機車是文化象徵，臺灣人則認爲機車是工具。義大利人騎偉士牌會特別裝扮，而且認爲機車是種個人風格的延伸。臺灣人騎機車則是隨性穿著，不在乎機車外觀刮傷。這就是種文化差異，臺灣人把機車當工具，所以不愛惜它。但我們認爲臺灣機車應該也有「機車不只是工具」的市場[12]。

三、共享汽車概況

(一) 全球概況

共享經濟的出發點是基於提升社會閒置資源的使用率，搭上這股共享熱潮的相關廠商，可依服務類型分爲附帶駕駛與自行駕駛兩大族群。在附帶駕駛方面，以Uber爲首，建構叫車平台的運輸網路公司（Transportation Network Companies, TNC）逐漸增多，這類公司的核心概念係結合傳統計程車及共乘服務，但它強調隨選（on-demand）及C2C（Consumer to Consumer）媒合駕駛與乘客，提供消費者即時叫車（ride-hailing）服務。

下圖爲全球預估市值前五大的運輸網路公司，可看出滴滴出行在中國快速崛起，預估市值僅次Uber。滴滴出行在2012年初創，2016年收購美國Uber在中國的業務後即獨佔市場，滴滴出行與其它同類型公司，如美國Lyft、東南亞Grab、印度Ola皆有合作關係，是該領域相當重要的廠商，未來策略爲發展自駕車及利用大數據進行運輸需求預測拓展資訊服務，期望滴滴出行能爲廠商間共同發展前瞻技術注入創新動能。

---

12 WeMo Scooter｜電動機車中的 oBike（2017年8月6日）。HSIENBLOG。取自：https://hsienblog.com/2017/08/06/wemo-scooter/。

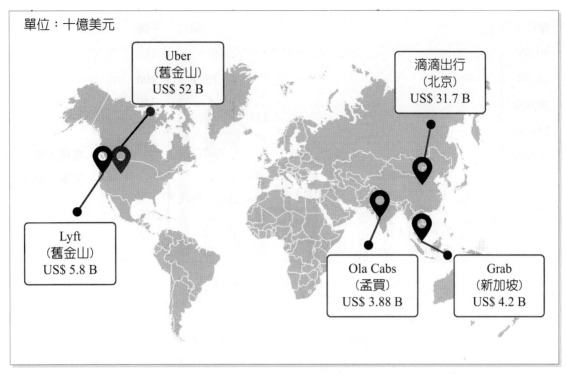

單位：十億美元

Uber
(舊金山)
US$ 52 B

滴滴出行
(北京)
US$ 31.7 B

Lyft
(舊金山)
US$ 5.8 B

Ola Cabs
(孟買)
US$ 3.88 B

Grab
(新加坡)
US$ 4.2 B

▷▷圖8-8　2016年全球主要運輸公司

資料來源：Zirra；本個案自行繪製

　　而在自行駕駛領域，則是以租車為基礎的汽車共享（car-sharing）營運商，目前主流服務為自由流動式（free-floating）的租借，消費者能隨時租賃車輛使用並且隨處歸還。最具代表性的營運廠商是Daimler旗下Car2go，全球擁有超過220萬名使用者及1.4萬輛共享車，目前包含25個城市據點（歐洲13、北美11、中國1）。Frost & Sullivan估計2017年全球汽車共享會員將達1,091萬人、共享14萬輛車，2025年將增加至3,600萬會員，以年複合成長率16.4%迅速成長[13]。

13 共享經濟熱潮 剖析汽車新商業模式（2017年）。ARTC。取自：https://www.artc.org.tw/chinese/03_
　 service/03_02detail.aspx?pid=3124。

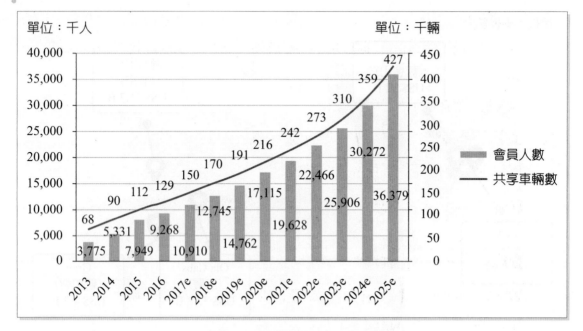

▷▷圖8-9　全球共享汽車市場預測

資料來源：Frost & Sullivan；本個案自行繪製

(二) 北美地區

　　密西根州安娜堡市的汽車研究中心（CAR）指出，汽車共享行業在過去10年穩定成長。CAR估計，隨著相關基礎設施改善、城市地區變得更擁擠，加上政府大力支持，該行業會員人數預計在2021年前成長至300萬人。市調機構Global Market Insights亦預估，該行業產值在2024年前將達到165億美元的規模。

田表8-6　北美地區汽車共享會員人數

單位：人

年度	2011	2012	2013	2014	2015	2016	2017/01
美國	560,572	806,332	995,926	1,137,803	1,172,490	1,351,051	1,405,447
加拿大	78,856	101,502	147,794	281,675	344,403	477,528	511,651
北美地區	639,428	907,834	1,143,720	1,419,478	1,516,893	1,828,579	1,917,098

資料來源：Susan（2017）；本個案自行繪製

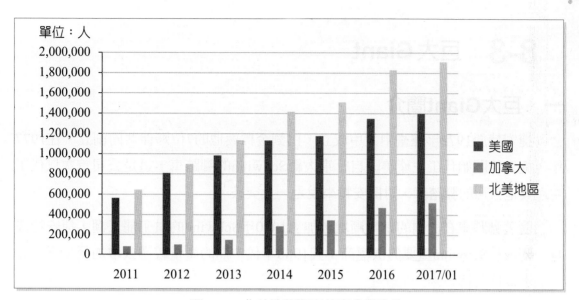

▷▷ 圖8-10　北美地區汽車共享會員人數

資料來源：Susan（2017）；本個案自行繪製

田 表8-7　北美地區汽車共享車輛數

單位：輛

年度	2011	2012	2013	2014	2015	2016	2017/01
美國	7,776	12,634	16,811	19,115	19,270	19,555	17,178
加拿大	2,605	3,143	3,933	5,048	5,881	7,903	7,412
北美地區	10,381	15,777	20,744	24,163	25,151	27,458	24,590

資料來源：Susan（2017）；本個案自行繪製

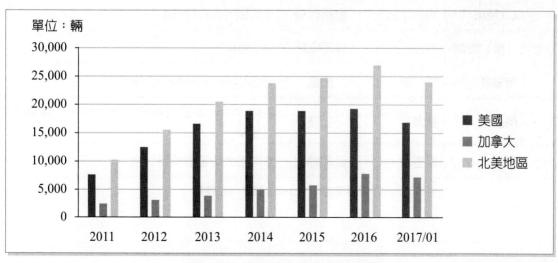

▷▷ 圖8-11　北美地區汽車共享車輛數

資料來源：Susan（2017）；本個案自行繪製

8-3　巨大 Giant

一、巨大Giant簡介

捷安特於1972年在臺中大甲成立，由劉金標與他的7位夥伴共同創立。在1977年，捷安特開始代工生產美國自行車大廠Schwinn的腳踏車，這是公司首次以代工生產其他公司的腳踏車，對捷安特來說是一大突破。

隨著腳踏車在美國的銷量漸增，加上1980年Schwinn的員工罷工潮，捷安特搖身一變成為Schwinn重要的供應商；其1980年代中期的產量較過去增加至少三分之二，貢獻捷安特75%的外銷量。

當Schwinn於1987年決定與中國腳踏車公司簽約，打算在深圳生產腳踏車之時；捷安特在比爾‧奧斯丁（時任Schwinn副執行長）的建議之下，開始發展自有品牌、加入市場競爭。產品價格較其他廠牌貴200美元以上。

1984年，捷安特和德國腳踏車製造商Koga-Miyata的負責人安德里‧嘉斯特拉，合資設立捷安特在歐洲的分公司；加斯特拉於1992年撤資，使得捷安特歐洲分公司轉為全資子公司[14]。

表8-8　巨大基本公司資料

產業類別	其他	股本	新台幣37.51億
成立時間	1961/10/27	股務代理	福邦證02-23711658
上市（櫃）時間	1983/12/29	公司電話	04-26814771
董事長	杜　珍	網址	http://www.giant-bicycles.com/
總經理	劉湧昌	工廠	臺中大甲；中國成都廠、昆山廠、天津廠；荷蘭廠
發言人	李書耕	公司地址	臺中市大甲區順帆路19號

資料來源：TEJ；本個案自行繪製

---

14 維基百科。取自：https://zh.wikipedia.org/wiki/%E6%8D%B7%E5%AE%89%E7%89%B9。

資料來源：Africa Studio/Shutterstock.com

二、主要業務及營收比重

(一) 業務內容

巨大所營業務項目包括：

1. 自行車、室內健身車、電動自行車及其相關產品之製造及銷售。

2. 鋁合金管件及鋁車圈加工製造銷售。

3. 投資自行車產銷公司。

4. 顧問服務及投資業務。

5. 碳纖複合材料研究發展與產品應用推廣。

6. 金屬容器開發製造及銷售。

7. 承辦國內外旅行業務。

8. 自行車租賃及戶外活動推廣。

(二) 2016年營收比重

巨大的營收主要以生產自行車為主要業務，佔了90.99%；而其他的業務內容只佔了9.01%。

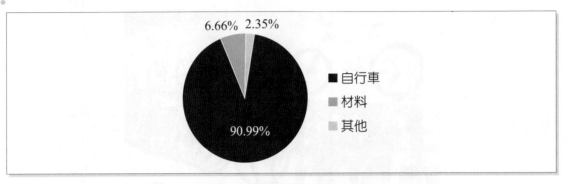

▷▷圖8-12　巨大2016年營收比重

資料來源：巨大2016年年報；本個案自行繪製

（三）2016年全球營收比重

巨大的營收主要以歐洲和亞洲為主，佔了將近70%。

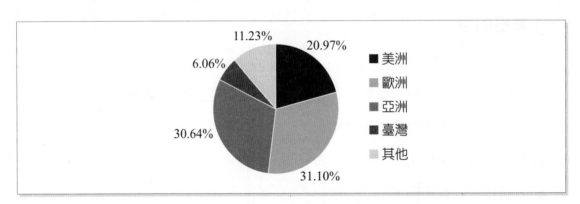

▷▷圖8-13　巨大2016年全球營收比重

資料來源：巨大2016年年報；本個案自行繪製

三、簡易財務報表

（一）巨大2012年至2016年資產負債簡表

在資產方面可以看到巨大的資產總額由250億成長至300億元，但流動資產約佔資產總額的三分之一，所以可以推估巨大在固定資產及長期資產佔比較為多數。負債比率，呈現持續下降的平穩狀態，而在權益總額的部分，有逐年增加的傾向，但在2016年有小幅下降的趨勢。

表8-9　巨大2012年至2016年資產負債簡表

單位：新台幣十億元

年度	2012	2013	2014	2015	2016
不動產、廠房及設備	1.21	1.26	1.37	1.40	1.60
流動資產	8.42	7.86	10.21	10.25	8.37
非流動資產	17.10	18.94	19.98	21.09	22.18
資產總額	25.52	26.80	30.19	31.34	30.55
流動負債	9.44	8.59	9.85	10.07	9.71
非流動負債	0.84	0.83	0.96	0.91	0.87
負債總額	10.28	9.42	10.81	10.98	10.58
負債比率（％）	40.28	35.15	35.81	35.04	34.63
權益總額	15.24	17.38	19.38	20.36	19.97
流動比率（％）	89.19	91.50	103.65	101.79	86.20
ROA（％）	11.79	13.06	13.61	12.25	10.05
ROE（％）	19.75	20.14	21.21	18.86	15.37
本益比	18.20	20.90	21.63	25.16	24.91

資料來源：TEJ；本個案自行繪製

（二）巨大2012年至2016年損益簡表

在損益方面可以看到巨大一直呈現非常穩健的狀態，2012年至2015年間沒有太大的起伏波動，但巨大在2016年稅後淨利有下滑的趨勢。

表8-10　巨大2012年至2016年損益簡表

單位：新台幣十億元

年度	2012	2013	2014	2015	2016
營業收入淨額	21.24	18.54	19.69	22.28	21.17
營業成本	18.28	15.92	17.02	19.41	18.97
營業毛利	2.96	2.62	2.67	2.87	2.20
營業毛利率（％）	13.94	14.13	13.56	12.88	10.39
與子公司及關聯企業之已（未）實現利益	-0.02	0.06	0.07	-0.03	0.07

年度	2012	2013	2014	2015	2016
已實現營業毛利	2.94	2.68	2.74	2.84	2.27
營業費用	1.94	1.84	1.98	2.01	1.68
營業費用率（%）	9.13	9.92	10.06	9.02	7.94
推銷費用	0.79	0.53	0.64	0.76	0.72
管理費用	0.75	0.85	0.86	0.80	0.52
研究發展費	0.40	0.46	0.48	0.45	0.44
營業利益	1.00	0.84	0.76	0.83	0.59
營業利益率（%）	4.71	4.53	3.86	3.73	2.79
稅前淨利	3.34	4.01	4.95	4.41	3.47
稅後淨利	3.01	3.50	4.11	3.84	3.07
稅後淨利率（%）	14.17	18.88	20.87	17.24	14.50
每股盈餘（元）	8.01	9.34	10.96	10.25	8.17

資料來源：TEJ；本個案自行繪製

四、巨大股價走勢

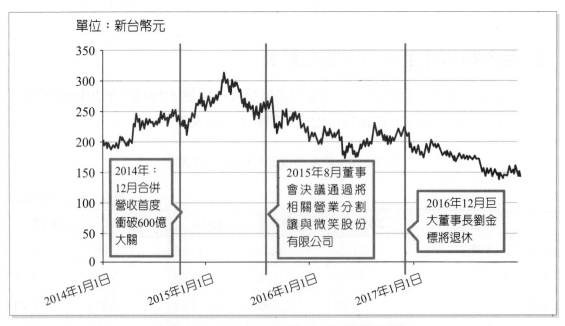

▷▷圖8-14　巨大2014年至2017年股價走勢圖

(一) 合併營收首度衝破600億大關

自行車大廠巨大2014年營收新台幣602.24億元，創歷史新高，也是巨大創立以來首度突破600億元關卡。巨大集團2014年12月營收44.83億元，較前年同期37.68億元成長18.98%，2014年1至12月累計營收602.24億元，年成長10.86%。

巨大表示，在自有品牌銷售方面，2014年除了捷安特澳洲子公司營收持平外，其它市場都有成長，最大成長來自捷安特歐洲子公司，其次為捷安特北美子公司，主要成長原因為Giant產品創新受到市場肯定，加上多年來通路深耕效果逐漸發酵[15]。

(二) 營業分割讓與

巨大集團旗下所屬捷安特公司的YouBike事業部，由於經營成效佳，引發各縣市競逐建置YouBike設施。捷安特公司董事會在2015年8月6日決議，將YouBike事業部門獨立分割、新成立「微笑單車公司」，負責YouBike的建置與營運，分割基準日為2015年10月1日。

捷安特因分割YouBike相關營業給「微笑單車公司」，配合減少資本額為2億元，而微笑單車資本額2億元。未來微笑單車負責YouBike的建置與營運，至於捷安特公司則專注於銷售自有品牌自行車，兩家公司各司其職[16]。

(三) 巨大董事長退休

巨大集團執行長羅祥安證實，將與巨大董事長、事業夥伴劉金標同步交棒退休。羅祥安表示，巨大創立44年，而他進入巨大已有43年，兩人將交棒給下一代。退休後，他與劉金標將攜手為推動自行車產業文化而努力。

2016年12月16日上午，巨大董事會即將通過新任董事長與執行長人事案。董事長規劃由巨大執行副總裁兼財務長杜綉珍接任；而執行長則由劉金標獨子、巨大現任營運長劉湧昌接任。劉金標與羅祥安宣告同時退休交棒後，兩人都將「退而不休」、繼續為推動自行車文化而努力。

---

15 江明晏（2015年1月12日）。巨大去年營收猛 衝破600億。中央通訊社。取自：https://tw.news.yahoo.com/%E5%B7%A8%E5%A4%A7%E5%8E%BB%E5%B9%B4%E7%87%9F%E6%94%B6%E7%8C%9B-%E8%A1%9D%E7%A0%B4600%E5%84%84-092930664--finance.html。

16 曾麗芳（2015年8月7日）。YouBike獨立 微笑單車成軍。中時電子報。取自：http://www.chinatimes.com/newspapers/20150807000142-260204。

受到世代交替影響，巨大早盤股價下挫了4.5元、跌幅約在2.27％，股價最低收在193元[17]。

8-4 中路股份有限公司

一、中路簡介

中路股份有限公司是一家主要經營自行車及零件、各類特種車輛的公司，它是中國最早的自行車整車製造廠之一，其主要產品有自行車、電動車、燃氣車……等。中路股份有限公司已有77年的歷史。幾十年來，先後獲得：中華人民共和國國家銀質獎、第一批十個馳名商標之一、中國自行車行業十大知名品牌、國家重點新產品、上海市著名商標、中國國家自行車隊指定產品、國家免檢產品、上海市名牌產品、中國名牌產品、最具市場競爭力品牌、保護消費者杯等無數榮譽。自成立以來，已生產銷售近1億輛自行車，成為中國單一品牌、單一產品消費者最多的交通產品。其主體產品自行車在2002年至2007年連續六年中國內銷量第一，電動自行車2005年銷量突破20萬輛。產品遍布中國國內各地，並遠銷歐、亞、非的五十多個國家和地區，年銷售額超過11億元人民幣。

田表8-11　中路公司基本資料

產業類別	其他	上市市場	上海證卷交易所
成立時間	1940	股務代理	上海申銀萬國證券股份有限公司
上市（櫃）時間	1994/01/28	公司電話	021-50596906
董事長	陳閃	網址	http://www.600818.cn
總經理	陳閃（代）	董事會秘書	袁志堅
註冊資金	3.21億元人民幣	公司地址	上海市浦東新區南六公路818號

資料來源：TEJ；本個案自行繪製

---

17 曾麗芳（2016年12月13日）。巨大集團將交棒 早盤股價下挫。中時電子報。取自：http://www.chinatimes.com/realtimenews/20161213002282-260410。

二、主要業務及營收比重

(一) 業務內容

1. 生產銷售自行車及零件、助力車、電動平衡車等各類特種車輛和與自行車相關的其它配套產品。

2. 公司全資子公司中路實業生產銷售保齡球設備及其相關產品的製造生產銷售。

3. 經營本企業自產保齡成套設備及零配件、保齡球道、保齡球、保齡瓶、保齡球鞋及相關技術的出口業務。

4. 經營本公司生產、科研所需原輔料、機械設備、儀器儀表、燈具、床系列、零配件及相關技術的進口業務。

5. 承辦本公司進料加工及"三來一補"業務。

6. 保齡球場館的建設與經營。

7. 聚氨酯塑膠（PU）場地跑道。

8. 健身器材。

9. 乳膠寢具的銷售。

10. 從事公共自行車租賃服務。

11. 對上市公司和擬上市公司等進行參股投資。

(二) 2016年營收比重

　　中路的營收以生產自行車為主，佔了84.48%；而自行車租賃業務則佔了6.95%、保齡球業務佔了4.56%，中路的其他業務內容繁多但佔比不高只有4.01%。

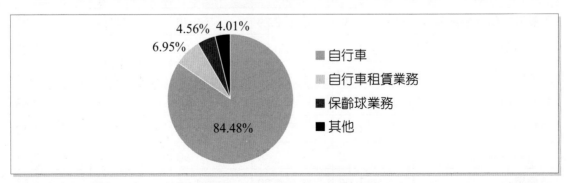

▷▷圖8-15　中路2016年營收比重

資料來源：中路2016年年報；本個案自行繪製

（三）2016年全球營收比重

中路的營收主要還是以中國為主佔了94.95%；國外的營收只佔了5.05%。

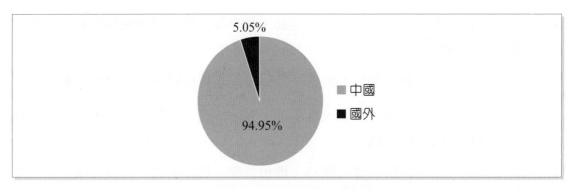

▷▷圖8-16　2016年全球營收比重

資料來源：中路2016年年報；本個案自行繪製

三、簡易財務報表

（一）中路2012年至2016年資產負債簡表

在資產方面可以看到中路的資產總額約為20、30億新台幣，又以非流動資產佔多數，所以可以得知中路在固定資產及長期資產佔比較為多數。在負債方面，負債比率逐年上升，但在2016年有小幅下降的趨勢，而在權益總額的部分，則是逐年增加的傾向。

田表8-12　中路2012年至2016年資產負債簡表

單位：新台幣十億元

年度	2012	2013	2014	2015	2016
不動產、廠房及設備	0.30	0.29	0.26	0.24	0.21
流動資產	0.46	0.51	0.80	0.95	0.92
非流動資產	2.22	2.44	2.40	2.78	2.71
資產總額	2.68	2.95	3.20	3.73	3.63
流動負債	0.90	1.09	1.25	1.66	1.12
非流動負債	0	0	0	0	0.41
負債總額	0.90	1.09	1.25	1.66	1.53

年度	2012	2013	2014	2015	2016
負債比率（%）	33.58	36.95	39.06	44.50	42.15
權益總額	1.78	1.86	1.95	2.07	2.10
流動比率（%）	51.11	46.79	64.00	57.23	82.14
ROA（%）	0.75	0.68	2.50	5.36	6.34
ROE（%）	1.12	1.08	4.10	9.66	10.95
本益比	179.34	422.69	465.98	305.84	111.98

資料來源：中路2012年至2016年年報；本個案自行繪製

（二）中路2012年至2016年損益簡表

在損益方面可以看到中路在2016年的營業費用突然暴增以致營業虧損，但中路當年度已收到土地儲備中心全部清退補償款並辦理完成土地移交手續的營業外收入，所以稅前淨利才會是正值，在其他方面都沒有太大的起伏。

田表8-13　中路2012年至2016年損益簡表

單位：新台幣十億元

年度	2012	2013	2014	2015	2016
營業收入淨額	1.80	2.54	2.47	2.34	2.36
營業成本	1.70	2.41	2.32	2.18	2.28
營業毛利	0.10	0.13	0.15	0.16	0.08
營業毛利率（%）	5.56	5.12	6.07	6.84	3.39
營業費用	0.07	0.11	0.08	-0.06	0.80
營用費用率（%）	3.89	4.33	3.24	-2.56	33.90
營業利益	0.03	0.02	0.07	0.22	-0.72
營業利益率（%）	1.67	0.79	2.83	9.40	-30.51
稅前淨利	0.02	0.02	0.08	0.27	0.29
稅後淨利	0.02	0.02	0.08	0.20	0.23
稅後淨利率（%）	1.11	0.79	3.24	8.55	9.75
每股盈餘（人民幣）	0.06	0.03	0.04	0.16	0.28

資料來源：中路2012年至2016年年報；本個案自行繪製

四、中路股價走勢

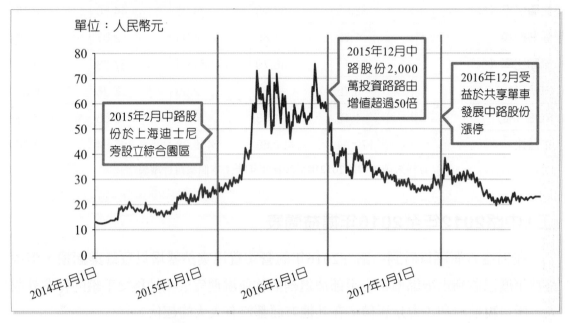

單位：人民幣元

2015年12月中路股份2,000萬投資路路由增值超過50倍

2016年12月受益於共享單車發展中路股份漲停

2015年2月中路股份於上海迪士尼旁設立綜合園區

▷▷圖8-17　中路2014年至2017年股價走勢圖

資料來源：本個案自行繪製

(一) 中路股份於上海迪士尼旁設立綜合園區

2015年公告顯示，中路三五旅遊發展有限公司註冊資本人民幣5,000萬元，經營範圍爲項目投資、景點景區/度假區投資等綜合區域開發、旅遊房地產開發、生態農林開發、區域性總體規劃、產業發展規劃、概念性規劃、旅遊景區景點總體規劃、控制性規劃和修建性詳規規劃等。

中路股份表示，建設中的上海迪士尼主題樂園與公司鄰近，利用地理優勢發展與迪士尼相關的產業，有助於促進公司獲得更多的獲利，提高公司股東價值。公司擬與戰略合作者三五集團開發建設集：生活、購物、工作、娛樂、文化、藝術於一體的世界級大規模、多功能綜合文化旅遊服務產業區，項目大致包含：零售、娛樂、辦公、酒店、住宅、餐廳、體育場館、文化、藝術、表演藝術以及學校等。中路三五旅遊發展有限公司是爲了開發建設該園區而進行申請、土地變更申請等各項政府報批及前期策劃籌備工作[18]。

18 中路股份5千萬設子公司 分享迪士尼盛宴（2015年2月26日）。鉅亨網新聞中心。取自：https://news.cnyes.com/news/id/362355。

(二) 中路股份2,000萬投資 "路路由" 增值超過50倍

中路股份2014年耗資2,000萬元參股上海路路由信息技術有限公司，持有該公司20%股權。以路路由100%股權估值60億推算，其20%股權估值也高達11.4億元[19]。

(三) 受益於共享單車發展，中路股份漲停

共享單車已經被業界視為網約專車之後的下一個共享經濟熱點，當前摩拜單車與ofo正在市場上殺紅了眼，與此同時，還有不少平台也在快速追趕，優拜單車正是其中之一。中路為中國乃至世界自行車霸主，將GPS全球衛星定位系統防盜裝置在自行車、電動自行車、LPG燃氣助動車上並成功應用，是業內首創。

目前共享單車正迅速普及，其顯著的優勢在於可以無樁停車。其中，ofo計劃年內連接100萬輛單車；快兔預計2017年完成100萬輛的投放；優拜宣稱未來1年內投放280萬輛車；小鳴單車預計2017年投放400萬輛。據機構測算，市場成熟後空間將達到百億人民幣產值，並有望與出租車、巴士、地鐵等其他行方式結合實現合作效應[20]。

資料來源：維基百科

---

19 曾劍（2015年12月25日）。天使創投3億參股路路由中路股份2000萬投資增值超50倍。取自：http://www.nbd.com.cn/articles/2015-12-25/973035.html。

20 摩拜之後再來優拜，共享單車市場的同與不同（2016年10月25日）。TechNews科技新報。取自：https://read01.com/5ddnz2.html#.WkTctt-WZPY。

8-5 全球汽車租賃業市場

一、市場規模

汽車租賃業的起源可追溯至1916年，美國內布拉斯加州人喬‧桑德斯（Joe Saunders）以他擁有的福特T型車出租給本地人或者外地來的商人。他在左前輪裝置了一個哩程計數器，以一英哩10美分的價格開始營業。世界上第一位租車的顧客是一位外地來的生意人，他爲了跟當地的女孩約會出遊而向桑德斯租車。目前世界上排名前四大著名汽車租賃公司分別是赫茲（Hertz）、安維斯（Avis）、歐洛普卡（Europcar）、百捷（Budget）。2011年全球汽車租賃市場規模爲861億美元，2016年全球汽車租賃行業市場規模成長到1,420億美元。

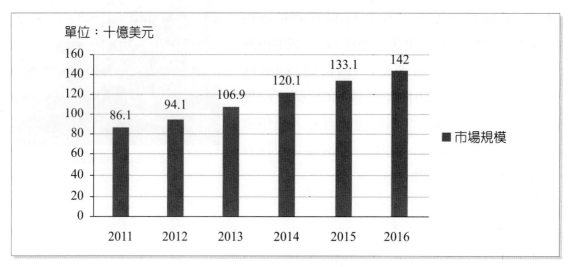

▷▷ 圖8-18　2011年至2016年全球汽車租賃市場規模

資料來源：中國產業信息；本個案自行繪製

二、世界主要汽車租賃公司

田表8-14　世界主要汽車租賃公司

赫茲 **(Hertz)**
・遍及150國家
・8,800個服務據點

安維斯 **(Avis)**
・遍及177國家
・5,500個服務據點

歐洛普卡 **(Europcar)**
・遍及160國家
・3,835個服務據點

百捷 **(Budget)**
・遍及120國家
・3,500個服務據點

資料來源：Hertz官網、Avis官網、Europcar官網、Budget官網；本個案自行繪製

📢 8-6 赫茲Hertz控股公司

一、赫茲Hertz簡介

　　Hertz成立於1918年9月，是全球最大的汽車租賃跨國集團，旗下擁有Hertz、Dollars及Thrifty三大租車品牌。其中Hertz是全球最大的機場租車品牌，並佔有美國超過25%的市場市佔率。Hertz 在美國擁有近3,100個服務據點，在其他國家擁有約4,600個服務據點。大多數分布在機場、市區商業中心和居住區，也提供日租、周租和月租。98年前，汽車租賃先驅Walter L.Jacobs先生從自行維修的十幾輛福特T型車開始，在美國芝加哥設立了一家租車公司，1923年Jacobs將公司出售給John D. Hertz。到了1932年，Hertz 在芝加哥中途國際機場設立了第一個門市。此後 Hertz 公司一路迅速發展，在1992年引入歐洲，1993年引入亞太地區，1997年Hertz成為紐約證交所上市交易公司[21]。

---

21 過年出國游租個車，這事靠譜！國外租車公司有哪些？（2017年1月26日）。取自：https://kknews.cc/zh-tw/car/6kxl6nv.html。

表8-15　赫茲控股公司簡介

英文名稱	Hertz Global Holdings Inc.	交易代號	HTZ
中文名稱	赫茲環球控股公司	交易所	NYSE
地址	8501 Williams Road,Estero,Florida 33928,United States Of America	產業地位	主營汽車租賃事業
員工人數	36,000人	股東人數	1,631人（2016/12/31）
公司網址	https://www.hertz.com/		
經營概述	Hertz Global Holdings,Inc.（赫茲）總部位於美國紐澤西州，主要從事汽車租賃事業。		

資料來源：MoneyDJ理財網；本個案自行繪製

二、營收比重

（一）2016年營收比重

2016年無設備租賃業務，因為其公司將旗下汽車租賃和設備租賃業務拆分為兩家獨立上市公司。

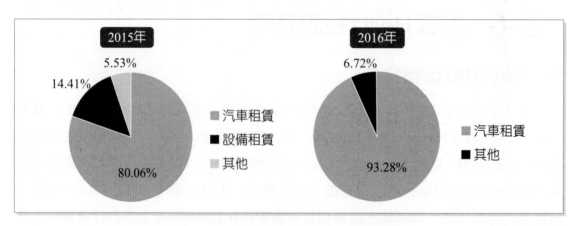

▷▷圖8-19　Hertz 2015年及2016年營收比重

資料來源：赫茲Hertz 2015年及2016年年報；本個案自行繪製

（二）2016年全球營收比重

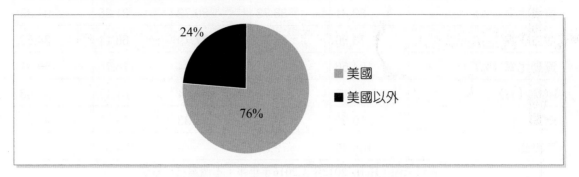

24%

76%

■ 美國
■ 美國以外

▷▷ 圖8-20 Hertz 2016年全球營收比重

資料來源：赫茲Hertz 2016年年報；本個案自行繪製

三、簡易財務報表

（一）Hertz 2012年至2016年資產負債簡表

　　2016年Hertz整體資產、負債和權益會大幅度的下降是因為將設備租賃業務分割出去拆分為兩家獨立上市公司，也可明顯看出Hertz的總負債高於權益非常多，是因為租賃業相較於金融業資金來源自民間資金，租賃業資金主要來自金融機構借款、資產證券化、公司債以及資本市場籌資，資金成本相對於金融業高、利差也較傳統銀行好，透過長期借款降低對短期借款的依賴，避免以短支長穩定財務結構，因此高負債比在租賃業屬正常現象。

表8-16 Hertz 2012年至2016年資產負債簡表

單位：新台幣十億元

年度	2012	2013	2014	2015	2016
不動產、廠房及設備	426.06	466.93	472.78	470.76	375.63
流動資產	106.18	107.17	114.98	124.63	95.07
非流動資產	585.37	623.75	642.25	640.25	521.17
資產總額	691.55	730.92	757.23	764.88	616.24
流動負債	68.69	65.78	72.30	70.51	63.25
非流動負債	548.96	582.76	607.14	628.26	518.40
負債總額	617.65	648.54	679.44	698.77	581.65

年度	2012	2013	2014	2015	2016
負債比率（%）	89.31	88.73	89.73	91.36	94.39
權益總額	73.90	82.38	77.79	66.11	34.58
流動比率（%）	154.56	162.91	159.04	176.76	150.31
ROA（%）	1.17	1.23	-0.34	1.17	-2.56
ROE（%）	10.91	10.90	-3.33	13.52	-45.67
本益比	105.40	72.27	-	124.35	-

資料來源：Hertz 2012年至2016年年報；本個案自行繪製

（二）Hertz 2012年至2016年損益簡表

在損益方面可以看到Hertz在2016年整體下降的原因同資產負債表，在其他年度都沒有太大的起伏。

田 表8-17　Hertz 2012年至2016年損益簡表

單位：新台幣十億元

年度	2012	2013	2014	2015	2016
營業收入淨額	268.27	320.30	348.73	344.98	283.20
營業成本	142.86	171.73	199.34	193.07	158.67
營業毛利	125.41	148.57	149.39	151.91	124.53
營業毛利率（%）	46.75	46.39	42.84	44.03	43.97
營業費用	92.06	114.62	130.14	113.89	112.60
營業費用率（%）	34.32	35.79	37.32	33.01	39.76
推銷、行政費用	28.78	31.31	34.35	34.22	28.92
車輛折舊和租賃費用淨額	63.28	75.31	95.79	79.67	83.68
營業利益	33.35	33.95	19.25	38.02	11.93
營業利益率（%）	12.43	10.60	5.52	11.02	4.21
稅前淨利	14.67	17.92	-0.73	11.17	-15.12
稅後淨利	8.06	8.98	-2.59	8.94	-15.80
稅後淨利率（%）	3.01	2.80	-0.74	2.59	-5.58
每股盈餘（美元）	0.53	0.67	-0.18	0.60	-5.85

資料來源：Hertz 2012年至2016年年報；本個案自行繪製

四、Hertz股價走勢

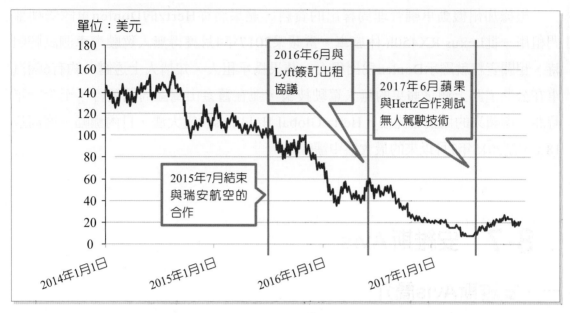

單位：美元

2016年6月與Lyft簽訂出租協議

2017年6月蘋果與Hertz合作測試無人駕駛技術

2015年7月結束與瑞安航空的合作

180
160
140
120
100
80
60
40
20
0

2014年1月1日　　2015年1月1日　　2016年1月1日　　2017年1月1日

▷▷圖8-21　Hertz 2014年至2017年股價走勢圖

資料來源：本個案自行繪製

(一) 結束與瑞安航空的合作

Hertz Global Holdings總裁說：「我們已經與瑞安航空合作多年，但不幸的是，雖然雙方都盡了最大的努力，我們仍不能就合作細節達成共識。」Hertz Global Holdings在2015年7月2日發表聲明，經過漫長的溝通討論，他們遺憾地與瑞安航空結束了租車協議。現有客戶的預定車輛並不會受到任何影響[22]。

(二) 與Lyft簽訂出租協議

Hertz Global Holdings與Lyft簽訂出租協定，其將向Lyft的美國司機出租汽車。該消息一經宣布，赫茲全球控股股票在2016年6月30日盤前交易中上漲了7.9%。未來，Hertz將為那些既用汽車載客也自用的司機設定汽車租賃費用[23]。

---

22 Hertz Confirms Ending Its Partnership With Ryanair And Reassures Customers（2015年7月2日）。Hertz News Releases。取自：http://newsroom.hertz.com/2015-07-02-Hertz-Confirms-Ending-Its-Partnership-With-Ryanair-And-Reassures-Customers。

23 Hertz Global Holdings Reaches U.S. Supply Agreement with Lyft for Rental Cars（2016年6月30日）。Hertz News Releases。取自：http://newsroom.hertz.com/2016-06-30-Hertz-Global-Holdings-Reaches-U-S-Supply-Agreement-with-Lyft-for-Rental-Cars。

(三) 與蘋果合作測試無人駕駛技術

根據加州機動車輛管理局釋出的資料，蘋果將從Hertz的Donlen車隊管理部門租用一批Lexus RX450h休旅車。當蘋果2017年4月獲得無人駕駛汽車測試牌照時，相關資料就顯示Donlen為出租人，蘋果為承租人。知情人士透露，約有6輛汽車在公共道路上測試蘋果的無人駕駛技術，並在舊金山灣區周圍運行了至少一年時間。與蘋果的協議曝光後，Hertz Global Holdings股價大漲，日內漲幅一度高達18%，創2015年7月以來的最大盤中漲幅[24]。

8-7 安維斯 Avis

一、安維斯Avis簡介

1946年，Warren Avis先生在美國底特律 Willow Run機場創建了AVIS汽車租賃公司，這是全球第一個將據點設於機場的租車公司。從一個服務據點、3輛車開始營運，70年來 AVIS不斷發展，至今成為全球汽車租賃業的領導者，Avis以標誌性的紅色和 "We Try Harder" 口號著稱於世，提供全球如一的高品質服務。

身為汽車租賃業界的標竿，Avis在歐洲、非洲、中東及亞洲等地區都是最大的汽車租賃公司，一路走來，Avis專注於科技創新，建構最先進的資訊管理系統及服務平台，在專業服務上建立了無可匹敵的聲譽。1996年，Avis是第一家推出網站服務的租車公司，至今Avis的網站服務仍被評定為業界最佳。透過 Avis完善的全球預訂系統，為全球客戶提供高效便捷零界限的汽車租賃服務。Avis對顧客服務的付出讓Avis獲得無數的獎項，更重要的是贏得顧客的信任[25]。

田 表8-18　安維斯‧巴吉集團簡介

英文名稱	Avis Budget Group, Inc.	交易代號	CAR
中文名稱	安維斯‧巴吉集團	交易所	Nasdaq

---

24 Linli（2017年6月28日）。蘋果不造車，租賃汽車測試無人駕駛。科技新報。取自：https://technews.tw/2017/06/28/apple-is-working-with-hertz-to-manage-its-self-driving-car-fleet/。

25 安維斯租車。取自：https://www.avis-taiwan.com/about.html。

地址	6 Sylvan Way,Parsippany,New Jersey 07054,United States Of America	產業地位	全球化的轎車與卡車租賃公司
員工人數	30,000人	股東人數	2,811人（2016/12/31）
公司網址	http://www.avisbudgetgroup.com/		
經營概述	Avis Budget Group Inc.成立於1974年8月1日，是一家汽車租賃服務商，旗下經營三大品牌，包括Avis、Budget和Zipcar。公司為全球領先的汽車租賃供應商，透過Avis及Budget兩大品牌，在全球175個國家，約1萬多個據點經營汽車租賃業務；其中，Avis及Budget為全球領先的出租車輛供應商。集團之營運據點主要集中在北美、歐洲、澳洲等地，並透過向其他區域授權方式經營全球化的業務。		

資料來源：MoneyDJ理財網；本個案自行繪製

二、營收比重

（一）2016年營收比重

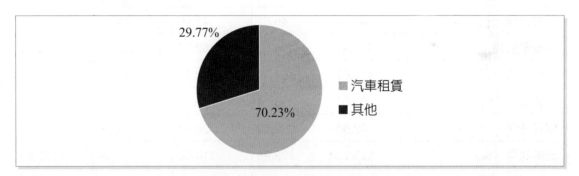

▷▷圖8-22　Avis 2016年營收比重

資料來源：Avis 2016年年報；本個案自行繪製

（二）2016年全球營收比重

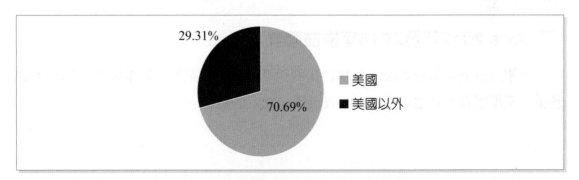

▷▷圖8-23　Avis 2016年全球營收比重

資料來源：Avis 2016年年報；本個案自行繪製

三、簡易財務報表

（一）Avis 2012年至2016年資產負債簡表

Avis的負債也可明顯看出比權益高出許多，就像上述的Hertz一樣是租賃業之特性。

田表8-19　Avis 2012年至2016年資產負債簡表

單位：新台幣十億元

年度	2012	2013	2014	2015	2016
不動產、廠房及設備	291.40	303.09	342.64	371.31	358.67
流動資產	50.83	57.79	53.01	53.28	58.45
非流動資產	401.54	426.27	478.71	524.17	509.14
資產總額	452.37	484.06	531.72	577.45	567.59
流動負債	43.94	46.61	47.96	49.48	56.85
非流動負債	385.93	414.53	462.77	513.59	503.63
負債總額	429.87	461.14	510.73	563.07	560.48
負債比率（%）	95.03	95.27	96.05	97.51	98.75
權益總額	22.50	22.92	20.99	14.38	7.11
流動比率（%）	115.70	123.98	110.53	107.68	102.83
ROA（%）	1.91	0.10	1.45	1.78	0.92
ROE（%）	38.31	2.09	36.82	71.30	73.70
本益比	6.41	199.60	24.91	16.25	18.14

資料來源：Avis 2012年至2016年年報；本個案自行繪製

（二）Avis 2012年至2016年損益簡表

在損益方面可以看到Avis在2013年的稅後淨利率會突然下降是因為在2013年的營業外費用較高，其他年度Avis的表現都在穩定的範圍。

表8-20　Avis 2012年至2016年損益簡表

單位：新台幣十億元

年度	2012	2013	2014	2015	2016
營業收入淨額	218.69	235.94	267.88	278.41	278.57
營業成本	113.67	121.11	134.21	140.29	140.97
營業毛利	105.02	114.83	133.67	138.12	137.60
營業毛利率（%）	48.02	48.67	49.90	49.61	49.39
營業費用	83.77	96.49	111.70	115.69	119.61
營業費用率（%）	38.31	40.90	41.70	41.55	42.94
推銷、行政費用	27.50	30.29	34.10	35.79	36.48
車輛折舊和租賃費用淨額	43.72	53.83	63.02	63.30	65.85
非車輛相關的折舊和攤銷	3.72	4.52	5.68	7.14	8.14
車輛利息淨額	8.83	7.85	8.90	9.46	9.14
營業利益	21.25	18.34	21.97	22.43	17.99
營業利益率（%）	9.72	7.77	8.20	8.06	6.46
稅前淨利	8.92	2.88	12.38	12.51	8.98
稅後淨利	8.62	0.48	7.73	10.25	5.24
稅後淨利率（%）	3.94	0.20	2.89	3.68	1.88
每股盈餘（美元）	2.42	0.15	2.22	2.98	1.75

資料來源：Avis 2012年至2016年年報；本個案自行繪製

四、Avis股價走勢

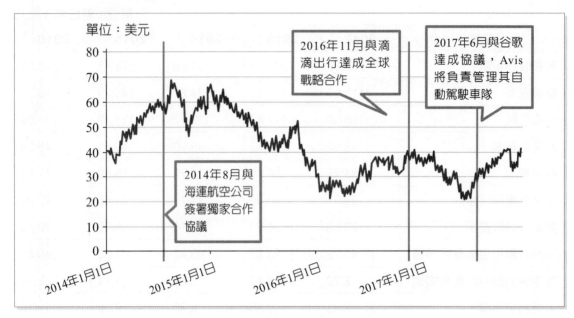

單位：美元

2016年11月與滴滴出行達成全球戰略合作

2017年6月與谷歌達成協議，Avis將負責管理其自動駕駛車隊

2014年8月與海運航空公司簽署獨家合作協議

2014年1月1日　2015年1月1日　2016年1月1日　2017年1月1日

▷▷圖8-24　Avis 2014年至2017年股價走勢圖

資料來源：本個案自行繪製

(一) 與海運航空公司簽署獨家合作協議

　　根據協議，海運航空客戶可以方便地從Avis、Budget及Payless中獲得車輛。Avis Budget Group拉丁美洲及亞太區銷售高級副總裁Stephen Wright表示：「這一夥伴關係是我們加速在整個加勒比地區實現成長的戰略機會。海運航空公司在加勒比地區運營了20多年，在整個地區備受尊敬，我們很高興能將這一新的合作關係落實，為海運航空客戶提供擴展的多品牌運輸解決方案[26]」。

(二) 與滴滴出行達成全球戰略合作

　　2016年11月15日，滴滴出行宣布與Avis Budget Group達成戰略合作協議，雙方將攜手為超過3億的中國用戶在近175個國家和地區提供境外Avis及Budget的租車服務。根據合作協議，滴滴和Avis Budget Group將協同彼此的產品、技術及當地商業資源，為中國用戶提供簡單便捷的跨境租車服務。屆時，滴滴用戶可以租

---

26 Avis Budget Group Lands Exclusive Partnership With Seaborne Airlines（2014年8月18日）。Avis budget group。取自：http://ir.avisbudgetgroup.com/releasedetail.cfm?ReleaseID=866728。

賃Avis、Budget在機場及市區門店的車輛。雙方將為用戶提供優質的海外租車體驗[27]。

(三) Avis將負責管理Waymo自動駕駛車隊

Google母公司Alphabet Inc.旗下的自動駕駛業務子公司Waymo已經與Avis Budget Group Inc.達成協議，後者則負責管理其自動駕駛車隊。Avis將在鳳凰城為Waymo的克萊斯勒Pacifica小型廂式車（minivan）提供倉儲和汽修服務，鳳凰城正是Alphabet攜手志願者測試網約車服務的地點。Waymo將擁有汽車的所有權，並向Avis支付服務費用，協議有效期長達數年，但非獨家協議[28]。

8-8 各家公司財務比較

一、營業收入比較

巨大與中路在營業收入的表現呈現穩定的狀態，Avis的營業收入每年都有穩定的在成長，Hertz在2013年至2015年呈現穩定狀態但2016年有下滑的現象，是因少了設備租賃業務之收入，因為2016年公司將旗下汽車租賃和設備租賃業務拆分為兩家獨立上市公司。

表8-21　Avis、Hertz、中路、巨大營業收入比較表

單位：新台幣十億元

年度	2012	2013	2014	2015	2016
Avis	218.69	235.94	267.88	278.41	278.57
Hertz	268.27	320.30	348.73	344.98	283.20
中路	1.80	2.54	2.47	2.34	2.36
巨大	21.24	18.54	19.69	22.28	21.17

資料來源：本個案自行繪製

---

27 赫茲與Lyft簽出租協議（2016年7月1日）。星島日報。取自：http://vancouver.singtao.ca/632767/2016-07-01/post-%E8%B5%AB%E8%8C%B2%E8%88%87lyft-%E7%B0%BD%E5%87%BA%E7%A7%9F%E5%8D%94%E8%AD%B0/?variant=zh-hk。

28 谷歌與Avis達成協議 後者將負責管理其自動駕駛車隊（2017年6月27日）。鉅亨網新聞中心。取自：https://news.cnyes.com/news/id/3850454。

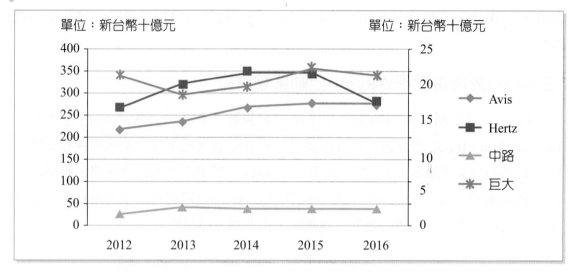

▷▷圖8-25　Avis、Hertz、中路、巨大營業收入比較

資料來源：本個案自行繪製

二、總資產成長狀況

　　從圖中可以明顯得知Avis和Hertz屬於高負債、低權益的資本結構，也可以發現兩家公司的財務操作手法就是不斷提高舉債及讓權益下降，進而讓資產總額上升。兩間公司的資產周轉率並沒有明顯下降，我們可以知道他們主要是以提高資產總額來增加公司營收。

田表8-22　Avis 2012年至2016年資產結構表

單位：新台幣十億元

年度	2012	2013	2014	2015	2016
資產	452.37	484.06	531.72	577.45	567.59
負債	429.87	461.14	510.73	563.07	560.48
權益	22.50	22.92	20.99	14.38	7.11

資料來源：本個案自行繪製

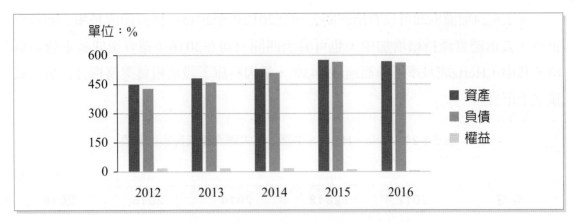

▷▷ 圖8-26 Avis 2012年至2016年資產結構

資料來源：本個案自行繪製

⊞ 表8-23 Hertz 2012年至2016年資產結構表

單位：新台幣十億元

年度	2012	2013	2014	2015	2016
資產	691.55	730.92	757.23	764.88	616.24
負債	617.65	648.54	679.44	698.77	581.65
權益	73.90	82.38	77.79	66.11	34.58

資料來源：本個案自行繪製

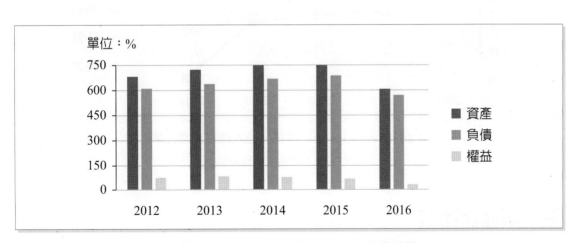

▷▷ 圖8-27 Hertz 2012年至2016年資產結構

資料來源：本個案自行繪製

從表8-24與圖8-28可以看出四間公司在2012年至2015年總資產成長率大致皆為正值，表示總資產持續增加中，也可看出四間公司在2016年總資產成長率皆為負值，其中，Hertz成長率下降高達-19.43%，是因將旗下設備租賃業務拆分為另一家獨立上市公司。

⊞表8-24　Avis、Hertz、中路、巨大總資產成長率比較表

單位：%

年度	2012	2013	2014	2015	2016
Avis	15.79	7.00	9.85	8.60	-1.71
Hertz	29.58	5.69	3.60	1.01	-19.43
中路	-5.63	10.07	8.47	16.56	-2.68
巨大	8.69	5.02	12.65	3.81	-2.52

資料來源：本個案自行繪製

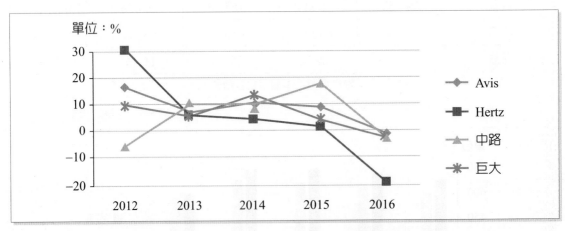

▷▷圖8-28　Avis、Hertz、中路、巨大總資產成長率比較

資料來源：本個案自行繪製

三、本益比比較

　　Avis在2013年的本益比會突然暴增是因為他在2013年的每股盈餘只有0.15，其他年度Avis的表現都在穩定的範圍；Hertz則是呈現非常不穩定的狀態，2012年、2013年也是因為每股盈餘太低而造成，在2014年Hertz的每股盈餘是負的，而2015年有回復穩定的趨勢，但在2016年Hertz的每股盈餘又掉下來呈現負值，代表

Hertz的獲利狀況非常不穩定；中路的本益比一直居高不下的原因是其每股盈餘都在0.03~0.06人民幣波動，因為這幾年中路積極發展共享單車的業務，雖說現在的佔比沒有很高，但因為中國市場龐大，所以有很大的發展及想像空間。巨大則是一直都表現得非常穩健，但是Youbike分拆獨立後，市值的成長想像空間下降。

田表8-25　Avis、Hertz、中路、巨大本益比比較表

單位：倍

年度	2012	2013	2014	2015	2016
Avis	6.41	199.60	24.91	16.25	18.14
Hertz	105.40	72.27	-	124.35	-
中路	179.34	422.69	465.98	305.84	111.98
巨大	18.20	20.90	21.63	25.16	24.91

資料來源：本個案自行繪製

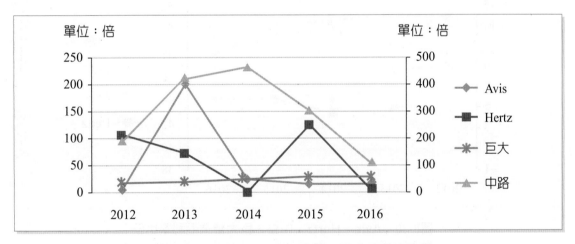

▷▷圖8-29　Avis、Hertz、中路、巨大本益比比較
資料來源：本個案自行繪製

四、營業毛利率比較

　　營業毛利率是一家公司獲利能力的最基本指標，因此觀察其變化將可找出公司獲利變化的趨勢。這四家公司的營業毛利率都呈現穩定的狀態，並沒有太大的起伏。Avis和Hertz的營業毛利率較高是因為租賃業的特性，租賃業比起其他產業只需要付出店面費用、維修保養及燃料成本，而員工工資、保險保障和車輛保險和折

舊等則屬於營業費用，因此毛利較高；巨大主要還是以製造腳踏車為主，故需要較高的營業成本，因此毛利較低；而中路因產品品項廣泛再加上投資上海園區尚未見明顯營收，營收停滯不前，造成毛利率偏低。

田表8-26　Avis、Hertz、中路、巨大營業毛利率比較表

單位：%

年度	2012	2013	2014	2015	2016
Avis	48.02	48.67	49.90	49.61	49.39
Hertz	46.75	46.39	42.84	44.03	43.97
中路	5.56	5.12	6.07	6.84	3.39
巨大	13.94	14.13	13.56	12.88	10.39

資料來源：本個案自行繪製

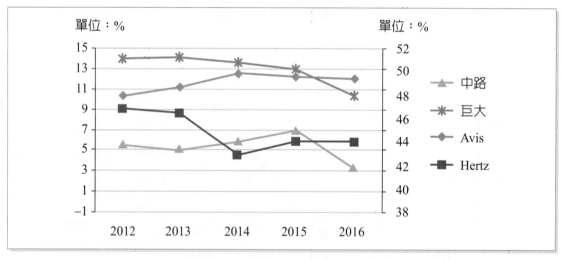

▷▷圖8-30　Avis、Hertz、中路、巨大營業毛利率比較
資料來源：本個案自行繪製

五、營業費用率比較

　　營業費用率是指從事營業活動所需花費的各項費用在營業收入中的比重。從圖中可以發現Avis和Hertz之營業費用相較中路和巨大高的許多，表示營業過程中的費用支出較高。中路在2015年為-2.56%，因為其公司投資收益相較往年高出許多，而2016年異常高達33.90%，因其公司2016年工資福利費為2015年的5.3倍多。

表8-27　Avis、Hertz、中路、巨大ROA營業費用率比較表

單位：%

年度	2012	2013	2014	2015	2016
Avis	38.31	40.90	41.70	41.55	42.94
Hertz	34.32	35.79	37.32	33.01	39.76
中路	3.89	4.33	3.24	-2.56	33.90
巨大	9.13	9.92	10.06	9.02	7.94

資料來源：本個案自行繪製

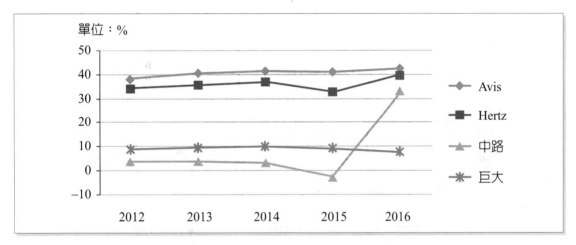

▷▷圖8-31　Avis、Hertz、中路、巨大營業費用率比較

資料來源：本個案自行繪製

六、稅後淨利率比較

　　稅後淨利率比較可看出公司在扣除稅額後的獲利狀況。Avis在2013年的稅後淨利率會突然下降是因為在2013年的營業外費用較高，其他年度Avis的表現都在穩定的範圍但2016年有呈現下降的趨勢；Hertz則是呈現非常不穩定的狀態，2014年、2016年的稅後淨利呈現負值是因為Hertz在這兩年的獲利狀況極差；中路的稅後淨利率每年都有在成長，代表中路的獲利狀況有逐漸好轉的趨勢；巨大2012年至2014年呈現逐漸成長但在2015年後則是一直在衰退，代表巨大的獲利狀況有逐年變差的趨勢。Avis和Hertz在營業毛利率雖然很高，但在稅後淨利率卻很低，是因為租賃業比起其他產業會有較高的折舊費用，而巨大只要控制好營業成本，就能有較好的淨利水準。

田表8-28　Avis、Hertz、中路、巨大稅後淨利率比較表

單位：%

年度	2012	2013	2014	2015	2016
Avis	3.94	0.20	2.89	3.68	1.88
Hertz	3.01	2.80	-0.74	2.59	-5.58
中路	1.11	0.79	3.24	8.55	9.75
巨大	14.17	18.88	20.87	17.24	14.50

資料來源：本個案自行繪製

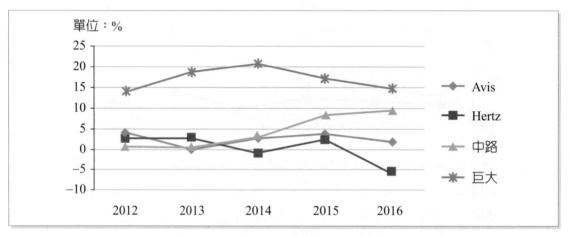

▷▷圖8-32　Avis、Hertz、中路、巨大稅後淨利率比較

資料來源：本個案自行繪製

七、折舊費用與固定資產之比

由此可看出Avis與Hertz每年大概提列14%-20%的折舊費用，而折舊費用又佔營業費用的相當大部分，所以我們可以推估折舊費用的控制對汽車租賃業相當重要。

田表8-29　Avis與Hertz折舊費用與固定資產之比

單位：%

年度	2012	2013	2014	2015	2016
Avis	16.28	19.25	20.05	18.97	20.63
Hertz	14.85	16.13	20.26	16.92	22.28

資料來源：本個案自行繪製

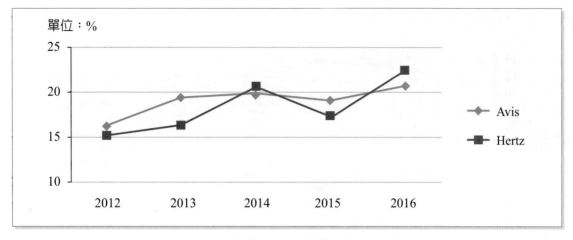

▷▷圖8-33　Avis與Hertz折舊費用與固定資產相比之比較表

資料來源：本個案自行繪製

八、ROA比較

ROA是在衡量公司資產是否充份利用。不論公司的資產是以舉債而來或是股東資金，公司利用其所有的資產從事生產活動，所獲得的報酬表現在稅後淨利上，因此資產報酬率便在衡量公司的營運使整體資產的報酬運用效率狀況。Avis的ROA起伏並不大，但數值較其他公司來的差；Hertz的ROA在2014年、2016年呈現負值，可看出Hertz營運績效很差；　中路的ROA除了2013年呈現逐年成長的狀態，代表中路的營運績效越來越佳；巨大的ROA在2012年至2014年呈現穩定成長的狀態，但從2015年開始有下滑的趨勢，若以整體數值來看，巨大相較其他公司營運績效較佳。

田表8-30　Avis、Hertz、中路、巨大ROA比較表

單位：%

年度	2012	2013	2014	2015	2016
Avis	1.91	0.10	1.45	1.78	0.92
Hertz	1.17	1.23	-0.34	1.17	-2.56
中路	0.75	0.68	2.50	5.36	6.34
巨大	11.79	13.06	13.61	12.25	10.05

資料來源：本個案自行繪製

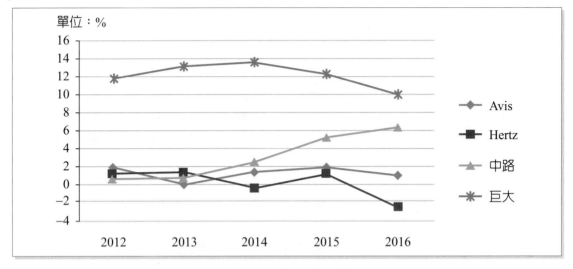

▷▷ 圖8-34　Avis、Hertz、中路、巨大ROA比較

資料來源：本個案自行繪製

九、ROE比較

　　ROE是衡量公司替股東賺錢的效率，顧名思義，就是公司拿股東的錢去投資的報酬率。Avis的ROE在2013年極低是因為2013年的稅後淨利只有0.48億新台幣，2015年、2016年的權益總額下降以致ROE上升，代表對股東來說投資更有價值；Hertz的ROE表現起伏很大而且在2014年、2016年還呈現負值，代表Hertz的獲利能力很不穩定；中路的ROE除了2013年呈現逐年成長的狀態，代表中路運用股東投入的錢創造的獲利能力逐年成長；巨大的ROE在2012年至2014年呈現穩定成長的狀態，但從2015年開始有下滑的趨勢，甚至低於前三年的ROE，代表巨大運用股東投入的錢創造的獲利能力變低，投資價值亦降低。

田 表8-31　Avis、Hertz、中路、巨大ROE比較表

單位：%

年度	2012	2013	2014	2015	2016
Avis	38.31	2.09	36.82	71.30	73.70
Hertz	10.91	10.90	-3.33	13.52	-45.67
中路	1.12	1.08	4.10	9.66	10.95
巨大	19.75	20.14	21.21	18.86	15.37

資料來源：本個案自行繪製

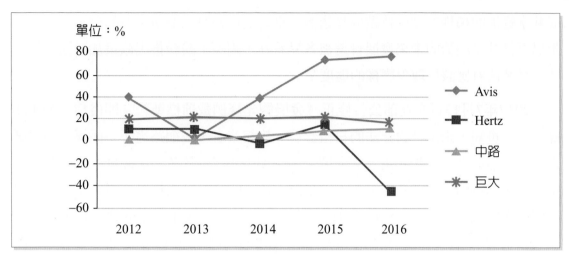

▷▷圖8-35　Avis、Hertz、中路、巨大ROE比較

資料來源：本個案自行繪製

8-9　結論

　　隨著共享經濟的來臨，愈來愈多的共享新事物出現在我們身邊，不管是食、衣、住、行，育和樂都和我們形影不離。我們可以透過APP就可以找到我們想要的廚師請他來家裡做飯給我們吃；吃完飯可能想要約個會就可以去Rent the Runway挑一件氣質的小洋裝，不需要太高的治裝費就可以將自己打扮得宜；周末若想去郊遊不再只有傳統的飯店可以選擇，只要手機一打開無論你要充滿設計感的公寓、綠意盎然的古堡、城市中的閣樓、樹屋、船屋、貨櫃，要什麼風格的房型均可以在APP上找到；想去哪裡只要行李帶著，走出家門打開APP就有專屬的司機可以載我們；平時若想增進任何技能可以去平台就會有一對一的教學服務；出國旅遊也不必擔心語言隔閡，可以利用即時翻譯的平台就能夠與當地人做溝通，解決語言差異之問題。

　　我們可以用相對便宜的價格得到想要的服務或產品，不僅便利，以租代買的模式，達到資源總效用最大化。資源總效用最大化之外，還另有附加價值，使資源不再被浪費，還能夠循環再利用，也達到現代社會所提倡的環保概念，使地球能夠永續發展。不過另一方面，共享經濟在全球的擴展，經常也伴隨著各式各樣的爭議。像是法規與實務上的衝突；網際網路技術消滅信息不對稱、讓大量閒置資源湧進平台提供服務時，服務的質量無法保證；更加無法保證的是安全性。對應國際發

展共享經濟的積極態度與持續成長趨勢，臺灣近期共享經濟所引發的爭議，可進一步思考當共享經濟的未來發展普遍被各界看好，國際上紛紛推出政策加以因應的同時，臺灣政府應該採取怎麼樣的態度？

2017年7月13日交通部公告修正《發展觀光條例裁罰標準》（即俗稱「Airbnb條款」）可知，未來針對非法的日租套房、旅館業者，在網路電子平面媒體刊登廣告，將面臨最高新台幣30萬元的罰則，衝擊Airbnb在台營運。反觀日本政府在2017年6月9日通過的《民泊新法》，反而是讓Airbnb的就業納入規範，屋主每年將其房屋出租房客上限為180天，兩者對比大相逕庭。觀察近幾年國際的共享經濟業者紛紛進軍臺灣，包含已成為獨角獸的Uber與Airbnb，近期還有OBike共享單車停車問題在雙北政策不同調的現象。這些共享經濟業者在短期內雖然能打開知名度、快速成長，但因為衝擊相關既有產業，因而在來台後一直爭議不斷、未有定論。由近期交通部政策可知，面對國際已快速竄起的共享經濟創新模式，我國政府採取的態度仍左右搖擺，甚至趨於保守。共享經濟時代來臨，政府當局是否應思考，我們究竟需要什麼樣的共享經濟？是否有可能先行先試？若勉強將現行法制框架逕行套入，恐將扼殺新興產業的發展空間、保護特定業者利益並犧牲消費者選擇權。然而管制是無可避免的，但其目的手段應兼顧消費者權益、公共安全、公平競爭及鼓勵創新。

我們認為共享經濟要在臺灣扎根，政府應該要有一些配套來規範：

1. 調整法規，跨部會協商、法規調適作業。

2. 建立平台，促進各界資訊交流、鼓勵民間建立共享資訊整合平台。

3. 促進發展，提倡與廣宣、結合地方資源。

問題與討論

1. 共享經濟建構了新的商業模式，大大地方便了人們的生活，但同時也受到一些質疑，請試著探討共享經濟為社會帶來哪些利與弊？

2. 近年來共享單車發展迅速，試從巨大Giant和中路的財務分析，探討這個趨勢對公司的轉變與影響。

3. 你認為在臺灣何種共享經濟最有發展空間？為什麼？

4. 你認為gogoro可以成為電動版的Ubike嗎？有何威脅與挑戰？

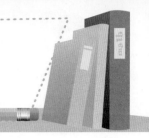

資料來源

1. 【共享經濟新可能】旅行免驚語言不通，TourTalk幫你找來真人即時口譯（2016年7月19日）。科技報橘。取自：https://buzzorange.com/techorange/2016/07/19/tour-talk-ad/。

2. Airbnb官網。取自：https://goo.gl/Dw6wgE。

3. Avis 2011年至2016年年報。

4. Avis Budget Group Lands Exclusive Partnership With Seaborne Airlines（2014年8月18日）。Avis budget group。取自：http://ir.avisbudgetgroup.com/releasedetail.cfm?ReleaseID=866728。

5. Avis官網。取自：https://www.avis-taiwan.com/。

6. Budget官網。取自：https://www.budgetrentacar.co.jp/zh/。

7. Europcar官網。取自：https://www.europcar.com/。

8. Frost & Sullivan。取自：https://ww2.frost.com/。

9. Hertz 2011年～2016年年報。

10. Hertz Confirms Ending Its Partnership With Ryanair And Reassures Customers（2015年7月2日）。Hertz News Releases。取自：http://newsroom.hertz.com/2015-07-02-Hertz-Confirms-Ending-Its-Partnership-With-Ryanair-And-Reassures-Customers。

11. Hertz Global Holdings Reaches U.S. Supply Agreement with Lyft for Rental Cars（2016年6月30日）。Hertz News Releases。取自：http://newsroom.hertz.com/2016-06-30-Hertz-Global-Holdings-Reaches-U-S-Supply-Agreement-with-Lyft-for-Rental-Cars。

12. Hertz官網。取自：https://www.hertz.com.tw/rentacar/reservation/?targetPage＝reservationOnHomepage.jsp&refererUrl＝&searchString＝&id＝15657&LinkType＝。

13. Hotel News Now。取自：http://www.hotelnewsnow.com/。http://newsroom.hertz.com/2016-06-30-Hertz-Global-Holdings-Reaches-U-S-Supply-Agreement-with-Lyft-for-Rental-Cars。

14. Linli（2017年6月28日）。蘋果不造車，租賃汽車測試無人駕駛。科技新報。取自：https://technews.tw/2017/06/28/apple-is-working-with-hertz-to-manage-its-self-driving-car-fleet/。

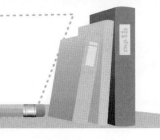

資料來源

15. MoneyDJ理財網。取自：https://www.moneydj.com/。

16. Statista。取自：https://www.statista.com/。

17. Susan Shaheen, Ph.D.（2017年）。Carsharing Trends and Research Highlights。取自：https://www.epa.gov/sites/production/files/2017-06/documents/05312017-shaheen.pdf。

18. Uber官網。取自：https://www.uber.com/zh-TW/drive/。

19. WeMo Scooter電動機車中的 oBike（2017年8月6日）。HSIENBLOG。取自：https://hsienblog.com/2017/08/06/wemo-scooter/。

20. WeMo官網。取自：http://www.wemoscooter.com/。

21. WeWork官網。取自：https://www.wework.com/zh-TW/。

22. Zirra官網。取自：https://www.zirra.com/。

23. 中商產業研究院。取自：http://big5.askci.com/about/about_1.shtml。

24. 中國產業信息。取自：http://m.chyxx.com/view/522783.html/#m/http://www.chyxx.com/industry/201705/522783.html。

25. 中路2011年至2016年年報。

26. 中路股份5千萬設子公司 分享迪士尼盛宴（2015年2月26日）。鉅亨網新聞中心。取自：https://news.cnyes.com/news/id/362355。

27. 臺灣經濟新報（TEJ）。

28. 巨大2011年至2016年年報。

29. 白欣晏、官鈺涵、石綿勛（2017年3月29日）。Uber 法律爭議及消費者滿意度之分析。取自：http://www.shs.edu.tw/works/essay/2017/03/2017032909395664.pdf。

30. 共享單車的理想模式？（2017年7月27日）。六都春秋。取自：http://ladopost.com/cn/newsDetail4.php?ntId=36&nId=103。

31. 共享經濟的案例清單。NTARP。取自：http://need168.blogspot.tw/2016/03/blog-post_39.html。

32. 共享經濟熱潮 剖析汽車新商業模式（2017年）。ARTC。取自：https://www.artc.org.tw/chinese/03_service/03_02detail.aspx?pid=3124。

33. 安維斯租車。取自：https://www.avis-taiwan.com/about.html。

資料來源

34. 江明晏（2015年1月12日）。巨大去年營收猛 衝破600億。中央通訊社。取自：https://tw.news.yahoo.com/%E5%B7%A8%E5%A4%A7%E5%8E%BB%E5%B9%B4%E7%87%9F%E6%94%B6%E7%8C%9B-%E8%A1%9D%E7%A0%B4600%E5%84%84-092930664--finance.html。

35. 谷歌與Avis達成協議 後者將負責管理其自動駕駛車隊（2017年6月27日）。鉅亨網新聞中心。取自：https://news.cnyes.com/news/id/3850454。

36. 韋惟珊（2015年10月26日）。一張商業模式圖，告訴你Airbnb是怎麼愈做愈大的。經理人。取自：https://www.managertoday.com.tw/articles/view/51464。

37. 康廷嶽（2017年）。全球共享經濟正夯，全臺灣準備好了？。臺灣經濟研究月刊。

38. 許博涵（2017年9月21日）。共享辦公室出租夯！鼻祖WeWork vs.後進者「優客工場」，從中國打到東南亞。SmartM。取自：https://www.smartm.com.tw/article/34313538cea3。

39. 曾劍（2015年12月25日）。天使創投3億參股路路由中路股份2000萬投資增值超50倍。取自：http://www.nbd.com.cn/articles/2015-12-25/973035.html。

40. 曾麗芳（2015年8月7日）。YouBike獨立 微笑單車成軍。中時電子報。取自：http://www.chinatimes.com/newspapers/20150807000142-260204。

41. 曾麗芳（2016年12月13日）。巨大集團將交棒 早盤股價下挫。中時電子報。取自：http://www.chinatimes.com/realtimenews/20161213002282-260410。

42. 過年出國游租個車，這事靠譜！國外租車公司有哪些？（2017年1月26日）。取自：https://kknews.cc/zh-tw/car/6kxl6nv.html。

43. 維基百科。取自：https://zh.wikipedia.org/wiki/%E7%BB%B4%E5%9F%BA%E7%99%BE%E7%A7%91。

44. 赫茲與Lyft簽出租協議（2016年7月1日）。星島日報。取自：http://vancouver.singtao.ca/632767/2016-07-01/post-%E8%B5%AB%E8%8C%B2%E8%88%87lyft-%E7%B0%BD%E5%87%BA%E7%A7%9F%E5%8D%94%E8%AD%B0/?variant=zh-hk。

45. 摩拜之後再來優拜，共享單車市場的同與不同（2016年10月25日）。TechNews科技新報。取自：https://read01.com/5ddnz2.html#.WkTctt-WZPY。

46. 數位時代（2016年2月18日）。取自：https://www.bnext.com.tw/ext_rss/view/id/1343586。

資料來源

47. 數位時代。取自：https://www.bnext.com.tw/article/43095/uber-suspending-service-in-taiwan-how-have-they-come-this-far。

48. 盧佑喬（2017年9月21日）。共同工作空間 WeWork 用矽谷式空間和人脈網絡，重寫「上班」的定義。Vide。取自：https://vide.tw/7881。

49. 維基百科。取自： https://zh.wikipedia.org/wiki/%E5%85%B1%E4%BA%AB%E7%B6%93%E6%BF%9F。

50. 維基百科。取自：https://w.liuping.win/wiki/%E7%88%B1%E5%BD%BC%E8%BF%8E。

51. 共享經濟的案例清單。NYARP。取自：http://need168.blogspot.tw/2016/03/blog-post_39.html。

52. 維基百科。取自：https://zh.wikipedia.org/wiki/%E6%8D%B7%E5%AE%89%E7%89%B9

53. 赫茲與Lyft簽出租協議（2016年7月1日）。星島日報。取自：http://vancouver.singtao.ca/632767/2016-07-01/post-%E8%B5%AB%E8%8C%B2%E8%88%87lyft-%E7%B0%BD%E5%87%BA%E7%A7%9F%E5%8D%94%E8%AD%B0/?variant＝zh-hk。54.

個案9

噢！我的五月天　文創產業的新契機

　　文創產業近幾年在臺灣受到高度的重視，在政府的積極協助之下、再加上年輕人的無限創意，讓臺灣的文創產業在世界上佔有一席重要的地位。其中音樂文創的「必應創造」，在眾多的競爭者之中脫穎而出，成為領導臺灣音樂文創方面的先行者。但是在國際市場之中，必應創造面臨各種挑戰。

　　Live Nation Entertainment 身為全球音樂文創的領導廠商，其經營理念跟經營方式必定有許多可以效法及學習的地方。從國際性大廠中學習經營方式，進而發展出自我獨特的經營方式，打入國際文創市場，「使臺灣邁向世界，讓世界看見臺灣」，是本個案欲探討的目標之一。本個案將探討「必應創造」跟 Live Nation Entertainment 之間的財務比較，從財務數字之間的比較，思考「必應創造」如何成為國際性的廠商。

本個案由中興大學財金系（所）陳育成教授與臺中科技大學保險金融管理系（所）許峰睿副教授依據具特色的臺灣產業並著重於產業國際競爭關係撰寫而成，並由中興大學財金所闕浩昀同學及臺中科技大學保險金融管理系江翊菱、林子嫣、林家盈同學共同參與討論。期能以深入淺出的方式讓讀者們一窺企業的全球布局、動態競爭，並經由財務報表解讀企業經營風險與成果。

9-1　前言

一、何謂文化產業

　　源自創意或文化累積，透過智慧財產之形成及運用，創造出財富與就業機會的潛力[1]。臺灣在進入21世紀以後，因全球數位化崛起，造成人力等相關資源在國際間流動，導致經濟發展面臨的挑戰，因此，行政院在2002年5月的「挑戰2008：國家發展重點計劃」提出「發展文化創意產業計劃」，不僅整合臺灣的智慧與在地文化，更為不同產業帶來新商機的重要策略。而臺灣曾是多國的殖民地，不斷地融合不同的各國文化，如能將此與產業結合，發展出新的創意，臺灣在各個產業都有發展的新潛能。

　　目前，全球對於文創產業的發展並不是相當均衡，例如，美國發展仍以北美地區為核心，而歐洲則是以英國，亞洲地區則是以中國、日本、韓國為核心。其中美國佔全球市場總額的43%，歐洲佔34%，亞洲、南太平洋國家佔19%（其中日本佔10%、韓國佔5%，而中國和其他國家及地區僅佔4%）。截至2015年資料顯示，全球文創產業所創造出來的產值已增加到2.25兆美元，佔全球GDP的3%，而其中音樂產業在文創產業中，佔銷售額的3%，約為675億美元。

1　維基百科。取自：https://zh.wikipedia.org/wiki/%E6%96%87%E5%8C%96%E5%89%B5%E6%84%8F%E7%94%A2%E6%A5%AD。

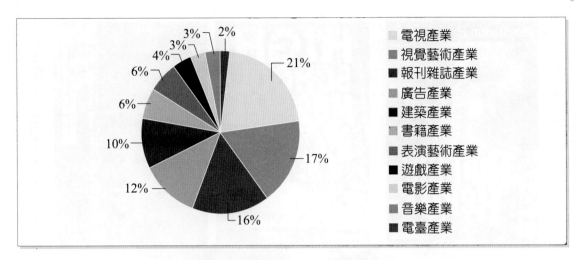

▶▶ 圖9-1　全球文創產業銷售額佔比

資料來源：上海情報服務平台；本個案自行繪製

二、流行音樂與文創的結合

　　現今對於流行音樂產業的想像已經不只是「賣唱片」，而是結合唱片、展演活動、周邊行銷、異業結盟、跨界合作等多方全面性的嘗試，其主要文創產品有大型音樂劇、歌舞影片與電玩製作等[2]。2008年以音樂為主的電玩遊戲「吉他英雄」在北美就創造了10億美元的營業收入；以歌舞為主的「歌舞青春」其原聲帶及DVD等相關產品更為迪士尼頻道創造了1億美元的營收；由港星張學友所製作的「雪狼湖」大型音樂劇在中國的票房收入就高達2億人民幣；不斷提供新版歌曲的「太鼓達人」更是不斷的創造營業收入，2013年發行至今，全球更是累積高達2,000萬人次的下載量；而展演活動搭上演唱會明星授權的周邊商品、音樂祭主題觀光行程等，更是為臺灣展演活動帶來新商機，創造出更多的營收。

2　文化部影視及流行音樂產業局，臺灣流行音樂展演市場概況與商機。取自：https://tavis.tw/m/404-1000-15091.php。

▷▷圖9-2　流行音樂與文創的結合

資料來源：維基百科；本個案自行繪製

▷▷圖9-3　展演活動

資料來源：pexels.com

三、流行音樂相關產業

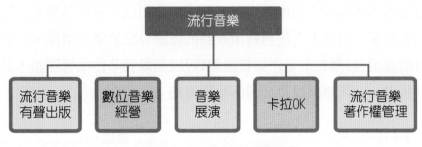

▷▷ 圖9-4　流行音樂相關產業

資料來源:上海情報服務平台;本個案自行繪製

(一) 流行音樂有聲出版業

　　音樂有聲出版品是藉由轉化音樂的聲波變爲電波,並經磁性作用將音樂予以重製,其產品包括唱片與CD等,隨著錄音技術的進步,印刷品和聲音結合在一起,開闢新的領域,讓流行音樂有聲出版業具有產品的優越性。

(二) 數位音樂經營業

　　隨著數位時代的來臨,實體音樂市場規模逐漸被數位音樂取代,面對新的音樂商務發展,其版權規則、產業制度的更新建立更需數位業者與音樂圈以實質的互惠關係的合作默契來維繫長遠發展。目前臺灣數位音樂服務大致上可分爲單曲下載、來電答鈴、手機鈴聲、行動訂閱、寬頻串流收聽、數位電視音樂等服務。

(三) 音樂展演

　　資訊科技的發達,讓專輯銷售量一落千丈,因此,音樂展演活動在近幾年逐漸蓬勃發展,藉由提供展演場地與音響設備,讓樂團或是歌手們可以在觀眾面前展現演唱實力,也讓粉絲有親臨現場的音樂享受,進而帶動唱片及相關周邊商品商機。

(四) 卡拉OK業

　　隨著網際網路以及Youtube、優酷、土豆網等網站的普及,有些網友會把KTV片段放在網路上或爲沒有卡啦OK字幕的MV加上字幕,甚至出現了網路卡啦OK系統。臺灣自2000年開始,若歌曲在電視媒體、網路試聽反應口碑不錯,就會先賣版權至大型卡拉OK店,如錢櫃KTV、好樂迪等提供民眾歌唱,倘若該歌曲市場漸趨冷淡才會下賣到投幣式卡拉OK主機供應商並再轉賣小型餐館供民眾點播。

(五) 流行音樂著作權管理業

　　流行音樂著作權管理業是由著作財產權人集合組成，並將其權利交給集管團體後，向使用人授權、收費，之後再將所收到的報酬分配給委託集團所管理的著作財產權人。目前臺灣有1個音樂著作集管團體以及2個錄音著作集管團體，其所管理的權利是公開播送、公開演出以及公開傳輸等權利。

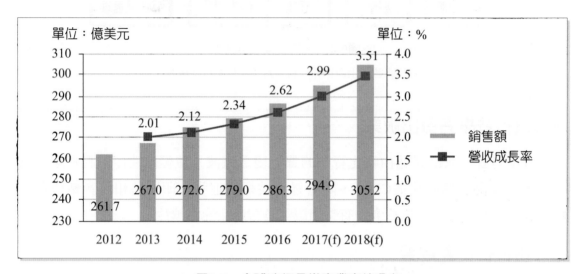

▷▷圖9-5　全球流行音樂產業產值分布

資料來源：104流行音樂產業調查報告；本個案自行繪製

9-2 音樂展演產業

一、全球音樂展演概況

　　由於科技的發達以及國際化，Live現場演出已逐漸被流行音樂界視為新「錢」途，隨著許多知名歌手在世界巡迴演唱，讓音樂展演的市場備受矚目，全球許多公司也紛紛轉往音樂展演的方向發展，例如：全球大型演出以及娛樂場地管理的美國Live Nation Entertainment公司。

　　音樂展演活動的興起以及透過演唱會的舉行，不僅展現音樂表演者的演出實力，也可透過相關週邊商品的銷售來帶動商機，尤其是偶像歌手的魅力與親臨現場的音樂享受，即使是高價位的門票，仍讓消費者趨之若鶩前往購買門票。由此顯現出了音樂展演活動的發展潛能，對於音樂產業營收更是產生相當大的助益[3]。

3　Anna（2015-03-05）。臺灣流行音樂展演市場概況與商機。取自：https://tavis.tw/files/13-1000-15091-1.php。

由圖9-5及9-6可知，不管是在全球抑或是臺灣市場，音樂展演的產值都有逐年上升的趨勢。2018年音樂展演預估在全球市場上將會創造305億美元的產值，臺灣部分也預估會有高達8千多萬美元的產值（約新台幣24億元）。由此可見音樂展演市場的商機可以說是相當龐大，在文創產業中亦是相當重要的產業。

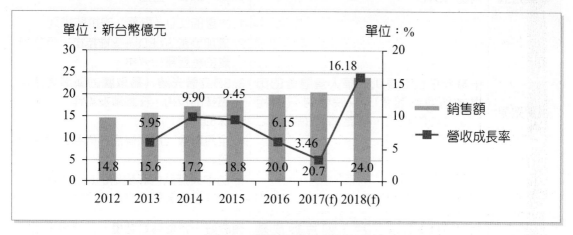

▷▷圖9-6　臺灣音樂展演市場產值

資料來源：臺灣數位音樂型態與消費趨勢分析；本個案自行繪製

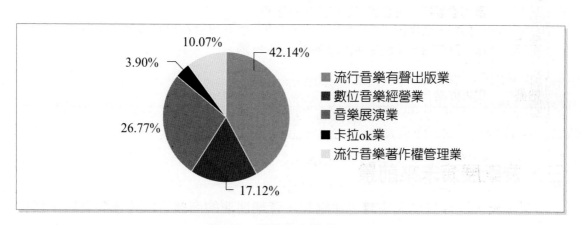

▷▷圖9-7　臺灣音樂展演市場產值

資料來源：臺灣數位音樂型態與消費趨勢分析；本個案自行繪製

二、舊型與新型演唱會差異

表9-1　演唱會的差異

	舊式	新式
參與方式	現場、DVD	現場、DVD、直播
視覺效果	十幾年前LED視訊在華人演唱會的市場才剛開始起步，放映器材只能用320*240的規格，佔整個景的四分之一。	1. 大量的LED（彩幕）的拼貼排列。 2. 增加投影、LED、三維技術、浮空投影的絢麗舞台效果。 3. 3D立體光雕（蕭敬騰的演唱會使用這樣的技術，在臉部投影作了一些特殊的效果）。 4. 全息影像（周杰倫洛杉磯超時代演唱會）。 5. 由中央控制色彩變幻的LED環保螢光棒（五月天諾亞方舟演唱會）。
硬體	七片的LED以三片、四片拆成兩switcher，還要加上訊號切換，技術十分複雜。	預設好一號螢幕是動畫、二號螢幕是特寫等等，設定好後就能切換不同的矩陣效果。
燈光	畫完燈圖設計後還無法做排演，甚麼時候換色、做變化，都只能先在腦海中想像。其他的一切都是等到現場才能開始工作。	燈光設計軟體模擬舞台現場事先做排演。
拍攝	場地限制	不受空間限制

資料來源：本個案自行繪製

三、音樂展演未來前景

近年來，流行音樂在臺灣迅速崛起，音樂展演的商機也跟著蓬勃發展，根據文化部自2000年以來的資料統計，全台的演唱會有高達三成以上的年成長率。此外，資誠聯合會計師事務所在「2013-2017全球娛樂與媒體產業線上展望」的報告中提出，臺灣娛樂及媒體內容產業中流行音樂相關產業的成長率位居第二名。雖然臺灣流行音樂的市場規模很小，但隨著VR及直播等技術愈來愈發達，數位音樂及演唱會收入將是兩大成長引擎，未來，演唱會更是歌手塑造形象與品牌的一環，演唱會幕後各種專業的能力乃至團隊的經營模式，都需要不斷進化，才能在高度競爭的市場中，持續創造優勢與價值[4]。

---

4 葉子菁（2017-04-15）。全球音樂展演，今年唱出近兆商機。取自：https://udn.com/news/story/7241/2404795。

四、音樂展演發展趨勢

目前音樂展演的發展趨勢主要運用大數據，創造流行音樂產業利基市場，透過音樂串流平臺、影音平臺等數位載體的運作，讓數位載體不僅僅是提供消費者音樂娛樂，同時也協助唱片公司與歌手更加瞭解目標族群的喜好，來擴增國內外流行音樂的市場。另外，透過科技技術可望大量應用於流行音樂產業，例如國內知名音樂平臺支援微軟的HoloLens，透過擴增實境，讓消費者只需要透過手勢操控就可以感受在虛擬空間音樂與影片播放的新鮮感；在VR技術逐漸跨足到流行音樂產業之中，業者也開始推出VR MV、演唱會直播等，讓消費者能更加便於參與流行音樂活動，以擴大未來音樂展演的市場[5]。

9-3 Live Nation Entertainment

一、公司基本資料

(一) 沿革與背景

Live Nation, Inc.成立於2005年，為一家全球性的娛樂公司，總部位於美國加州比佛利山莊，於2010年1月與Ticketmaster合併後更名為 Live Nation Entertainment Inc（LYV.US），公司的主要業務為：音樂會、售票、國際藝術家、贊助者及廣告業務。

田表9-2　Live Nation Entertainment基本資料

公司名稱	Live Nation Entertainment（理想國演藝股份有限公司）	上市日期	2010年1月25日
總部	美國加州比佛利山莊	產業類別	文化創意產業
股票代號	紐約證券交易所：LYV	主要經營業務	售票、演唱會、藝人經紀、媒體及贊助
市場類別	上市公司		

資料來源：維基百科；本個案自行繪製

5　文化創意產業推動服務部。臺灣文創產業發展現況趨勢。取自：http://cci.culture.tw/upload/cht/attachment/b5b6fd9be048207c650a09ef0ae43786.pdf。

田表9-3　Live Nation Entertainment 公司重要活動列表

日期		事件
2015年	8月	Billboard Hot 100 Music Festival
2016年	6月	美國百威啤酒節
2017年	4月	國家音樂節
2017年	6月	第七屆GOVERNORS BALL 音樂節
2017年	9月	哈維風災的賑災音樂會
2017年	11月	第六屆搖滾海洋年度托爾圖加音樂節

資料來源：Live Nation Entertainment官方網站；本個案自行繪製

二、營業比重及項目

　　Live Nation Entertainment主要經營音樂會、售票、藝人經紀、贊助者及廣告業務。Live Nation Entertainment除了從事現場娛樂，並擁有大量租賃收入，其音樂會業務透過旗下場地或租借第三方場地舉辦並管理音樂場地及音樂節，藉以推廣現場音樂活動。售票業務是透過網站、電話、手機APP票券代售點代理活動及第三方委託人之售票。票務種類包含競技場、體育場、野外表演廣場、音樂俱樂部、音樂會主辦商、專業運動經營特許權及聯盟、大學運動隊、表演藝術場地、博物館、劇場等各種現場活動類型。國際藝術家業務為提供音樂藝術家管理及其他服務，並於音樂藝術家在現場演出時，經由零售商和網路直接銷售相關產品給消費者。贊助者及廣告業務則為提供線上廣告服務及企業客戶線上贊助者計劃。Live Nation Entertainment公司產業鏈一體化，以主辦現場演出業務為核心，帶動票務和廣告業務。由圖9-8可知Live Nation Entertainment的營業比重。

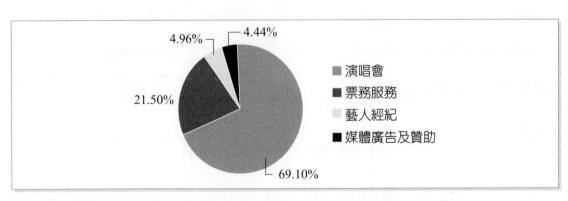

▷▷ 圖9-8　Live Nation Entertainment 2016年營收比重

資料來源：科技行者網；本個案自行繪製

三、營業銷售概況

(一) 銷售市場分析

　　作為業界領導者，Live Nation Entertainment在全球現場演出和票務市場的市佔率為25%與33%，顯著高於其他同業。以2016年來看，有多達40個國家、5.5億的樂迷參與了Live Nation Entertainment所主辦的現場演出活動或在其票務平台上購票。

　　另外，除了北美、歐洲地區之外，Live Nation Entertainment目前已在10個亞洲國家地區開展業務，2016年公司營收成長了15%至84億美元，營業現金流也成長了12%至6.4億美元；2017年第1季度收入成長17%至14億美元，營業現金流成長25%至9,200萬美元。截至2017年4月為止，2017全年已預訂的室內場館和露天場地演出的場次，較2016年同期成長了10%，已售票成長了25%，並已完成全年80%的廣告計劃。

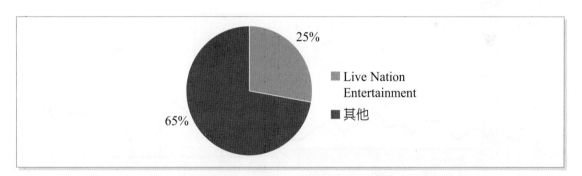

▷▷圖9-9　全球現場音樂承辦市佔率

資料來源：科技行者網；本個案自行繪製

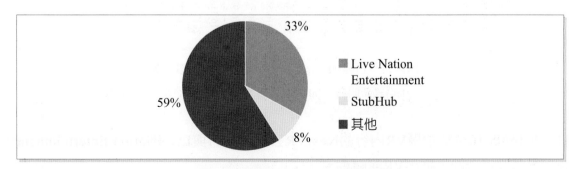

▷▷圖9-10　全球音樂相關票務市佔率

資料來源：科技行者網；本個案自行繪製

（二）Live Nation Entertainment音樂供需情況

　　1997年至2003年唱片銷售是音樂行業唯一的收入管道，財團法人國際唱片業交流基金會（IFPI）數據顯示傳統唱片在1999年達到238億美元的的發行與銷售量後即開始逐漸被數位音樂所取代，2015年數位音樂的收入超過了傳統唱片。而錄製音樂市場規模於2016年達到132億美元後，再也無法回到以往的巔峰狀態；反觀現場音樂的收入從2007年起便超過錄製音樂，之後繼續以每年平均4%的速度成長，錄製音樂市場則年年平均衰退3%。而北美現場演出市場規模在1990年至2016年以8%的複合成長率，從1990年的11億美元，成長到2016年85億美元，其中藝人受歡迎程度和巡迴演出之場次更是影響了票房的收入。由此可知，現場音樂已成為全球音樂界收入的主要來源之一。

四、Live Nation Entertainment股價走勢

▷▷ 圖9-11　Live Nation Entertainment股價走勢

資料來源：google財經新聞網；yahoo財經網；CNBC網站；本個案自行繪製

1. 2016/05/10專精拍攝VR內容的NextVR公司已宣布與Live Nation Entertainment簽訂五年合約，推出VR演唱會。

2. 2017/08/11亞馬遜尋求與美國場館所有者合作提供票務服務。

3. 2017/10/03 Live Nation Entertainment在拉斯維加斯主辦的鄉村音樂節發生大規模射擊。

五、Live Nation Entertainment財務報表

田表9-4　Live Nation Entertainment資產負債表

單位：新台幣億元

	2014年	2015年	2016年	2017/Q2
流動資產	718.86	752.40	863.56	1,214.01
非流動資產	1,179.45	1,271.77	1,321.30	1,300.20
資產總額	1,898.31	2,024.17	2,184.86	2,514.21
流動負債	637.42	690.88	794.69	1,169.03
非流動負債	790.51	857.55	954.27	901.16
負債總額	1,427.93	1,548.43	1,748.96	2,070.19
股東權益總額	470.38	475.75	435.90	444.02
流動比率（%）	112.78	108.90	108.67	103.85
存貨	-	-	-	-
速動比率（%）	89.58	83.56	85.17	104.21
ROE股東權益報酬率（%）	-7.04	-1.09	1.50	2.25
ROA資產報酬率（%）	-1.74	-0.26	0.30	0.40
總資產成長率（%）	11.33	6.63	7.95	10.43
總資產週轉率（%）	114.67	117.68	123.52	51.29
折舊	40.31	44.11	44.99	21.85
固定資產價值	220.42	240.45	242.75	249.05
折舊率（%）	18.29	18.34	18.53	8.77

資料來源：Live Nation Entertainment官網；本個案自行繪製

田表9-5　Live Nation Entertainment損益表

單位：新台幣億元

	2014年	2015年	2016年	2017/Q2
營業收入淨額	2,176.83	2,382.40	2,698.64	1,289.45
營收成長率（%）	6.00	9.44	13.27	24.95
營業成本	1,559.63	1,708.60	1,964.71	934.93
營業毛利	617.20	673.80	733.93	354.52
營業毛利率（%）	28.35	28.28	27.20	27.49
營業費用合計	614.93	630.60	670.96	326.47
營業費用率（%）	28.25	26.47	24.86	25.32
營業利益	2.27	43.20	62.97	28.05
利息收入	1.14	1.16	0.83	0.60
非合併子公司營利	1.32	0.49	0.00	0.88
其他收入	0.00	0.00	0.00	1.92
營業外收入合計	2.46	1.65	0.83	3.40
利息支出	33.70	33.83	34.40	16.43
其他支出	2.62	8.93	3.50	0.00
清償債務損失	0.06	0.00	4.54	0.00
非合併子公司虧損	0.00	0.00	5.75	0.00
營業外支出合計	36.38	42.76	48.19	16.43
稅前淨利	-31.64	2.09	15.61	15.02
所得稅費用	1.47	7.27	9.05	5.03
稅後淨利	-33.11	-1.90	6.56	9.99
稅後淨利率（%）	-1.52	-0.08	0.24	0.77
每股盈餘（美元）	-0.49	-0.33	0.33	0.08

資料來源：Live Nation Entertainment官網；本個案自行繪製

9-4 必應創造股份有限公司

一、公司基本資料

(一) 沿革與背景

　　必應創造股份有限公司爲臺灣規模最大的娛樂影音活動製作公司，其前身爲相信音樂股份有限公司之演唱會製作部門，從事旗下歌手或承接其他唱片公司的演唱會製作業務，於2014年1月分割成立必應創造股份有限公司，業務擴大爲承接包含演唱會、頒獎典禮、商業展覽、企業尾牙、商業演出等娛樂影音活動，並提供相關設備租賃。

田 表9-6　必應創造公司簡介

公司名稱	必應創造股份有限公司	股票代號	6625
產業類別	文化創意業	公司成立日期	2014/01/02
興櫃日期	2017/03/29	公開發行日期	2017/01/11
主要經營業務	演唱會製作、硬體設備租賃	實收資本額	新台幣256,671,000元

資料來源：必應創造公司官方網站；本個案自行繪製

田 表9-7　必應創造公司重要活動列表

日期		事件
2015年	1月	「NEW！再創新高」迎新演唱會
	9月	第50屆金鐘獎
2016年	5-12月	五月天 JUST ROCK IT 2016 就是演唱會
2017年	1月	第12屆KKBOX數位音樂風雲榜
	1、2月	8佈的搞怪樂園
	9月	超犀利趴系列演唱會

資料來源：必應創造公司官方網站、維基百科；本個案自行繪製

▷▷ 圖9-12　臺灣展演活動

資料來源：littlesam/Shutterstock.com

(二) 營業比重及項目

　　必應創造股份有限公司所經營之業務主要內容為演唱會、頒獎典禮、商業展覽、企業尾牙、商業演出等活動製作策劃，為臺灣少數能統包活動的專業幕後工作團隊。其服務涵蓋節目內容發想、企劃與執行、視覺及舞台設計、燈光設計、音響規劃、硬體器材租賃、活動工程統籌等，且擅長融合音樂性和娛樂性，勇於研發創新，有效整合創意執行及軟硬體活動規劃。由表9-8可知必應創造的營收比重。

⊞ 表9-8　必應創造營業比重

單位：新台幣仟元

	2014年		2015年		2016年	
	營業收入淨額	比重（%）	營業收入淨額	比重（%）	營業收入淨額	比重（%）
展演活動製作設計及硬體工程收入	345,935	90.99	539,940	87.53	684,629	86.60
設備出租收入	34,242	9.01	76,930	12.47	105,936	13.40
合計	380,177	100.00	616,870	100.00	790,565	100.00

資料來源：必應創造公司2016年公開說明書；本個案自行繪製

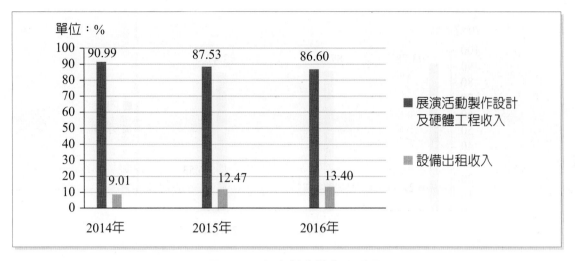

▷▷ 圖9-13　必應創造營收比重圖

資料來源：必應創造公司2016年公開說明書；本個案自行繪製

二、營業銷售概況

(一) 銷售市場分析

由表9-9可知，必應創造主要商品市場為國內市場，但海外市場亦逐年成長。

田 表9-9　必應創造年度銷售比例

單位：新台幣仟元

	2014年		2015年		2016年	
	銷售淨額	比重（%）	銷售淨額	比重（%）	銷售淨額	比重（%）
內銷	356,514	93.78	542,185	87.89	659,885	83.47
外銷	23,663	6.22	74,685	12.11	130,680	16.53
合計	380,177	100.00	616,870	100.00	790,565	100.00

資料來源：必應創造公司2016年公開說明書；本個案自行繪製

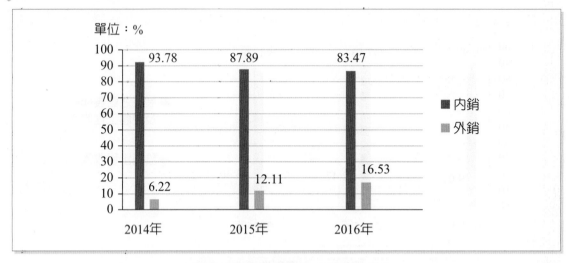

▷▷ 圖9-14　必應創造年度銷售比例圖

資料來源：必應創造公司2016年公開說明書；本個案自行繪製

三、必應創造股價走勢

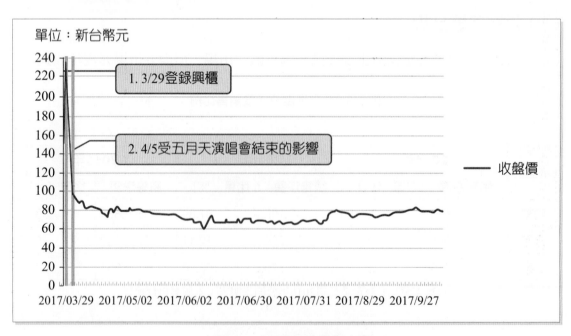

▷▷ 圖9-15　必應創造股價走勢

資料來源：TEJ；本個案自行繪製

1. 2017年3月29日因五月天選在3月29日辦20周年演唱會，讓同一日掛牌的文創股「必應創造」股價上演蜜月行情，盤中一度飆破300元。

2. 2017年4月5日伴隨著五月天演唱會結束的影響，賣壓出籠，導致股價嚴重下滑，而每年上半年皆為展演產業淡季，因此上半年的股價才會如此的低。

四、必應創造財務報表

⊞表9-10　必應創造資產負債表

單位：新台幣億元

	2014年	2015年	2016年	2017/Q2
流動資產	2.45	2.35	3.77	2.80
非流動資產	1.41	3.10	2.79	2.89
資產總額	3.86	5.45	6.56	5.69
流動負債	2.57	2.76	2.82	1.89
非流動負債	0.40	1.44	0.40	0.18
負債總額	2.97	4.20	3.22	2.07
股東權益總額	0.89	1.25	3.34	3.62
流動比率（%）	95.29	85.07	133.58	148.40
存貨	-	-	-	-
速動比率（%）	90.93	80.92	116.51	134.62
股東權益報酬率ROE（%）	41.57	16.59	16.04	-5.23
資產報酬率ROA（%）	9.58	3.79	6.12	-2.98
總資產成長率（%）	-	41.19	20.37	-13.26
總資產周轉率（%）	98.45	113.21	120.58	81.20
折舊	0.12	0.46	0.75	0.43
折舊比率（%）	8.91	15.44	27.78	15.93

資料來源：TEJ；本個案自行繪製

　　因必應創造為2017年登錄興櫃之公司，故其無完整一年之股價，其本益比截至2017年6月30日為22.49倍。

表9-11　必應創造損益表

單位：新台幣億元

	2014年	2015年	2016年	2017/Q2
營業收入淨額	3.80	6.17	7.91	4.62
營收成長率（％）	-	62.37	28.20	-17.20
營業成本	2.98	5.18	6.31	4.27
營業毛利	0.82	0.99	1.60	0.35
營業毛利率（％）	21.58	16.05	20.23	7.58
營業費用合計	0.36	0.72	1.12	0.46
推銷費用	0.07	0.22	0.28	0.16
管理費用	0.29	0.50	0.84	0.30
營業費用率（％）	9.47	11.67	14.16	9.96
營業利益	0.46	0.27	0.48	-0.11
營業外收入及支出	-0.01	-0.07	-0.02	-0.04
稅前淨利	0.45	0.20	0.46	-0.15
所得稅費用	0.08	0.03	0.08	0.03
稅後淨利	0.37	0.17	0.38	-0.18
稅後淨利率（％）	9.74	2.76	4.80	-3.89
每股盈餘（元）	7.67	1.67	1.57	-0.66（暫結）

資料來源：TEJ；本個案自行繪製

9-5 必應創造與 Live Nation Entertainment 比較分析

一、營業收入比較

　　必應創造和Live Nation Entertainment營業收入呈現逐年上漲的趨勢，由於必應創造開始積極拓展海外的市場，在中國設立子公司舉辦演唱會，並以創新的營運模式來吸引更多消費者參與音樂展演的活動。除了發展出演唱會直播模式外，也運用網路銷售演唱會的周邊商品，使必應創造的營業收入在2016年達到了7.91新台幣億元，佔全臺灣此產業之產值約1/3。而2017年必應創造更是突破原先演唱會的限制，創辦「8咘搞怪樂園」的親子主題活動，以創造更多的營收。

　　而Live Nation Entertainment主要是因為有新的贊助計劃，以及承辦不同的音樂節促銷活動，使其營收呈現上漲的趨勢。

　　而音樂展演業在上半年的時候為其淡季，下半年度才是其旺季，可以從圖9-16看出兩家公司從第二季到第四季的營收有明顯的成長。

▷▷圖9-16　必應創造、Live Nation Entertainment營業收入比較（半年）

資料來源：Live Nation Entertainment官網、TEJ；本個案自行繪製

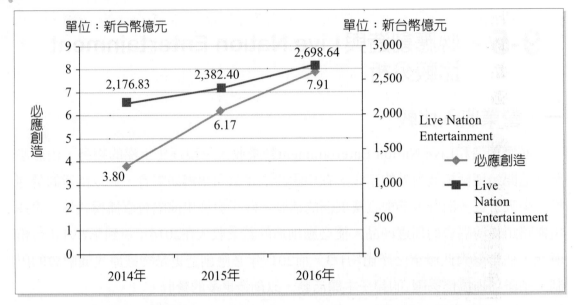

▷▷ 圖9-17　必應創造、Live Nation Entertainment營業收入比較（年）

資料來源：Live Nation Entertainment官網、TEJ；本個案自行繪製

二、營收成長率比較

　　音樂展演已成爲流行音樂發展的主流，必應創造在2015年一共辦了270多場
演唱會和活動，其營運量相當驚人。除了五月天的演唱會之外，也承辦了金鐘
獎、KKBOX數位音樂風雲榜等頒獎典禮。因此，必應創造在2015年的營收從2014
年的3.8億元新台幣成長至新台幣6.17億元，其成長幅度約爲62.37%，而Live Na-
tion Entertainment在2016年的營收則是從2015年的2,382.03億成長至2,698.64億，而
其成長幅度約爲13.27%。雖然兩家公司在2017第二季的成長幅度低，但這是因爲
上半年度，爲音樂展演產業的淡季，而相較於2016年第二季的營收，兩間公司皆有
成長的趨勢。

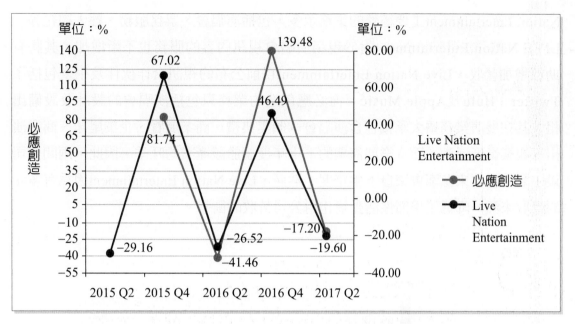

▷▷ 圖9-18　必應創造、Live Nation Entertainment營收成長率比較（半年）

資料來源：Live Nation Entertainment官網、TEJ；本個案自行繪製

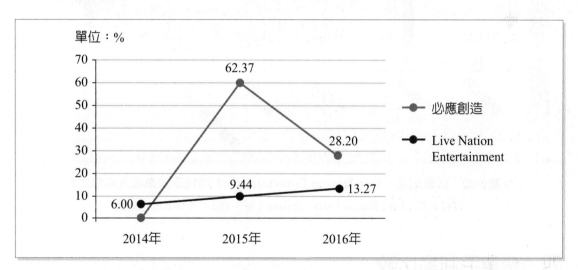

▷▷ 圖9-19　必應創造、Live Nation Entertainment營收成長率比較（年）

資料來源：Live Nation Entertainment官網、TEJ；本個案自行繪製

三、營收來源比較

　　必應創造與Live Nation Entertainment皆為從事音樂展演的主要公司，因此兩家公司之營收來源皆著重於演唱會的發展。而兩家公司不同的地方則是在於LIVE

Nation Entertainment主要經營的業務眾多，包括演唱會、票務服務、藝人經紀等。LIVE Nation Entertainment對於現場演唱會視訊內容的服務也不斷增加，其將有助於增加營收，Live Nation Entertainment目前公布的視訊合作伙伴及平臺包括了Twitter、Hulu及Apple Music。而必應創造的業務只包括演唱會的設計及設備出租，其在展演業務擴大承接包含演唱會、頒獎典禮、商業展覽、企業尾牙、商業演出等娛樂影音活動，而音樂展演業的下半年度屬於該產業的旺季，因此，兩間公司最主要的營收來源都會來自下半年度；然而，Live Nation Entertainment因為有多元的營收來源，降低了季節性活動變化對公司營收的衝擊。

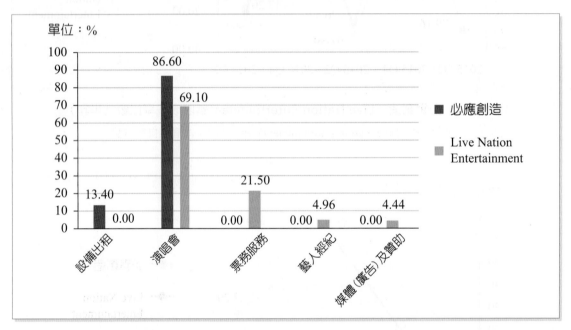

▷▷ 圖9-20　必應創造、Live Nation Entertainment 2016年營業收入來源比較

資料來源：Live Nation Entertainment官網、TEJ；本個案自行繪製

四、營業毛利率比較

必應創造藉由相信音樂與跨國演唱會主辦公司 Live Nation Entertainment 合資成立Live Nation Taiwan 理想國演藝，得以到國外製作演唱會，以及承接國外藝人在臺灣的表演製作。再者，必應創造積極拓展海外市場，並以創新的演唱會直播模式來吸引更多消費者，使必應創造的營業收入有逐年上升的趨勢；但是，其所伴隨的營業成本也相對提升，所以，毛利率沒有Live Nation Entertainment那麼高。而Live Nation Entertainment，因其經營業務收入來源比必應創造來的廣泛，不僅舉

辦演唱會還可以同時為自己販售門票，又其市場範圍也較廣大，可以藉由整合供應鏈，達到成本分散之效果，所以，Live Nation Entertainment毛利率才會那麼高。由此可以看出，在展演產業必須水平發展相關服務，以吸引消費者投入更多的時間參與平台運作，進而降低成本，提高營業收入及毛利率。

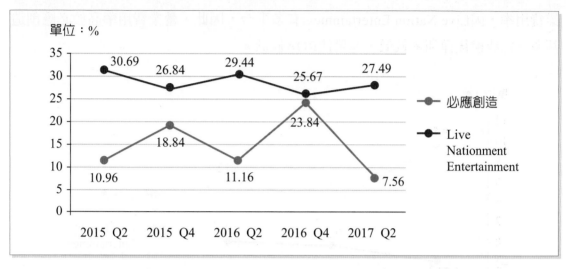

▷▷圖9-21　必應創造、Live Nation Entertainment營業毛利率比較（半年）

資料來源：Live Nation Entertainment官網、TEJ；本個案自行繪製

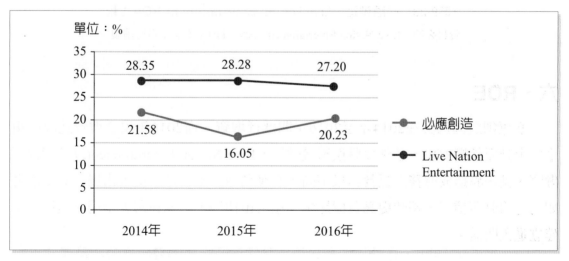

▷▷圖9-22　必應創造、Live Nation Entertainment營業毛利率比較（年）

資料來源：Live Nation Entertainment官網、TEJ；本個案自行繪製

五、ROA比較

　　由於必應創造積極擴展海外的市場，使其營業收入逐年成長，使其獲利穩定，因此，其ROA逐年成長，而Live Nation Entertainment的營業收入雖然逐年成長，但因其近幾年龐大的利息支出，導致其在淨利受到壓縮而減少。再者，探討營業費用率，因Live Nation Entertainment有多平台，因此，營業費用率高於必應創造甚多，造成稅後淨利率較低，連帶使ROA較低。

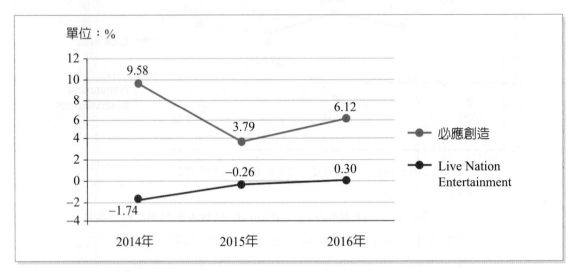

▷▷圖9-23　必應創造、Live Nation Entertainment ROA比較

資料來源：Live Nation Entertainment官網、TEJ；本個案自行繪製

六、ROE

　　必應創造因為其在2014年至2016年間進行增資，而2016年現金增資造成股東權益上升而稀釋ROE。必應以股東權益融資，Live Nation Entertainment以負債進行融資，其差異造成財務上經營結果不同。必應創造未來若進入更大市場，必須思考如何運用財務槓桿，適時提高負債比率，擴大市佔率，快速在華人市場、亞洲市場建立進入門檻。

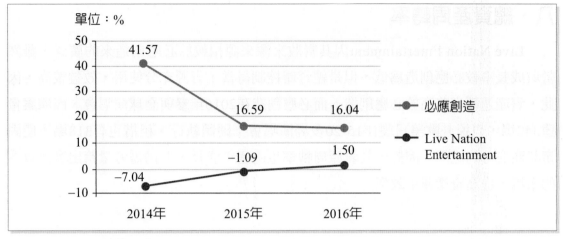

單位：%

▷▷ 圖9-24　必應創造、Live Nation Entertainment ROE比較

資料來源：Live Nation Entertainment官網、TEJ；本個案自行繪製

七、 總資產成長率

　　必應創造在成立的2014年至2016年中，其總資產成長率起伏大於Live Nation Entertainment許多，這是因為必應創造每年均進行現金增資以及資本公積轉增資，並且添購相關設備。而Live Nation Entertainment為了擴大其市場的發展，收購國際上相關公司，來整合其在全球音樂市場的發展，因此其總資產亦逐年成長。而兩間公司的報表說明必應創造的資產成長來源主要來自股東權益增加，而Live Nation Entertainment來自負債增加。表示必應創造財務操作較保守，而Live Nation Entertainment較靈活，雖然，ROA與ROE表現不如必應創造，但是未來成長性可能較大。

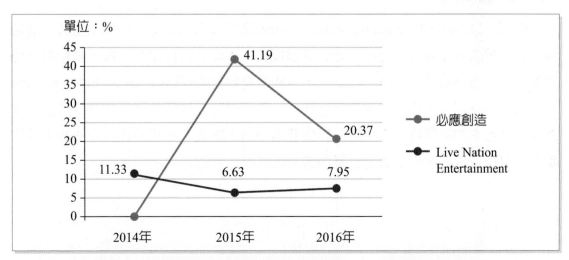

單位：%

▷▷ 圖9-25　必應創造、Live Nation Entertainment總資產成長率比較

資料來源：Live Nation Entertainment官網、TEJ；本個案自行繪製

八、總資產周轉率

　　Live Nation Entertainment因其營收來源來源相較於必應創造來的廣泛，雖然營收成長率較必應創造爲低，但是總資產控制得當，資源充分使用，效益較高，因此，資產週轉率略高於必應創造。而必應創造在2016年參與全球演唱會、商演案量達342場，也遠赴歐美日製作15-20多場演唱會；硬體執行、租借也有318場，使固定資產充分的應用，因此，其資產周轉率也由逐年成長，但仍需考量跨出展演以外的市場，提高資產運用效率。

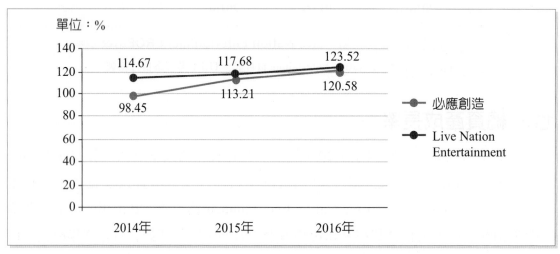

▷▷圖9-26　必應創造、Live Nation Entertainment總資產周轉率比較

資料來源：Live Nation Entertainment官網、TEJ；本個案自行繪製

九、折舊比率

　　由圖9-24得知，Live Nation Entertainment之折舊比率呈現較平穩之趨勢，這是因爲其公司成立比較久，已達一定的營運規模，才使其折舊比率分攤下來相對平穩許多。而必應創造因成立僅三年之久，其機器設備總數較Live Nation Entertainment少，因此必應創造不時會需要添增新機器，進而增加設備的折舊，才導致其起伏變動大。高比率的折舊費用會明顯的影響營業淨利，因此，在折舊會計方法的選擇及是否採用租賃方式承租設備是必應創造未來可以思考的方向之一。

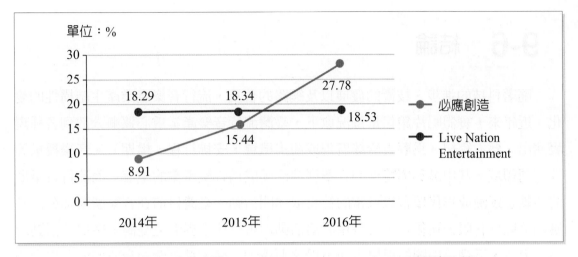

▷▷圖9-27　必應創造、Live Nation Entertainment折舊率比較

資料來源：Live Nation Entertainment官網；TEJ；本個案自行繪製

十、本益比

必應創造因為在2017年才登錄興櫃，因此，本益比的走勢還不明確，而Live Nation Entertainment因利息支出過高，營業費用控制不佳，導致每股盈餘偏低，造成2014年、2015年的本益比表現不佳。但是，因Live Nation Entertainment在流行音樂產業的全面性發展，所以受到投資人看好，再加上Live Nation Entertainment與專精拍攝VR內容的NextVR公司宣布合作，推出VR演唱會，讓其股價攀升，因此，在2016年本益比有上升趨勢。

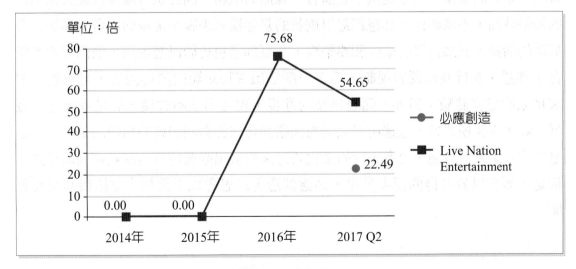

▷▷圖9-28　本益比比較

資料來源：Live Nation Entertainment官網；TEJ；本個案自行繪製

9-6 結論

隨著科技的進步、技術的發展以及網路的普及，流行音樂產業產生結構性的變化。近年來，實體唱片銷售量每況愈下，臺灣流行音樂產業重心逐漸分散到各種現場演出、藝人經紀（為藝人洽談廣告或演出機會，安排行程、檔期）、音樂授權等等不同領域。其中最具獨特性的音樂展演活動成為音樂產業的主流，而流行音樂展演活動也逐漸成為民眾習以為常的社交或休閒活動。臺灣目前在音樂展演部分由必應創造股份有限公司領軍，其每場展演活動均可以使世界看見臺灣音樂展演活動的發展潛能，近幾年中國的現場表演市場逐漸蓬勃發展，讓臺灣的音樂展演有更大的市場發展，因此，也奠定了臺灣在華語流行音樂創作的地位。音樂展演現今已逐漸成為藝人與觀眾近距離互動的重要管道，因此相關展演製作團隊不僅要透過視覺及科技重新詮釋音樂作品，更要為歌手塑造形象，倘若未來營運方向能夠朝向平台發展，又能夠開發原創內容並且拓展到全世界與國際接軌，也將成為未來音樂展演發展的方向。

音樂展演已經成為音樂產業不可或缺的市場，音樂展演空間也越來越受到重視，從節目內容的發想、企劃與執行、視覺及舞台設計、燈光、音響規劃及租賃、工程統籌等。必應創造將其所有音樂展演相關的產業整合在一起，皆由自己親自操刀，為表演者在專輯籌備的期間，針對配套的視覺設計、音樂錄影帶、演唱會做出一系列的規劃。由於提供了表演者一條龍的服務，因此也會減少日後其他項目的籌備時間，不僅如此，必應創造以創新的營運模式來吸引更多的消費者參與音樂展演的活動，其融合了音樂性和娛樂性，必應創造也勇於研發創新，他們有效的整合了創意、執行及軟硬體規劃，為客戶創造出獨特新穎的節目內容，也為觀眾帶來精采的感官體驗。另外，隨著科技的進步，現今的演唱會模式更是多元化的發展，除了直播模式外，也運用了大量的網路銷售來帶動演唱會的周邊商品，期望必應創造在未來可以運用更多不同的文化巧思來發展出臺灣特有的演唱會展演模式。但是，觀察世界其他的頂尖公司，必應創造可以思考以下幾點，並拓展其業務範圍：

1. 發展演唱會票務系統

從美國知名公司LIVE NATION ENTERTAINMENT的經營模式得知，其不僅舉辦大型展演活動，亦發展出獨立之售票系統，不僅能更加有系統地販售票務，也能更迅速地發布廣告，引起消費者關注，另也可以嘗試使用大數據，更貼近消費者之需求，以拓展商機及營業收入。

2. 主動舉辦大型展演活動

比起被動的承接展演，主動推出展演商品更顯得積極。必應創造在國內常接收到國外公司來台展業，而與必應創造進行合作，並且租借機器設備等創造營收，未來，必應創造也可以主動到國外拓展更多商機，並與他國合作，創造出雙贏的效果。

3. 推出展演授權及授權週邊商品

必應創造在今年2017年1月首次舉辦大型的親子活動「8咘的搞怪樂園」，人潮達到80,000人次並創造巨額營收，也同時推出購買門票可加購周邊商品的活動。從此可得知，除了音樂演唱會外，其他相關活動及周邊商品亦是商機之一。

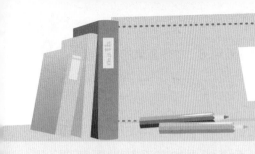 

問題與討論

1. 現今社會對於文創產業有高度重視，臺灣對於此市場具有強大的潛力可以發展，你認為除了音樂文創可以發展之外，臺灣還可以發展那些文創產業使其走向國際市場？請舉例說明。

2. 由於臺灣市場偏小，在臺灣發展的公司普遍規模皆無法跟國際性的公司比較，你認為臺灣文創產業可否組成國家隊，在國際間跟各國的文創產業做拼鬥？

3. 必應創造在音樂文創方面已經位居臺灣龍頭產業，你認為必應創造在未來有沒有需要發展多元的產業呢？

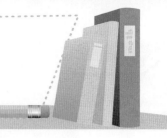

資料來源

1. Anna（2015年03月05日）。臺灣流行音樂展演市場概況與商機。取自：https://tavis.tw/files/13-1000-15091-1.php。

2. Anna（2015年01月10日）。臺灣數位音樂的發展趨勢與未來可能。取自：https://tavis.tw/files/13-1000-15097-1.php。

3. CNBC。取自：https://www.cnbc.com。

4. DATAGOVTW資料臺灣。取自：http://datagovtw.com。

5. Facebook。取自：https://www.facebook.com。

6. Google－五月天周邊商品。取自：https://www.google.com.tw/search。

7. Google－財經新聞網。取自：http://finance.google.com.hk/finance。

8. MeiHe__NY（2017年06月22日）。Live Nation和Spotify-新音樂的一體兩面。取自：http://www.zhiding.cn/techwalker/documents/J9UpWRDfVYHE5TpYSn30w-YeA968JpXgGC7r3Rictjg。

9. Money DJ-理財網。取自：https://www.moneydj.com。

10. Shock Lin（2016年06月25日）。金曲國際論壇：演唱會最重要的是表演者，實際情境比視覺虛擬實境重要。取自：https://blow.streetvoice.com。

11. TEJ臺灣經濟新報。

12. TAIWAN BEATS新聞。取自：http://taiwanbeats.punchline.asia。

13. Yahoo－財經網。取自：https://tw.finance.yahoo.com。

14. 于墨林 阿麗莎（2016年01月12日）。全球音樂娛樂投融資大事記！。取自：https://freewechat.com/a/MjM5NzQyMjkyOQ==/410629980/1。

15. 北美環球財經網。取自：http://www.chineseworldnet.com/。

16. 臺灣文化創意產業的發展-PDF檔。取自：http://ccnt4.cute.edu.tw/gec97/week/Week8.pdf。

17. 必應創造－106年3月公開說明書。取自：http://www.binlive.com/uploads/investors/201703_6625_%E8%88%88%E6%AB%83.pdf。

18. 吳柏羲（2016年12月11日）。流行音樂是展現5G應用魅力的最佳主題。取自：https://mic.iii.org.tw/Industryobservation_MIC02views.aspx?sqno=219。

19. 記者宋宜芳（2017年03月19日）。五月天概念股來了，必應創造3月底興櫃。取自：https://news.cnyes.com/news/id/3752709。

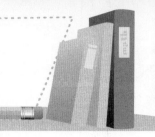

資料來源

20. 記者葉子菁（2017年03月31日）。必應創造掉回149.01元。取自：https://udn.com/news/story/7250/2376454。

21. 記者許宏超、陳儀潔（2017年04月26日）。股民套牢！五月天概念股腰斬一張慘賠逾20萬。取自：http://www.setn.com/News.aspx?NewsID=246716。

22. 馬岳琳（2016年01月08日）。五月天唱熱臺灣演唱會產業。取自：http://www.cw.com.tw/article/article.action?id=5046291。

23. 行政院文化部-流行音樂產業發展行動計劃。取自：https://www.ey.gov.tw/Upload/RelFile/26/73664/09301139471.pdf。

24. 經濟部智慧財產局。取自：https://www.tipo.gov.tw。

25. 維基百科。取自：https://zh.wikipedia.org。

26. 蔡宜蒨（2015年06月29日）。從英美以及韓國文創產業來看，臺灣還只是停留在「用文化做生意」？。取自：https://www.thenewslens.com/article/15943。

27. 鄧寧（2017年03月16日）。年收八億-五月天演唱會不能少的團隊。取自：http://www.businesstoday.com.tw/article-content-92751-162570。

28. 維基百科。取自：https://zh.wikipedia.org/wiki/%E6%96%87%E5%8C%96%E5%89%B5%E6%84%8F%E7%94%A2%E6%A5%AD。

29. 文化部影視及流行音樂產業局，臺灣流行音樂展演市場概況與商機。取自：https://tavis.tw/m/404-1000-15091.php。

30. 葉子菁（2017-04-15）。全球音樂展演，今年唱出近兆商機。取自：https://udn.com/news/story/7241/2404795。

31. 文化創意產業推動服務部。臺灣文創產業發展現況趨勢。取自：http://cci.culture.tw/upload/cht/attachment/b5b6fd9be048207c650a09ef0ae43786.pdf。

個案10

購併夢碎　樂陞坑殺散戶手法拆解

　　在這個年輕世代，不論是電腦遊戲或是手機遊戲都已是不可或缺的休閒活動，是許多人舒壓的選擇，現在電競更是炙手可熱的產業，2022 年亞洲運動會更將電競納入比賽項目，未來運動最大盛會的奧運可能也有機會出現電競項目，可見世界潮流越來越能接受電競，更說明遊戲產業的未來發展將越來越好。

　　臺灣的遊戲公司大多代理外國遊戲，就算自己有開發遊戲。大多是沒有名氣的，熱門的遊戲幾乎都是外國設計，臺灣代理，自然毛利不會太好，導致淨利沒有很穩定，所以臺灣遊戲產業的獲利能力是很浮動的。

　　本個案一開始分析遊戲產業市場現況，再詳細介紹三家遊戲公司，分別為樂陞、紅心辣椒和遊戲橘子，再來說明樂陞案的始末及後續對併購的影響，最後比較三家公司的經營狀況，讓讀者更了解遊戲產業公司的財務概況。歷史上遊戲公司很容易因為短期業績的波動，成為有心人士的操作目標，所以投資遊戲產業時要更加謹慎。

第五篇　產業發展的契機與風險

本個案由中興大學財金系（所）陳育成教授與臺中科技大學保險金融管理系（所）許峰睿副教授依據具特色臺灣產業並著重於產業國際競爭關係撰寫而成。並由中興大學財金所吳宏信同學及臺中科技大學保險金融管理系陳瑋祥、郭家瑜同學共同參與討論。期能以深入淺出的方式讓讀者一窺企業的全球布局、動態競爭，並經由財務報表解讀企業經營成果。

10-1 遊戲產業

一、遊戲產業簡介

數位遊戲產業（Video game industry），又稱互動娛樂產業（Interactive entertainment industry），是涉及遊戲開發、市場行銷和銷售的經濟領域。依據遊戲所使用平台之特性，可區分為下列六項：

（一）PC單機遊戲（PC Game）

PC單機遊戲狹義之定義係指僅使用個人電腦即可進行非網際網路之電子遊戲或電腦遊戲。在數位多媒體及電腦科技的快速發展下，數位資訊的傳輸速度及儲存空間均已大幅提升，促使PC單機遊戲可支援高位元之動畫、音效等聲光效果之呈現，然因網路的普及，為拓展PC單機遊戲之市場，許多單機遊戲亦開始支援網際網路，進行多人遊戲，發展模式已趨於線上遊戲，加上行動平台遊戲的興起，大型線上遊戲及手機遊戲等網路遊戲已為市場主流，故傳統PC單機遊戲市場成長已逐漸萎縮。

（二）線上遊戲（Online Game）

線上遊戲係指多名玩家經由網路連接到線上遊戲廠商所建立之多人連線遊戲平台以進行遊戲。目前線上遊戲（MMOG, Massively Multi-Player Online Game）主要以多人線上角色扮演遊戲（MMORPG, Massive Multi-Player online Role Playing Game）為主，此類型遊戲係指個人用戶由客戶端安裝遊戲程式後，經由網際網路連線至遊戲公司之遊戲伺服端，即可進行遊戲，遊戲業者亦積極開發規模較小之線

上遊戲，以遊戲時間較短且硬體設備規格要求較低之特性，作爲與萬人線上遊戲之市場區隔，此類遊戲係以網頁遊戲（Web Game）爲主。因網頁遊戲所需之美術製作尚不如大型線上遊戲精緻，故遊戲內容格局較小，惟其整體遊戲資訊負載度較低，並可藉由現成的網頁瀏覽器或是外掛程式套件，作爲遊戲程式運行平台，方便性較高，故可提高玩家參與意願[1]。

（三）大型機臺電玩（Arcade Game）

大型機台電玩主要係指於電子遊樂場中提供投幣消費的所有遊戲機台，主要分爲益智娛樂及博奕二大類，其中益智娛樂包含賽車、格鬥、射擊及機智問答等。由於大型機台電玩主要特色係擁有多元之聲光效果，並伴隨著動感體驗，故所採用之軟體及硬體規格均較高，目前市場以日、美廠商所掌握。博奕類之大型電玩則存在於北美拉斯維加斯及歐亞特定開放賭博的地區，日本地區則專研實體卡牌對戰及記憶卡連線格鬥等類型；而臺灣大型機台市場則趨向於休閒化，如近年來流行的抓娃娃機、大頭貼拍攝、籃球機、跳舞機、扭蛋等。

（四）遊戲機遊戲（Console Game）

遊戲機遊戲主要係透過遊戲機廠商開發之遊戲機台，再依不同遊戲機平台研發遊戲軟體，其中在硬體方面，由於遊戲機硬體規格較高，故其可支援高畫質動畫、音效等聲光效果，並不易因電腦科技之快速發展而淘汰。目前全球遊戲機硬體主要係由美、日大廠所掌握，分別爲日本Sony－PlayStation系列、任天堂（Nintendo）－Wii系列及美國微軟（Microsoft）－Xbox系列等三大遊戲機硬體平台；另遊戲軟體方面主要係由北美及歐洲廠商進行合作研發及代工，而臺灣僅有較少部分廠商投入遊戲機遊戲之相關開發。

（五）行動遊戲（Mobile Game）

行動遊戲係於手持式行動裝置（如智慧型手機）與手持式遊戲機（如Sony PS VITA、Nintendo及NDSLL等）執行之遊戲，其特色爲便於攜帶、較不受外在環境限制等，然因手持式遊戲裝置硬體之體積較小，故硬體性能尚無法與個人電腦及遊戲機相較，然近年來因半導體技術的快速發展帶動下，行動裝置之產品硬體規格提

---

1 樂陞105年年報第71頁（2017年5月25日）。取自：http://www.xpec.com.tw/wp-content/uploads/2017/06/2016-XPEC-Annual-Report.pdf。

升，促使手機與手持式遊戲機水準提高，另加上4G網路的發展，遊戲業者積極開發多樣行動遊戲，因此推動整體遊戲產業的發展[2]。

（六）虛擬遊戲（VR Game）

VR是Virtual Reality的縮寫，中文稱做虛擬實境，即透過電腦創造出一個虛擬的3D空間，使用者將如身歷其境般地進入一個完全人造的3D世界。通常，要達到VR的效果，必須提供視覺、聽覺、互動、以及其他感官的模擬元素。VR裝置的互動類型，目前的主流大概有三種：「體感」、「控制器」、「動態偵測」。當VR導入以上的互動性設計後，使用者在VR環境下不僅可以看到擬真的畫面、聽到擬真的環繞音，視線會隨著頭部轉動，可以用雙手做很多事情，還可以在虛擬的空間中走動、閃躲。目前全球一致看好VR市場的發展，預估到2020年，全球頭戴式VR設備出貨量將達到1億台[3]。

田表10-1　遊戲分類

	產品描述	產品代表
電腦遊戲	藉由電腦本身軟硬體設備執行遊戲，由於個人電腦非以執行遊戲為專屬效能，因此操控介面不如專屬機台。	線上遊戲、PC單機遊戲
遊戲機遊戲	以電視或液晶顯示器作為顯示設備，搭配時尚流行之主機系統，遊戲操作效果最佳。	Wii、Xbox、PlayStation
行動遊戲	行動遊戲之特色為可隨身攜帶，不受限制，但硬體之擴充及聲光效果較差。	掌上型電玩、智慧型手機遊戲、平板電腦遊戲。
大型機台電玩	透過軟硬體結合的電子機械平台，每一個遊戲均由不同的大型遊戲設備搭配合成。	博弈機、休閒型機台、大頭貼。

2 樂陞105年年報第72頁（2017年5月25日）。取自：http://www.xpec.com.tw/wp-content/uploads/2017/06/2016-XPEC-Annual-Report.pdf。
3 樂陞105年年報第73頁（2017年5月25日）。取自：http://www.xpec.com.tw/wp-content/uploads/2017/06/2016-XPEC-Annual-Report.pdf。

	產品描述	產品代表
虛擬遊戲	透過重力感測器或陀螺儀，判斷使用者的各種動作，讓玩家身歷實境的體驗遊戲。	所有平台皆可搭配VR技術。

資料來源：資策會MIC計劃；本個案自行繪製

二、遊戲產業之產業鏈

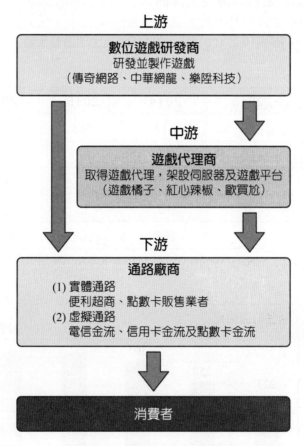

上游

數位遊戲研發商
研發並製作遊戲
（傳奇網路、中華網龍、樂陞科技）

中游

遊戲代理商
取得遊戲代理，架設伺服器及遊戲平台
（遊戲橘子、紅心辣椒、歐買尬）

下游

通路廠商
(1) 實體通路
　　便利超商、點數卡販售業者
(2) 虛擬通路
　　電信金流、信用卡金流及點數卡金流

消費者

▷▷ 圖10-1 遊戲產業之產業鏈

資料來源：本個案自行繪製

三、全球遊戲產業概況

　　數位遊戲在經濟發展高度成熟的國家，早已廣泛成為民眾所接受的休閒娛樂活動之一，且其目標客群已從最早的兒童、青少年、學生族群，擴展至一般的上班族甚至是銀髮族。隨著新世代遊戲裝置的發表，新興資通訊裝置的興起，以及新興市

場如亞洲、東歐、拉丁美洲等地對娛樂消費的需求增加，可預期數位遊戲市場在未來將持續成長[4]。

(一) 全球遊戲產值分析

2013年至2017年6月，全球玩家創造的產值屢創新高。2016年創造新台幣3.21兆元的收入，比起2015年增加5.94%。2017年至6月全球創造新台幣3.27兆元的產值，而這些收入大部分來自亞洲及大洋洲。

田表10-2　2013年至2017年6月全球遊戲產值

單位：新台幣百億元

年份	2013	2014	2015	2016	201706
亞洲、大洋洲	96	117	143	150	154
歐洲、中東、非洲	56	61	68	76	79
北美洲	66	70	79	82	81
拉丁美洲	9	10	13	13	13
總計	227	258	303	321	327

資料來源：Newzoo Global Games Market Report；本個案自行繪製

▷▷圖10-2　2013年至2017年6月全球遊戲產值走勢圖

資料來源：Newzoo Global Games Market Report；本個案自行繪製

---

4 戴群達（2011）。數位遊戲之創新發展趨勢。經濟部技術處。取自：http://www2.itis.org.tw/book/download_sample.aspx?pubid=66953249。

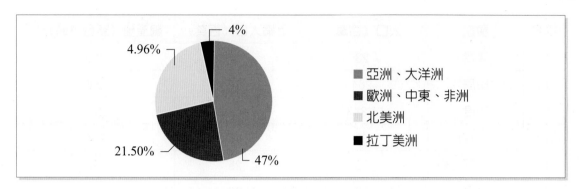

▷▷ 圖10-3　2016年各地區遊戲產值佔全球百分比

資料來源：Newzoo Global Games Market Report；本個案自行繪製

　　亞太地區於2017年初至2017年6月間，創造1.54兆新台幣的產值，佔全球遊戲產值的47%，中國即為亞太地區貢獻了一半的份額，以新台幣8,311億元的產值領先美國的新台幣7,561億元，穩居世界第一大遊戲市場的寶座；臺灣位於全球第15名，產值為新台幣310億元。

田 表10-3　2017年1月至6月全球遊戲產值前20名國家

排名	國家	人口（百萬）	上網人口（百萬）	總產值（新台幣億元）
1	中國	1,388	802	8,311
2	美國	326	261	7,561
3	日本	126	120	3,785
4	德國	81	73	1,321
5	英國	66	62	1,273
6	南韓	51	47	1,264
7	法國	65	57	895
8	加拿大	37	33	587
9	西班牙	46	38	577
10	義大利	60	43	566
11	俄羅斯	143	113	448
12	墨西哥	130	84	431
13	巴西	211	140	402
14	澳大利亞	25	22	372

排名	國家	人口（百萬）	上網人口（百萬）	總產值（新台幣億元）
15	臺灣	23	21	310
16	印尼	264	72	266
17	印度	1,343	429	247
18	土耳其	80	49	234
19	沙烏地阿拉伯	33	25	196
20	泰國	68	32	180

資料來源：TOP 100 COUNTRIES BY GAME REVENUES；本個案自行繪製

(二) 全球玩家成長分析

由於智慧型手機的普及化，使得全球遊戲玩家大幅度的成長，2013年到2016年成長29.6%，其中又以亞太地區玩家人數最多，2016年玩家人數高達10.53億人，佔全球玩家人數的50%。

田表10-4　2013年至2017年6月全球玩家人數

單位：億人

年份	2013	2014	2015	2016	201706
亞洲、大洋洲	7.4	8.17	9.12	10.53	11.45
歐洲、中東地區、非洲	5.2	5.53	6.06	6.39	6.79
北美洲	1.9	1.95	2.01	1.98	1.81
拉丁美洲	1.7	1.82	1.92	2.09	2.06
總計	16.2	17.47	19.11	20.99	22.11

資料來源：Newzoo Global Games Market Report；本個案自行繪製

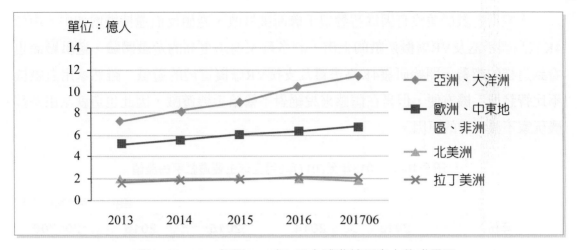

▷▷圖10-4　2013年至2017年6月全球遊戲玩家人數成長圖

資料來源：Newzoo Global Games Market Report；本個案自行繪製

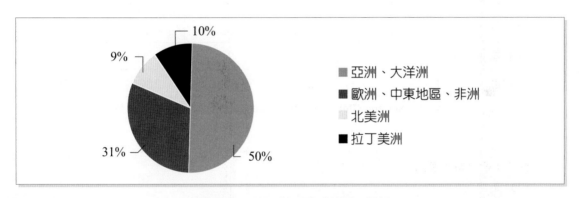

▷▷圖10-5　2016年玩家人數全球佔比

資料來源：Newzoo Global Games Market Report；本個案自行繪製

(三) 使用硬體平台產值成長分析

　　由於智慧型手機的普及化，加上4G行動網路的便利性，許多遊戲廠商看好這個商機，漸漸放棄傳統的遊戲平台，並開發新的行動裝置遊戲，或者將其他平台的遊戲移植到行動裝置上。

　　以全球2013年至2017年6月來看，手機平台產值持續成長，2016年產值約新台幣8,700億元，2017年6月首度超越其他平台，產值為新台幣1兆600億元。相對地，掌上型遊戲機產值逐年下滑，由於掌機平台無法取代手機及平板電腦所帶來的便利性，再加上無法使用網路連線，使得掌機玩家漸漸消失，遊戲公司也漸漸放棄這塊市場。

而家用遊戲機並沒有因為智慧型手機而被打敗，產值反而還持續增加中。由於4K液晶顯示器及VR虛擬遊戲的上市，許多玩家追求更高的遊戲體驗，遊戲廠商也看到這樣的趨勢，開始研發4K高畫質及支援VR虛擬實境的遊戲。雖然家用遊戲機不比智慧型手機方便，但是在體感來說絕對不輸給手機遊戲，因此也造就家用遊戲機玩家不減反增的原因。

田表10-5　2013年至2017年6月全球主要遊戲平台產值

單位：新台幣百億元

年份	2013	2014	2015	2016	201706
電腦	90	104	111	103	88
遊戲機	71	75	83	94	101
掌上型遊戲機	13	11	9	6	–
手機	39	48	69	87	106
平板電腦	14	20	31	31	32
合計	227	258	303	321	327

資料來源：Newzoo Global Games Market Report；本個案自行繪製

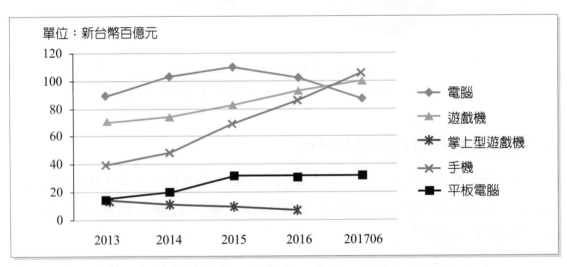

▷▷圖10-6　2013年至2017年6月全球遊戲硬體平台產值成長圖

資料來源：Newzoo Global Games Market Report；本個案自行繪製

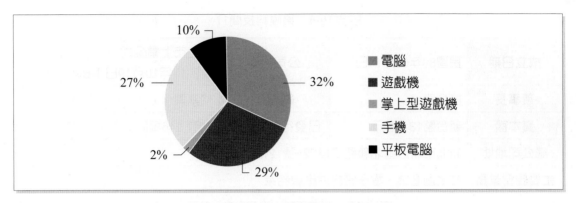

▷▷圖10-7　2016年全球遊戲硬體平台產值所佔百分比

資料來源：Newzoo Global Games Market Report；本個案自行繪製

10-2 XPEC 樂陞科技

一、樂陞科技簡介

樂陞科技（3662）股份有限公司，成立於2000年8月，為華人圈中少數擁有獨立開發與國際發行經驗的遊戲開發商。成立17年來，已在全球市場成功發行多款跨平台電視遊樂器遊戲、電腦線上遊戲、網頁遊戲及行動遊戲。目前樂陞科技專研遊戲開發，以合作遊戲開發及國際授權為主要商業模式活躍於全球遊戲市場。

樂陞集團在臺北、高雄、蘇州、北京均擁有開發據點。各據點負責不同的遊戲類型開發，以兩岸完整布局達到專業分工之效。臺北樂陞為企業營運總部，負責電視遊樂器遊戲、網頁遊戲及行動遊戲開發。北京樂陞科技為網頁、行動遊戲開發中心。位於高雄及蘇州的樂陞美術館為樂陞集團中專職美術開發的製作服務中心，已經參與超過120款的電視遊樂器遊戲美術製作專案，提供世界各國遊戲商最優質的美術製作服務。臺北的磁力線上則以開發電腦線上遊戲、多平台遊戲合作開發及線上遊戲營運支援服務為主要業務項目。玩酷科技主打網路遊戲及手機遊戲。近期併購完成的Tiny Piece及同步網絡則為樂陞集團建構完整的海外及中國手機管道。樂陞集團目前臺灣及中國研發團隊總計已近800人，員工九成為研發人員[5]。

5　維基百科。取自：https://zh.wikipedia.org/wiki/%E6%A8%82%E9%99%9E%E7%A7%91%E6%8A%80。

田表10-6　樂陞科技簡介

成立日期	民國89年08月14日	公司類型	未上市上櫃公司 （2017年10月19日下櫃）
董事長	許金龍	總經理	何嘉興
資本額	新台幣18.3億元	已發行普通股數	1億7,946萬股
總公司地址	新北市新店區北新路三段225號12樓		
主要經營業務	文化創意業、電子資訊供應服務業		

資料來源：維基百科；本個案自行繪製

二、主要業務及營收

　　樂陞本身不參與遊戲營運，除手機遊戲收入外，其他收入來自參與遊戲製作所收取之權利金及製作費收入，以及轉投資餐飲事業的營業收入。

田表10-7　樂陞主要業務簡介

項目	簡介
自製開發	遊戲產品研發並授權。
委製服務	遊戲委託製作、美術委託製作。
糕餅產銷	法式西點蛋糕、蜂蜜蛋糕、餅乾、果凍、彌月禮盒、喜餅禮盒等食品之製造、買賣。
糕點代工服務	蜂蜜蛋糕、餅乾等代工。
一之鄉轉投資怡客咖啡連鎖店	咖啡、茶飲、早午簡餐。

資料來源：樂陞科技2016年年報；本個案自行繪製

田表10-8　2016年樂陞營業收入及比重

單位：新台幣百萬元

	營收	比例%
遊戲製作部門	815.69	42
美術服務	469.87	24
手機遊戲營運部門	406.28	21
餐飲部門	253.74	13
合計	1,945.58	100

資料來源：樂陞科技2016年年報；本個案自行繪製

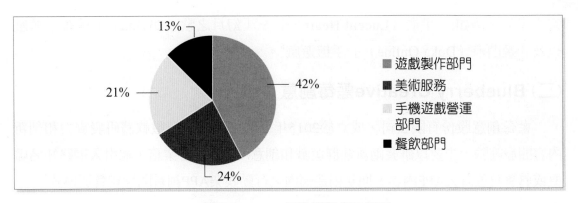

▷▷圖10-8　2016年樂陞營收比重圖

資料來源：樂陞科技2016年年報；本個案自行繪製

三、樂陞科技關係企業

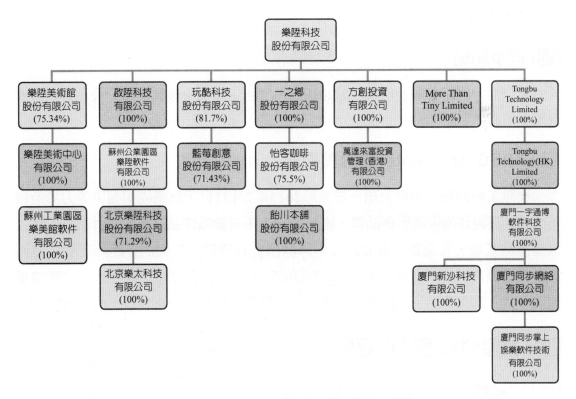

▷▷圖10-9　樂陞科技相關企業及持股比例圖

資料來源：樂陞2016年年報；本個案自行繪製

（一）PLAYCOO玩酷科技

　　玩酷科技成立於2001年，主要從事網路遊戲研發，擁有專業的遊戲開發人才，具備網路遊戲手機與平板遊戲開發技術和經驗。已成功推出多款獲國際市場肯

定之產品，例如：「星辰（Lucent Heart）」、「幻月之歌（Divina）」等線上遊戲
以及「姬鬥卡（Doka Online）」手機遊戲[6]。

（二）Blueberry Creative藍莓創意

藍莓創意股份有限公司，成立於2015年，具備厚實的遊戲軟體研發實力和創新
內容開發經驗，主要以研發創新社群遊戲和創意APP爲核心業務，並引入網路知名虛
擬或真實角色置入APP內容，期望創造國內之行動娛樂APP創新開發和營運模式[7]。

（三）XPEC Beijing 北京樂陞

北京樂陞科技股份有限公司成立於2002年3月，是互聯網遊戲的開發商，擁有
多項電腦軟體著作權及研發核心團隊，爲遊戲運營商和合作開發商提供高品質互聯
網遊戲產品及服務。

（四）同步網絡

廈門同步網絡有限公司成立於2010年，公司主要從事移動應用分發和移動設備
管理應用研發。

（五）XPEC Art Center樂陞美術館

樂陞美術館股份有限公司，成立於2013年7月31日，爲樂陞集團中著力於遊戲
美術設計與製作的專業服務品牌，匯集集團中所有遊戲作品之美術設計製作人才。
以臺灣爲基地，在高雄、臺北以及中國蘇州皆有據點。參與的作品除了樂陞集團
下所有遊戲外，海外作品包括《秘境探險系列》、《決勝時刻系列》、《黑暗靈
魂》、《古墓奇兵》、《鐵拳》、《最後生還者》等超過一百款以上的遊戲[8]。

四、樂陞科技多角化經營

（一）一之鄉

一之鄉股份有限公司，1975年創立。2015年1月30日，樂陞董事會通過投資
案，以新台幣1.39億元，全資收購一之鄉。樂陞取得股權後，全面改組董事會並派
任財務主管，日常營運仍由一之鄉原經營團隊負責。

6　樂陞科技。取自：http://www.xpec.com.tw/about-playcoo/。
7　樂陞科技。取自：http://www.xpec.com.tw/about-blueberry-creative/。
8　樂陞科技。取自：http://www.xpec.com.tw/about-xpec-art-center/。

一之鄉在前董事長黃和仁創辦四十年後已成彌月蛋糕第一品牌，其有別於一般日式 Castella 以砂糖為基底作法，開創了真正以蜂蜜為原料的創新之路，締造了四十年的老味道與全民的共同記憶[9]。

（二）Ikari Coffee怡客咖啡

怡客咖啡於1994年成立。2016年4月樂陞宣布旗下全資子公司一之鄉，以新台幣1.3億元收購75.5%的股權，成為一之鄉旗下子公司。

怡客咖啡以日文音譯IKARI為店名，取其本意「錨」，旨為提供現代上班族繁忙的生活中，一個愜意可以停靠的休息港灣，而中文「怡客」兩字則希望怡客咖啡能提供消費者滿意且愉快的消費經驗，成為生活的好所在[10]。

五、樂陞股價走勢

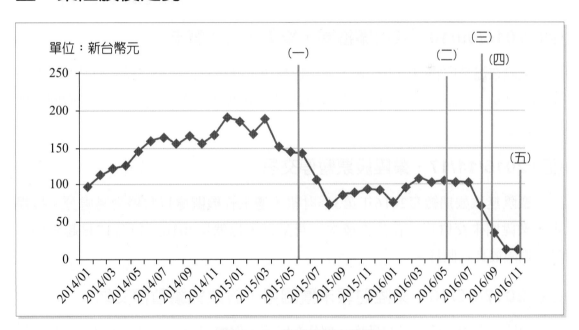

▷▷圖10-10　樂陞股價走勢圖

資料來源：臺灣經濟新報（TEJ）；本個案自行繪製

9　郭芝芸（2015年1月30日）。樂陞跨界收購一之鄉 承諾40年不賣。旺報。取自：http://www.chinatimes.com/realtimenews/20150130003997-260410。

10 怡客咖啡。取自：https://www.ikari.com.tw/about/idea.html。

（一）2015/06/15，樂陞美術館，撤回上櫃申請

樂陞美術館（4802）發布重大訊息，基於公司未來整體業務發展及經營擴張策略考量，擬在維護股東權益為最高原則及不排除尋求海外第三地資本市場發展為前提下，向櫃檯買賣中心撤回上櫃申請[11]。

（二）2016/05/31，百尺竿頭宣布收購樂陞

樂陞科技晚間發布重大訊息，日商百尺竿頭公司擬從2016年6月1日日起至7月20日止，以每股128元、總價48.6億元，在市場公開收購樂陞25.71%股權。這是臺灣遊戲業有史以來最大金額的入股案。

（三）2016/08/30，百尺竿頭宣布放棄收購

日商百尺竿頭宣布放棄收購，震驚臺灣金融界，樂陞股價已跌至76.10元。

（四）2016/09/10，樂陞案攪局，樂美館上櫃喊卡

樂陞在爆發收購破局事件後，連帶影響旗下轉投資公司樂美館上櫃計劃，樂美館2016年9月10日宣布自行撤回上櫃申請案，這也是樂美館2年來第二度撤回上櫃案[12]。

（五）2016/11/17，樂陞股票暫停交易

樂陞無法如期繳交2016年第3季財報，遭主管機關處以暫停交易處分。據規定，樂陞因未交財報，在公告後次二營業日，也就是2016年11月17日起暫停交易，期限最長六個月。

（六）2017/05/16，樂陞財報未獲認可，股票繼續暫停交易

樂陞趕在規定截止日的最後一刻公布財報，但櫃買中心未認可，仍決定讓樂陞繼續停止買賣，限期3個月內改善，再評估是否准予復牌交易。

---

11 張慧雯（2015年6月15日）。樂陞美術館 撤回上櫃申請。自由時報。取自：http://news.ltn.com.tw/news/business/breakingnews/1349088。

12 高佳菁、蘇嘉維（2016年9月11日）。樂陞案攪局 樂美館上櫃喊卡。蘋果日報。取自：https://tw.appledaily.com/finance/daily/20160911/37378937。

（七）2017/9/9，樂陞10/19下櫃

樂陞舉行106年第二次股東會，因出席股權僅35.27%，未達過半門檻，兩度延後股東會召開時間，樂陞代理董事長何嘉興黯然宣布流會。由於樂陞未能召開股東會補選獨董，櫃買中心決議，樂陞自2017年10月19日起下櫃，震驚近兩萬名散戶投資人[13]。

10-3 Gamania 遊戲橘子

一、遊戲橘子簡介

遊戲橘子（6180）數位科技股份有限公司，成立於1995年6月12日，2002年5月21日上櫃，為國內第二大線上遊戲通路、營運及開發商，以代理國外線上遊戲為主，主力遊戲為天堂、楓之谷、龍之谷、跑跑卡丁車、絕對武力等。此外，在臺灣、日本、香港、中國、韓國、美國及歐

洲等地皆設有子公司營運。2014年下半年，公司跨足電子商務、第三方支付、雲端數據資安服務、網路娛樂視頻平台、群眾募資平台等其他領域，逐漸轉型為全方位行動網路公司[14]。

⊞表10-9　遊戲橘子簡介

成立日期	民國84年06月12日	公司類型	上櫃公司
董事長	劉柏園	總經理	劉柏園
資本額	新台幣15.73億元	已發行普通股數	16億8537萬股
總公司地址	臺北市內湖區瑞湖街111號		
主要經營業務	代理遊戲營運、第三方支付平台、媒體平台、新創產業等		

資料來源：維基百科；本個案自行繪製

13 張慧雯（2017年9月9日）。樂陞10/19下櫃。自由時報。取自：http://news.ltn.com.tw/news/focus/paper/1133788。

14 MoneyDJ理財網。取自：https://www.moneydj.com/KMDJ/wiki/WikiViewer.aspx?KeyID=5c63e0b9-dd73-4c32-b9f5-467da3b8df71。

二、主要業務及營收

(一) 遊戲

　　遊戲營運包括新楓之谷、天堂、絕對武力等線上遊戲及手機遊戲如召喚圖板、勁舞團Plan-S等多款遊戲產品。公司持續與國際遊戲大廠合作，引進內容精緻獨特的遊戲作品。

⊞表10-10　遊戲橘子代理之遊戲

名稱	營運日期	平台
天堂	2000年7月1日	PC Online
新楓之谷	2005年5月31日	PC Online
絕對武力	2008年5月	PC Online
艾爾之光	2009年10月23日	PC Online
新瑪奇	2005年7月21日	PC Online
跑跑卡丁車	2006年12月19日	PC Online
爆爆王	2003年12月23日	PC Online
召喚圖板	2016年1月26日	Android iOS

資料來源：遊戲橘子、維基百科；本個案自行繪製

(二) 電商

　　提供品牌營銷、數據管理、客戶管理、倉儲物流等全方位電子商務服務。集團旗下「樂利數位」長期深耕電子商務領域，成功引領多項國際品牌商品進入中國電商市場，合作對象橫跨母嬰、美妝、食品保健與生活等多元領域，並計劃拓展至更豐富的事業領域，成爲跨境新零售服務領導廠商。

(三) 支付

　　集團旗下「橘子支GAMA PAY」串連集團及跨領域合作夥伴力量，打造便利且更貼近數位世代消費需求的支付應用服務。此外，遊戲點數通路業務結合各項內容提供會員點數服務。樂點點數可在超商、電信等門市平台或使用信用卡等購買，透過簡單存取，用戶即可輕鬆使用。

(四) 新媒體及網路服務

　　集團旗下「酷瞧」自2015年3月正式開台以來，已陸續推出音樂、娛樂、戲劇、遊戲、生活、紀錄等多元頻道，並計劃持續拓展更豐富節目內容，期望透過串連各大跨區影音平台資源，開創網路影音跨頻新格局。群眾募資提供創意提案群眾募資管道，「群募貝果」是資源聚合的搖籃，協助提案圓夢之餘，也能加速新創起飛。此外，集團持續鞏固並深化網路服務事業發展，提供消費者更便利有趣的各項行動應用服務，建構全生態網路企業[15]。

田表10-11　2016年遊戲橘子營收及比重

單位：新台幣億元

	營收	比例%
遊戲通路	53.82	64
代理遊戲產品	18.5	22
電商平台	8.41	10
其他（媒體、電子支付）	3.36	4
合計	84.09	100

資料來源：日盛投顧訪談報告書、遊戲橘子；本個案自行繪製

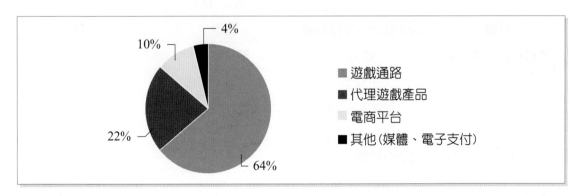

▷▷圖10-11　2016年遊戲橘子營收比重

資料來源：日盛投顧訪談報告書、遊戲橘子；本個案自行繪製

---

15 遊戲橘子105年年報。取自：http://ir.gamania.com/annual/2016/CH/2016%20Gamania%20AR_qjAtDR1aLJYJ.pdf。

遊戲通路為遊戲橘子的主要收入來源，旗下樂點服務範疇涵蓋72個國家，每月超過300萬筆以上的交易量，介接超過3,000款遊戲。2016年，樂點推出全新改版的GASH App，結合樂點行動支付的電子支付特性，便利玩家的支付需求。

代理遊戲方面，橘子在2015年10月與日本手機遊戲龍頭GungHo公司合作，成立全新公司「江湖桔子」，首款推出的手機遊戲《召喚圖板》中文版，得到了百萬玩家熱烈支持，之後也會持續有新作問世。

跨境電商「樂利數位」在2016年成功結合微熱山丘、聯華食品、屈臣氏、伊利牛奶等知名品牌，攜手揮軍中國電商市場，表現搶眼，創造亮麗業績。

電子支付平台「橘子支」自2016年10月正式上線以來，積極拓展營運範圍與服務據點，目前觸角已涵蓋臺灣計程車龍頭業者臺灣大車隊、高科技消費商場三創生活園區、民生消費連鎖零售美廉社、日本連鎖藥妝店日藥本舖、線上美食平台愛評網、桃竹花三縣市停車智慧行動繳費服務等數萬個服務據點[16]。

三、旗下品牌

表10-12　遊戲橘子旗下品牌

支付	GASH	群募貝果	GAMA PAY橘子支
電商	人因設計所	Jollywiz樂利	
媒體	NOWNews今日新聞	酷瞧	猿聲
數位商務解決方案	蟻力	果核數位	
新創	正經堂	BeanGo!豆趣	

資料來源：遊戲橘子；本個案自行繪製

以下列舉較具知名度的品牌：

(一) GASH

2011年GASH正式獨立營運，不只提供玩家遊戲付費與儲值的服務，更全面結合數位娛樂內容，貼近大眾消費需求。2015年，整合遊戲點數、行動支付與媒體採購事業，GASH重新調整品牌形象，推出全新品牌識別。以熱情的洋紅色象徵更具溫度的支付服務，並持續深化安全機制，展開多元服務，讓消費與智慧生活聰明串連。

---

16 橘子集團2016年度合併財務報告（2017年3月16日）。取自：http://ir.gamania.com/financial/77/CH/2016%20
　Financial%20Results-final.pdf。

（二）橘子支

橘子支GAMA PAY，為橘子集團旗下的行動支付品牌，2016年全台首家啓動的專營電子支付業者，用手機就能付款，從線上數位內容交易延伸至實體生活消費（Online to Offline），服務擴及食衣住行育樂，提供快速、便利及安全的支付服務。

（三）NOWNews今日新聞

今日新聞網Nownews帶給全球華人專業、多元以及具有洞察力的新聞內容。獨立的網路新聞編採團隊，每日提供超過500則新聞以及多樣化的資訊內容，包括政治、財經、社會、地方、中國、國際、生活、消費、寵物、美食、影劇、運動、旅遊、資訊等新聞報導。跨頻媒體服務，以專業、多元及具有洞察力的新聞內容，追求公平正義以及眞實不捏造的報導方式，提供即時新聞及影音新聞[17]。

四、遊戲橘子股價走勢

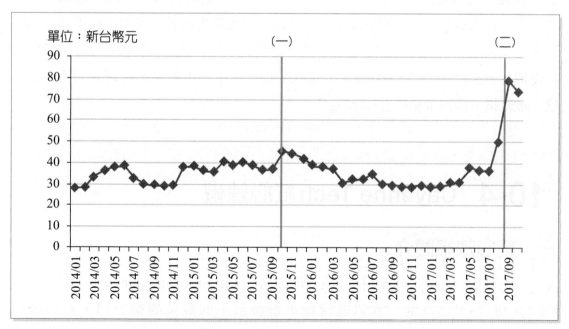

▷▷ 圖10-12　遊戲橘子股價走勢圖

資料來源：臺灣經濟新報（TEJ）；本個案自行繪製

---

17 橘子集團。取自：http://www.gamania.com/business-nownews.php。

（一）2015/10/22，橘子攜手GungHo成立「江湖桔子」引進多款手機遊戲

橘子集團22日宣布與日本GungHo結盟，成立全新公司「江湖桔子」，初期資本額500萬美元，由GungHo持股51%，橘子集團持股49%，希望結合彼此的遊戲開發與營運實力，引進熱門手機遊戲產品，提供台、港、澳玩家全新選擇[18]。

（二）2017/09/07，橘子股價暴漲70%，疑用股換債

「天堂M」是臺灣首度取得國際級手遊大作，由Ncsoft授權予遊戲橘子取得台、港、澳三地的代理營運權，預期「天堂M」的推出，將創造臺灣手遊月營收超過5億元以上的紀錄。由於「天堂」之前在台累積大量會員，預期一旦「天堂M」上市可快速吸引舊有玩家加入。

此波股價飆漲，連櫃買中心將遊戲橘子列為注意股、分盤交易都無法阻擋漲勢，櫃買中心2017年9月6日更直接到數家券商調閱相關交易資料，連自營部資料都不放過，目的是為了防止有心人士介入炒作。不過法人表示，此次遊戲橘子股價大漲，表面看起來是著眼於年底「天堂M」可能帶來的豐厚營收，但不為人知的則是為了2018年7月到期的可轉債。根據遊戲橘子公告顯示，2016年發行的7億元可轉債，目前餘額約為5.507億元，也就是說，手中有可轉債的投資人開始轉成現股，遊戲橘子贖回金額將近1.5億元[19]。

10-4 Cayenne Tech 紅心辣椒

一、紅心辣椒簡介

紅心辣椒（4946）娛樂科技股份有限公司（Cayenne Entertainment Technology Co., Ltd.），是臺灣一家以經營線上遊戲為主的數位娛樂公司。紅心辣椒以"Cayenne"作為公司的精神象徵，全力以赴在網際網路上提供所有的玩家又嗆且辣更回味無窮的遊戲體驗，從各類休閒遊戲服務到主題式線上娛樂社群，以至於

---

18 何英煒（2015年10月23日）。橘子結盟GungHo 江湖桔子成軍。工商時報。取自：http://www.chinatimes.com/newspapers/20151023000115-260204。

19 張慧雯（2017年9月8日）。炒高「橘子」股價 疑用股換債。自由時報。取自：http://news.ltn.com.tw/news/business/paper/1133467。

各種網際網路的個人化加值服務,最終將建構一個所有玩家都會喜愛的數位娛樂社群平台[20]。

田表10-13　紅心辣椒簡介

成立日期	民國95年09月	公司類型	上櫃公司
董事長	鄧潤澤	總經理	李亦華
資本額	新台幣2.46億元	已發行普通股數	2,732萬股
總公司地址	臺北市內湖區瑞光路583巷31號3樓		
主要經營業務	代理遊戲營運		

資料來源:維基百科;本個案自行繪製

二、主要營業內容

(一) 主要業務及營收

紅心辣椒主要業務為經營線上遊戲,營收主要來自線上遊戲軟體收入。

田表10-14　紅心辣椒營收及比重

單位:新台幣百萬元

	營收	比例%
線上遊戲軟體收入	386.28	95.03
權利金及其他收入	20.19	4.97

資料來源:紅心辣椒2016年年報;本個案自行繪製

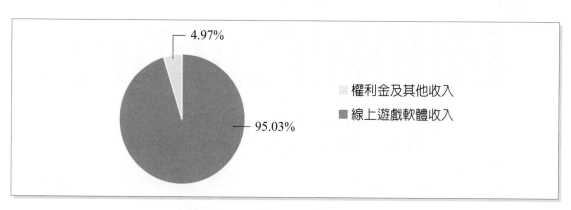

▷▷圖10-13　2016年紅心辣椒營收比重

資料來源:紅心辣椒2016年年報;本個案自行繪製

---

20 紅心辣椒。取自:http://www.cayennetech.com.tw/CT_about/Introduction.shtml。

(二) 代理之遊戲

以下列舉幾項較具代表性之產品：

⊞表10-15　紅心辣椒代理之遊戲

名稱	營運日期	平台
全民打棒球2	2007年7月19日	PC Online Android
救世者之樹	2016年7月26日	PC Online
信喵之野望	2012年4月11	PC 網頁遊戲
魔物獵人FRONTIER Z	2014年12月04	PC Online

資料來源：紅心辣椒、維基百科；本個案自行繪製

三、紅心辣椒股價走勢

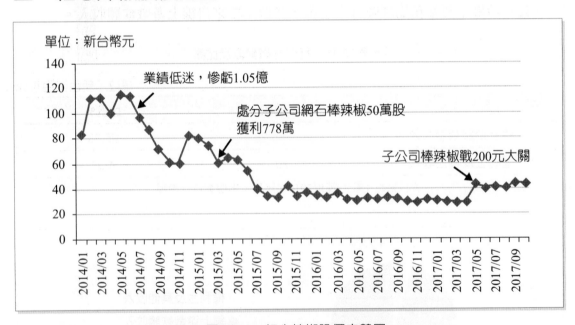

▷▷圖10-14　紅心辣椒股價走勢圖

資料來源：臺灣經濟新報（TEJ）；本個案自行繪製

（一）2014/06，業績低迷，慘虧1.05億

　　紅心辣椒財報顯示，2014年合併營收8.4億元，但因營業成本增加，導致2014年淨損1.06億元，每股虧損3.78元。紅心辣椒指出，2014年雖然推出許多遊戲，但未受到玩家青睞，營收表現不如預期，再加上透過損益按公允價值衡量之金融資產損失，2014年才會虧損。

（二）2015/03/31，處分網石棒辣椒

　　紅心辣椒2014年業績低迷，公司因此決定股利為零元，並宣布以每股約180元價格，處分子公司網石棒辣椒50萬股持股，預計獲利大約7,700萬元[21]。

（三）2017/05/26，子公司網石棒辣椒戰股價200元，紅心辣椒股價漲

　　子公司網石棒辣椒在2017年5月26日興櫃交易價格盤中來到199.99元，直逼200元大關，創下兩年兩個月來新高，連帶持有棒辣椒持股的紅心辣椒股價水漲船高，股價盤中逼近漲停，也創下2016年8月以來新高。

　　網石棒辣椒持股最大的母公司網石遊戲（Netmarble Games）所開發的《天堂2：革命》，在韓國創下驚人成績，月營收達到54億韓元，相較於遊戲橘子將在年底代理上市NCSOFT的《天堂M》，目前月營收估值10億韓元，雖然同樣是天堂系列遊戲，但成績表現相對亮眼。網石棒辣椒負責在地化服務，享有營收的抽成，也可望為公司獲利貢獻[22]。

21 鍾張涵（2015年3月31日）。紅心辣椒去年慘虧 處分子公司拚獲利。聯合影音。取自：https://video.udn.com/news/296709。

22 莊丙農（2017年5月26日）。《文創股》棒辣椒戰200關，紅心辣椒潛「利」大。中時電子報。取自：http://www.chinatimes.com/realtimenews/20170526002263-260410。

10-5　日商百尺竿頭違約交割案（樂陞案）

一、樂陞案始末

日商百尺竿頭收購樂陞公司普通股違約交割案，是臺灣史上首次公開收購卻違約不交割的案件，無論對法界或金融界，無疑都是一顆非常大的震撼彈。

百尺竿頭是一家登記在英屬維京群島的外資公司，資本額5,000萬元，經營業務種類為電子資訊供應服務業。但經臺北地檢署調查指出，該公司以日商名義成立，實際上是純中資公司。

田表10-16　樂陞案始末

日期	事件
2016年5月30日	日商百尺竿頭負責人由黃文鴻，突然變更為樫埜由昭。
2016年5月31日	樂陞科技晚間發布重大訊息，百尺竿頭擬從6月1日起至7月20日止，以每股128元、總價48.6億元，在市場公開收購樂陞25.71%股權。這是臺灣遊戲業有史以來最大金額的入股案。
2016年8月22日	日商百尺竿頭公告，本次公開收購案共有逾6.1萬張參加應賣，超額收購比率約60.5%，但因只公開收購3.8萬張，因此多餘股權退回原應賣人，最慢在8月31日完成交割作業。
2016年8月30日	日商百尺竿頭收購樂陞股權案確定破局，股價已跌至76.10元。
2016年9月2日	金管會發現收購前股價異常波動，懷疑有人在背後操盤，向臺北地檢署告發百尺竿頭日籍負責人樫埜由昭涉犯證交法等罪嫌，北檢簽分他字案偵查。
2016年9月7日	樂陞董事長許金龍赴新北市調處接受約詢，說明收購案破局始末，晚間送臺北地檢署複訊並改列被告。許金龍和獨立董事陳文茜、李永萍、尹啓銘也遭中華金融人員暨投資人協會告發涉嫌背信罪。
2016年9月23日	北檢查發動大規模搜索，約談許金龍、百尺竿頭前董座黃文鴻共50人。檢方認為許金龍涉違反證交法等罪嫌，向法院聲請羈押。
2016年9月24日	北院裁定許金龍以1,000萬元交保並限制住居，檢方不服提即時抗告。
2016年9月29日	北院第四度開羈押庭，檢察官提出許金龍刪除通訊軟體、手機通聯紀錄，另在檢調搜索時，樂陞高層傳訊息給員工指示爭取緩衝時間，被法官認定企圖滅證，隔日凌晨裁定收押禁見。

日期	事件
2016年10月18日	檢調查出涉及樂陞炒股的股市作手「安東尼楊」，就是曾犯下國內金融史上最大交易員舞弊案的國票案主角楊博智；檢調發動第二波搜索，約談楊等十人漏夜偵訊。
2016年10月19日	北檢認為楊博智出獄後重操舊業，藉由公開收購議題炒高股價，嚴重影響金融秩序，今晨依違反證交法命他300萬元交保、動游數位娛樂董事長謝啓耀150萬元交保，均限制出境。
2017年1月24日	北檢偵查終結全案起訴，董事長許金龍遭求刑30年。

資料來源：經濟日報；本個案自行繪製

二、樂陞案之牟利手法

臺北地檢署偵辦樂陞弊案，認為整個事件全都是許金龍一手主導，在深入追查後，發現許金龍利用七大犯罪手法，騙取投資人新台幣40餘億元，其中光是利用違法私募，就套利新台幣39餘億元。檢調偵查近四個月，歸納出許金龍七大犯罪手法：

(一) 不實私募、密約套利

許金龍、鄭鵬基、李柏衡、謝東波等人先後辦理五次樂陞公司私募，以許金龍實質掌控之紙上公司為虛偽「策略性投資人」，隱匿參與私募者與許金龍為實質關係人，而在公開資訊觀測站發布參與私募者是「策略性投資人」之不實公告，使許金龍得以時價之八成價取得樂陞公司私募股票。嗣後再分別於2014年、2015年間利用樂陞公司投資中國Tiny Piece公司、同步公司之機會，以個人身分與交易相對人簽訂密約，按時價安排出售樂陞公司私募股票，不法獲利約新台幣39億1,154萬9,266元。

臼表10-17　樂陞公司不實私募

編號	私募期別	虛偽策略投資人	非法私募股數
1	2013年第1次	Cinda基金	4,500仟股
2	2013年第3次	Eminent公司	4,500仟股
3	2014年第3次	葫蘆公司	1,700仟股
4	2015年第1次	百尺竿頭公司	6,800仟股
5	2016年第2次	Mega Cloud公司、Triple Collaboration公司	21,000仟股

資料來源：臺北地方法院檢察署新聞稿；本個案自行繪製

(二) 回售Tiny Piece公司、密約背信

樂陞公司收購Tiny Piece公司（以下簡稱TP）時，許金龍以其實質掌控之紙上公司與TP公司原股東簽約，由TP公司原股東以收購價格中之美金7,291萬元向VBL公司購買Cinda基金、Eminent公司、動游數位娛樂公司持有之樂陞公司私募股票及VBL公司持有之樂陞公司市場流通股票，共約1萬9,000餘仟股。

許金龍、謝東波等人於售回TP公司原股東First Response公司（以下簡稱FR公司）時，許金龍與FR公司簽立密約，約定應由許金龍負擔FR公司向樂陞公司購回TP公司款項、且FR公司不負違約責任等單方有利於FR公司之條件，竟於董事會審議時隱匿上開密約，嗣因許金龍個人無法依約支應款項，致樂陞公司遭受重大損害。

(三) 利用百尺竿頭、詐欺收購

許金龍、樫埜由昭等人共同謀議「日資為名、中資為實」之方式，以百尺竿頭公司名義，虛偽公開收購樂陞公司股權。許金龍先後安排：

1. 調度其境外資金預作資金證明。

2. 由樂陞公司之財務顧問林宗漢安排日本人樫埜由昭擔任百尺竿頭公司之登記負責人，並為公開收購案之名義上最終受益人，林宗漢則擔任投資架構中之有限責任合夥人，協助隱匿其預定資金來源為中國資金。

3. 提供其實質掌控之百尺竿頭公司為公開收購主體。

4. 由樂陞公司之法律顧問潘彥州協助設計公開收購之交易架構，並隱匿預定參與公開收購之資金來源為中國，而實際主導本次公開收購。

許金龍、樫埜由昭、王佶、林宗漢、潘彥州等人，協議由樫埜由昭為名義負責人出資2成、王佶出資8成，公開收購樂陞公司股票3萬8,000仟股。潘彥州規劃投資架構，隱匿許金龍主導及資金為中資之事實，而於2016年5月31日公告公開收購訊息並向經濟部投資審議委員會（下稱投審會）申請。2016年7月22日經投審會審查通過，但許金龍等並未籌集資金。之後2016年8月17日應賣數量達到標準，竟故意違約不支付款項，並推由樫埜由昭對外公告延期至2016年8月31日。至2016年8月30日17時30分，百尺竿頭公司對外公告無法完成本件公開收購之交割，因而造成近2萬名應賣人之重大損失，損失金額達新台幣28億餘元。

許金龍於公開收購消息成立明確前，於2016年5月16日至2016年5月31日間，透過其實質掌控之人頭買賣樂陞公司股票，獲利約1,518萬5,000元。於消息公開後（2016年6月1日），樂陞公司股價大漲至每股114元（上漲8.57%）時，出售1,496仟股。

（四）偽發CBASO、套利控股

許金龍安排康和證券配合發行樂陞可轉換公司債，許金龍與康和證券以虛偽不實之公開聲明，隱匿詢價圈購人實係為許金龍所安排。其中樂陞透過康和證券事先安排之人頭金主承接後，僅以每股100.5元（原價每股100元加上支付人頭利息0.5元）之價格，私下轉售予遠東銀行配合拆解為「可轉換公司債資產交換與選擇權（CBASO）」以供許金龍所安排之人頭投資，使許金龍得以藉由高度財務槓桿，以極低成本掌控多數可轉換公司債套取利益。

（五）操縱股價、賺取暴利

許金龍與大股東鄭鵬基、炒手楊博智，意圖抬高或壓低樂陞公司股票交易價格，捏造該檔股票於證券商營業處所交易活絡之表象，誘使其他投資人買賣樂陞公司股票。基於將樂陞公司股價維持在特定價格之目的，於2015年6月1日起至105年8月31日止，以實質掌控之人頭帳戶，依照許金龍之需求及其所希望之樂陞公司股價，多次以連續相對買進、賣出並成交等操縱股價方式，造成交易活絡表象，並使樂陞公司股價維持在特定之價格，以利許金龍在該公司股票發行面及證券市場交易面牟取不法利益。

（六）挪用資金、侵佔款項

李柏衡、鄭鵬基明知許金龍實質掌控之新基公司並無實際提供居間服務，竟於2013年2月25日，自樂陞公司帳戶匯款新台幣350萬元至新基公司帳戶，再由鄭鵬基開立「服務費」名義之不實發票，提供予樂陞公司據以請款，而以此方式挪用樂陞公司資金，供作許金龍私人用途。

(七) 隱匿關係、財報不實

許金龍於2014年12月30日及2015年4月21日出售3款遊戲軟體予其實質掌控之龍門公司，屬於關係人交易，竟未依規定於2014年、2015年財務報告揭露，隱匿關係人交易[23]。

三、樂陞案所犯法條

許金龍藉由操控樂陞公司之犯罪行為，臺北地檢署告發所觸犯之法條如下表：

田表10-18　許金龍操控樂陞公司之犯罪行為所觸犯之法條

(一) 不實私募、密約套利	1. 證券交易法第20條第2項 ● 發行人依本法規定申報或公告之財務報告及財務業務文件，其內容不得有虛偽或隱匿之情事。 2. 證券交易法第171條第1項第1款之「發行人應申報之財務業務文件不實」罪嫌。
(二) 回售Tiny Piece公司、密約背信	證券交易法第171條第1項第2、3款之「非常規交易」及「特殊背信」罪嫌。
(三) 利用百尺竿頭、詐欺收購	1. 證券交易法第20條第1項 ● 有價證券之募集、發行、私募或買賣，不得有虛偽、詐欺或其他足致他人誤信之行為。 2. 證券交易法第157條之1第1項 ● 發行股票公司董事、監察人、經理人或持有公司股份超過百分之十之股東，對公司之上市股票，於取得後六個月內再行賣出，或於賣出後六個月內再行買進，因而獲得利益者，公司應請求將其利益歸於公司。 3. 證券交易法第171條第1項第1款之「證券詐欺」及「內線交易」罪嫌。
(四) 偽發CBASO、套利控股	1. 證券交易法第20條第1項 ● 有價證券之募集、發行、私募或買賣，不得有虛偽、詐欺或其他足致他人誤信之行為。 2. 證券交易法第171條第1項第1款之「虛偽發行之證券詐欺」罪嫌。

23 臺灣臺北地方法院檢察署新聞稿（2017年1月24日）。取自：http://p.udn.com.tw/upf/news/2017/81.pdf。

(五) 操縱股價、賺取暴利	1. 證券交易法第155條第1項第4、5、7款 對於在證券交易所上市之有價證券，不得有下列各款之行為： ● 意圖抬高或壓低集中交易市場某種有價證券之交易價格，自行或以他人名義，對該有價證券，連續以高價買入或以低價賣出，而有影響市場價格或市場秩序之虞。 ● 意圖造成集中交易市場某種有價證券交易活絡之表象，自行或以他人名義，連續委託買賣或申報買賣而相對成交。 ● 直接或間接從事其他影響集中交易市場有價證券交易價格之操縱行為 2. 證券交易法第171條第1項第1款之「操作股價」及「活絡交易」罪嫌。
(六) 挪用資金、侵佔款項	1. 刑法第336條第2項之「業務侵佔」罪嫌。 2. 商業會計法第71條第1款之罪嫌。
(七) 隱匿關係、財報不實	1. 證券交易法第20條第2項 ● 發行人依本法規定申報或公告之財務報告及財務業務文件，其內容不得有虛偽或隱匿之情事。 2. 證券交易法第171條第1項第1款「發行人應申報之財務業務文件不實」罪嫌。

資料來源：臺灣臺北地方檢察署新聞稿[24]；本個案自行繪製

四、樂陞案不法獲利清單

許金龍透過樂陞公司執行之金融犯罪，不法所得共新台幣40.7億元。

⊞表10-19　樂陞案不法獲利清單

犯行	時間	交易行為	獲利（新台幣元）
侵佔款項	2013年2月25日	許金龍以新基公司不實會計憑證報帳，侵佔樂陞公司款項350萬元。	3,500,000元
非法私募	2013年5月間	許金龍以Cinda基金名義取得樂陞公司私募股票。	1,270,549,266元
	2013年12月間	許金龍以Eminent公司名義取得樂陞公司私募股票。	

24 臺灣臺北地方法院檢察署新聞稿（2017年1月24日）。取自：http://p.udn.com.tw/upf/news/2017/81.pdf。

犯行	時間	交易行為	獲利（新台幣元）
	2014年3月30日	許金龍將其透過Cinda基金、Eminent公司取得之樂陞公司私募股票共1,114萬5,169股，以時價每股約114元，出售予TP公司原經營團隊，總價12億7,054萬9,266元。	同上
	2014年10月7日事前簽約2015年-2016年間陸續付款	許金龍將其透過百尺竿頭公司、Mega Cloud公司、Triple Collaboration公司取得之樂陞公司私募股票共2,780萬股，以時價每股約95元，出售予同步公司熊俊，總價為26億4,100萬元。	2,641,000,000元
	2015年11月間	許金龍以百尺竿頭公司名義取得樂陞公司私募股票。	
	2015年12月間	許金龍以Triple Collaboration公司、MegaCloud公司名義取得樂陞公司私募股票。	
非法發行可轉換公司債	2016年3月3日〜2016年8月30日	許金龍利用人頭圈購樂陞四、樂陞五共計5,984張，交由遠東銀行拆解為CBASO，再以林宗漢等人頭購買後，陸續以現金方式提前履約，樂陞四部分獲利5,080萬4,730元；樂陞四及樂陞五之擬制獲利為6,214萬9,250元。	140,004,180元
內線交易	2016年5月16日〜2016年5月31日	許金龍為樂陞公司內部人，在2016.5.15得知公開收購案之消息後，在2016.5.16至2016.5.31期間內買賣樂陞公司股票，其獲利為1,518萬5,000元。	15,185,000元
總計			4,070,238,446元

資料來源：臺灣臺北地方法院檢察署[25]；本個案自行繪製

---

25 臺灣臺北地方法院檢察署新聞稿（2017年1月24日）。取自：http://p.udn.com.tw/upf/news/2017/81.pdf。

五、樂陞案從計劃開始至結束時間軸

2013/02/25	許金龍不實報帳，侵佔樂陞公司款項350萬元。
2013/05	第一次非法私募。
2013/12	第二次非法私募。
2014/03/30	出售第一、二次非法私募之股票予中國Tiny Piece公司。
2014/10/07	第三次非法私募，許金龍以葫蘆公司名義取得樂陞股票，出售予中國同步公司，並私下約定2015年至2016年間付款。
2015/01/30	樂陞1.39億元收購一之鄉。
2015/06/15	投審會通過樂陞全資收購同步公司。
2015/11	第四次非法私募，許金龍以百尺竿頭名義取得樂陞公司私募股票。
2015/12	第五次非法私募，許金龍透過Mega Cloud公司、Triple Collaboration公司名義取得樂陞公司私募股票。
2016/03/03	許金龍利用人頭圈購樂陞可轉債，交由遠東銀行拆解為CBASO，再以人頭購買後，以現金方式提前履約。
2016/04/24	一之鄉收購怡客咖啡。
2016/05/16	許金龍內線交易。
2016/05/30	百尺竿頭負責人從黃文鴻，突然變更為樫埜由昭。
2016/05/31	百尺竿頭宣布收購樂陞。
2016/07/22	投審會通過百尺竿頭收購樂陞案。
2016/08/30	百尺竿頭宣布放棄收購樂陞。
2016/09/02	金管會向臺北地檢署告發百尺竿頭負責人樫埜由昭。
2016/09/07	新北市調處約詢許金龍，晚間送臺北地檢署複訊，改列被告。
2016/09/30	許金龍收押禁見。
2016/10/31	樂陞處分Tiny Piece公司。
2016/11/17	樂陞未準時繳交財報，股票遭櫃買中心暫停交易。
2017/01/24	北檢偵查終結，起訴許金龍並求刑30年有期徒刑。
2017/05/16	樂陞財報未通過，股票繼續暫停交易。
2017/10/19	股東會出席股權比例未過半，櫃買中心宣布樂陞股票2017年10月19日起下櫃。

六、2014年至2016年樂陞案股價與成交量

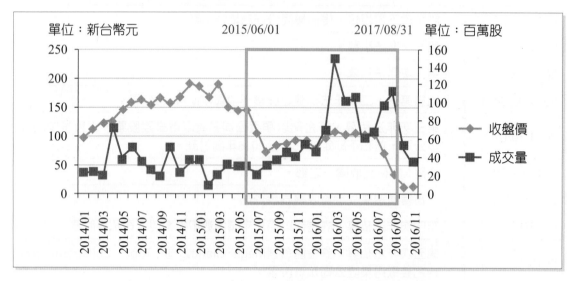

▷▷圖10-15　2014年至2016年樂陞股價與成交量走勢圖

資料來源：臺灣經濟新報（TEJ）；本個案自行繪製

　　許金龍從2012年至2016年8月30日，為了將樂陞公司股價維持在特定價格，意圖抬高或壓低樂陞公司股票交易價格，多次以連續相對買進、賣出並成交等操縱股價方式，造成交易活絡之表象，誘使其他投資人買賣樂陞公司股票，以利許金龍牟取不法利益。從成交量走勢，可以看出樂陞在2015年6月1日至2016年8月31日間因百尺竿頭收購案成交量突然暴增，有異常交易量。

七、樂陞案後續之影響及改革

(一) 投保中心提出六大改革

　　針對百尺竿頭公開收購樂陞案惡意不交割案，投資人保護中心邀集專家學者，對臺灣公開收購制度提出六大建言，包括：

1. 增加財顧或銀行出具收購者資金來源確認書。

2. 強化被收購公司審議委員會的審查責任。

3. 非極特殊原因不得延後交割日期。

4. 達收購上限應公告。

5. 主管機關核准但未達收購股數一併公告。

6. 公開收購期限討論是否調成90天[26]。

⊞表10-20　投保中心六大改革

項目	效果
1.由財務顧問或銀行出具收購者資金來源確認書。	確保收購者有能力交割。
2.強化被收購公司審議委員會審查責任。	可要求收購者出具財務證明。
3.非極特殊原因不得更改預定交割日。	避免增加交割變數。
4.達收購上限應公告。	未應賣者可評估是否要加入。
5.主管機關核准但未達收購股數應公告。	投資人可有更多資訊判斷。
6.公開收購期限與部會審查期限調整成一致。	避免收購期已到，但主管機關仍未准。

資料來源：中時電子報；本個案自行繪製

(二) 防止樂陞案再現，金管會修正公開收購辦法

2016年9月28日，金管會為了強化公開收購應賣投資人權益的保障，修正公開收購管理辦法，要求公開收購人於收購前，需有承銷商及財務顧問出具資金確認書，或由銀行提供履約保證。

「公開收購公開發行公司有價證券管理辦法」部分條文修正草案：

1. 為確認公開收購人有足夠資金完成公開收購，規範由具有證券承銷商資格之財務顧問或辦理公開發行公司財務報告查核簽證業務之會計師採行合理程序，審核資金來源並出具公開收購人具有履行支付收購對價能力之確認書，或由金融機構提供履約保證，出具上開證明雖會增加收購人些許成本，但可強化投資人權益之保障。

2. 強化被收購公司董事會及審議委員會對公開收購重要資訊的查證責任。

3. 公開收購支付收購對價時間原則上不可變更。

4. 強化公開收購資訊揭露，包括條件成就前公開收購人取得其他主管機關准駁文件、全數收購對價已匯入受委任機構名下之公開收購專戶，及條件成就後應賣數量達到預定收購最高數量公告及申報義務，以提供股東應賣決策參考。

---

26 彭禎伶、林燦澤（2016年09月10日）。公開收購改革 6大建言出爐。工商時報。取自：http://www.chinatimes.com/newspapers/20160910000061-260202。

5. 為平衡公開收購人與應賣人權利義務,明定公開收購人未將全數收購對價匯入受委任機構名下之公開收購專戶,參與應賣之投資人得撤銷應賣。

6. 增訂受委任機構應設立專戶辦理款券收付且專款專用,及增訂受委任機構之消極資格條件[27]。

(三) 樂陞條款:沒獨董出席,不能開董事會

為了強化獨立董事參與董事會運作,金管會宣布修改公開發行公司董事會議事辦法,要求公司設有獨董者,每次董事會應有至少一席獨董親自出席,違反的公司將處罰公司負責人,罰款24至240萬元不等[28]。

(四) REITs樂陞條款上路,公開收購須履約保證

日商百尺竿頭公開收購樂陞卻違約不交割,為臺灣首宗公開收購違約案,促使金融監督管理委員會全面強化修正公開收購管理辦法,繼之前完成股票的公開收購管理辦法修正後,2017年8月14日又發布不動產投資信託受益證券(REITs)的公開收購管理辦法:

1. 為確認公開收購人有足夠資力完成公開收購,明定對REITs公開收購時,須提出金融機構提供的履約保證或券商出具確認書。

2. 增訂公開收購人不得變更支付收購對價時間、方法或地點。但發生天然災害或緊急事故情事,不在此限。

3. 公開收購人未來公開收購時,須出具由金融機構提供履約保證,或由具證券承銷商資格的財務顧問或會計師採行合理程序評估資金來源後所出具公開收購人具有履行支付收購對價能力的確認書。

4. 為給信託財產評審委員會較長的查證時間,以利受託機構向基金持有人說明其立場,修正辦法將有關受託機構提出回應的期間由10日修正為15日;並考量公開收購如涉及須經其他主管機關核准或申報生效的事項,且案件內容如牽涉層面廣或較複雜者,需較長審議期間,延長收購期間的上限由30日修正為50日[29]。

---

27 金融監督管理委員會(2016年09月28日)。取自:https://www.fsc.gov.tw/ch/home.jsp?id=96&parentpath=0
,2&mcustomize=news_view.jsp&dataserno=201609280002&aplistdn=ou=news,ou=multisite,ou=chinese,ou=ap_
root,o=fsc,c=tw&dtable=News。

28 彭禎伶、魏喬怡(2017年04月19日)。樂陞條款 沒獨董出席 董事會不能開。工商時報。取自:http://
www.chinatimes.com/newspapers/20170419000026-260202。

29 蔡怡杼(2017年08月14日)。REITs樂陞條款上路 公開收購須履約保證。中央通訊社。取自:http://www.
cna.com.tw/news/afe/201708140045-1.aspx。

10-6 樂陞、遊戲橘子、紅心辣椒財務比較分析

一、營業收入比較

　　三家公司營收來源皆不同。樂陞大部分營收來自製作遊戲及美術製作之收入；而遊戲橘子是臺灣遊戲產業的龍頭，跨足許多事業，因此營收比樂陞及紅心辣椒來的多，但2015年及2016年有很多款遊戲結束代理，營收因此而下降；而紅心辣椒只有代理遊戲，收入來自經營遊戲之收入。樂陞部分營收來自跨足不同領域（一之鄉、怡客咖啡）的營業收入，若2015年、2016年未加入餐飲的收入，實際於遊戲產業之收入為負成長，可見樂陞在本業之經營停滯。

⊞表10-21　樂陞、遊戲橘子、紅心辣椒營業收入比較

單位：新台幣億元

年份	2012	2013	2014	2015	2016	201706
樂陞	7.86	6.74	9.49	21.98	19.46	8.69
遊戲橘子	71.87	82.38	90.70	96.80	84.09	39.31
紅心辣椒	7.76	9.22	8.37	4.66	4.06	1.83

資料來源：臺灣經濟新報（TEJ）；本個案自行繪製

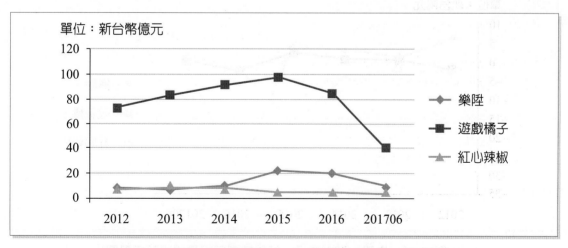

▷▷圖10-16　樂陞、遊戲橘子、紅心辣椒營業收入比較走勢圖

資料來源：臺灣經濟新報（TEJ）；本個案自行繪製

二、每股盈餘比較

　　遊戲產業是一個變動性很大的產業。以樂陞來說，如果沒有接到新案子，整體營收下降，成本及支出等營業費用仍需支出，再扣掉所得稅，就可能變成稅後淨損。2016年的違約交割事件，樂陞為了穩定公司，管理費用暴增，導致營業損失，再扣掉必要之所得稅費用，導致稅後淨損，所以每股盈餘為負數。遊戲橘子雖然營業費用一直在減少，但2016年整個遊戲業景氣不好，加上橘子很多遊戲結束營運，導致營業收入減少，扣掉必要之所得稅費用，導致稅後淨損，不過整體來說橘子算是穩定經營的。而紅心辣椒2012年至2016年一直虧損，玩家的流失應是最致命的關鍵，2016年營運狀況稍有好轉，虧損大幅減少，2017年持續好轉中。

田表10-22　樂陞、遊戲橘子、紅心辣椒每股盈餘比較

單位：新台幣元

年份	2012	2013	2014	2015	2016	201706
樂陞	6.11	1	3.55	3.83	-29.45	-0.24
遊戲橘子	-2.08	0.47	0.59	2.46	-2.45	0.51
紅心辣椒	-2.25	-2.3	-3.78	-16.01	-2.4	2.04

資料來源：臺灣經濟新報（TEJ）；本個案自行繪製

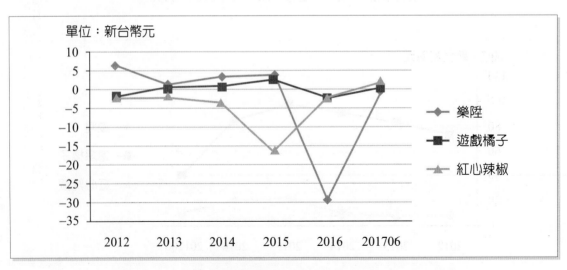

▷▷圖10-17　樂陞、遊戲橘子、紅心辣椒每股盈餘比較走勢圖

資料來源：臺灣經濟新報（TEJ）；本個案自行繪製

三、本益比比較

　　本益比會受到股價及每股盈餘的影響而有變數。樂陞2016年及2017年因為遭櫃買中心停止交易及下櫃，無法算出本益比。遊戲橘子於2012年及2016年發生虧損以致無法計算本益比。而紅心辣椒於2012年至2016年已連續虧損5年，經營現況不佳。可以看出遊戲產業的本益比波動很大。

田表10-23　樂陞、遊戲橘子、紅心辣椒本益比比較

單位：倍

年份	2012	2013	2014	2015	2016	201706
樂陞	11.52	91	53.8	24.05	-	-
遊戲橘子	-	53.19	63.98	17.17	-	-
紅心辣椒	-	-	-	-	-	-

資料來源：臺灣經濟新報（TEJ）；本個案自行繪製

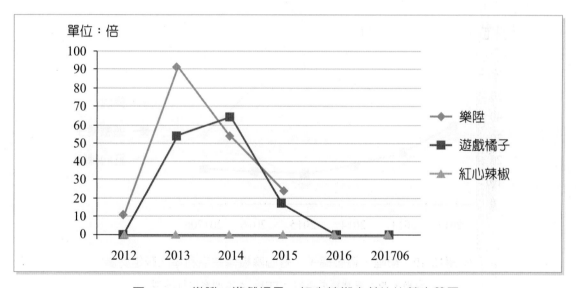

▷▷圖10-18　樂陞、遊戲橘子、紅心辣椒本益比比較走勢圖

資料來源：臺灣經濟新報（TEJ）；本個案自行繪製

四、營業毛利率比較

　　營業毛利率會受到營業收入及營業成本影響。樂陞因為具有遊戲美術設計所需的專業技術與設計能力，所以毛利率較高。遊戲橘子在2012年至2016年間停止營運數款遊戲，導致營收下降，而遊戲也由自製轉為代理，毛利率也逐年下降。紅心辣椒在2014年及2015年營收不如預期，營業成本過高，造成毛利率較低。

田表10-24　樂陞、遊戲橘子、紅心辣椒營業毛利率比較

單位：%

年份	2012	2013	2014	2015	2016	201706
樂陞	52.21	49.27	54.93	64.05	53.89	31.83
遊戲橘子	36.00	24.06	17.54	14.35	15.32	15.70
紅心辣椒	34.09	19.46	9.52	9.55	22.70	24.17

資料來源：臺灣經濟新報（TEJ）；本個案自行繪製

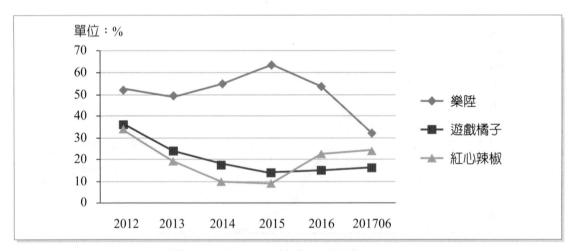

▷▷圖10-19　樂陞、遊戲橘子、紅心辣椒營業毛利率比較走勢圖

資料來源：臺灣經濟新報（TEJ）；本個案自行繪製

五、稅後淨利率比較

樂陞2016年受到違約交割案的影響，為了穩定公司內部，管理費用及其他費用增加，導致稅後淨損，稅後淨利率為負。遊戲橘子營收雖逐年成長，但代理產生之營業成本居高不下，營業毛利逐年下降，也造成稅後淨利上下波動，稅後淨利率表現甚不穩定。而辣椒2012年至2016年的支出都大於收入，也導致稅後淨損，稅後淨利率為負。

田表10-25　樂陞、遊戲橘子、紅心辣椒稅後淨利率比較

單位：%

年份	2012	2013	2014	2015	2016	201706
樂陞	34.09	8.31	39.47	26.18	-253.7	-41.43
遊戲橘子	-4.43	0.25	1.15	3.16	-5.77	1.14
紅心辣椒	-7.61	-6.43	-12.68	-94.82	-16.81	29.72

資料來源：臺灣經濟新報（TEJ）；本個案自行繪製

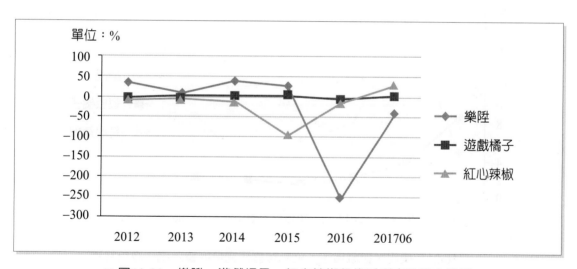

▷▷圖10-20　樂陞、遊戲橘子、紅心辣椒稅後淨利率比較走勢圖

資料來源：臺灣經濟新報（TEJ）；本個案自行繪製

六、研究發展費用率比較

　　樂陞的研發支出隨著營收的擴大而增加。遊戲橘子從最早期有研發遊戲，在2012年至2016年間大幅減少，營運目標也轉向代理遊戲，因此研發費用逐年下滑。紅心辣椒經營之業務只有代理遊戲，沒有遊戲研發部門，研發支出爲零。

田表10-26　樂陞、遊戲橘子、紅心辣椒研究發展費用率比較

單位：%

年份	2012	2013	2014	2015	2016	201706
樂陞	4.99	18.99	8.17	6.17	3.32	8.82
遊戲橘子	8.70	3.87	2.26	1.48	1.99	2.24
紅心辣椒	0	0	0	0	0	0

資料來源：臺灣經濟新報（TEJ）；本個案自行繪製

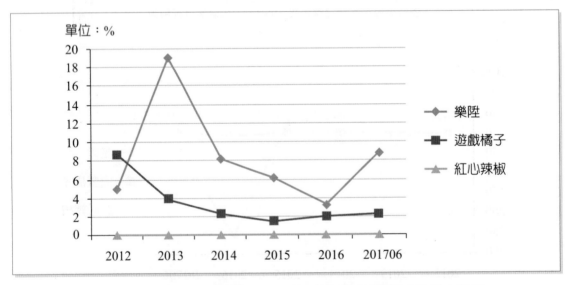

▷▷圖10-21　樂陞、遊戲橘子、紅心辣椒研究發展費用率比較走勢圖

資料來源：臺灣經濟新報（TEJ）；本個案自行繪製

七、總資產報酬率（ROA）比較

　　總資產報酬率（ROA）會受到稅後淨利與資產總額而有變動。ROA愈高，表示資產利用效率愈好。樂陞在2016年發生樂陞案後，稅前盈餘受到費用的暴增造成淨損，所以ROA為負數。遊戲橘子雖然2012年及2016年ROA為負數，但整體來說都還算是很平穩的狀態。紅心辣椒因為年年虧損，導致ROA為負數。可以看出遊戲產業獲利不穩定。

田表10-27　樂陞、遊戲橘子、紅心辣椒總資產報酬率比較

單位：%

年份	2012	2013	2014	2015	2016	201706
樂陞	20.04	2.92	9.68	8.32	-65.47	-0.34
遊戲橘子	-8.4	1.13	3.79	3.04	-3.31	0.74
紅心辣椒	-6.91	-5.08	-9.64	-46.01	-10.64	9.18

資料來源：臺灣經濟新報（TEJ）；本個案自行繪製

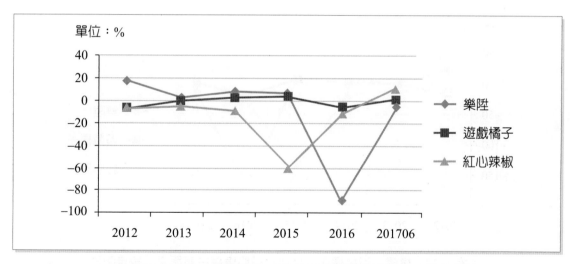

▷▷圖10-22　樂陞、遊戲橘子、紅心辣椒總資產報酬率比較走勢圖

資料來源：臺灣經濟新報（TEJ）；本個案自行繪製

八、股東權益報酬率（ROE）比較

　　股東權益報酬率（ROE）會受到稅後純益率、總資產周轉率與財務槓桿而有變動。ROE愈高，表示公司獲利能力愈佳。2016年樂陞案爆發，樂陞受到稅後淨利率的影響，加上投資人對樂陞失去信心，ROE大跌。紅心辣椒在經過2012年至2016年的虧損後，2017年第二季的營運表現稍有回穩。2016年三家廠商的稅後淨利為負，造成ROE為負。

田表10-28　樂陞、遊戲橘子、紅心辣椒股東權益報酬率比較

單位：%

年份	2012	2013	2014	2015	2016	201706
樂陞	24.94	2.20	8.66	9.51	-170.18	-12.29
遊戲橘子	-13.21	0.85	4.00	10.40	-20.48	1.78
紅心辣椒	-9.73	-8.23	-14.23	-135.23	-26.37	17.59

資料來源：臺灣經濟新報（TEJ）；本個案自行繪製

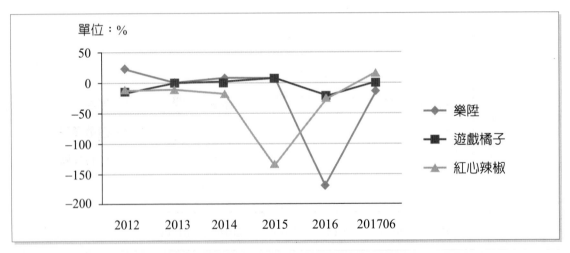

▷▷圖10-23　樂陞、遊戲橘子、紅心辣椒股東權益報酬率比較走勢圖

資料來源：臺灣經濟新報（TEJ）；本個案自行繪製

10-7 結論

　　孟子曾說過：「人性本善」，一個人要變壞不是一兩天的事，要經過很長一段的縝密計劃，以及旁人的支持與協助。這次的違約交割案爆發時間是在105年8月30日，但早在102年就開始有所行動，之後的投資案及收購案投審會都審查通過，投資人相信政府的監督能力，吸引大量散戶進場，誰會料到從頭到尾都是一場騙局。

　　從這次的樂陞案的分析及手法拆解，我們得到以下四點結論：

一、政府無法有效介入管理審查

　　政府的定位一直以來都是扮演消極的規則守護者，等到事情發生後才開始有所動作。很多人都希望政府能積極介入，但介入就會妨礙未來資本市場的活絡，無法彰顯自由競爭市場的價值。

二、投審會通過並不代表政府認證

　　投審會主要在審查投資目的和資金來源等是否有違反我國規定，順便輔導外國人投資本國。簡單來說，就是查有沒有中資。只要確定沒有中資，基於鼓勵外國人投資臺灣，基本上投審會就是樂觀其成。但誰也不知道最後查出來百尺竿頭以日資名義，實為中資要來收購。

三、制度的不完善讓有心人士有機可乘

　　經過了樂陞案，不難想像未來的修法必然是朝向投審會對於外國人投資要從嚴審查，委任收購券商（銀行）必須要求收購保證金，獨立董事對於自己的職責要負起更大的責任。但再怎麼完善的制度還是會有漏洞，因此，投資人必須更謹慎地解讀市場資訊[30]。

---

30 商周財富網（2016年10月04日）。取自：http://wealth.businessweekly.com.tw/m/GArticle. aspx?id=ARTL000071985&p=1。

四、資訊的透明化

　　在收購方資訊上，除了公司的資本額以及財務數字之外，也必須要提供更多資訊讓投資人判斷是否要參與買賣，至於在加強財務顧問公司或受委任機構的責任，必須要針對其購方的財務狀況進行審查確認，以避免發生資本額僅五千萬，卻發起四十八億元的收購案等情形[31]。

---

31 樂陞案影響 收購標準提高（2016年9月5日）。101傳媒。取自：https://www.101newsmedia.com/news/26293。

問題與討論

1. 樂陞收購案是臺灣史上第一宗公開收購,卻無法交割的案例,請說明樂陞是如何布局此弊案。

2. 樂陞案爆發之後,對公司造成哪些後續影響?你會建議樂陞如何面對這樣的困境?

3. 請就樂陞、遊戲橘子與紅心辣椒進行財務分析,探討公司這幾年經營管理的轉變,並思考樂陞弊案是否波及到整個遊戲產業。

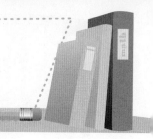

資料來源

1. MoneyDJ理財網。取自：https://www.moneydj.com/KMDJ/wiki/WikiViewer. aspx?KeyID=5c63e0b9-dd73-4c32-b9f5-467da3b8df71。

2. Newzoo Global Games Market Report。取自：https://newzoo.com/insights/ articles/global-games-market-reaches-99-6-billion-2016-mobile-generating-37/。

3. Nexon臺灣。取自：http://m.nexon.com/。

4. Sam（2016年11月29日）。《Final Fantasy XV》總監與樂陞團隊獨家專訪 以 一視同仁的理念統括全球團隊共同打造。巴哈姆特。取自：https://gnn.gamer. com.tw/1/140521.html。

5. SQUARE ENIX。取自：http://www.jp.square-enix.com/。

6. TOP 100 COUNTRIES BY GAME REVENUES。取自：https://newzoo.com/ insights/rankings/top-100-countries-by-game-revenues/。

7. Yahoo奇摩2016年電玩大調查。取自：http://yahoo-emarketing.tumblr.com/ post/148732014111/2016gamewp。

8. 中央社（2016年12月27日）。樂陞案 康和證配售業務遭停業3個月。中時 電子報。取自：http://www.chinatimes.com/realtimenews/20161227004319 -260410。

9. 王孟倫（2016年09月19日）。樂陞案 金管會開罰中信300萬並限制業 務3個月。自由時報。取自：http://news.ltn.com.tw/news/business/ breakingnews/1830583。

10. 臺灣經濟新報（TEJ）

11. 何英煒（2015年10月23日）。橘子結盟GungHo江湖桔子成軍。工商時報。取 自：http://www.chinatimes.com/newspapers/20151023000115-260204。

12. 吳珮如、呂志明（2017年10月11日）。樂陞案3獨董挨告詐欺 今獲不起訴。蘋果 及時。取自：https://tw.appledaily.com/new/realtime/20171011/1220196/。

13. 怡客咖啡。取自：https://www.ikari.com.tw/about/idea.html。

14. 金融監督管理委員會（2016年09月28日）。取自：https://www.fsc.gov.tw/ ch/home.jsp?id=96&parentpath=0,2&mcustomize=news_view.jsp&dataser no=201609280002&aplistdn=ou=news,ou=multisite,ou=chinese,ou=ap_ root,o=fsc,c=tw&dtable=News。

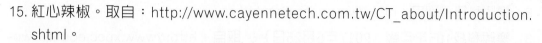

資料來源

15. 紅心辣椒。取自：http://www.cayennetech.com.tw/CT_about/Introduction.shtml。

16. 紅心辣椒105年年報（2017年5月31日）。取自：http://www.cayennetech.com.tw/Download/Files/2016.FS.AllReport.CHT.pdf。

17. 高佳菁、蘇嘉維（2016年9月11日）。樂陞案攪局 樂美館上櫃喊卡。蘋果日報。取自：https://tw.appledaily.com/finance/daily/20160911/37378937。

18. 商周財富網（2016年10月04日）。取自：http://wealth.businessweekly.com.tw/m/GArticle.aspx?id=ARTL000071985&p=1。

19. 張慧雯（2015年6月15日）。樂陞美術館 撤回上櫃申請。自由時報。取自：http://news.ltn.com.tw/news/business/breakingnews/1349088。

20. 張慧雯（2017年9月8日）。炒高「橘子」股價 疑用股換債。自由時報。取自：http://news.ltn.com.tw/news/business/paper/1133467。

21. 張慧雯（2017年9月9日）。樂陞10/19下櫃。自由時報。取自：http://news.ltn.com.tw/news/focus/paper/1133788。

22. 莊丙農（2017年5月26日）。《文創股》棒辣椒戰200關，紅心辣椒潛「利」大。中時電子報。取自：http://www.chinatimes.com/realtimenews/20170526002263-260410。

23. 郭芝芸（2015年1月30日）。樂陞跨界收購一之鄉 承諾40年不賣。旺報。取自：http://www.chinatimes.com/realtimenews/20150130003997-260410。

24. 彭禎伶、林燦澤（2016年09月10日）。公開收購改革 6大建言出爐。工商時報。取自：http://www.chinatimes.com/newspapers/20160910000061-260202。

25. 彭禎伶、魏喬怡（2017年04月19日）。樂陞條款 沒獨董出席 董事會不能開。工商時報。取自：http://www.chinatimes.com/newspapers/20170419000026-260202。

26. 資策會MIC計劃。

27. 遊戲橘子105年年報。取自：http://ir.gamania.com/annual/2016/CH/2016%20Gamania%20AR_qjAtDR1aLJYJ.pdf。

28. 維基百科。取自：https://zh.wikipedia.org/zh-tw/%E7%BB%B4%E5%9F%BA%E7%99%BE%E7%A7%91。

29. 臺灣臺北地方法院檢察署新聞稿（2017年1月24日）。取自：http://p.udn.com.tw/upf/news/2017/81.pdf。

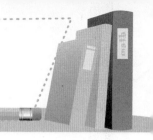

資料來源

30. 樂陞科技。取自：http://www.xpec.com.tw/。

31. 樂陞科技105年年報（2017年5月25日）。取自：http://www.xpec.com.tw/wp-content/uploads/2017/06/2016-XPEC-Annual-Report.pdf。

32. 樂陞案影響 收購標準提高（2016年9月5日）。101傳媒。取自：https://www.101newsmedia.com/news/26293。

33. 潘智義（2017年08月31日）。樂陞案 投保中心向陳文茜等求償39億。中央通訊社。取自：http://www.cna.com.tw/news/afe/201708310414-1.aspx。

34. 蔡怡杼（2017年08月14日）。REITs樂陞條款上路 公開收購須履約保證。中央通訊社。取自：http://www.cna.com.tw/news/afe/201708140045-1.aspx。

35. 橘子集團2016年度合併財務報告（2017年3月16日）。取自：http://ir.gamania.com/financial/77/CH/2016%20Financial%20Results-final.pdf。

36. 橘子集團。取自：http://www.gamania.com/business-nownews.php。

37. 賴佩璇（2017年08月18日）。樂陞案 投保中心告百尺竿頭求償 判准46億餘元。聯合報。取自：https://udn.com/news/story/7321/2650516。

38. 賴佩璇（2017年1月24日）。樂陞案大事紀 重點一次看。經濟日報。取自：https://money.udn.com/money/story/5641/2249000。

39. 戴群達（2011）。數位遊戲之創新發展趨勢。經濟部技術處。取自：http://www2.itis.org.tw/book/download_sample.aspx?pubid=66953249。

40. 鍾張涵（2015年3月31日）。紅心辣椒去年慘虧 處分子公司拚獲利。聯合影音。取自：https://video.udn.com/news/296709。

41. 樂陞105年年報（2017年5月25日）。取自：http://www.xpec.com.tw/wp-content/uploads/2017/06/2016-XPEC-Annual-Report.pdf。

42. 維基百科。取自：https://zh.wikipedia.org/wiki/%E6%A8%82%E9%99%9E%E7%A7%91%E6%8A%80。

43. 樂陞科技。取自：http://www.xpec.com.tw/。

讀者回函卡

填寫日期： ／ ／

姓名：　　　　　　　　　　　　　　　　性別：□男 □女

電話：（　　）　　　　　　傳真：（　　）　　　　　　手機：

e-mail：（必填）

通訊處：□□□□□

註：數字零，請用 Φ 表示，數字1與英文L請計明並書寫端正，謝謝。

學歷：□博士 □碩士 □大學 □專科 □高中・職

職業：□工程師 □教師 □學生 □軍・公 □其他

學校／公司：　　　　　　　　　　　　　　科系／部門：

需求書類：

□A. 電子 □B. 電機 □C. 計算機工程 □D. 資訊 □E. 機械 □F. 汽車 □I. 工管 □J. 土木

□K. 化工 □L. 設計 □M. 商管 □N. 日文 □O. 美容 □P. 休閒 □Q. 餐飲 □B. 其他

本次購買圖書為：　　　　　　　　　　　　書號：

您對本書的評價：

封面設計　□非常滿意 □滿意 □尚可 □需改善，請說明

內容表達　□非常滿意 □滿意 □尚可 □需改善，請說明

版面編排　□非常滿意 □滿意 □尚可 □需改善，請說明

印刷品質　□非常滿意 □滿意 □尚可 □需改善，請說明

書籍定價　□非常滿意 □滿意 □尚可 □需改善，請說明

整體評價　請說明

您在何處購買本書？

□書局 □網路書店 □書展 □團購 □其他

您購買本書的原因？（可複選）

□個人需要 □幫公司採購 □親友推薦 □老師指定之課本 □其他

您希望全華以何種方式提供出版訊息及特惠活動？

□電子報 □DM □廣告 （媒體名稱　　　　　　　　　）

您是否上過全華網路書店？（www.opentech.com.tw）

□是 □否 您的建議

您希望全華出版那方面書籍？

您希望全華加強那些服務？

～感謝您提供寶貴意見，全華將秉持服務的熱忱，出版更多好書，以饗讀者。

全華網路書店 http://www.opentech.com.tw 客服信箱 service@chwa.com.tw

2011.03 修訂

親愛的讀者：

感謝您對全華圖書的支持與愛護，雖然我們很慎重的處理每一本書，但恐仍有疏漏之處，若您發現本書有任何錯誤，請填寫於勘誤表內寄回，我們將於再版時修正，您的批評與指教是我們進步的原動力，謝謝！

全華圖書　敬上

勘 誤 表

書　號		書　名		作　者
頁　數	行　數	錯誤或不當之詞句		建議修改之詞句

我有話要說： （其它之批評與建議，如封面、編排、內容、印刷品質等・・・）